台科大圖書
since 1997

Office 與 Copilot AI 應用實務

含 WIA 職場智能應用國際認證 Master Level

JYiC 認證研究團隊　編著

前言 | Preface

在現今企業電腦化與多元化的時代，電腦軟體應用能力是重要且不可或缺的技能，甚至大部分的企業認為 Office 能力已是職場上必備的基本技能，這不僅是企業在招攬人才的考量，更是在職場中展現高工作效率的致勝點。而透過證照的學習及考核是自我實力最有力的證明，在競爭激烈的求職競賽中，無論所具備的專業技能程度，都應備有證照以彰顯個人實力。

「WIA（Workplace Intelligence Application）職場智能應用國際認證」是一個全面的認證，涵蓋多個領域，包括 Office、平面設計、影音編輯和電腦作業系統等職場必備軟體。並邀集學、業界專家共同指導研發，在不同職場應用的範疇中制訂其試題，更特別研發出線上評分系統，幫助考生在考證之外，更能真正學會運用職場必備軟體的技能。只要通過 WIA 的認證考試，更可取得由 IPOE 艾葆科教基金會所頒發的國際性專業認證證書，可以證明個人具備現代職場中常用軟體和電腦資訊工具的操作技巧，並能夠在職場中高效地應用這些工具。不僅可提升個人競爭力，更能在職場中取得競爭優勢並實現更好的職業發展。

本書為針對 WIA 職場智能應用國際認證 Documents 文書處理、Spreadsheets 電子試算表、Presentations 商業簡報考前複習所擬訂之測驗題組，圖解式提供解答方法，並附贈超值的線上評分系統，希望藉由本書提昇讀者 Office 的應用技能，並能順利考取 WIA 國際認證。

隨著 AI 時代來臨，本書更特別融入「Microsoft Copilot」相關內容，涵蓋 Copilot in Word、Copilot in Excel 與 Copilot in PowerPoint 的應用。透過 AI 助手的輔助，將能大幅提升文書編輯、資料分析及簡報設計的效率，掌握未來職場必備的智能操作技能力。

> **版權聲明**
>
> - Microsoft® Office 是 Microsoft® 公司的註冊商標。
> - 本書所引述的圖片及網頁內容，純屬教學及介紹之用，著作權屬於法定原著作權享有人所有，絕無侵權之意，在此特別聲明，並表達深深的感謝。

目錄

第一篇 關於 WIA 職場智能應用國際認證

一、關於 IPOE 艾葆科教基金會　　　　　　　　W-2
二、WIA 職場智能應用國際認證簡介　　　　　　W-2
三、WIA 國際認證考試畫面說明　　　　　　　　W-4

第二篇 MOSME Office 學習系統使用說明（範例檔、影音教學、評分系統）

一、會員註冊　　　　　　　　　　　　　　　　L-2
二、序號登錄　　　　　　　　　　　　　　　　L-2
三、開始測驗　　　　　　　　　　　　　　　　L-3

Contents

第三篇 WIA 職場智能應用國際認證 Documents 文書處理 Using Microsoft® Word

領域範疇 1 ▶ 圖文編輯

題組 1 技術問題回應					
❶ D-05	❷ D-09	❸ D-12	❹ D-13	❺ D-14
❻ D-15	❼ D-16	❽ D-16	❾ D-20	❿ D-22
題組 2 電子商務的威脅　　　　　※ 請參閱線上電子書				

領域範疇 2 ▶ 表格設計

題組 1 甘特圖					
❶ D-28	❷ D-30	❸ D-34	❹ D-34	❺ D-36
❻ D-37	❼ D-39	❽ D-40	❾ D-42	❿ D-44
題組 2 飲料 Menu　　　　　※ 請參閱線上電子書				

領域範疇 3 ▶ 合併列印

題組 1 運動會報名					
❶ D-51	❷ D-53	❸ D-54	❹ D-56	❺ D-58
❻ D-58	❼ D-60	❽ D-62	❾ D-64	❿ D-66
題組 2 請假報表　　　　　※ 請參閱線上電子書				

Copilot AI 應用—Microsoft Copilot 全面解析　　　　D-69

Copilot AI 應用—Copilot in Word 寫作 AI 助手　　　　D-101

第四篇　WIA 職場智能應用國際認證 Spreadsheets 電子試算表 Using Microsoft® Excel®

領域範疇 1 ▶ 資料編修與格式設定

題組 1 訂單付款狀態報表				
① S-05	② S-08	③ S-10	④ S-13	⑤ S-15
⑥ S-17	⑦ S-18	⑧ S-19	⑨ S-21	⑩ S-22
題組 2 員工血壓量測報表　　　　　　　　　　　　※ 請參閱線上電子書				

領域範疇 2 ▶ 基本統計圖表設計

題組 1 各系借閱圖書統計				
① S-28	② S-30	③ S-30	④ S-32	⑤ S-34
⑥ S-36	⑦ S-38	⑧ S-40	⑨ S-42	⑩ S-42
題組 2 證照通過率統計　　　　　　　　　　　　　※ 請參閱線上電子書				

領域範疇 3 ▶ 基本試算表函數應用

題組 1 甄選成績報表				
① S-51	② S-55	③ S-59	④ S-62	⑤ S-65
⑥ S-67	⑦ S-70	⑧ S-73	⑨ S-76	⑩ S-79
題組 2 學生 BMI 報表　　　　　　　　　　　　　※ 請參閱線上電子書				

Copilot AI 應用─Copilot in Excel 資料分析 AI 引導員　　　S-85

第五篇 WIA 職場智能應用國際認證 Presentations 商業簡報 Using Microsoft® PowerPoint®

領域範疇 1 ▶ 投影片編修與母片設計

題組 1 ODF 介紹				
① P-06	② P-07	③ P-09	④ P-12	⑤ P-16
⑥ P-19	⑦ P-22	⑧ P-24	⑨ P-27	⑩ P-30
題組 2 電子商務經營模式　　　　　　※ 請參閱線上電子書				

領域範疇 2 ▶ 多媒體簡報設計與應用

題組 1 太陽系				
① P-39	② P-40	③ P-41	④ P-43	⑤ P-44
⑥ P-45	⑦ P-48	⑧ P-49	⑨ P-52	⑩ P-54
題組 2 颱風強度　　　　　　※ 請參閱線上電子書				

領域範疇 3 ▶ 投影片放映與輸出

題組 1 七言絕句				
① P-65	② P-66	③ P-67	④ P-68	⑤ P-71
⑥ P-74	⑦ P-75	⑧ P-76	⑨ P-78	⑩ P-79
題組 2 資源回收　　　　　　※ 請參閱線上電子書				

Copilot AI 應用─Copilot in PowerPoint 簡報創作 AI 幫手　　P-81

附錄　MOSME Office 測評系統使用說明

一、教師建立試卷　　　　　　　　　　　　　　　附-2

二、學生進行測評　　　　　　　　　　　　　　　附-5

關於 WIA 職場智能應用國際認證

一、關於 IPOE 艾葆科教基金會

二、WIA 職場智能應用國際認證簡介

三、WIA 國際認證考試畫面說明

一　關於 IPOE 艾葆科教基金會

艾葆科教基金會是由全球各地熱心的教育工作者與科技業者共同組織的公益基金會，成立於掌握全球科技與商業脈動的荷蘭，從歐洲出發，以在全球各地發展系統化科技教育內容與學習認證系統為宗旨。

科技的快速發展影響全人類生活甚巨，我們深知唯有完善教育體系才能讓每一個人都能跟上科技發展的腳步。建立面對未來世界的能力，否則科技的發展並不一定會為人類帶來福祉。

我們主張利用開源工具以普及化科技教育，改善教材教法以減少學習障礙，建立國際教育認證系統，為學習者記錄學習歷程，透過實踐短期學習目標，激勵學習者找到學習的樂趣，持續發展智慧，養成終身學習的學習力，善用所學開創自己的幸福人生，這正是我們所要推廣的 IPOE 教育理念，勁園科教集團榮獲推薦成為亞太區執行單位，將結合所有資源扮演關鍵角色。

艾葆科教基金會
http://ipoe.foundation/

二　WIA 職場智能應用國際認證簡介

在現代職場中，對於熟悉並能夠應用各種軟體工具人才的需求越來越高。WIA（Workplace Intelligence Application Certication）職場智能應用國際認證是一個全面的認證，涵蓋了多個領域，包括 Office、平面設計、影音編輯和電腦作業系統等職場必備軟體。透過參與這項認證，可以證明個人具備現代職場中常用軟體和電腦資訊工具的操作技巧，並能夠在職場中高效地應用這些工具。不僅可提升個人競爭力，更能在職場中取得競爭優勢並實現更好的職業發展。

◆ WIA 認證考試說明（Specialist 級）

◎ Office 辦公室軟體

科目	考試大綱	題型	評分方式
文書處理 Documents Using Microsoft® Word	圖文編輯 表格設計 合併列印	實作題	即測即評
電子試算表 Spreadsheets Using Microsoft® Excel®	資料編修與格式設定 圖表設計 基本試算表函數應用	實作題	即測即評
商業簡報 Presentations Using Microsoft® PowerPoint®	投影片編修與母片設計 多媒體簡報設計與應用 投影片放映與輸出	實作題	即測即評

◎ Graphic Design 平面設計

科目	考試大綱	題型	評分方式
影像處理 Image Processing-Using Adobe Photoshop CC	概述與基本操作、影像編修、選取範圍、圖層、色彩與繪圖、文字與圖形、延伸應用與雲端功能	單選題	即測即評
向量插圖設計 Vector Illustration Design -Using Adobe Illustrator CC	概述與基本操作、物件、圖形與路徑、色彩與上色、筆刷與符號、文字、圖層、影像與連結、效果、透視與 3D、圖表與資料庫	單選題	即測即評
版面設計 Layout Design-Using Adobe InDesign CC	概述與基本操作、頁面與圖層、圖形與路徑、色彩與上色、物件、文字、影像與連結、表格與目錄、預檢輸出與資料儲存、電子書	單選題	即測即評
視覺設計 Visual Design-Using Canva	基礎入門與設計概念、 介面操作與基礎編輯、影像視覺設計與影片剪輯、實務應用、創意工具應用、進階工具與技巧	單選題	即測即評

◎ Video Editing 影音編輯

科目	考試大綱	題型	評分方式
影音編輯 Video Editing-Using Adobe Premiere Pro CC	專案設置和介面操作、導入和組織媒體、編輯和調整剪輯、音訊編輯、顏色校正和分級、圖形和標題創建、輸出和導出	單選題	即測即評

WIA 職場智能應用國際認證
https://ipoetech.jyic.net/WIA

WIA 國際認證考試畫面說明

1. 請至 PSC 專業認證平臺（https://psc.ipoe.cc/）網站，並完成註冊 IPOE 會員。

2. 直接點按「登入認證考試」，輸入「**認證碼**」，並核對證書資料、確認考場資訊無誤後，按下「**開始測驗**」。

3. 進入考試畫面，請先點按該題「**下載作答檔**」並解壓縮，開啟資料夾中該題的作答檔 (.docx、.xlsx、.pptx) 含素材檔進行作答。

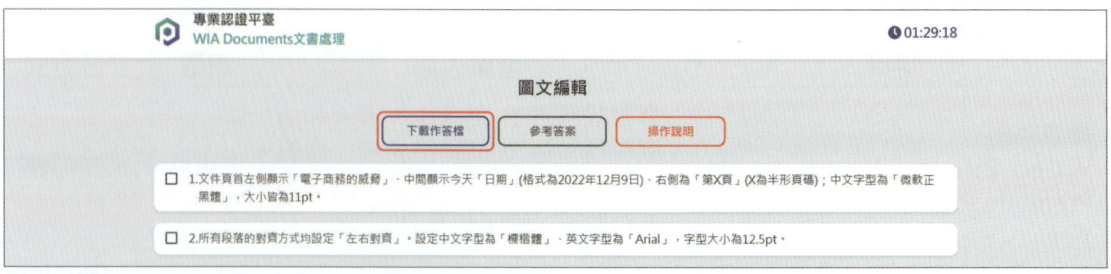

※ 上傳前亦可點開「**參考答案**」頁面，與作答成果比對。

4. 各題目題號前的核取方塊可提供考生邊作答邊記錄，完成答題後請點按右下角「**上傳完成檔**」，確認出現完成檔檔名即表示上傳成功，接著，點按「**下一題**」繼續作答。

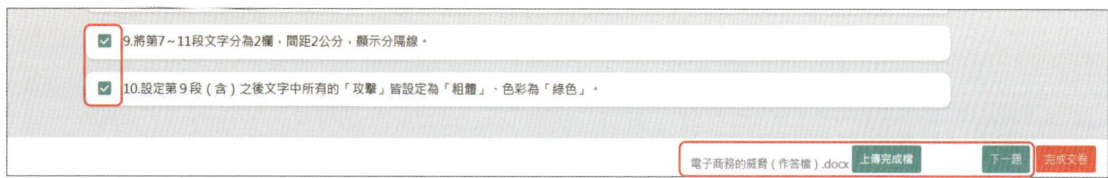

5. 全部題目皆完成上傳後，請點按「**完成交卷**」，並交卷確認。

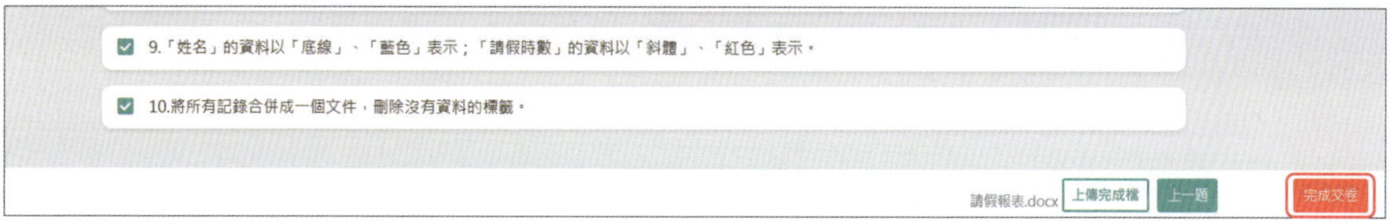

6. 交卷後，即出現成績報表視窗，待監評老師認列成績後，成績即會記錄於「我的歷程」中。

7. 若成績通過且符合該認證所要求的取得證書規範（例如：上傳證明），即可於「認證地圖」下載電子證書。

MOSME Office 學習系統使用說明

一、會員註冊

二、序號登錄

三、開始測驗

一　會員註冊

★ 請至 MOSME 行動學習一點通（http://www.mosme.net/）進行會員註冊。

※ 若已完成會員註冊，請自行跳過此步驟。

二　序號登錄

※ 畫面僅供參考，請以實際網站顯示畫面為主。

1. 登入會員後，找到你購買的產品。

2. 輸入刮膜中的「**序號**」，點按「確認登錄」按鈕，即「試題列表」中的各章節將會解鎖。

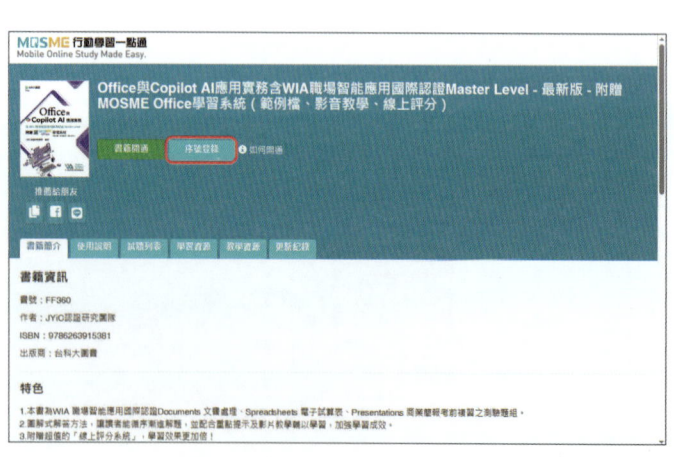
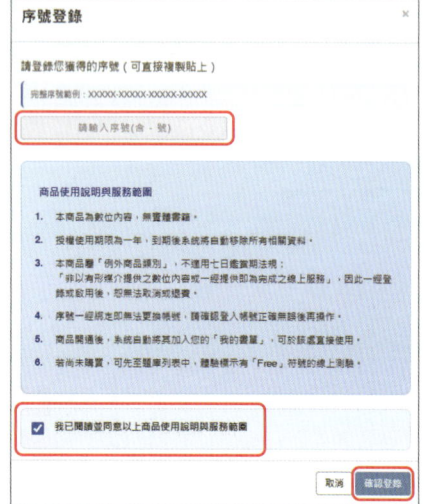

開始測驗

※ 畫面僅供參考,請以實際網站顯示畫面為主。

1. 在「試題列表」頁籤點選各章節的「開始測驗」按鈕進行測驗,可無限次重複測驗,進入測驗畫面,作答時間即開始倒數計時。

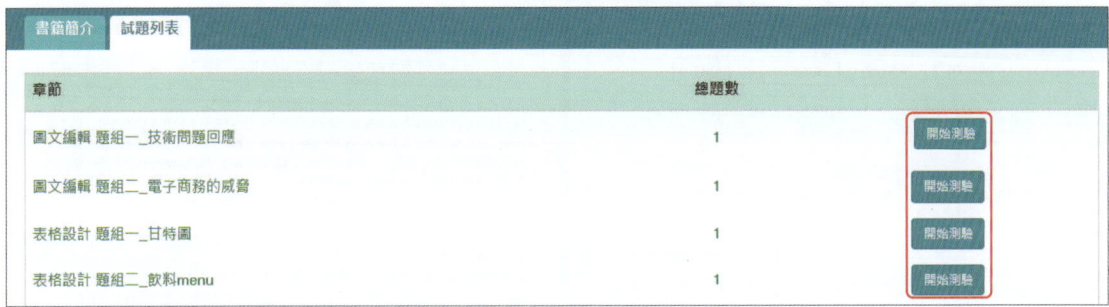

2. 點選「下載作答檔」按鈕,可下載本題作答檔(含素材)壓縮檔。

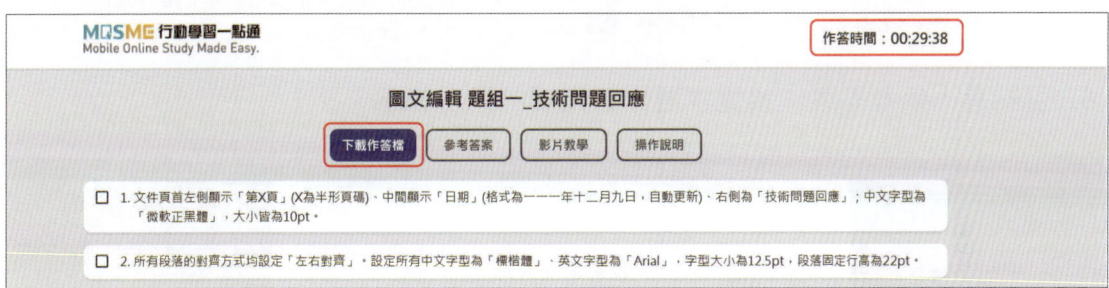

3. 在「下載」資料夾中開啟並解壓縮作答檔(含素材)。

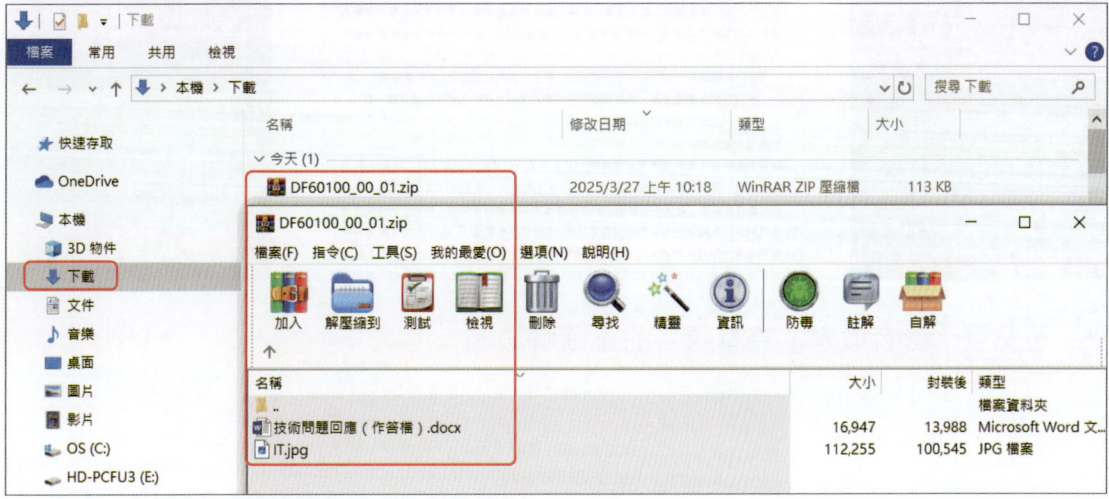

4. 分別對作答檔（.docx、.xlsx、.pptx）和題目視窗按下「■ + ■」或「■ + ■」，將視窗切換成左右並排顯示，方便作答。

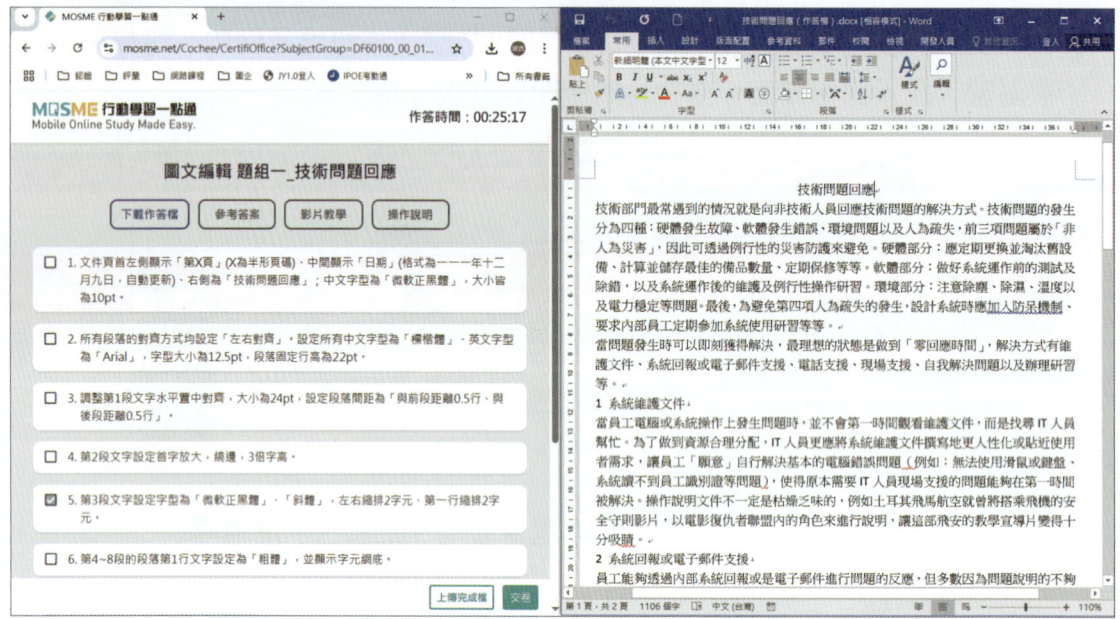

5. 可點選「參考答案」預覽本題作答完成的呈現答案。

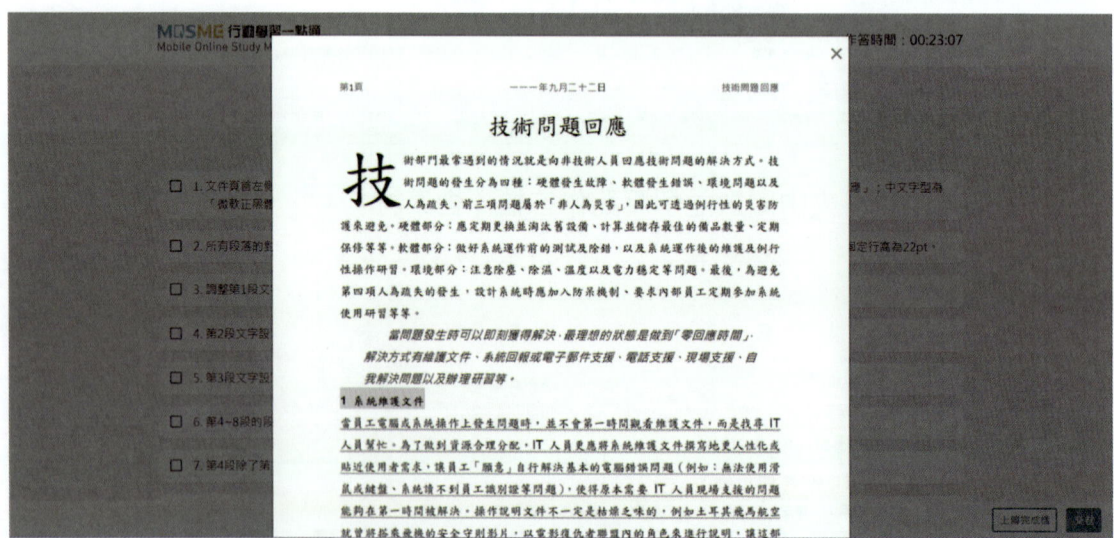

6. 可點選「影音教學」查看題目的正確解法。

MOSME Office 學習系統使用說明

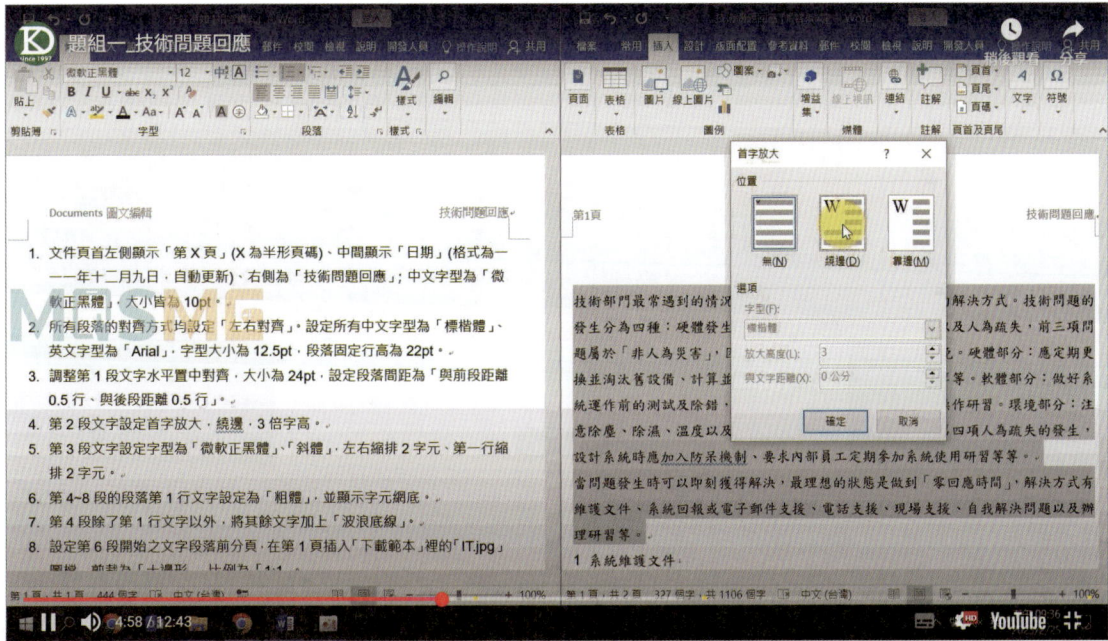

7. 作答完請記得存檔，檔名沒有規定。

8. 點選「上傳完成檔」按鈕，選擇作答完成的檔案。確認上傳的檔案無誤後（檔名會顯示於「上傳完成檔」按鈕旁），即可點選「交卷」按鈕。

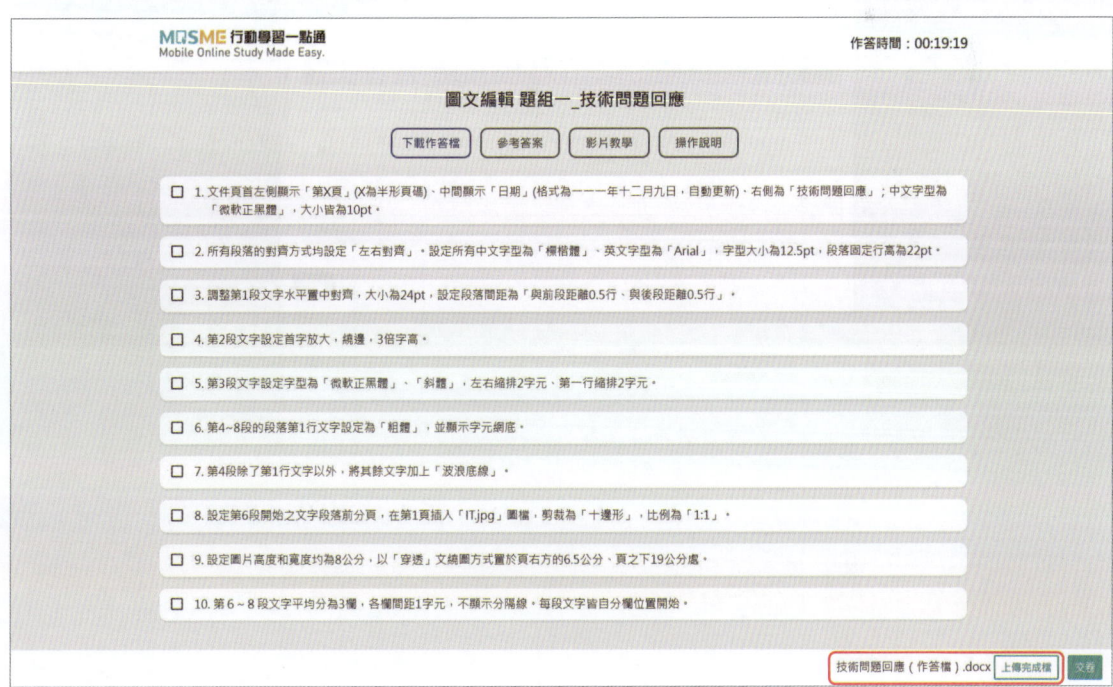

L-5

9. 出現「交卷確認」訊息框,點選「送出」按鈕,出現評分結果,即完成本題練習與測驗。

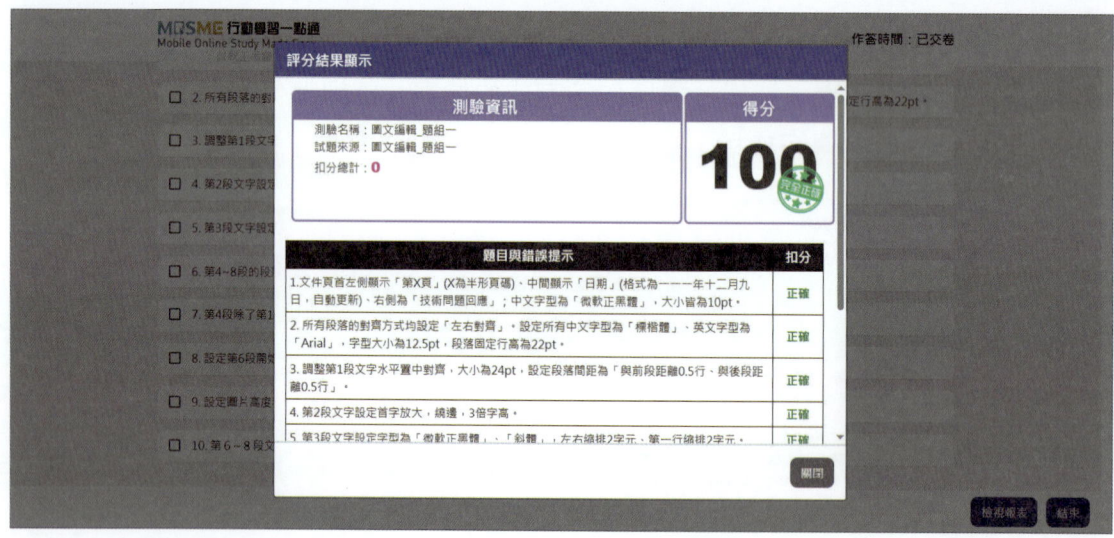

WIA 職場智能應用國際認證
Documents 文書處理
Using Microsoft® Word

領域範疇 1 圖文編輯

- 題組 1 技術問題回應

領域範疇 2 表格設計

- 題組 1 甘特圖

領域範疇 3 合併列印

- 題組 1 運動會報名

領域範疇 1

圖文編輯

題組 1 技術問題回應

題號	題目要求	頁碼
1	文件頁首左側顯示「第 X 頁」（X 為半形頁碼）、中間顯示「日期」（格式為一一一年十二月九日，自動更新），右側為「技術問題回應」；中文字型為「微軟正黑體」，大小皆為 10pt。	D-05
2	所有段落的對齊方式均設定「左右對齊」。設定所有中文字型為「標楷體」、英文字型為「Arial」，字型大小為 12.5pt，段落固定行高為 22pt。	D-09
3	調整第 1 段文字水平置中對齊，大小為 24pt，設定段落間距為「與前段距離 0.5 行、與後段距離 0.5 行」。	D-12
4	第 2 段文字設定首字放大，繞邊，3 倍字高。	D-13
5	第 3 段文字設定字型為「微軟正黑體」、「斜體」，左右縮排 2 字元、第一行縮排 2 字元。	D-14
6	第 4~8 段的段落第 1 行文字設定為「粗體」，並顯示字元網底。	D-15
7	第 4 段除了第 1 行文字以外，將其餘文字加上「波浪底線」。	D-16
8	設定第 6 段開始之文字段落前分頁，在第 1 頁插入「IT.jpg」圖檔，剪裁為「十邊形」，比例為「1:1」。	D-16
9	設定圖片高度和寬度均為 8 公分，以「穿透」文繞圖方式置於頁右方的 6.5 公分、頁之下 19 公分處。	D-20
10	第 6~8 段文字平均分為 3 欄，各欄間距 1 字元，不顯示分隔線。每段文字皆自分欄位置開始。	D-22

第 1 頁　　　　　——二年十二月二十五日　　　　　技術問題回應

技術問題回應

技術部門最常遇到的情況就是向非技術人員回應技術問題的解決方式。技術問題的發生分為四種：硬體發生故障、軟體發生錯誤、環境問題以及人為疏失，前三項問題屬於「非人為災害」，因此可透過例行性的災害防護來避免。硬體部分：應定期更換並淘汰舊設備、計算並儲存最佳的備品數量、定期保修等等。軟體部分：做好系統運作前的測試及除錯，以及系統運作後的維護及例行性操作研習。環境部分：注意除塵、除濕、溫度以及電力穩定等問題。最後，為避免第四項人為疏失的發生，設計系統時應加入防呆機制、要求內部員工定期參加系統使用研習等等。

　　　　當問題發生時可以即刻獲得解決,最理想的狀態是做到「零回應時間」，
　　解決方式有維護文件、系統回報或電子郵件支援、電話支援、現場支援、
　　自我解決問題以及辦理研習等。

1 系統維護文件

當員工電腦或系統操作上發生問題時，並不會第一時間觀看維護文件，而是找尋 IT 人員幫忙。為了做到資源合理分配，IT 人員更應將系統維護文件撰寫地更人性化或貼近使用者需求，讓員工「願意」自行解決基本的電腦錯誤問題（例如：無法使用滑鼠或鍵盤、系統讀不到員工識別證等問題），使得原本需要 IT 人員現場支援的問題能夠在第一時間被解決。操作說明文件不一定是枯燥乏味的,例如土耳其飛馬航空就曾將搭乘飛機的安全守則影片,以電影復仇者聯盟內的角色來進行說明,讓這部飛安的教學宣導片變得十分吸睛。

2 系統回報或電子郵件支援　　　　　　　　員工能夠透過內部系統回報或
是電子郵件進行問題的　　　　　　　　　　　反應，但多數因為問題說
明的不夠詳細，使得　　　　　　　　　　　　IT 人員無法對症下藥
並進行正確地回應，　　　　　　　　　　　　通常使得雙方花了相
當多的時間進行一　　　　　　　　　　　　　來一往的雞同鴨講。
建議系統回報的問　　　　　　　　　　　　　題項應做得較為詳
細（例如：軟體或　　　　　　　　　　　　　硬體的錯誤、作業系
統以及瀏覽器的版　　　　　　　　　　　　　本、程式錯誤的回應
文字等等），讓員工能　　　　　　　　　　　夠適切地填答自己所
面臨的問題。

參考答案

第 2 頁　　　　一一二年十二月二十五日　　　　技術問題回應

3 電話支援
IT 人員直接透過電話進行問題的解決，其比親臨現場來得更為快速，若是需解決的案件較多，通常是以系統出錯的輕重緩急程度來排定電話支援的時間。

4 現場支援
適用於 IT 人員得到場支援的特殊情況，例如：系統上線、硬體故障、程式發生嚴重錯誤、系統重大更新等等。IT 人員在現場解決問題時，內部員工亦應同時協助在現場支援，以排除不必要的狀況發生，例如：協助輸入系統登入的帳號及密碼、協助移除不必要的程式或檔案等等。

5 辦理研習
為了做到理想的零回應時間，最好的辦法仍是讓內部員工能有自行解決基本電腦故障問題的能力。辦理研習的時間點為新系統上線、舊系統例行性操作與維護說明時。前者是讓所有員工能夠瞭解新系統的操作，以及發生問題時應如何解決；後者則是讓新進員工（包含執行中期才進入的新員工），瞭解並熟悉系統的操作步驟，並宣導資訊安全的相關知識。

Documents 文書處理

 **題目 1**

文件頁首左側顯示「第 x 頁」（x 為半形頁碼）、中間顯示「日期」（格式為一一一年十二月九日，自動更新）、右側為「技術問題回應」；中文字型為「微軟正黑體」，大小皆為 10pt。

解題步驟

1 由 [插入] 索引標籤 [頁首及頁尾] 功能群組，點選 [頁首] 選單中「空白（三欄）」頁首樣式。

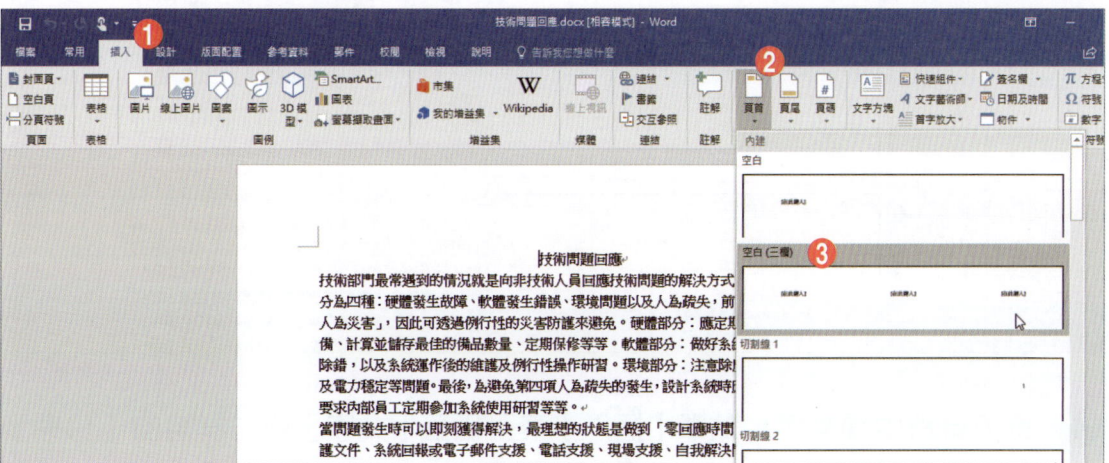

2 首頁左方輸入「第頁」文字，將游標置於文字中間。

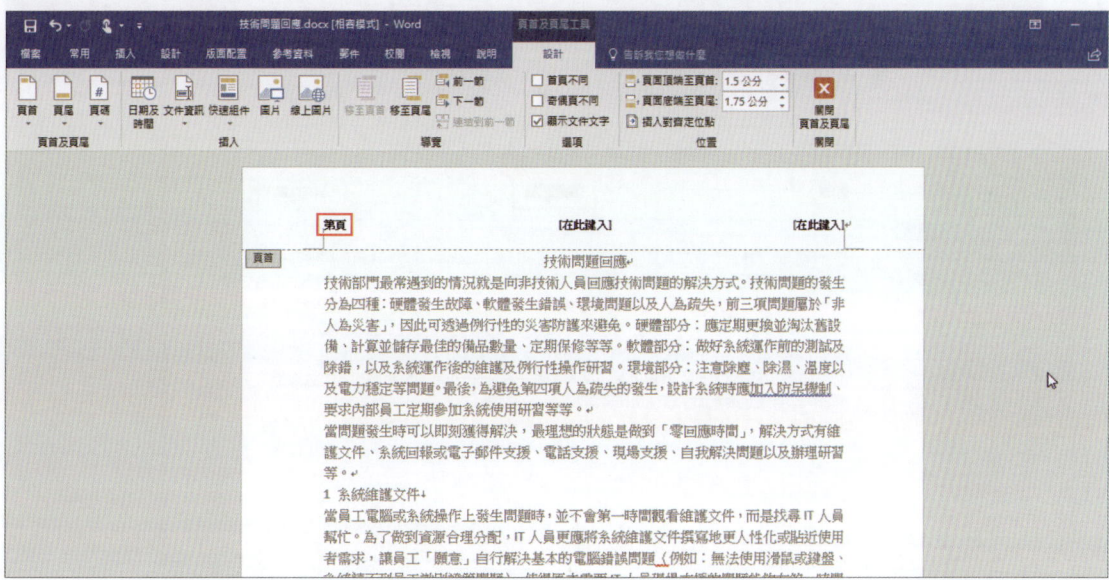

3 由[頁首及頁尾]/[設計]索引標籤[頁尾及頁尾]功能群組,點選[頁碼]/[目前位置]選單中「純數字」項目。

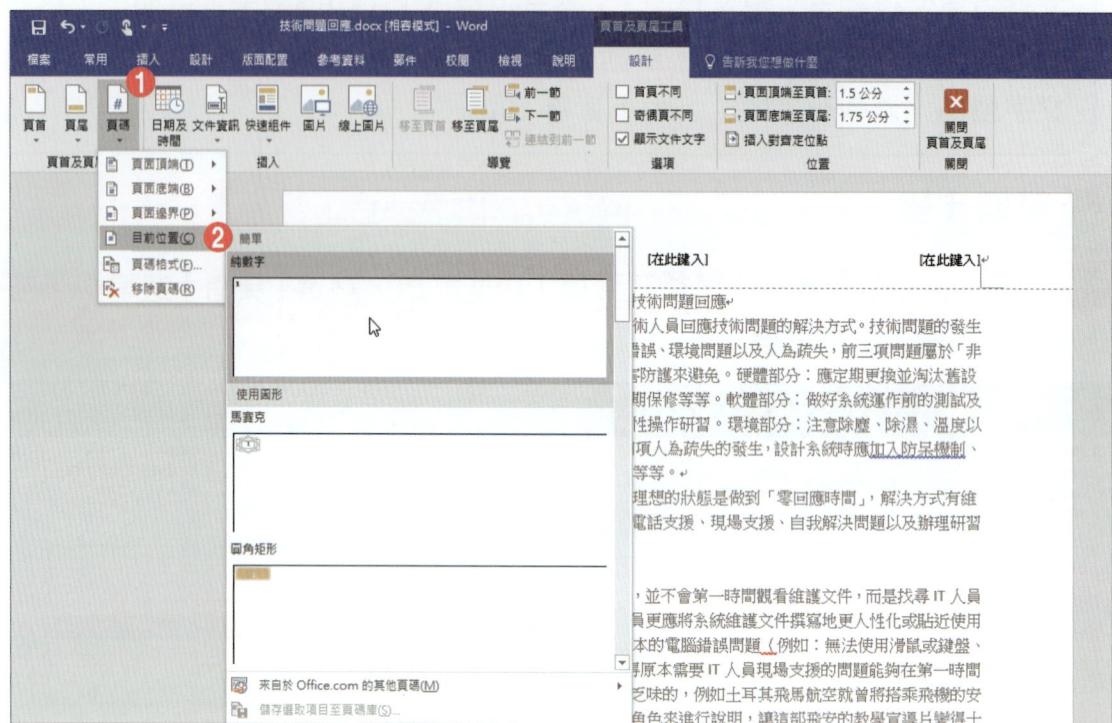

4 選取頁首中間文字,點擊[插入]索引標籤[文字]功能群組的【日期及時間】鈕,開啟「日期及時間」對話方塊。

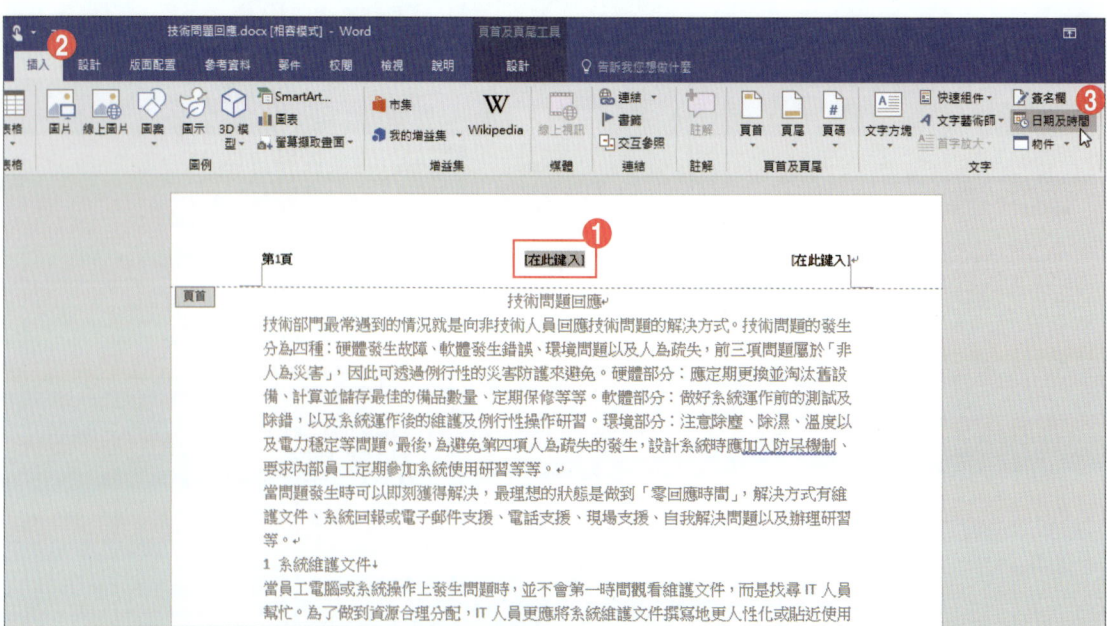

5 在開啟的「日期及時間」對話方塊：
- 選擇 [語言] 為「中文 (台灣)」。
- [月曆類型] 為「中華民國曆」。
- 選擇 [可用格式] 的「一一二年十月二十八日」格式。（註：日期顯示系統當日日期）
- 勾選「自動更新」核取方塊。
- 按【確定】鈕關閉對話方塊。

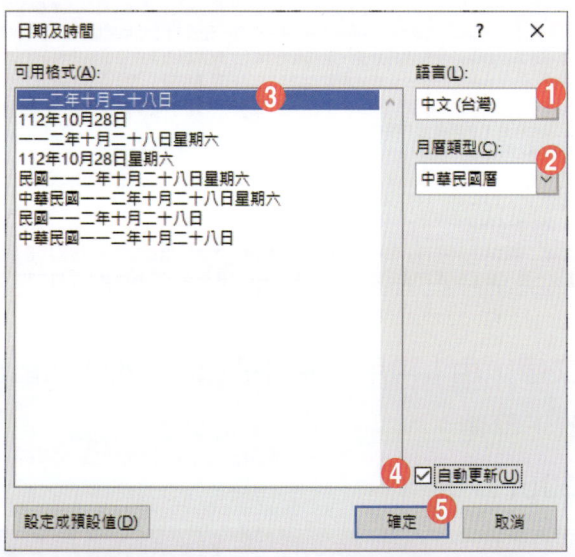

6 完成頁首中間顯示日期文字。

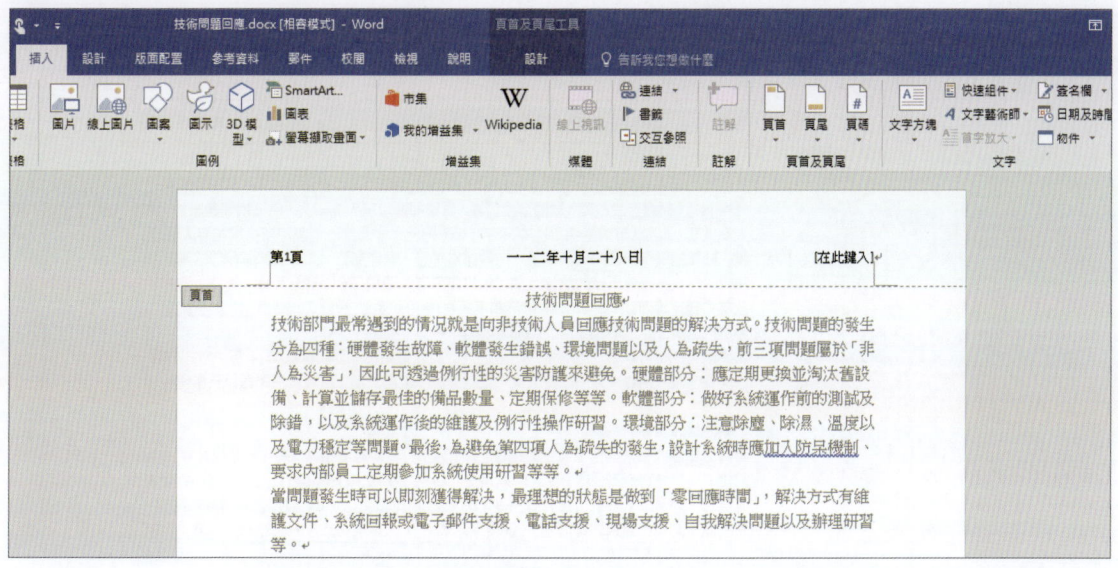

7 頁首右方輸入文字「技術問題回應」。

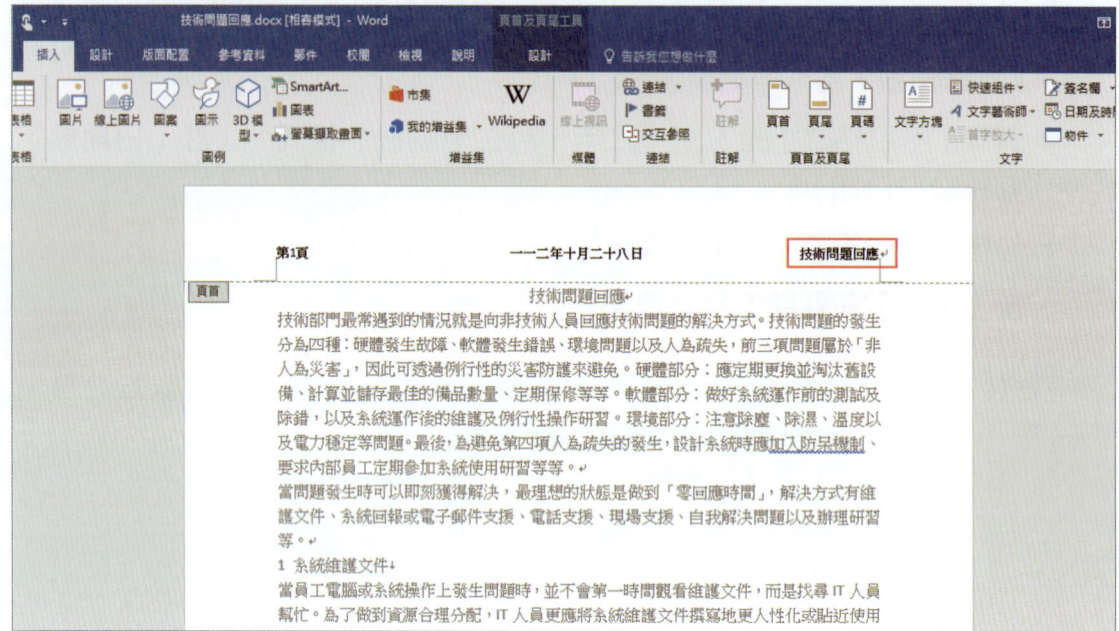

8 選取頁首所有文字，由 [常用] 索引標籤 [字型] 功能群組，設定：
- 字型為「微軟正黑體」。
- 字型大小為 10pt。

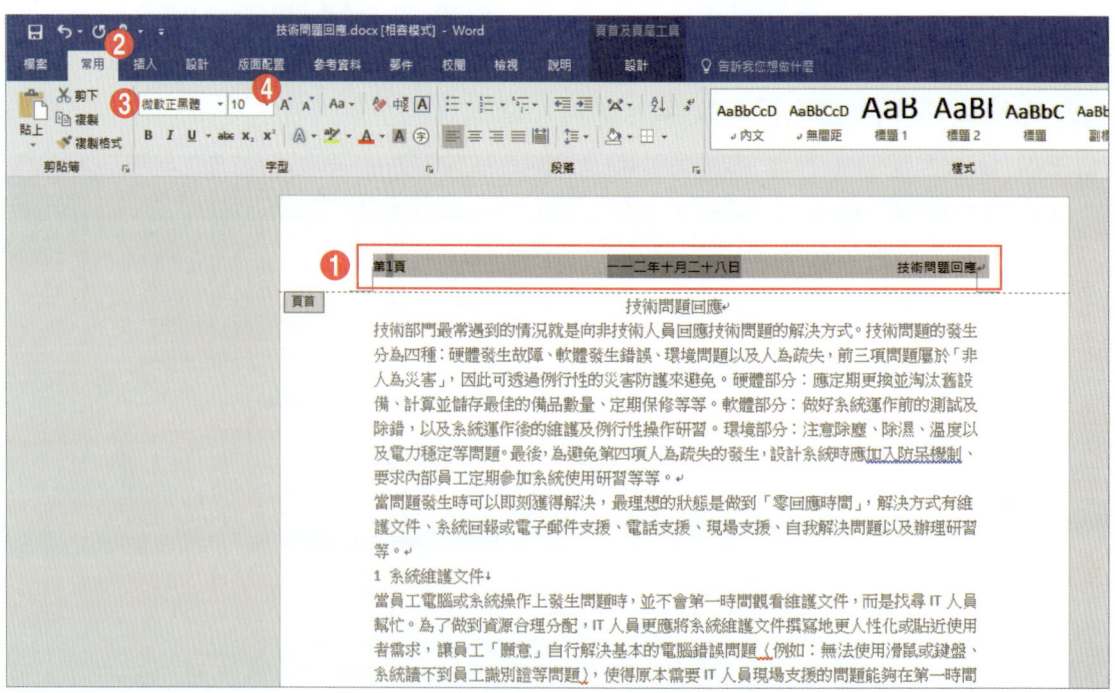

Documents 文書處理

9 點擊 [頁首及頁尾工具]/[設計] 索引標籤 [關閉] 功能群組的 【關閉頁首及頁尾】按鈕返回文件。

📝 題目 2

所有段落的對齊方式均設定「左右對齊」。設定所有中文字型為「標楷體」、英文字型為「Arial」，字型大小為 12.5pt，段落固定行高為 22pt。

👆 解題步驟

1 按 Ctrl+A 快速鍵選取所有段落，點擊 [常用] 索引標籤 [段落] 功能群組的【左右對齊】鈕。

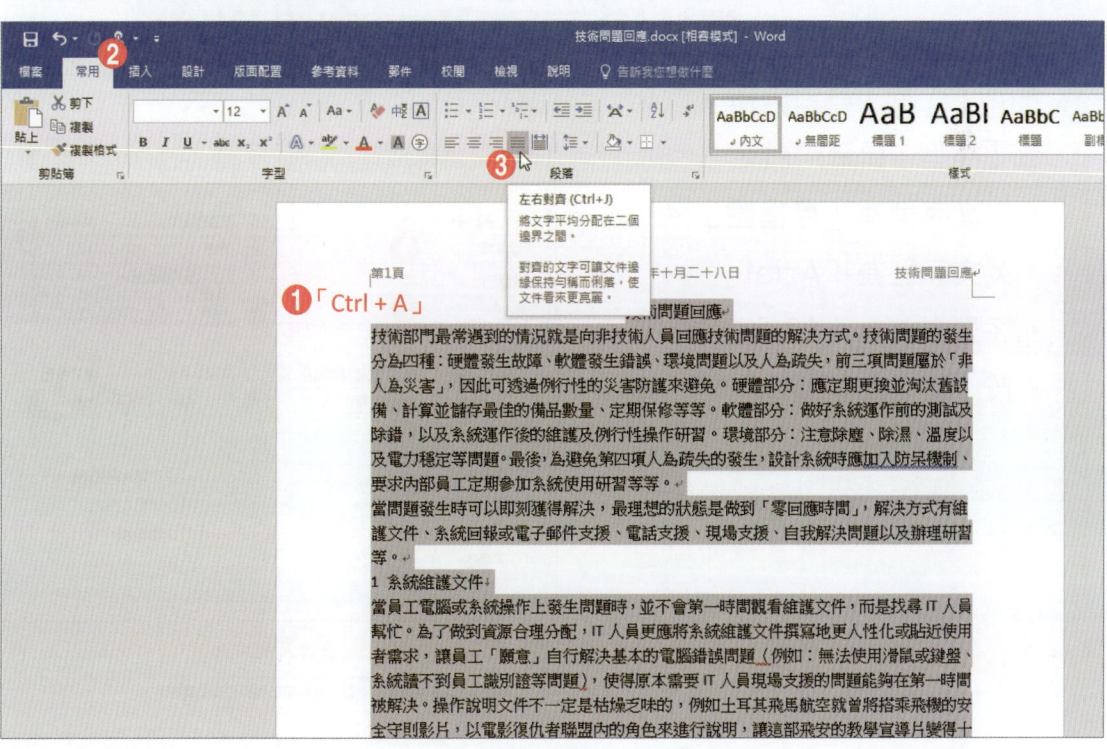

D-09

② 點擊 [常用] 索引標籤 [字型] 功能群組右下方 標記，開啟 [字型] 對話方塊。

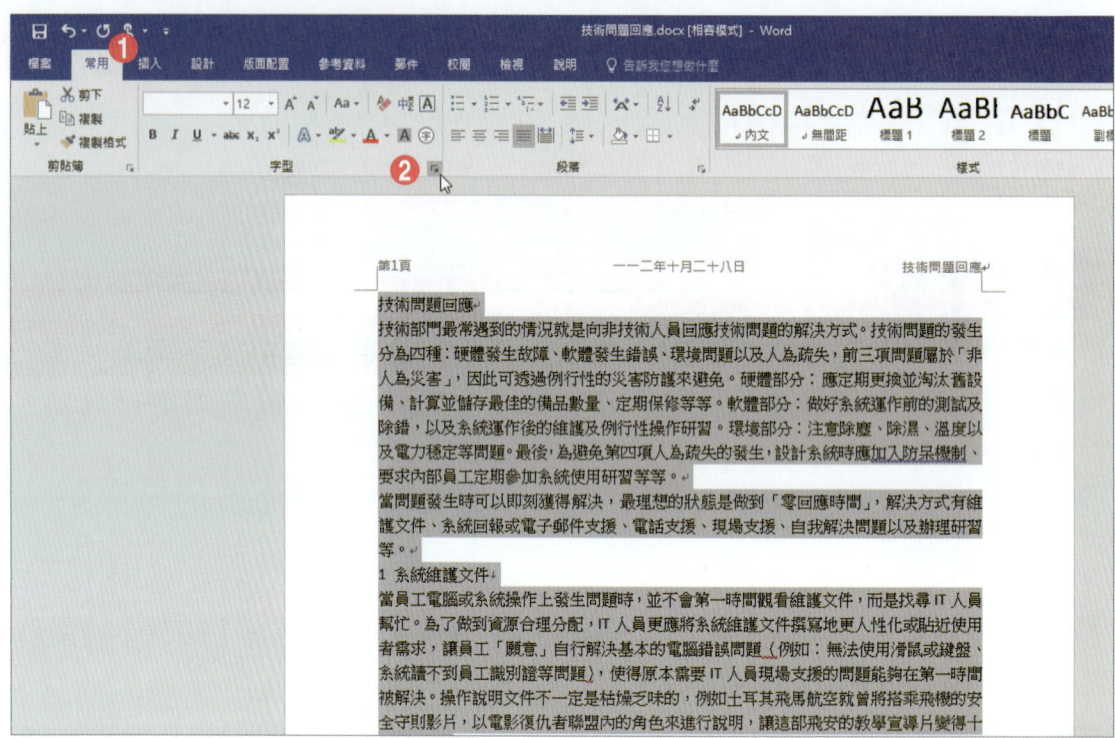

③ 開啟 [字型] 對話方塊，在 [字型] 頁籤中設定：
- 中文字型為「標楷體」。
- 英文字型為「Arial」。
- 字型大小為「12.5」pt。
- 按【確定】鈕關閉對話方塊。

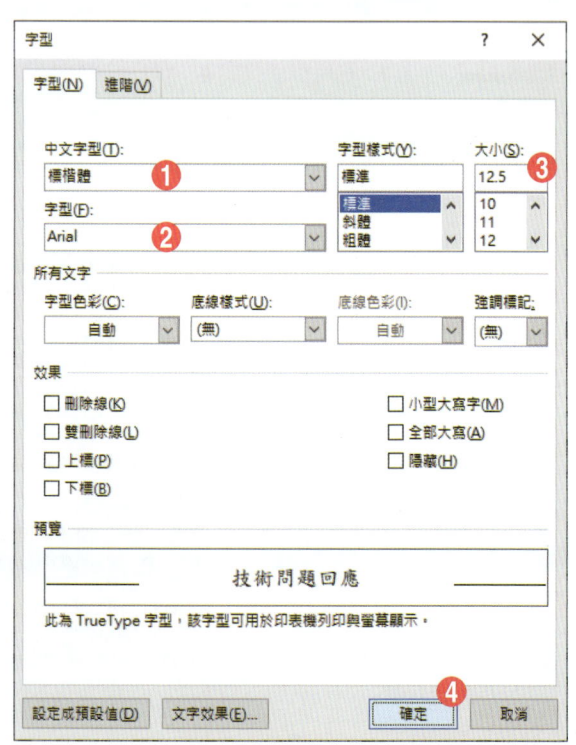

Documents 文書處理

4. 點擊 [常用] 索引標籤 [段落] 功能群組右下方 標記，開啟 [段落] 對話方塊。

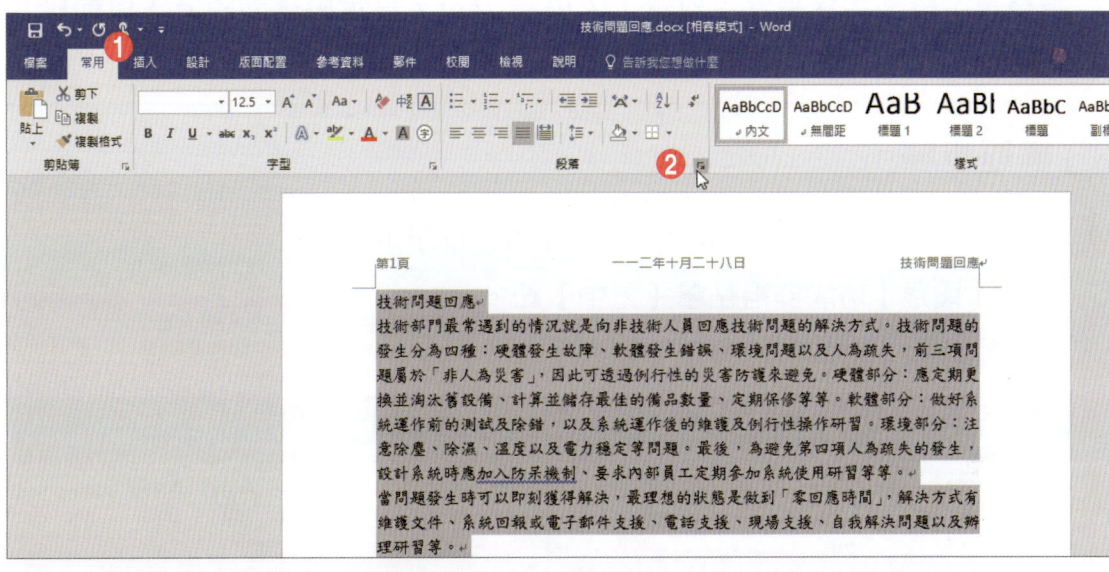

5. 在開啟的 [段落] 對話方塊 [縮排與行距] 頁籤中設定：
   - 行距為「固定行高」。
   - 行高為「22 點」。
   - 按【確定】鈕關閉對話方塊。

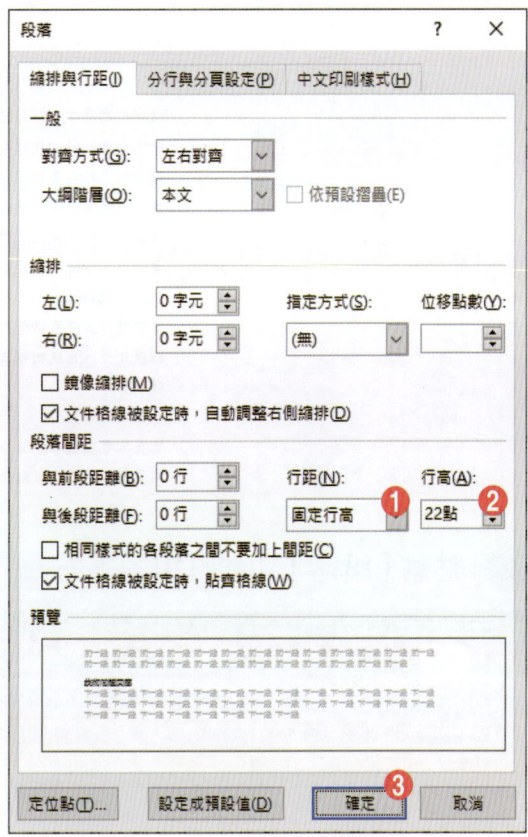

 **題目 3**

調整第 1 段文字水平置中對齊，大小為 24pt，設定段落間距為「與前段距離 0.5 行、與後段距離 0.5 行」。

解題步驟

1. 選取第一段文字，在 [常用] 索引標籤進行設定：
   - 在 [段落] 功能群組點擊【置中】鈕。
   - 在 [字型] 功能群組設定字型大小為「24」pt。

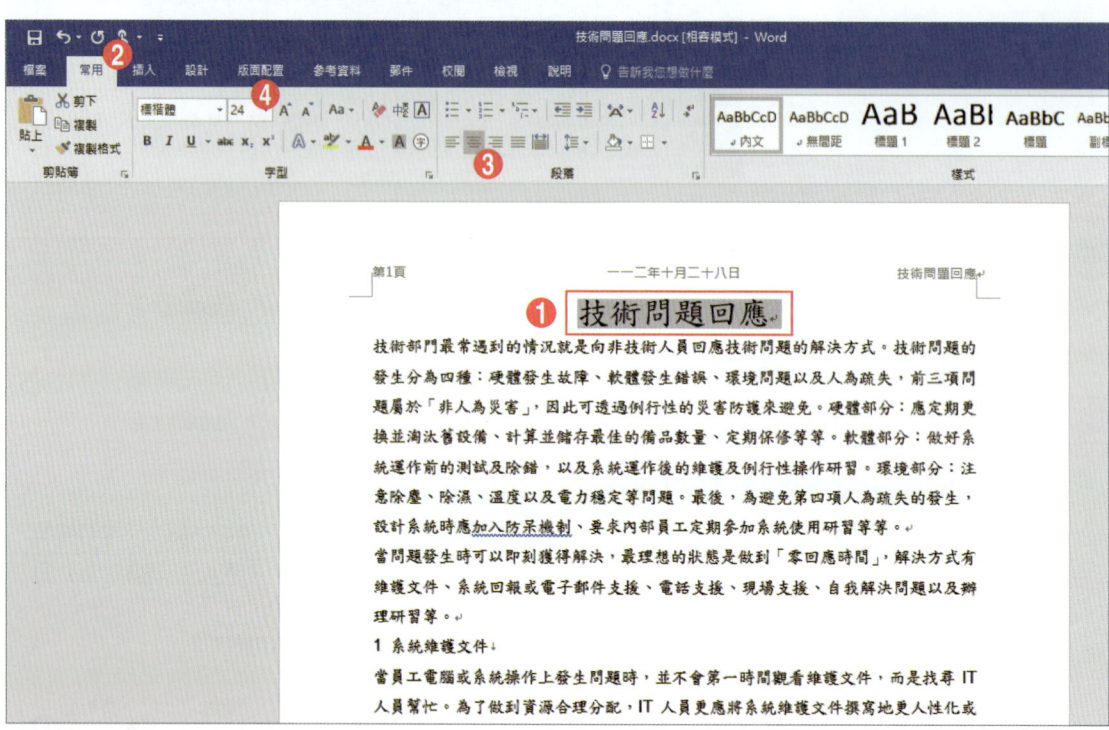

2. 點擊 [段落] 功能群組右下方 標記，開啟 [段落] 對話方塊。

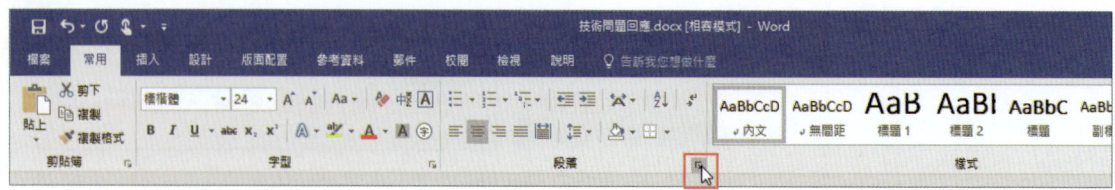

Documents 文書處理

3. 在 [段落] 對話方塊的 [縮排與行距] 頁籤中設定段落間距：
   - 與前段距離為「0.5 行」。
   - 與後段距離為「0.5 行」。
   - 按【確定】鈕關閉對話方塊。

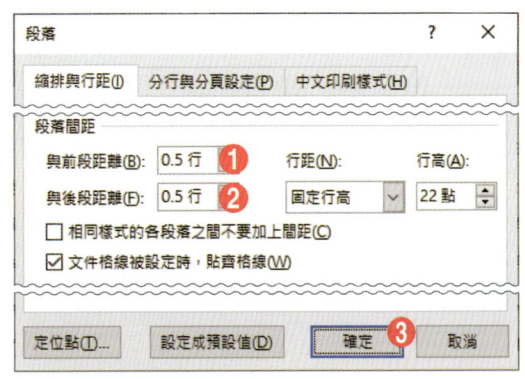

題目 4

第 2 段文字設定首字放大，繞邊，3 倍字高。

解題步驟

1. 游標置於第二段文字前方，由 [插入] 索引標籤 [文字] 功能群組，點選 [首字放大] 選單的「首字放大選項」項目，開啟「首字放大」對話方塊。

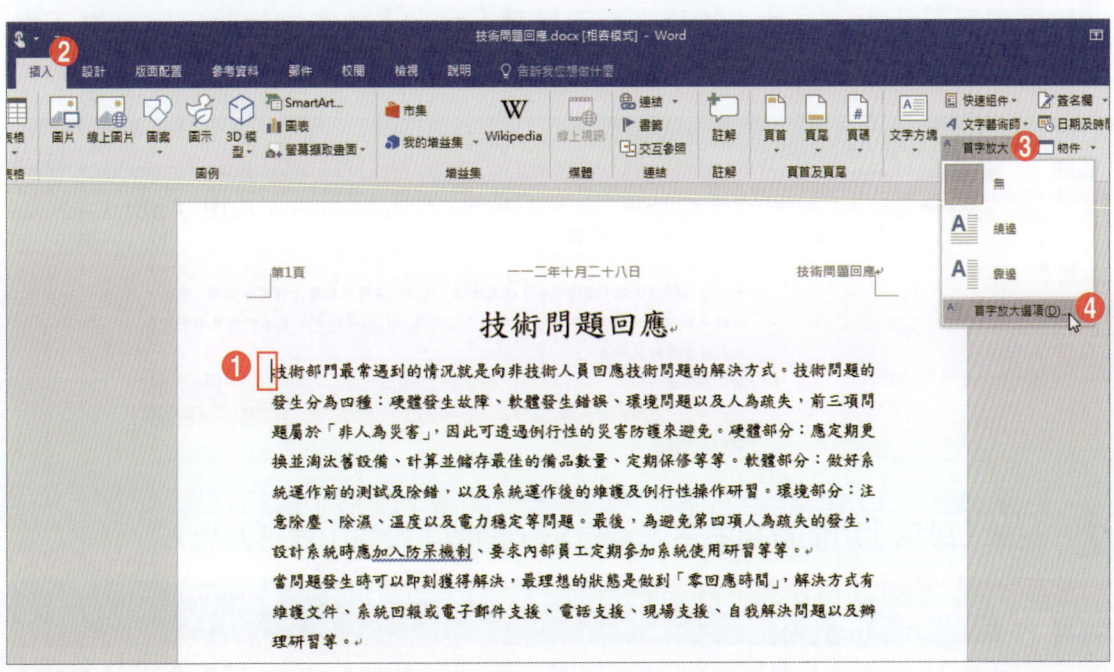

D-13

2 由 [首字放大] 對話方塊中設定：

- 位置為「繞邊」。
- 放大高度為「3」。
- 按【確定】鈕關閉對方塊。

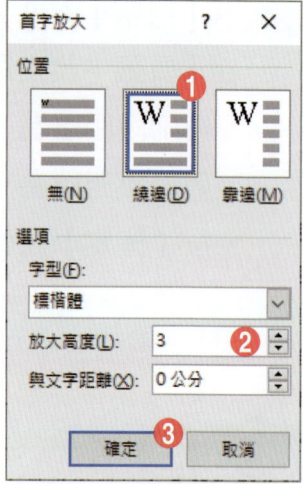

題目 5

第 3 段文字設定字型為「微軟正黑體」、「斜體」，左右縮排 2 字元、第一行縮排 2 字元。

解題步驟

1 框選第三段文字，由 [常用] 索引標籤 [字型] 功能群組設定字型為「微軟正黑體」，點擊【斜體】鈕。

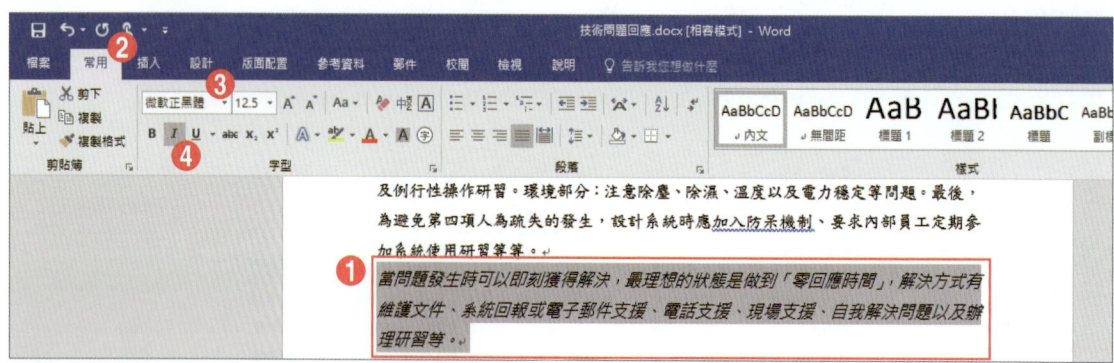

2 點擊 [段落] 功能群組右下方 標記，開啟 [段落] 對話方塊。

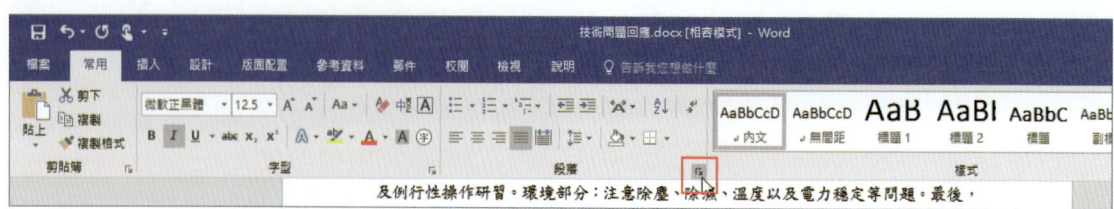

D-14

3. 在 [段落] 對話方塊的 [縮排與行距] 頁籤中設定：
   - 左縮排為「2 字元」。
   - 右縮排為「2 字元」。
   - 指定方式為「第一行」、位移點數為「2 字元」。
   - 按【確定】鈕關閉對話方塊。

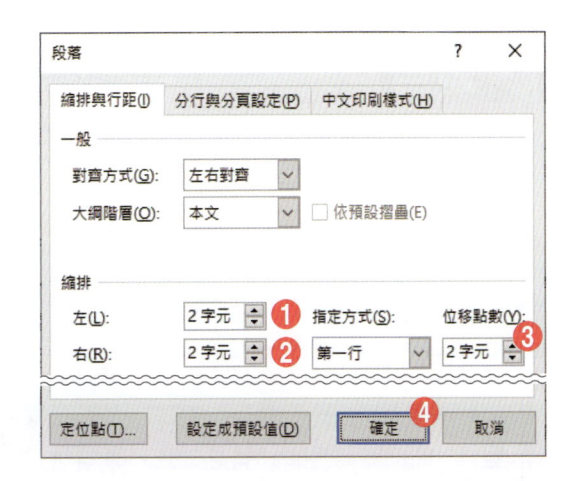

題目 6

第 4~8 段的段落第 1 行文字設定為「粗體」，並顯示字元網底。

解題步驟

1. 按住 Ctrl 鍵不放，分別選取第 4~8 段的段落第 1 行文字（即有數字開頭的文字）。

   分別點擊 [常用] 索引標籤 [字型] 功能群組的【粗體】及【字元網底】鈕。

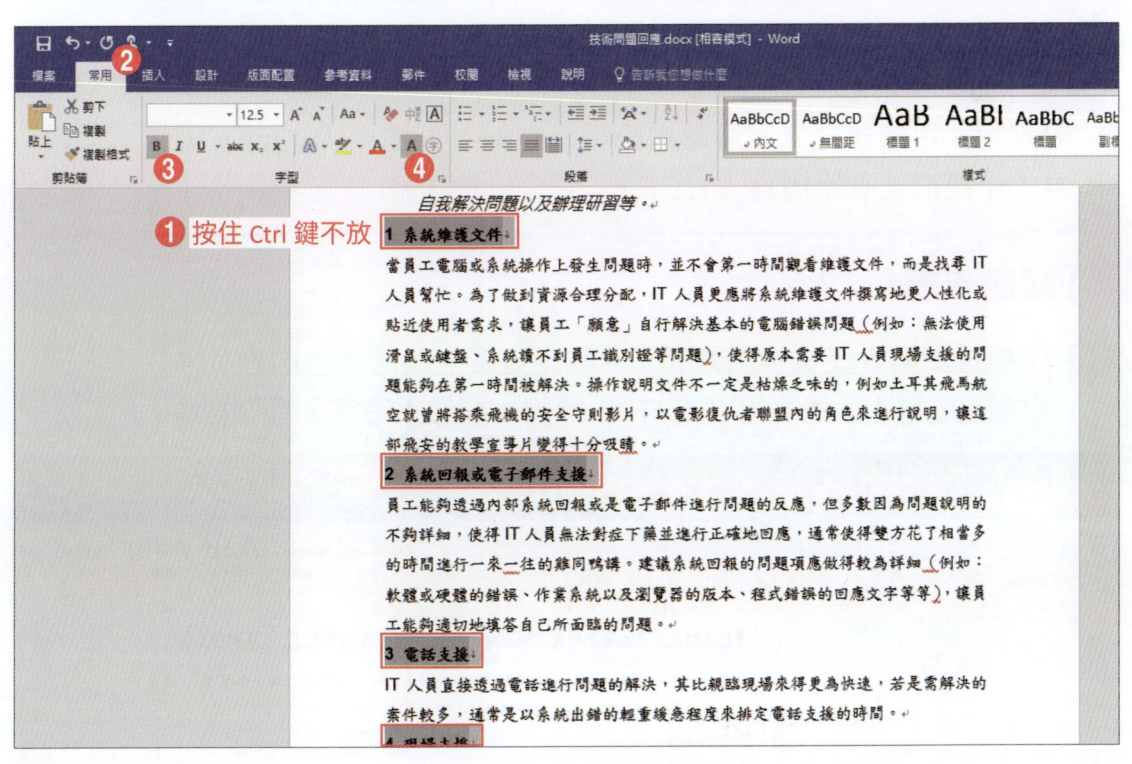

題目 7

第 4 段除了第 1 行文字以外，將其餘文字加上「波浪底線」。

解題步驟

1. 框選第 4 段第一行下方文字（「1 系統維護文件」文字下方內容）。
   點選[常用]索引標籤[字型]功能群組中[底線]選單的[波浪底線]項目。

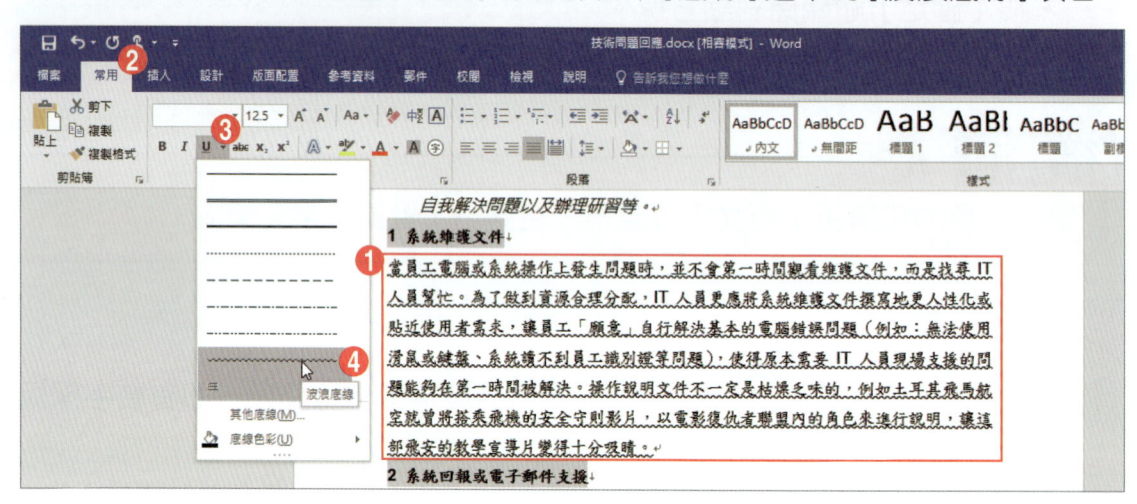

題目 8

設定第 6 段開始之文字段落前分頁，在第 1 頁插入「IT.jpg」圖檔，剪裁為「十邊形」，比例為「1:1」。

解題步驟

1. 游標置於第 6 段文字前方（「3 電話支援」段落文字前方）。
   點擊[段落]功能群組右下方 標記，開啟[段落]對話方塊。

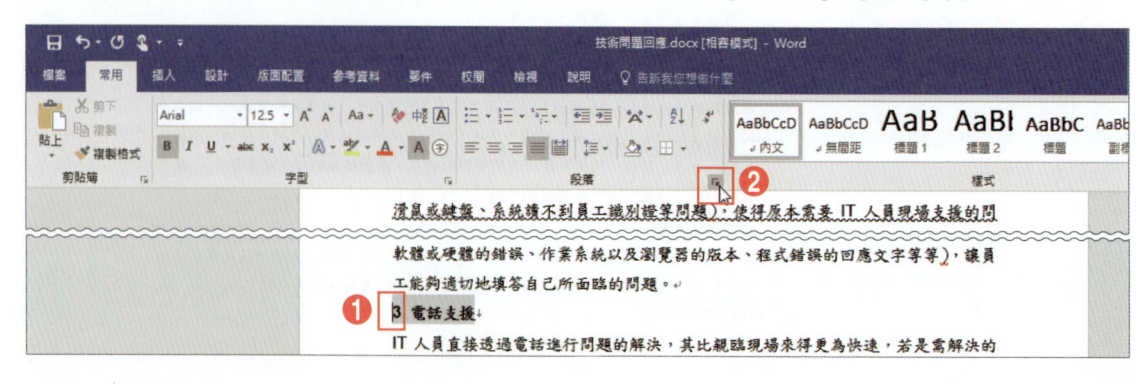

領域範疇 1 題組 1

D-16

② [段落]對話方塊[分行與分頁設定]頁籤：
- 勾選「段落前分頁」核取方塊。
- 按【確定】鈕關閉對話方塊。

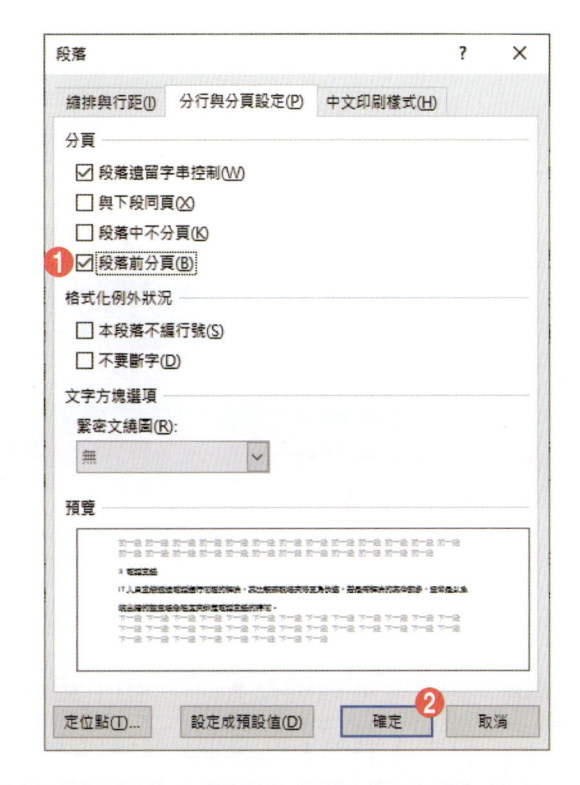

③ 游標置於第1頁文字後方，點擊[插入]索引標籤[圖例]功能群組的【圖片】鈕。

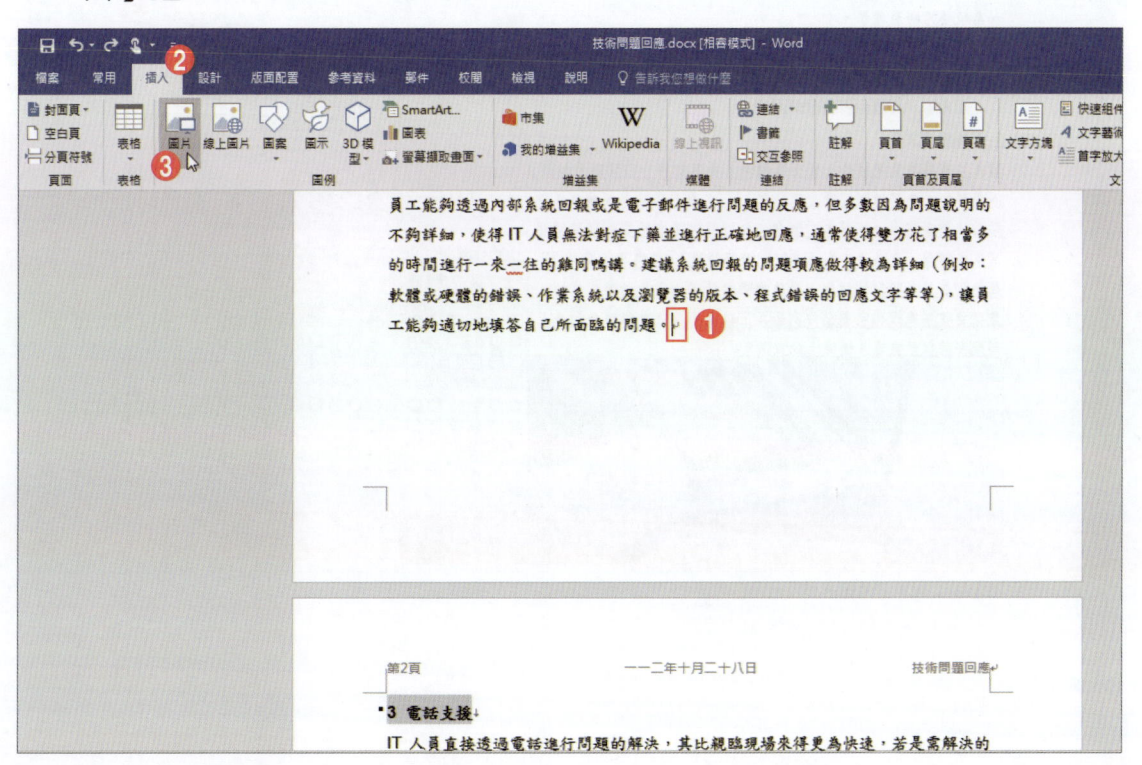

4 開啟「插入圖片」視窗,選取資料夾的「IT.jpg」圖檔,按【插入】鈕。

5 在圖片選取的狀態下,由 [圖片工具]/[格式] 索引標籤 [大小] 功能群組中,選取 [裁剪]/[剪裁成圖形] 選單中的「十邊形」。

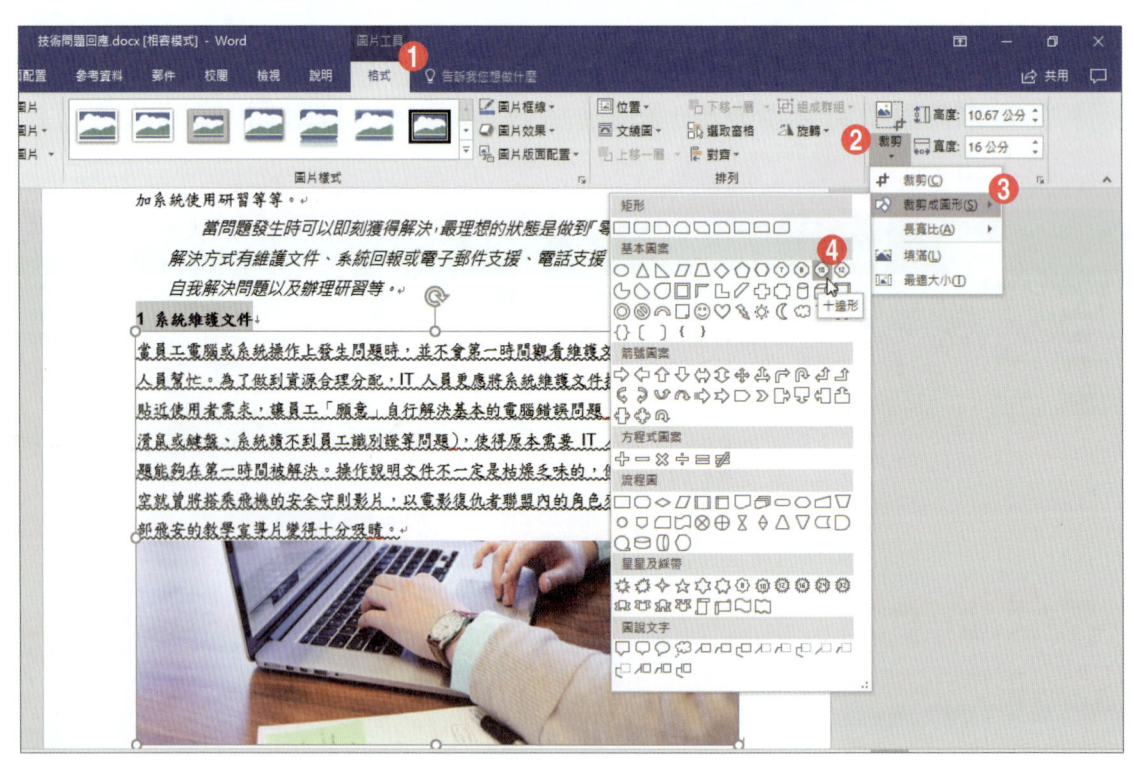

6 選取 [裁剪]/[長寬比] 選單中的「1:1」。

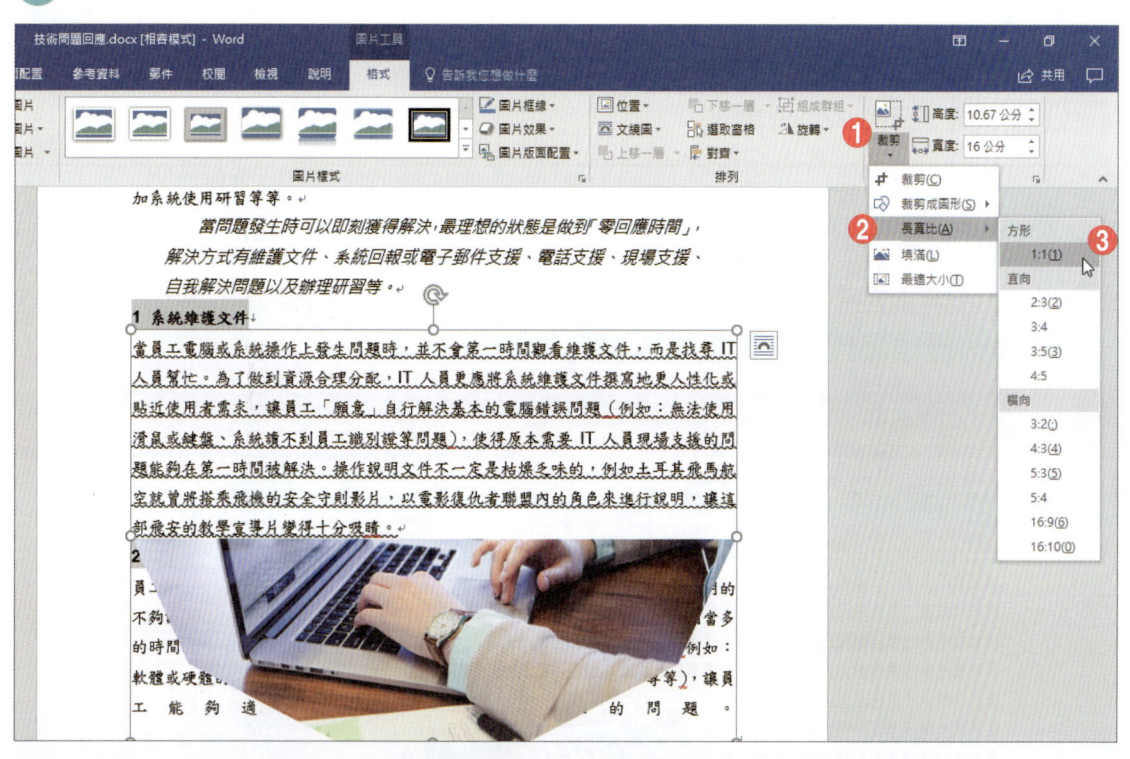

7 點擊【裁剪】鈕，完成圖片裁剪。

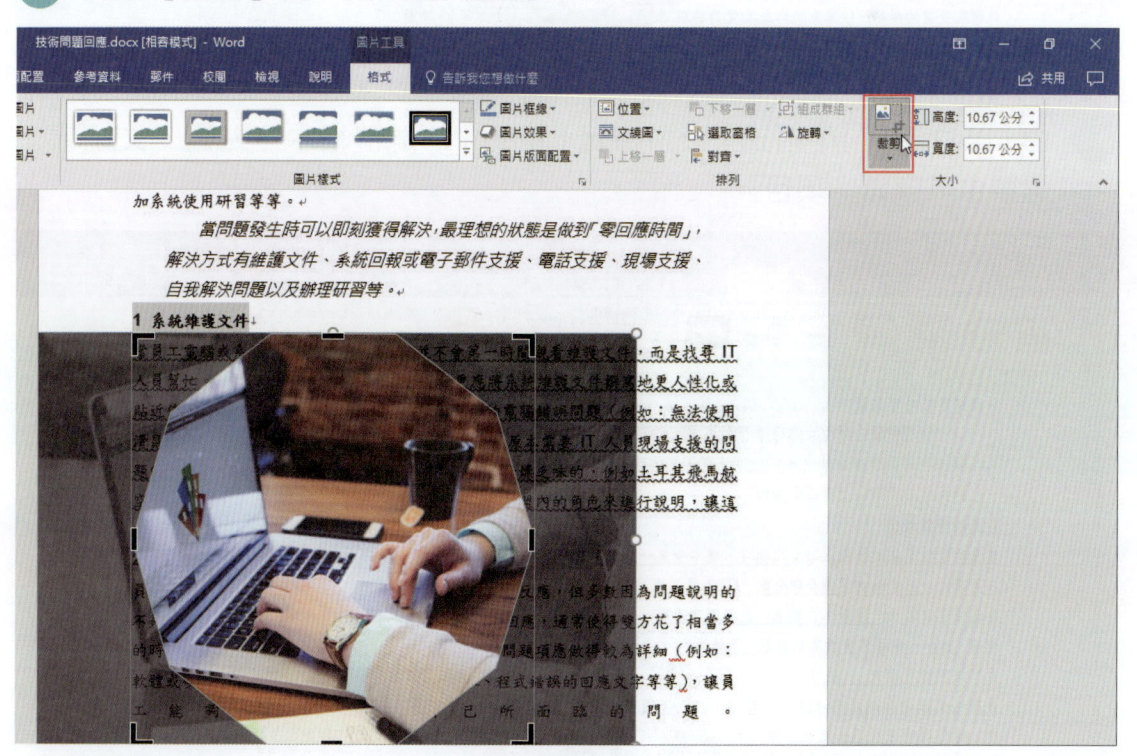

題目 9

設定圖片高度和寬度均為 8 公分,以「穿透」文繞圖方式置於頁右方的 6.5 公分、頁之下 19 公分處。

解題步驟

1 在圖片選取的狀態下,由 [圖片工具]/[格式] 索引標籤 [大小] 功能群組中,設定圖片的高度及寬度皆為「8 公分」。

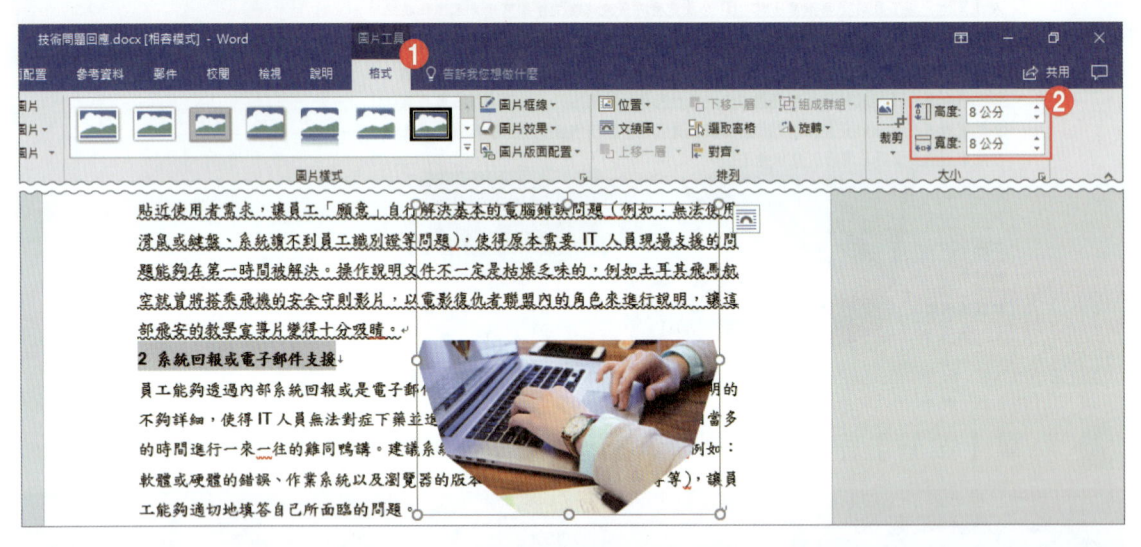

2 由 [圖片工具]/[格式] 索引標籤 [排列] 功能群組中,點選「文繞圖」選單中「穿透」項目。

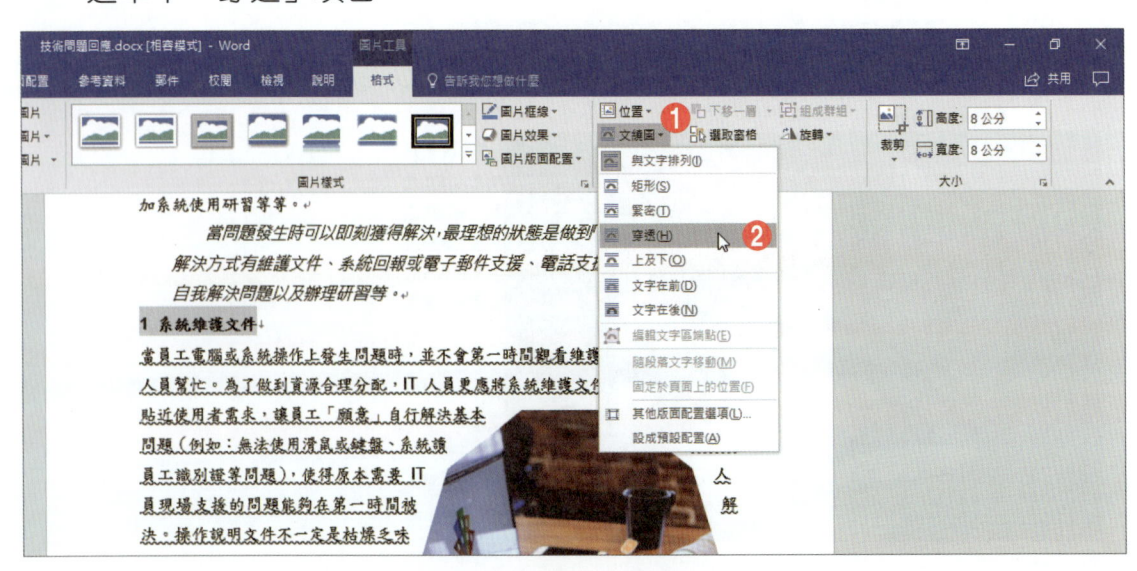

③ 點選「位置」選單的「其他版面配置選項」，開啟「版面配置」對話方塊。

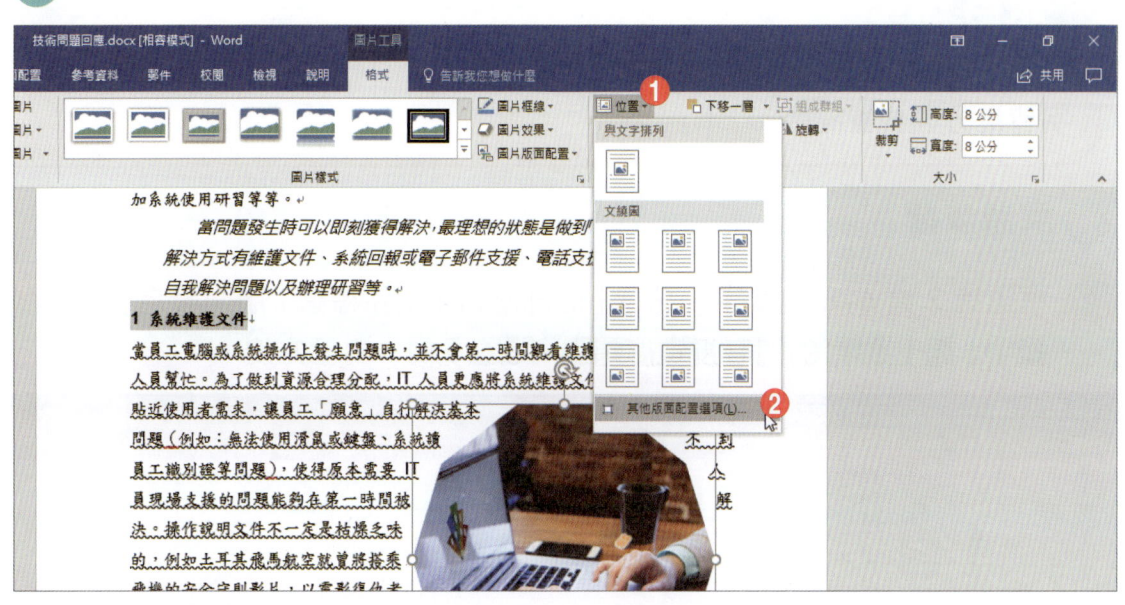

④ 在「版面配置」對話方塊「位置」頁籤中設定：
- 水平「絕對位置」在「頁」右方的「6.5 公分」。
- 垂直「絕對位置」在「頁」之下「19 公分」。
- 按【確定】鈕關閉對話方塊。

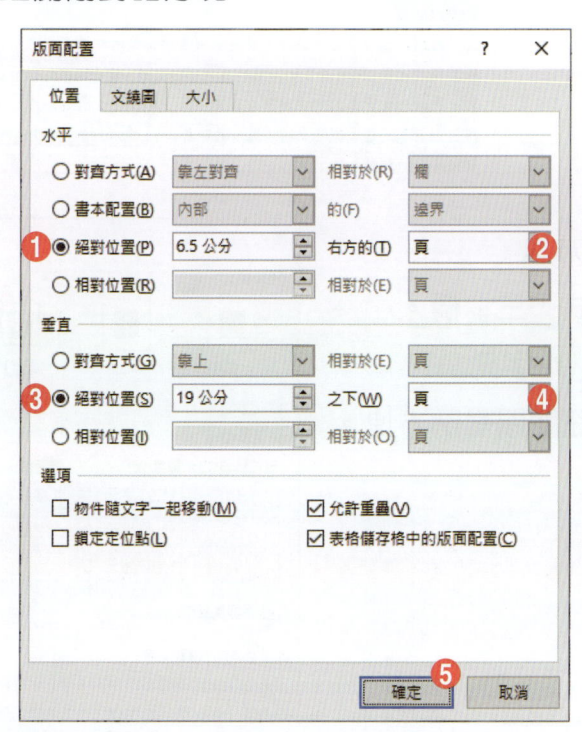

題目 10

第 6~8 段文字平均分為 3 欄，各欄間距 1 字元，不顯示分隔線。每段文字皆自分欄位置開始。

解題步驟

1 框選第 2 頁 6~8 段文字，點選 [版面配置] 索引標籤 [版面設定] 功能群組中 [欄] 選單的「其他欄」項目，開啟「欄」對話方塊。

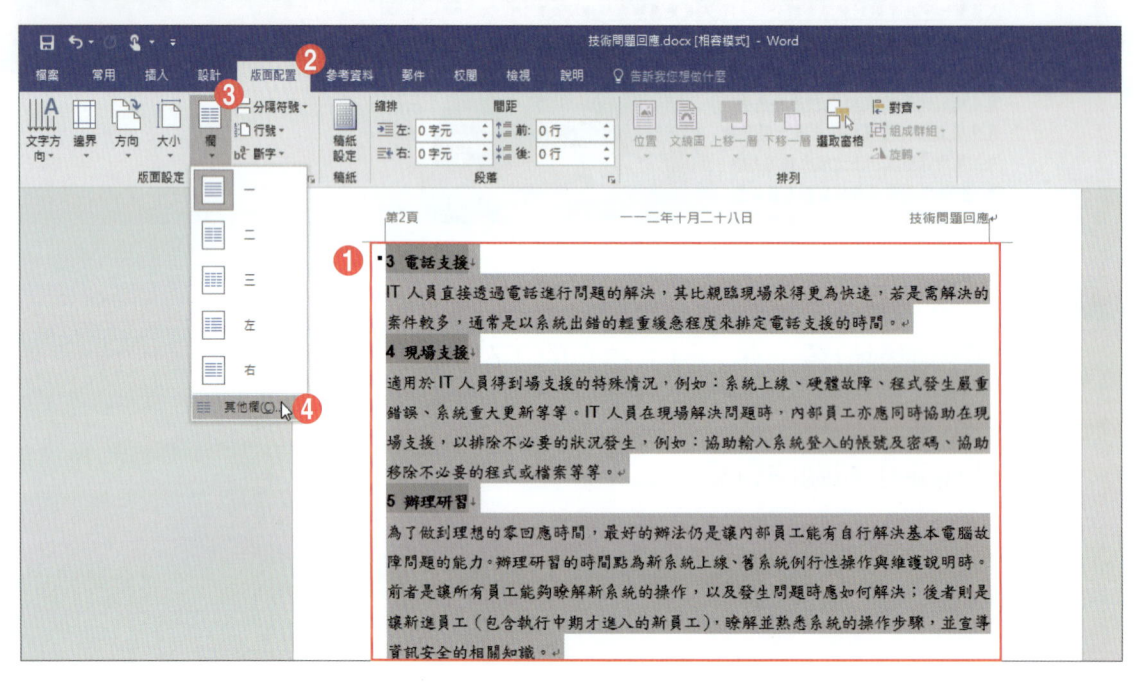

2 在「欄」對話方塊：
- 點選預設格式「三」欄。
- 設定間距為「1 字元」。
- 按【確定】鈕關閉對話方塊。

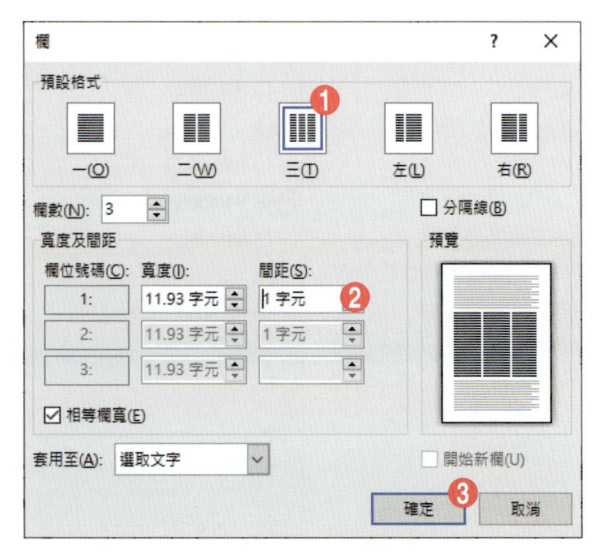

3 游標置於第 7 段（「4 現場支援」）前方。

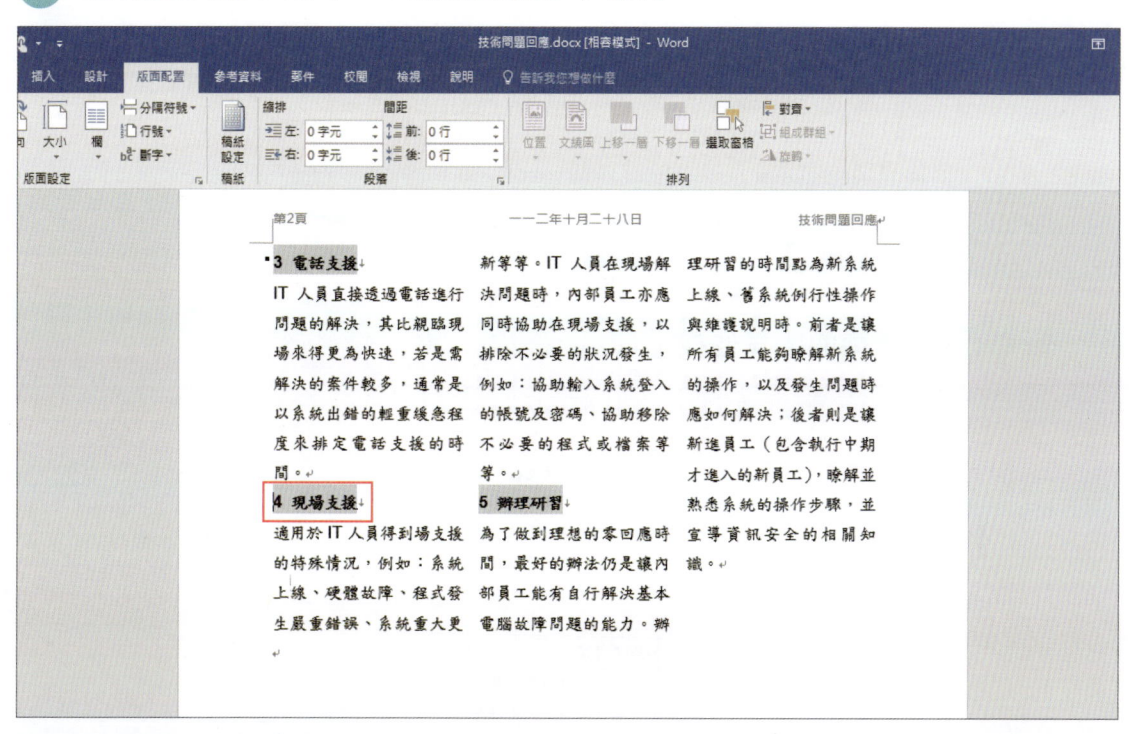

4 點選 [版面配置] 索引標籤 [版面設定] 功能群組中 [分隔符號] 選單的「分欄符號」項目。

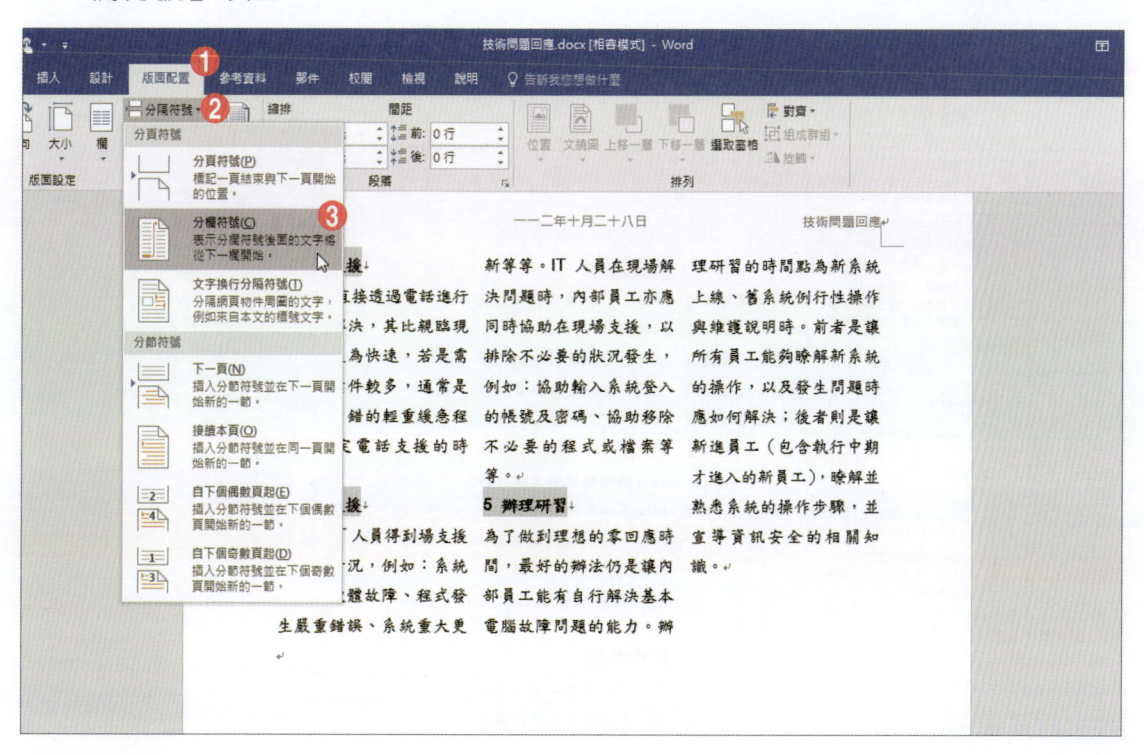

5 游標置於第 8 段（「5 辦理研習」）前方。

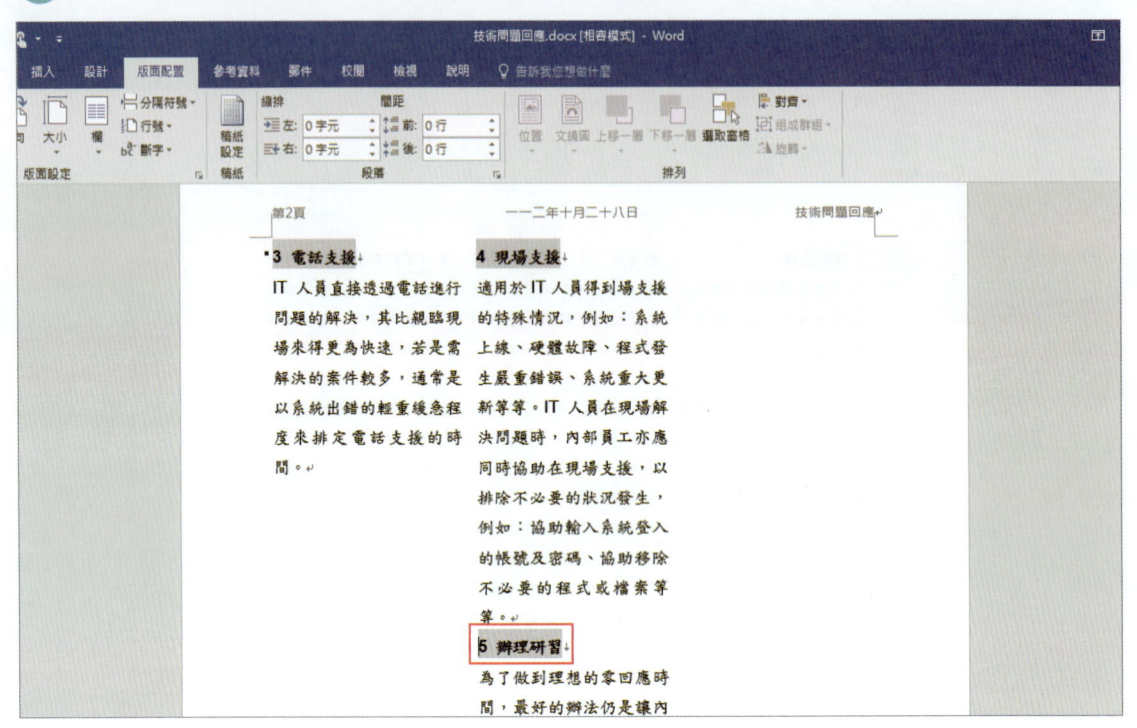

6 點選 [版面配置] 索引標籤 [版面設定] 功能群組中 [分隔符號] 選單的「分欄符號」項目。

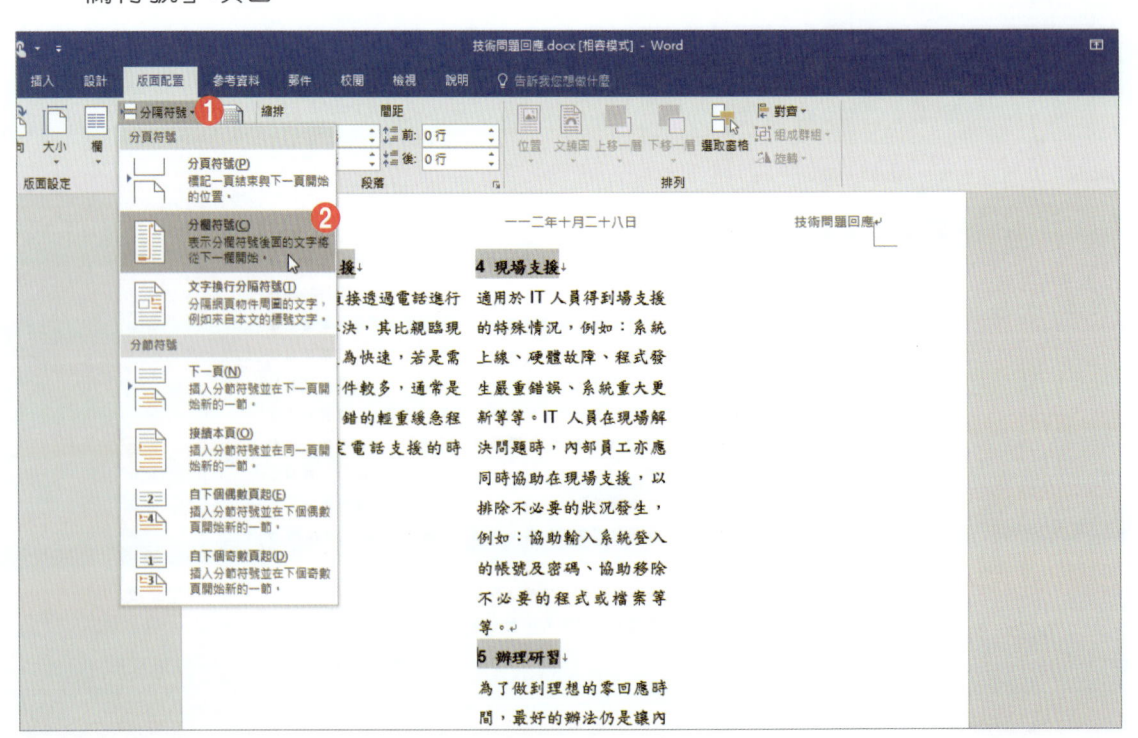

領域範疇 2

表格設計

題組 1 甘特圖

題號	題目要求	頁碼
1	利用定位點將內容轉換為 13 欄 19 列的表格；轉換後表格的寬度設為 90%、表格水平置中對齊。	D-28
2	依照參考答案合併相關儲存格。設定第 1 列之列高為 2.2 公分。	D-30
3	設定表格所有儲存格均為水平、垂直置中對齊。	D-34
4	設定所有中文字型為「標楷體」、英文字體為「Arial」，除第 1 列之外，文字色彩設定為「藍色」。	D-34
5	設定第 1 列中的標題「計畫執行甘特圖」為 16pt、色彩為「紅色」。	D-36
6	利用定位點設定第 1 列中「期程」位置為「3 字元」處、「計畫金額」位置為「22 字元」處。	D-37
7	設定「企劃提案」至「驗收試用」的所有列之列高「0.5 公分」。	D-39
8	設定「企劃提案」至「驗收試用」的所有儲存格，依照參考答案設定部分框線取消水平內框線。	D-40
9	設定「企劃提案」至「驗收試用」的所有儲存格，依照參考答案以「白色，背景 1, 較深 50%」色彩、「點線（大空隙）----------」框線樣式、粗細為 1/2pt，設定垂直內框線。	D-42
10	依照參考答案，以「紫色」填滿儲存格設定「企劃提案」至「驗收試用」的進度。	D-44

參考答案

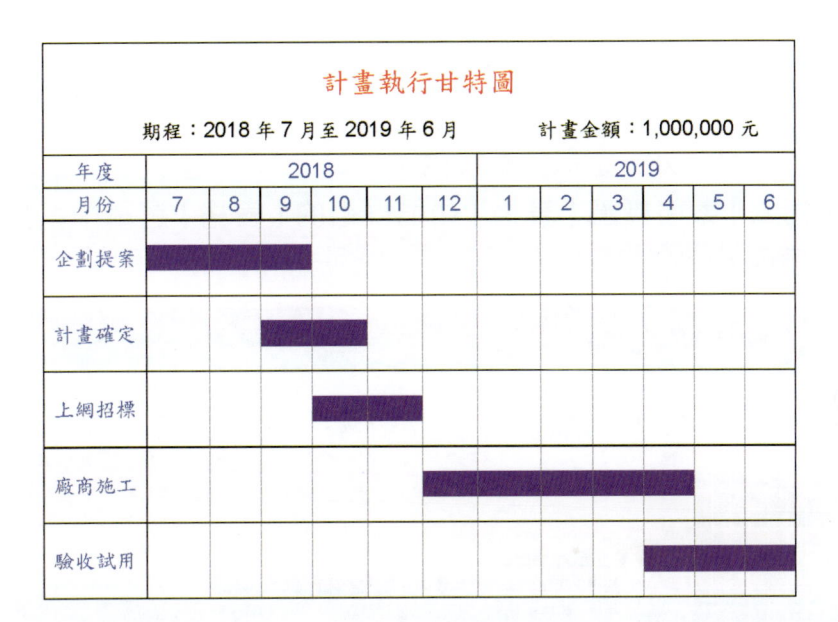

<table>
<tr><td colspan="13" align="center">計畫執行甘特圖</td></tr>
<tr><td colspan="7">期程：2018 年 7 月至 2019 年 6 月</td><td colspan="6">計畫金額：1,000,000 元</td></tr>
<tr><td>年度</td><td colspan="6">2018</td><td colspan="6">2019</td></tr>
<tr><td>月份</td><td>7</td><td>8</td><td>9</td><td>10</td><td>11</td><td>12</td><td>1</td><td>2</td><td>3</td><td>4</td><td>5</td><td>6</td></tr>
<tr><td>企劃提案</td><td colspan="12"></td></tr>
<tr><td>計畫確定</td><td colspan="12"></td></tr>
<tr><td>上網招標</td><td colspan="12"></td></tr>
<tr><td>廠商施工</td><td colspan="12"></td></tr>
<tr><td>驗收試用</td><td colspan="12"></td></tr>
</table>

題目 1

利用定位點將內容轉換為 13 欄 19 列的表格；轉換後表格的寬度設為 90%、表格水平置中對齊。

解題步驟

1. 除最後空白段落外，選取所有段落。
   點選 [插入] 索引標籤 [表格] 功能群組的 [表格] 選單中「文字轉換為表格」項目。

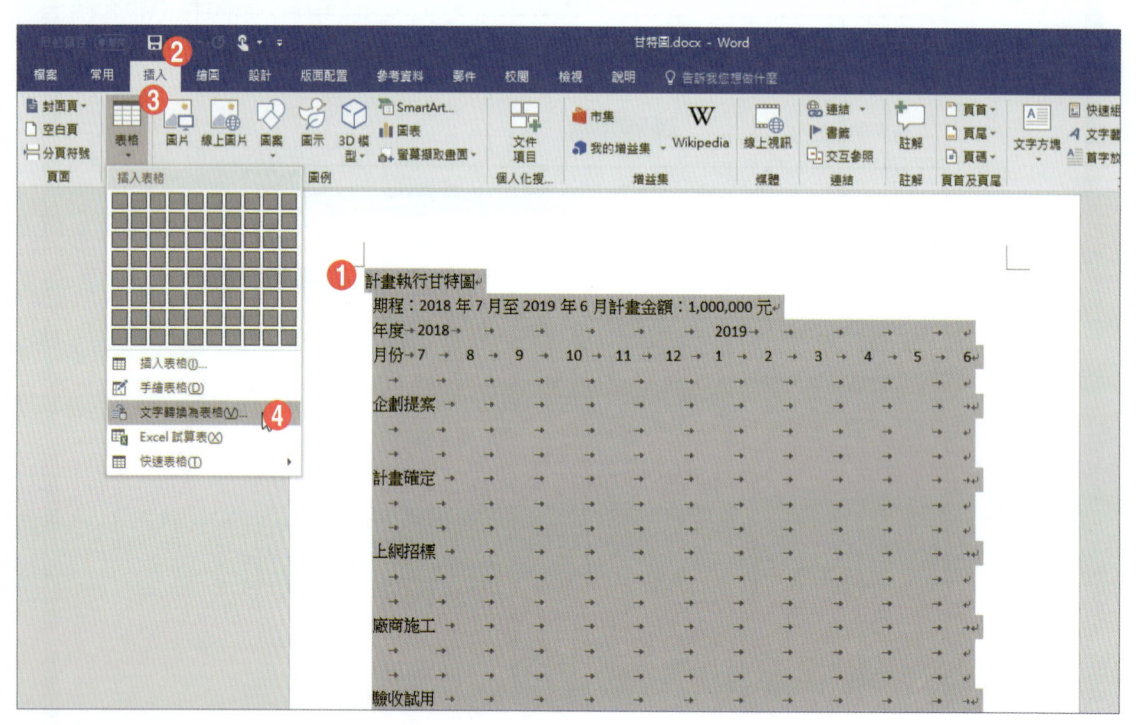

2. 在開啟的「文字轉換為表格」對話方塊中，點選分隔文字在「定位點」選項鈕，按【確定】鈕關閉對話方塊。

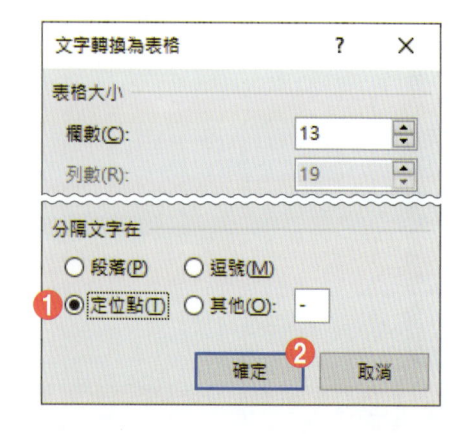

D-28

Documents 文書處理

3. 在表格標記 ⊞ 按滑鼠右鍵，點選「表格內容」項目。

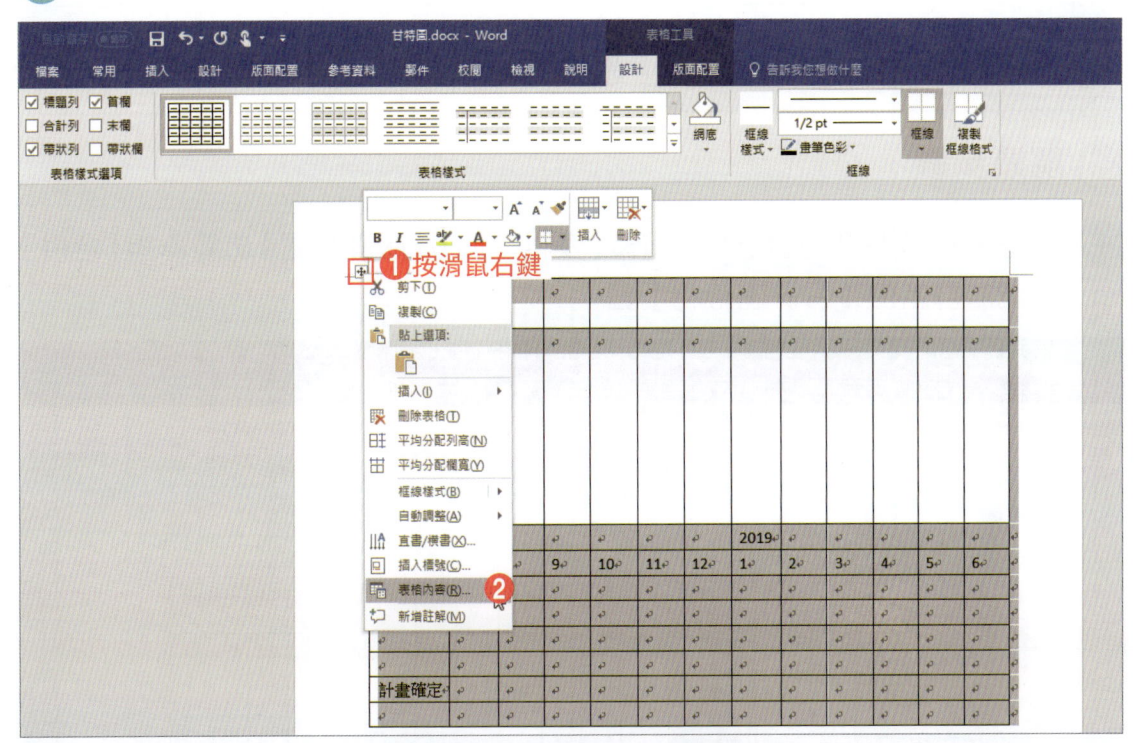

4. 在開啟的「表格內容」對話方塊 [表格] 頁籤中設定：
   - 表格大小勾選「慣用寬度」，先選擇度量單位為「百分比」，再設定寬度為「90%」。
   - 對齊方式點選「置中」。
   - 按【確定】鈕關閉對話方塊。

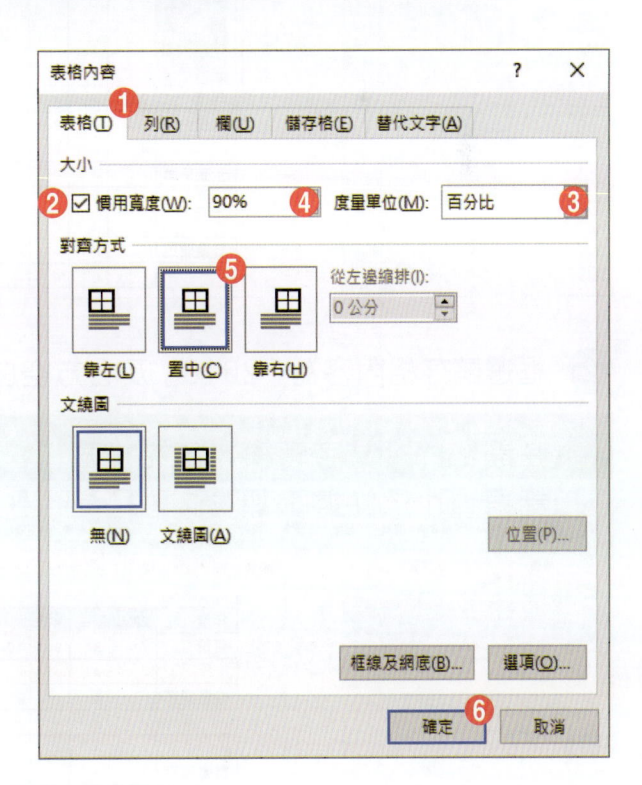

題目 2

依照參考答案合併相關儲存格。設定第 1 列之列高為 2.2 公分。

解題步驟

1 框選表格第 1~2 列儲存格,點擊 [表格工具]/[版面配置] 功能群組 [合併] 功能的群組的【合併儲存格】鈕。

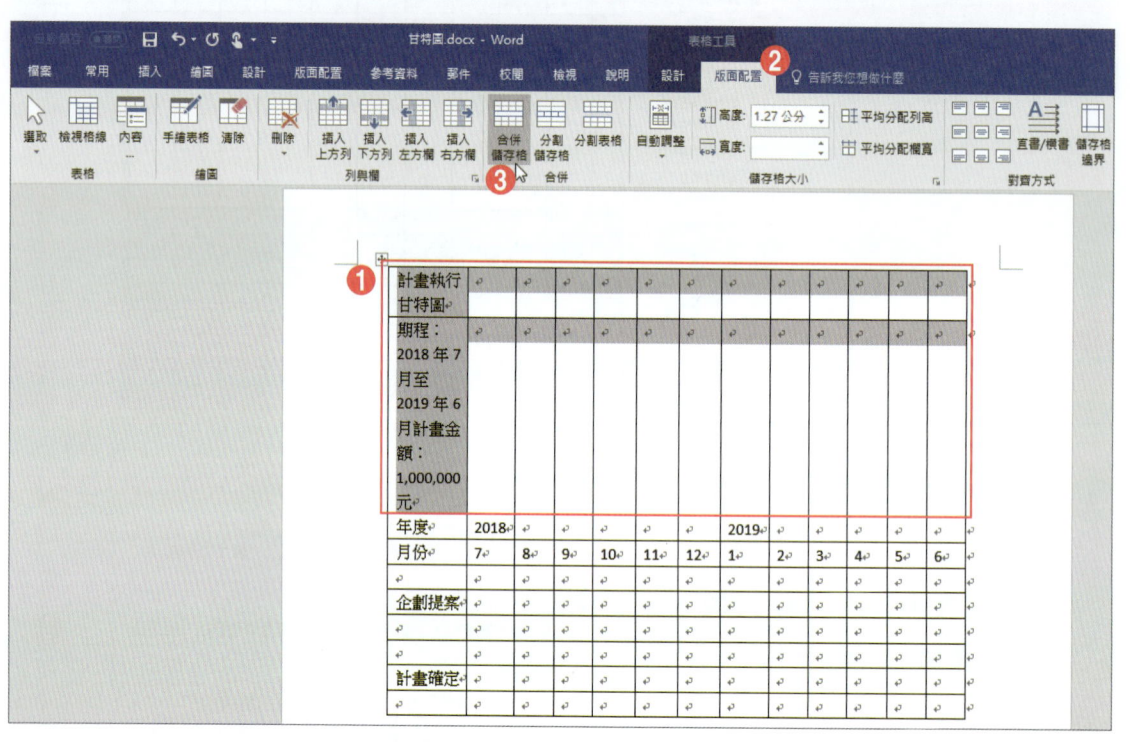

2 框選儲存格內容為「2018」及右方空白儲存格,點擊【合併儲存格】鈕。

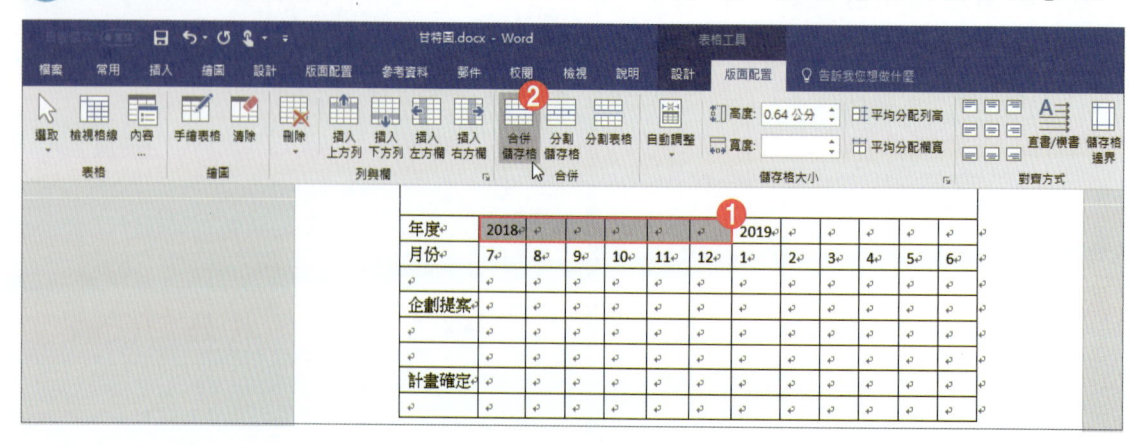

③ 框選儲存格內容為「2019」及右方空白儲存格，點擊【合併儲存格】鈕。

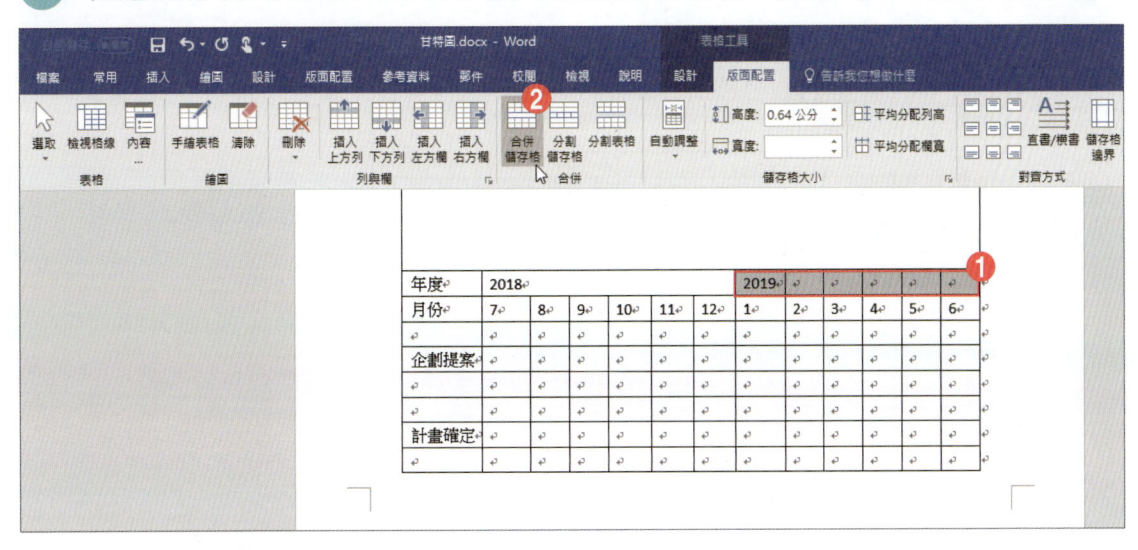

④ 參考結果檔，依序框選儲存格內容為「企劃提案」、「計畫確定」、「上網招標」、「廠商施工」、「驗收試用」及其上、下空白儲存格，點擊【合併儲存格】鈕。

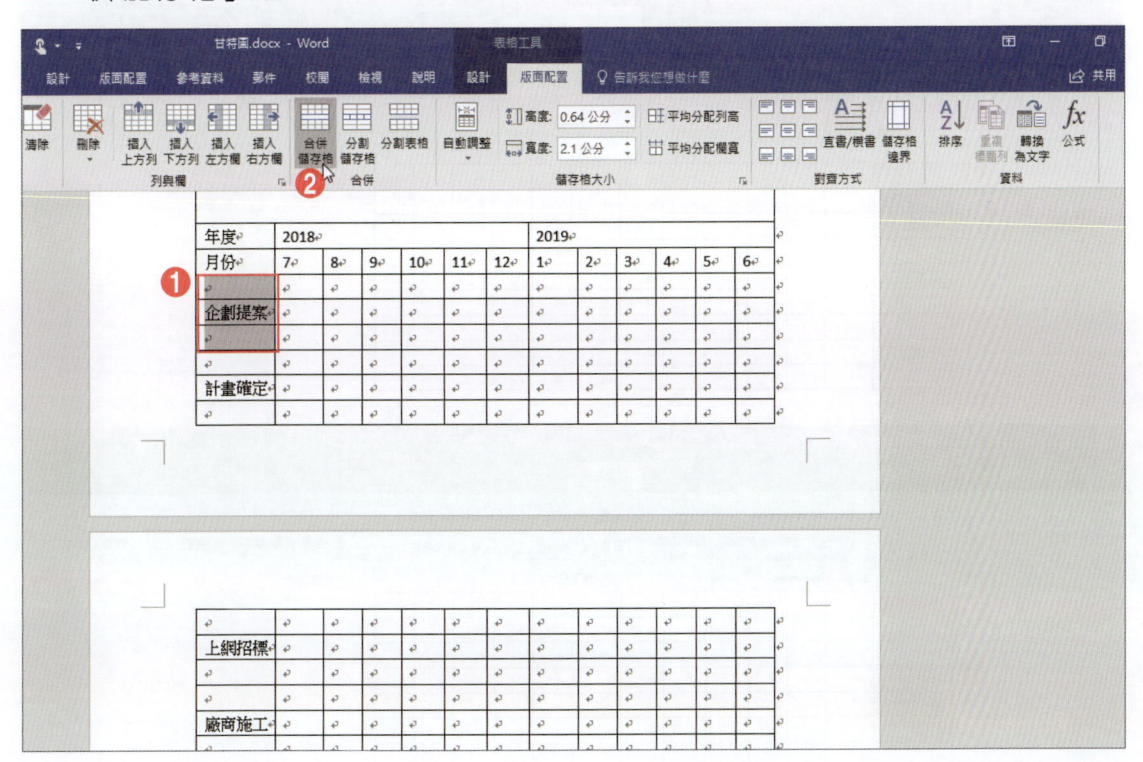

領域範疇 **2** 題組 1

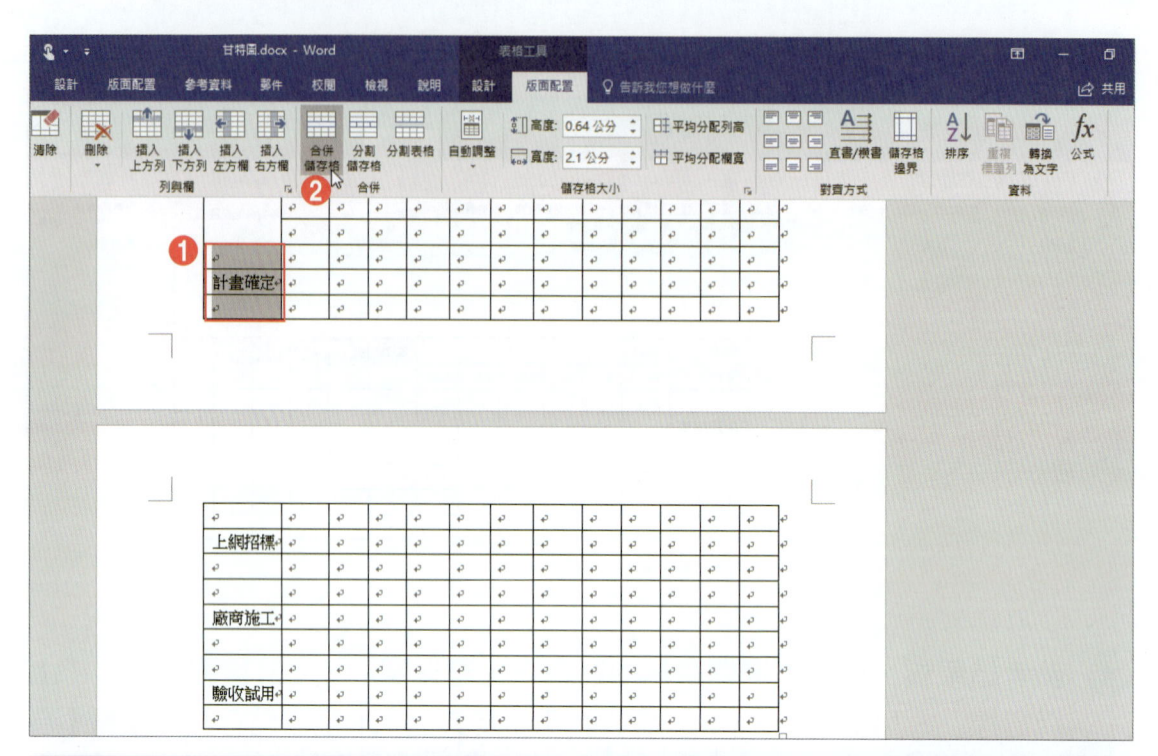

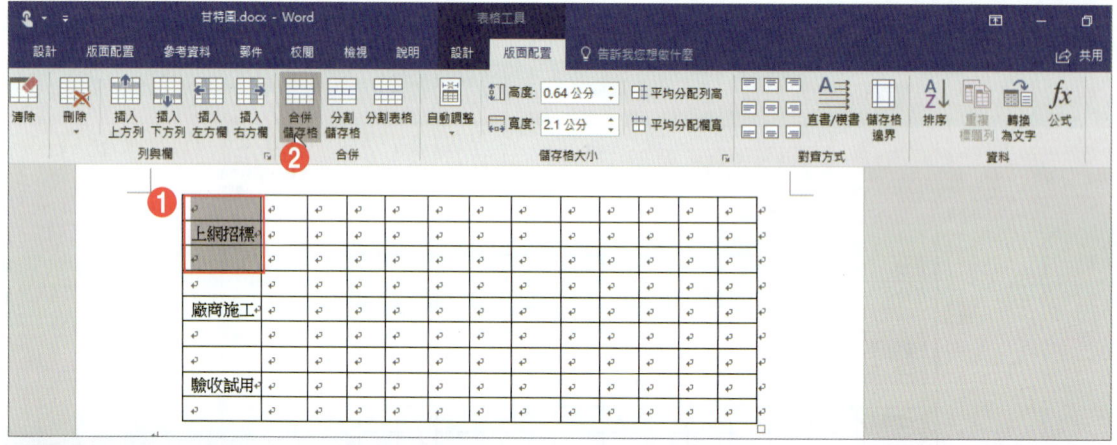

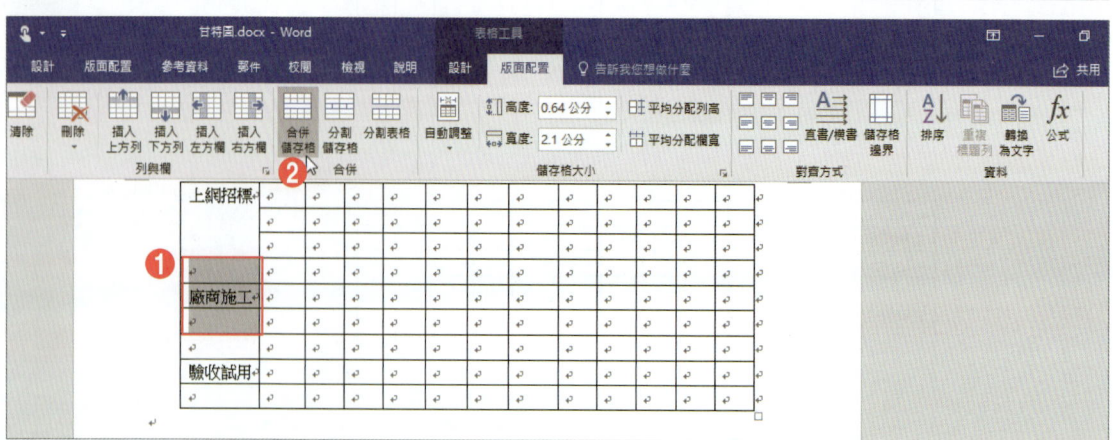

D-32

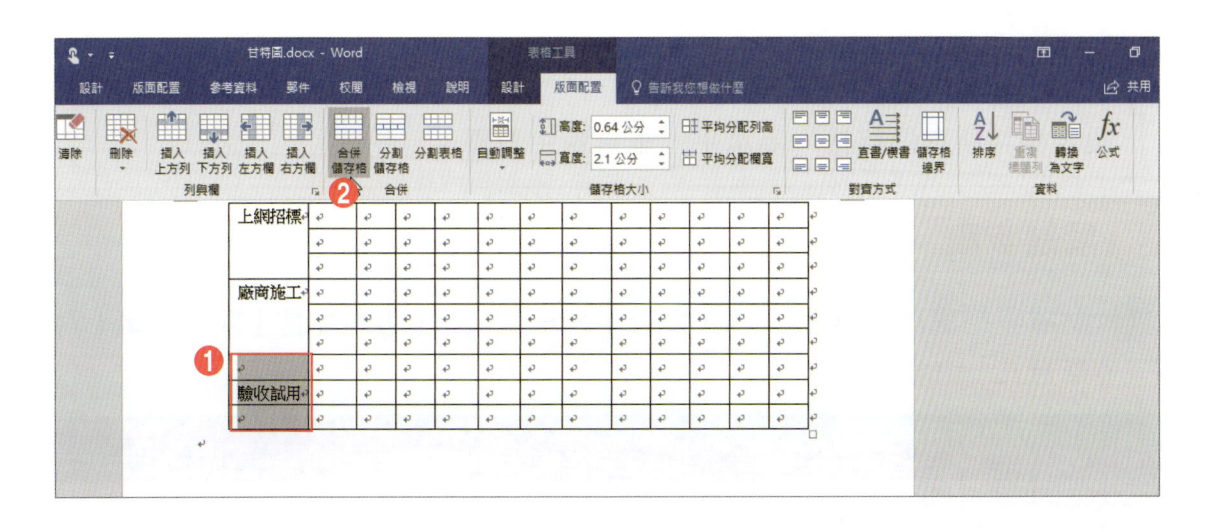

5. 游標置於第 1 列儲存格，由 [表格工具]/[版面配置] 功能群組 [儲存格大小] 功能群組設定高度為「2.2 公分」。

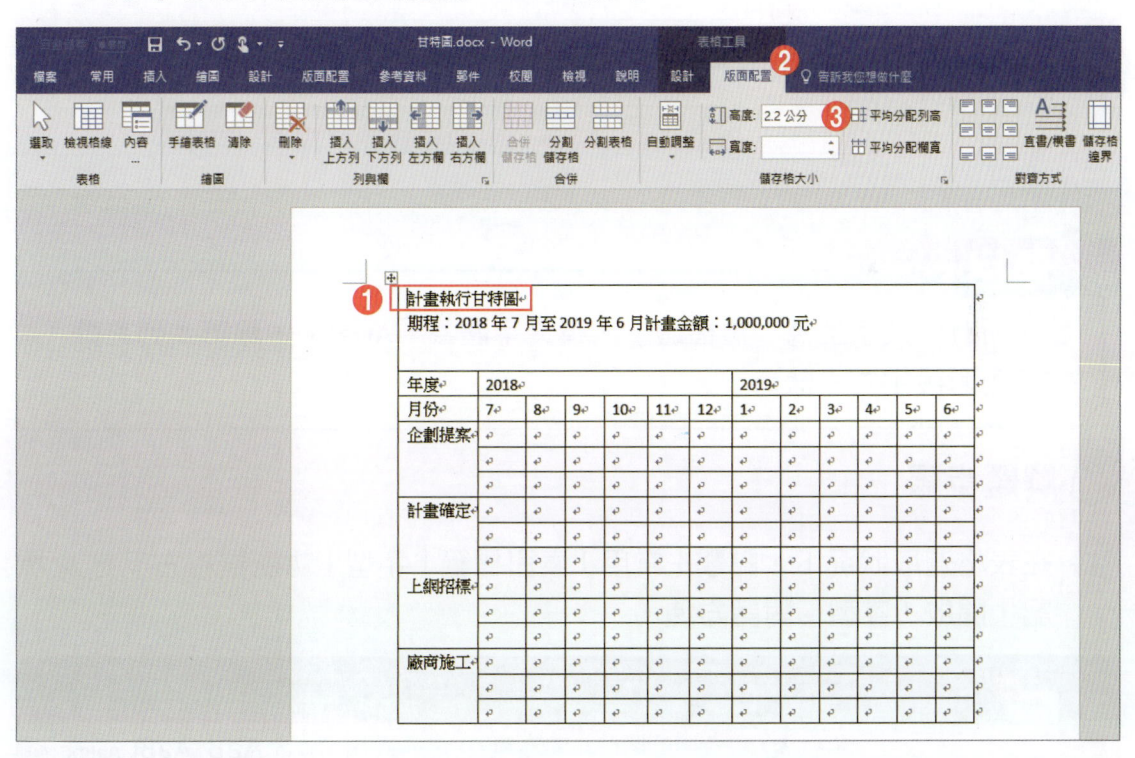

題目 3

設定表格所有儲存格均為水平、垂直置中對齊。

解題步驟

1 點擊表格標記 ⊞ 選取表格,點擊 [表格工具]/[版面配置] 索引標籤 [對齊方式] 功能群組中【置中對齊】鈕。

題目 4

設定所有中文字型為「標楷體」、英文字體為「Arial」,除第 1 列之外,文字色彩設定為「藍色」。

解題步驟

1 在表格選取狀況下,點擊 [常用] 索引標籤 [字型] 功能群組右下方 標記,開啟「字型」對話方塊。

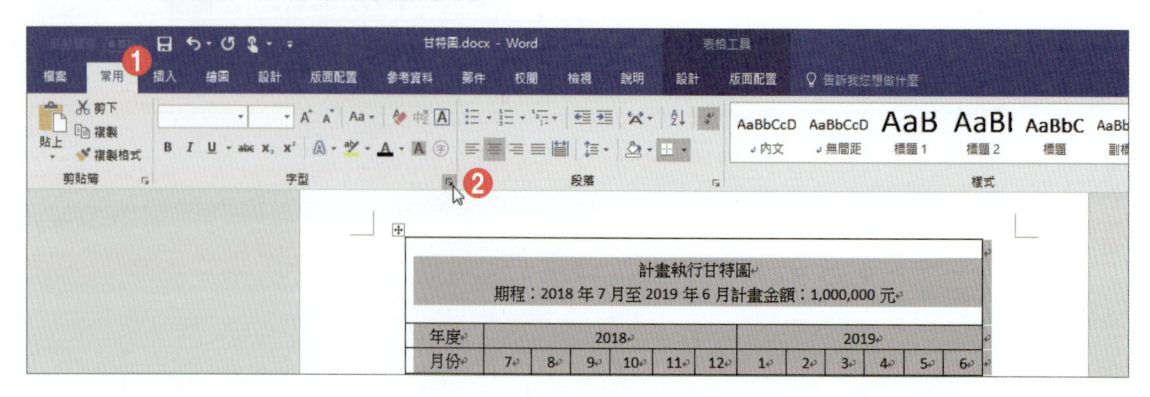

② 在「字型」對話方塊 [字型] 頁籤中設定：

- 中文字型為「標楷體」。
- 英文字型為「Arial」。
- 按【確定】鈕關閉對話方塊。

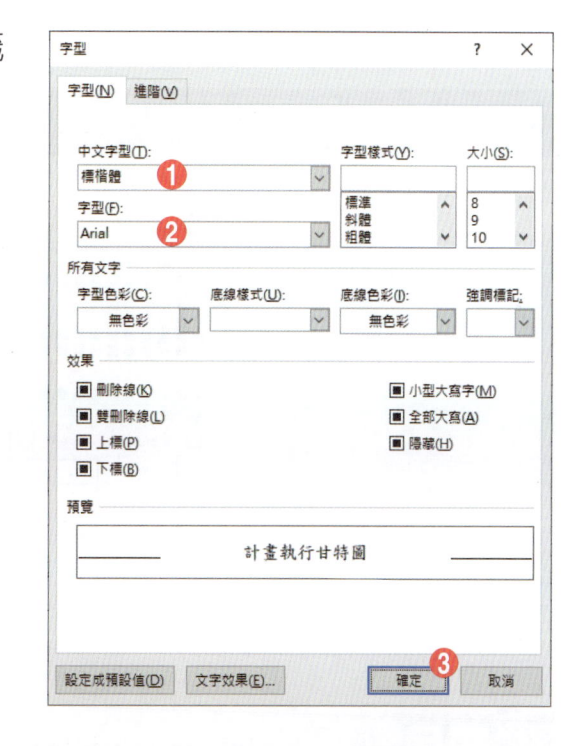

③ 框選表格第 1 列以下所有儲存格。

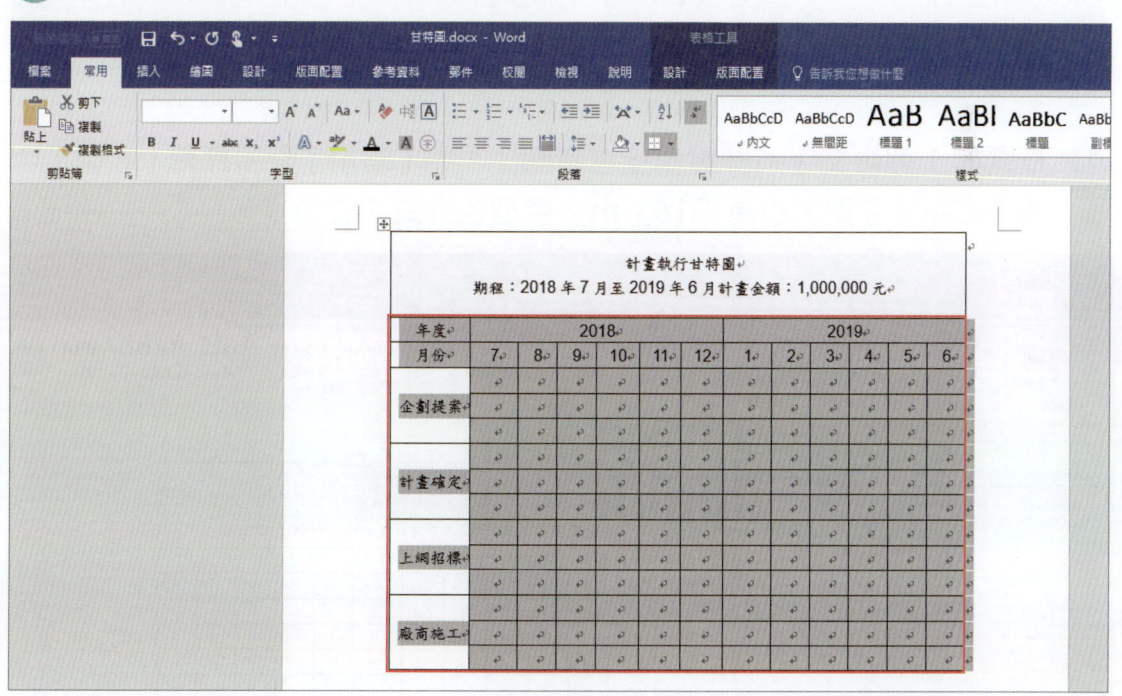

4 由 [常用] 索引標籤 [字型] 功能群組設定字型色彩為「藍色」。

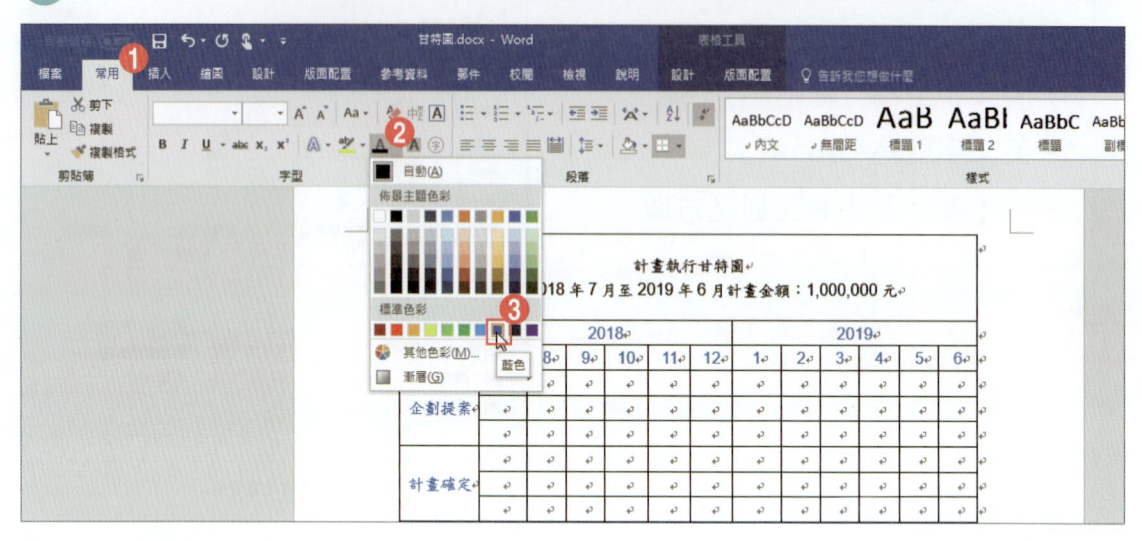

題目 5

設定第 1 列中的標題「計畫執行甘特圖」為 16pt、色彩為「紅色」。

解題步驟

1 框選第 1 列中文字「計畫執行甘特圖」,由 [常用] 索引標籤 [字型] 功能群組設定字型大小為「16」pt、字型色彩為「紅色」。

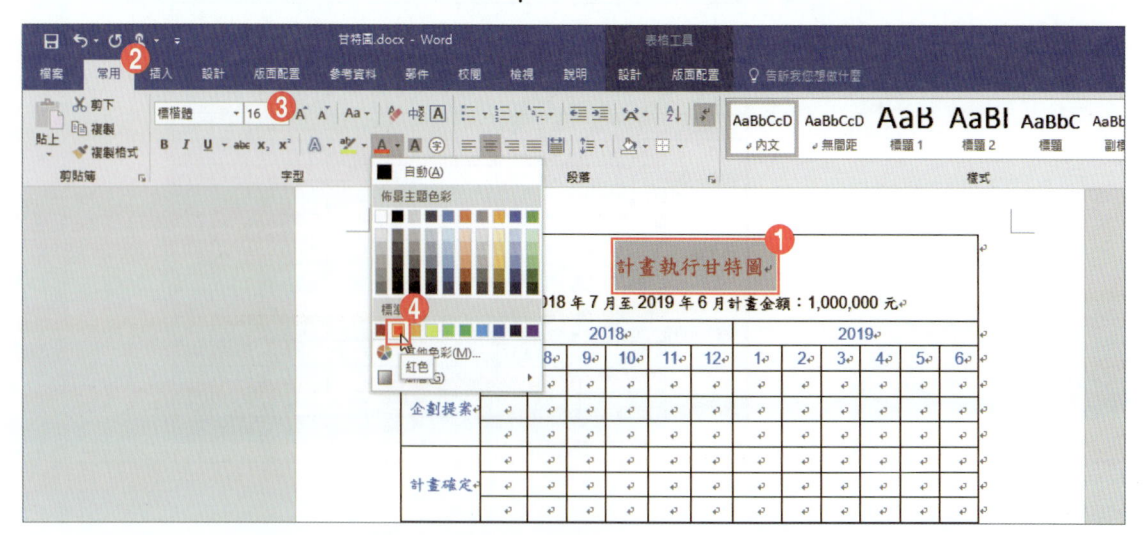

題目 6

利用定位點設定第 1 列中「期程」位置為「3 字元」處、「計畫金額」位置為「22 字元」處。

解題步驟

1 游標置於表格第 1 列第 2 段落文字「期程」前方，點擊 [常用] 索引標籤 [段落] 功能群組右下方 標記，開啟「段落」對話方塊。

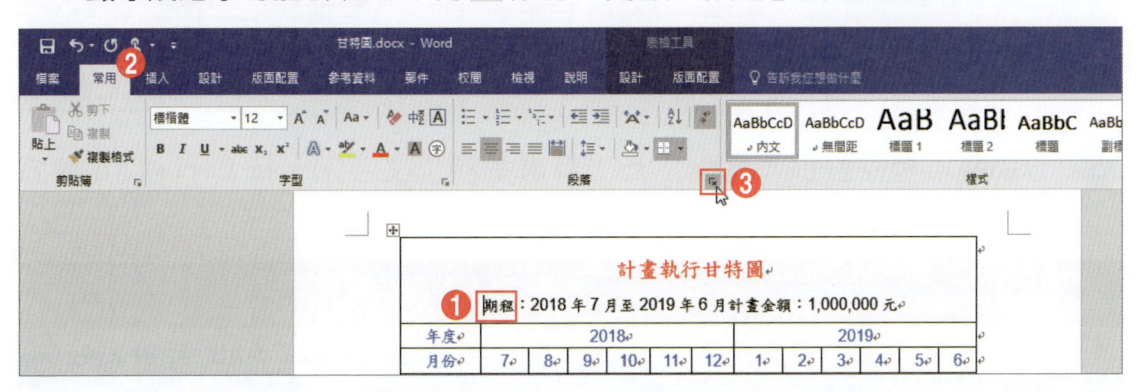

2 在開啟的「段落」對話方塊，點擊下方【定位點】鈕，開啟「定位點」對話方塊。

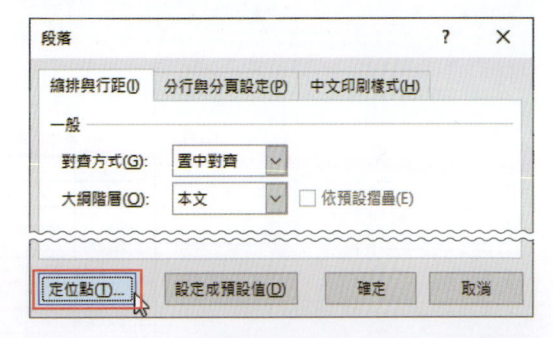

3 由「定位點」對話方塊輸入定位點停駐位置為「3 字元」，按【設定】鈕。

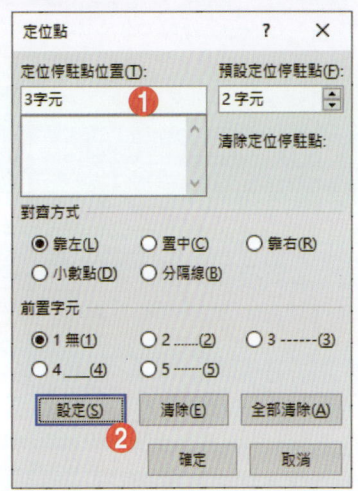

D-37

4. 再設定另一定位停駐點位置為「22 字元」後,按【確定】鈕關閉對話方塊。

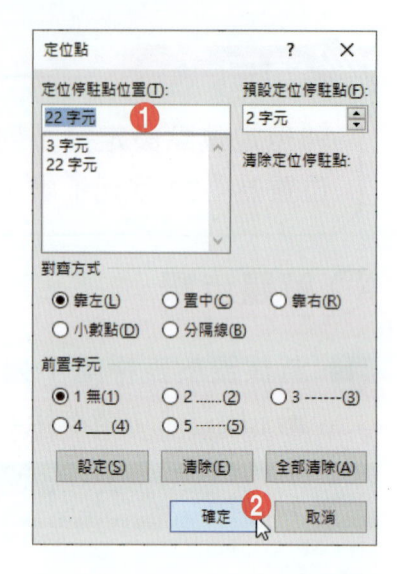

5. 分別將游標停駐於「期程」及「計畫金額」文字前,按 Ctrl+Tab 鍵將文字進行定位。

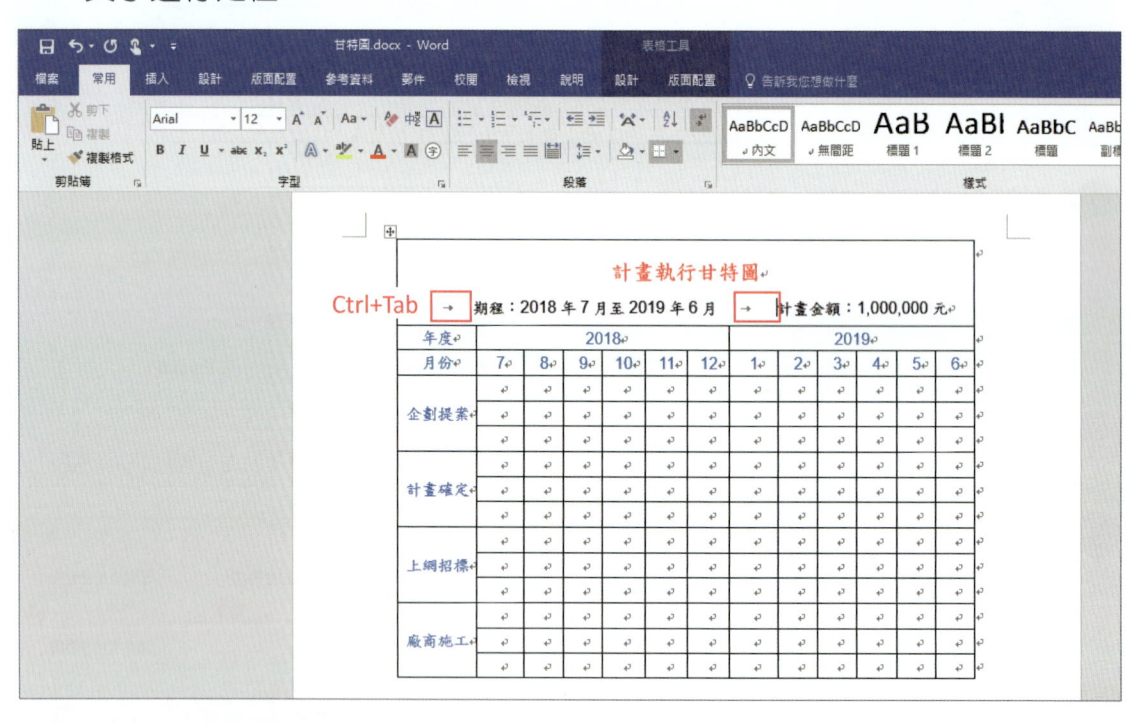

題目 7

設定「企劃提案」至「驗收試用」的所有列之列高「0.5 公分」。

解題步驟

1 框選「企劃提案」至「驗收試用」的所有列，點擊 [表格工具]/[版面配置] 索引標籤 [表格] 功能群組的【內容】鈕，開啟「表格內容」對話方塊。

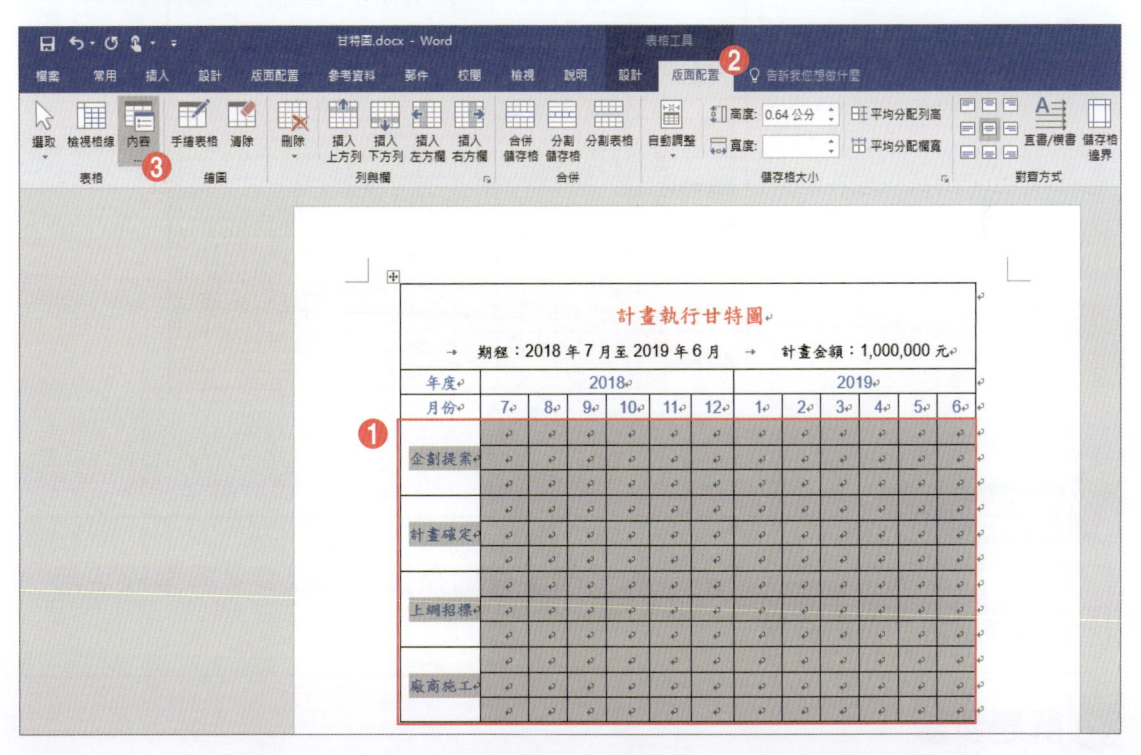

2 由「表格內容」對話方塊的「列」頁籤，勾選「指定高度」核取方塊，選擇列高為「設定」，設定高度為「0.5 公分」後，按【確定】鈕關閉對話方塊。

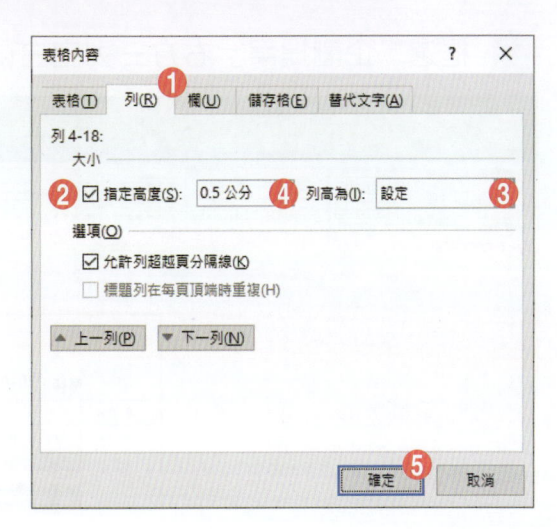

D-39

3 完成列高設定後結果。

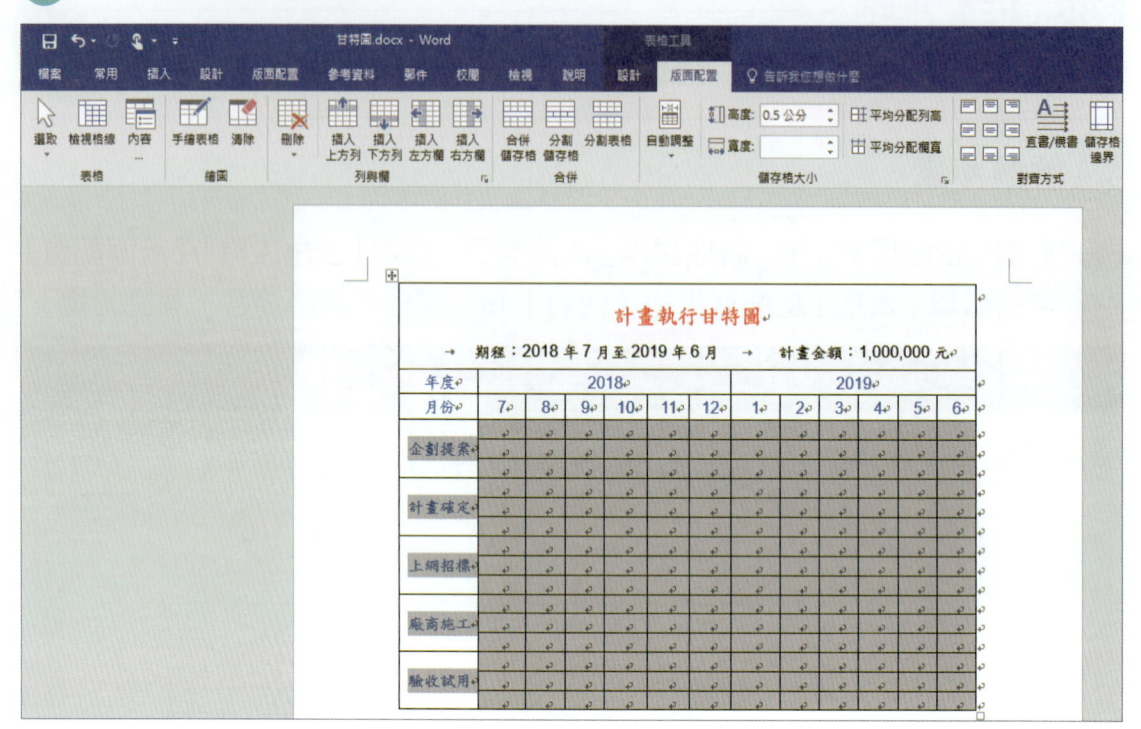

題目 8

設定「企劃提案」至「驗收試用」的所有儲存格,依照參考答案設定部分框線取消水平內框線。

解題步驟

1 框選「企劃提案」右方三列空白儲存格。

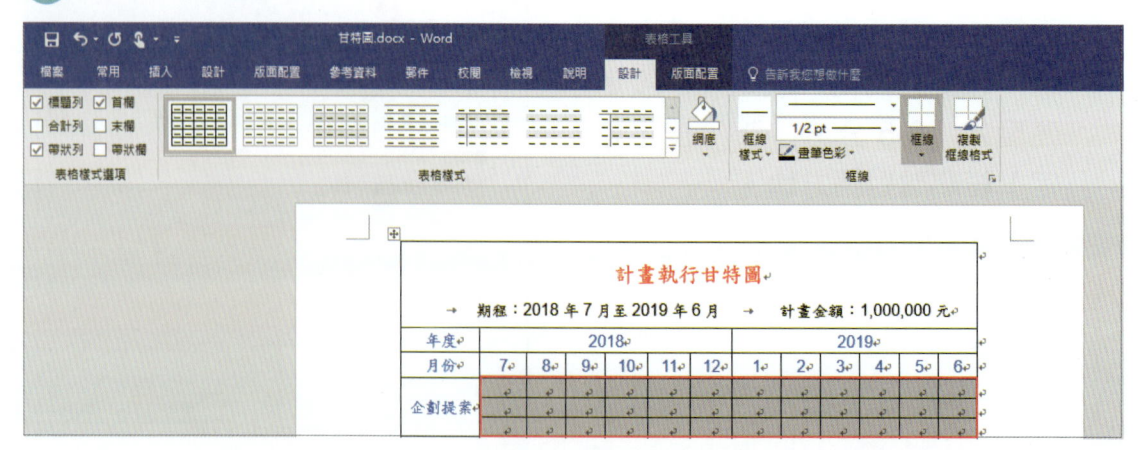

2 點選 [表格工具]/[設計] 索引標籤 [框線] 功能群組中 [框線] 選單的「水平內框線」項目，取消選取範圍的水平內框線。

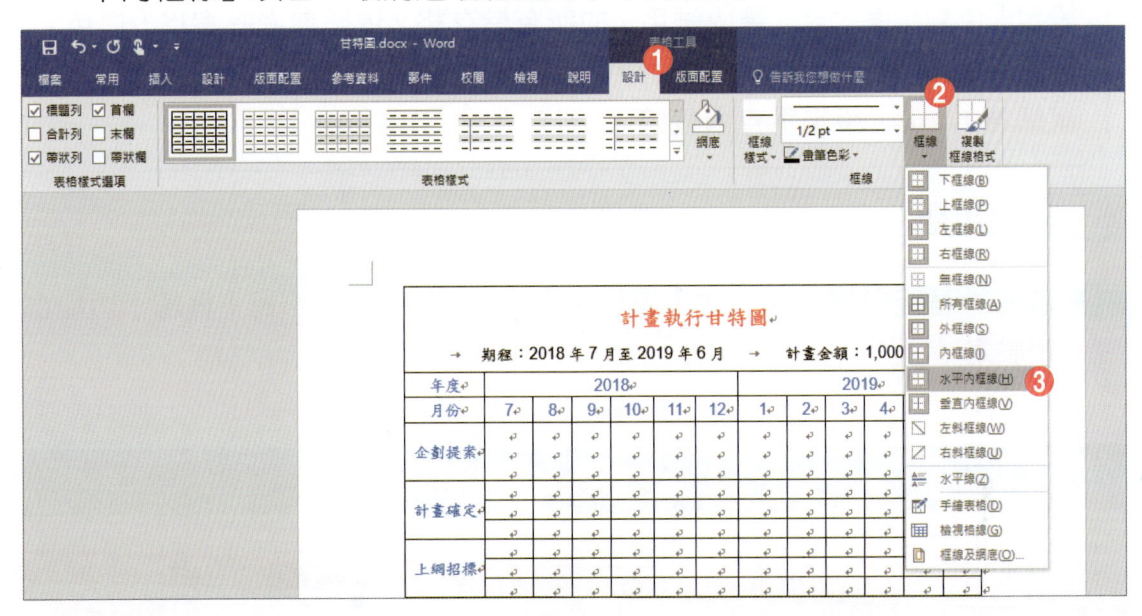

3 依續框選「計畫確定」、「上網招標」、「廠商施工」、「驗收試用」右方三列空白儲存格，點選 [框線] 選單的「水平內框線」，取消選取範圍的水平內框線。

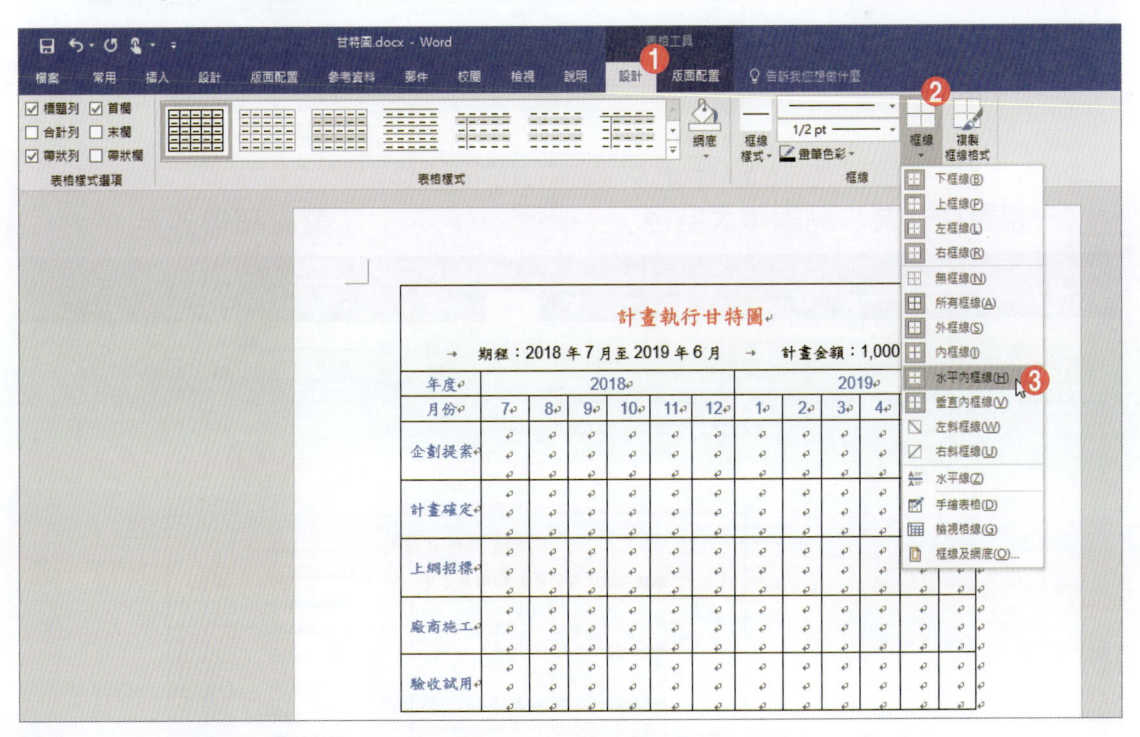

題目 9

設定「企劃提案」至「驗收試用」的所有儲存格,依照參考答案以「白色,背景 1, 較深 50%」色彩、「點線(大空隙）----------」框線樣式、粗細為 1/2pt,設定垂直內框線。

解題步驟

1. 選取所有空白儲存格,由 [表格工具]/[設計] 索引標籤 [框線] 功能群組設定:

   - 畫筆色彩為「白色,背景 1, 較深 50%」。

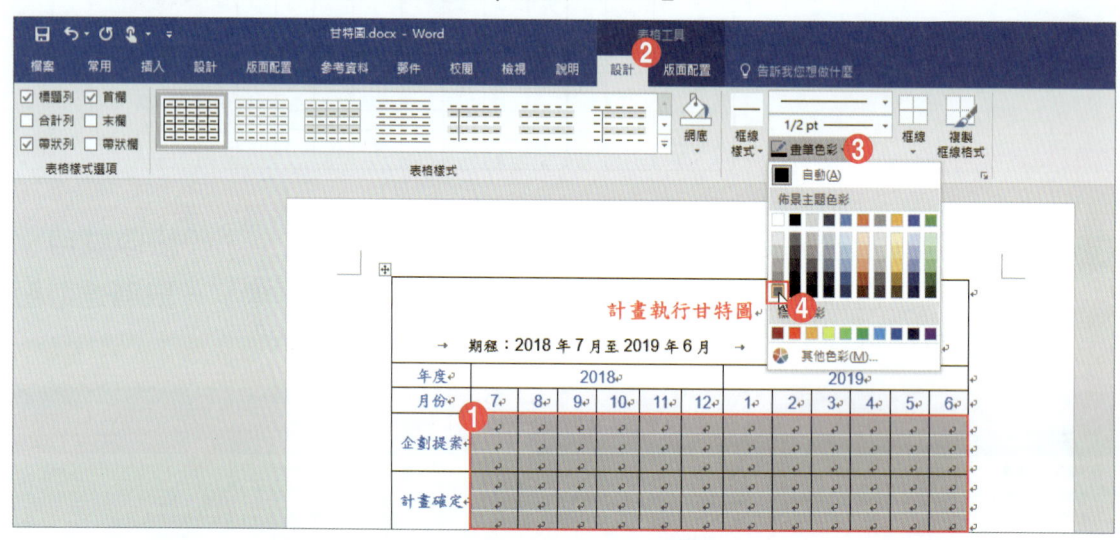

   - 畫筆樣式為「點線(大空隙)----------」(第 4 種樣式)。

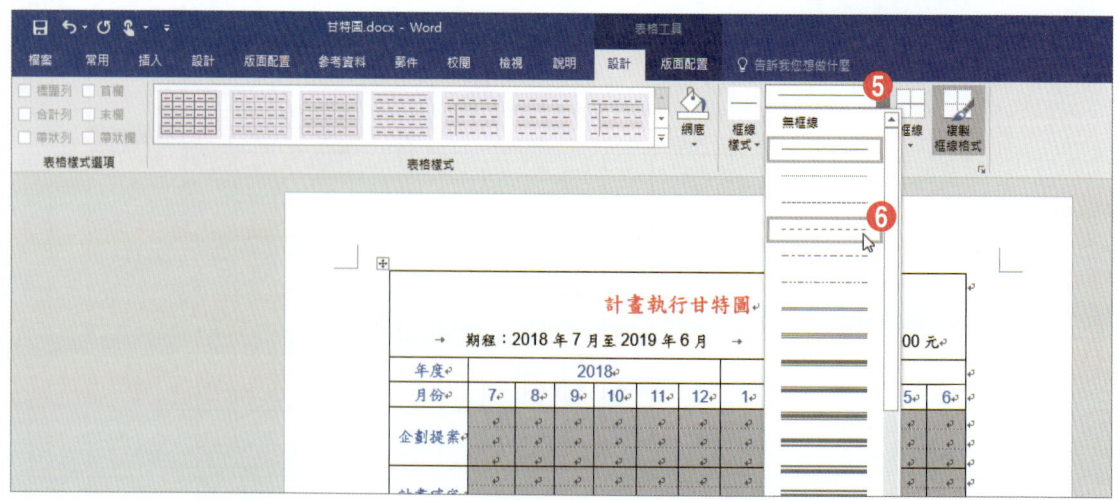

- 筆畫粗細為 1/2pt。

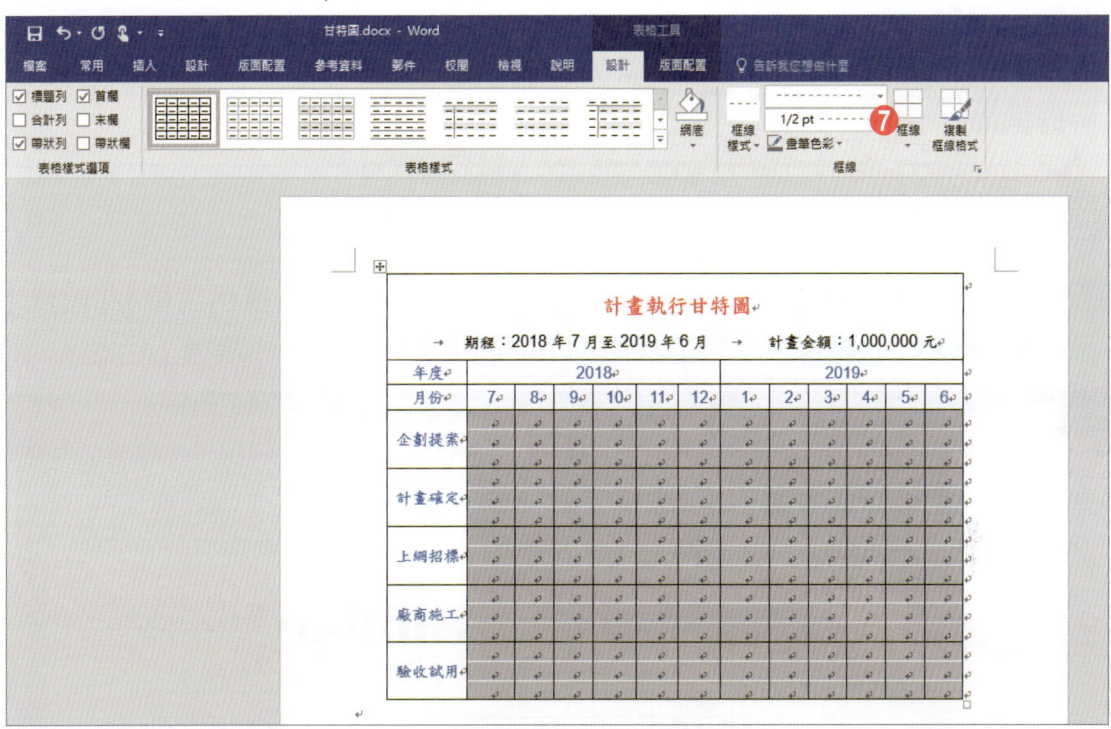

② 點選 [框線] 選單中「垂直內框線」項目。

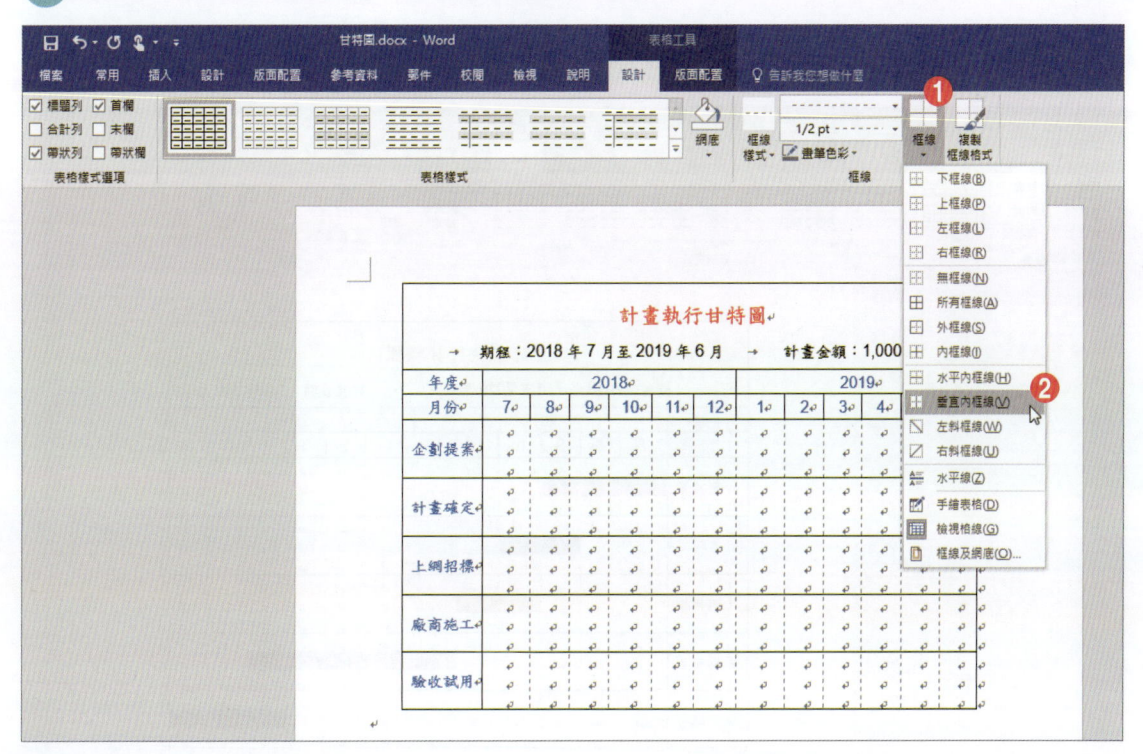

D-43

題目 10

依照參考答案,以「紫色」填滿儲存格設定「企劃提案」至「驗收試用」的進度。

解題步驟

1 參照結果圖,框選「企劃提案」右方空白儲存格,由 [表格工具]/[設計] 索引標籤 [表格樣式] 功能群組的 [網底] 選單,填入「紫色」色彩。

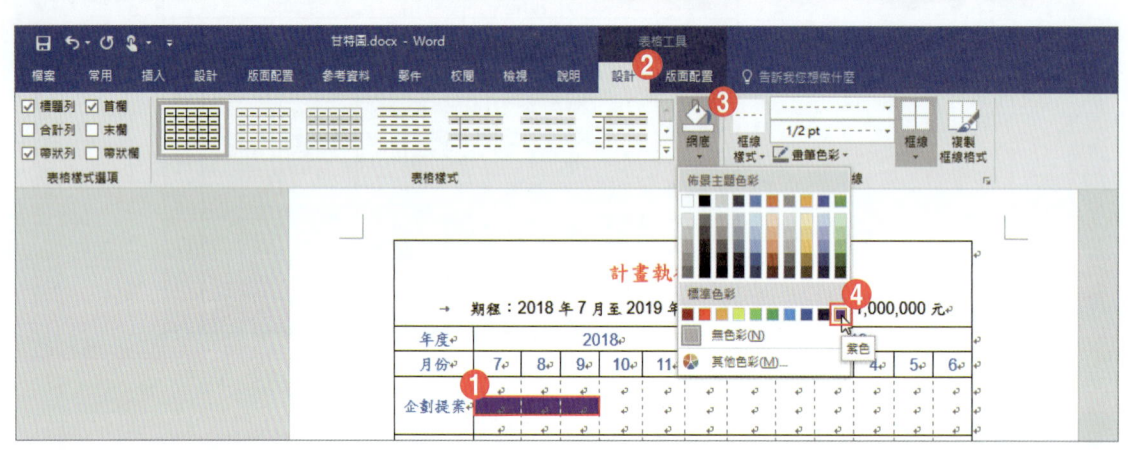

2 參照結果圖,將指定空白儲存格填滿紫色。

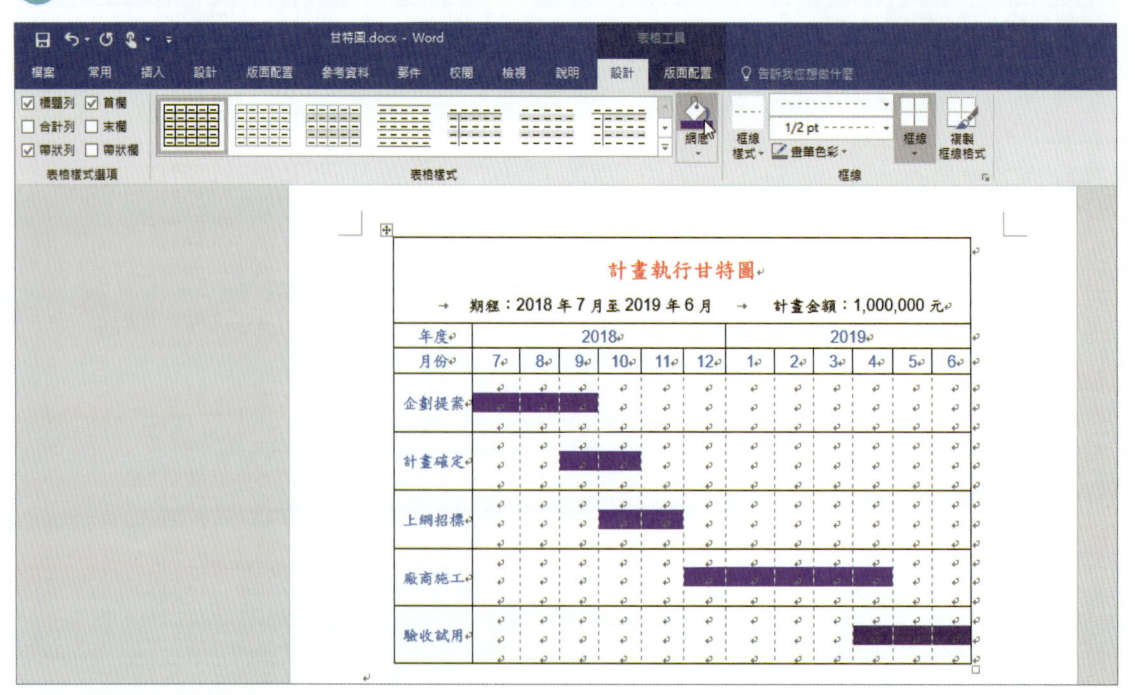

D-44

領域範疇 3

合併列印

題組 1 運動會報名

題號	題目要求	頁碼
1	新增使用「A4 直向」的標籤文件，其中包含：標籤橫向 2 行、縱向 8 列的方式排列；上邊界為 0.5 公分、側邊界為 0.5 公分；每一標籤高度為 3.5 公分、寬度為 9 公分；垂直點數 3.5 公分、水平點數 9.5 公分。	D-51
2	使用標籤文件做為合併列印的主文件，以「運動會報名清單.docx」做為資料來源。	D-53
3	標籤僅列印「田賽」為「跳遠」的資料，並依「性別」文字遞減排列。	D-54
4	標籤的內容依序為「班級」、「姓名」、「趣味競賽」及「註記」，且各佔用一行位置。	D-56
5	「班級」、「姓名」、「趣味競賽」及「註記」均需加入欄位名稱及全形冒號。	D-58
6	標籤儲存格內容水平靠左、垂直置中對齊。	D-58
7	標籤內容中文字體為「微軟正黑體」、英文字型為「Arial」、字型大小為「13pt」。	D-60
8	「趣味競賽」的資料以「底線」、「綠色」表示；「註記」的資料以「粗體」、「藍色」表示。	D-62
9	如果「註記」內容不是「啦啦隊」，則改以「後備選手」文字顯示。	D-64
10	將所有記錄合併成一個文件，刪除沒有資料的標籤。	D-66

參考答案

班級：101
姓名：林昱岑
趣味競賽：擲地有聲
註記：後備選手

班級：101
姓名：張柏勛
趣味競賽：2人3腳
註記：後備選手

班級：101
姓名：林依琇
趣味競賽：風火輪
註記：啦啦隊

班級：101
姓名：謝旆辰
趣味競賽：風火輪
註記：啦啦隊

班級：102
姓名：許芝儀
趣味競賽：風火輪
註記：後備選手

班級：104
姓名：趙家齊
趣味競賽：風火輪
註記：啦啦隊

班級：104
姓名：葉雅雯
趣味競賽：風火輪
註記：啦啦隊

班級：104
姓名：李富程
趣味競賽：風火輪
註記：啦啦隊

班級：104
姓名：歐曼芝
趣味競賽：2人3腳
註記：後備選手

班級：105
姓名：陳妮蓁
趣味競賽：風火輪
註記：後備選手

班級：105
姓名：陳萬麟
趣味競賽：擲地有聲
註記：啦啦隊

班級：105
姓名：陳崇庭
趣味競賽：擲地有聲
註記：啦啦隊

班級：106
姓名：徐昕雨
趣味競賽：擲地有聲
註記：後備選手

班級：106
姓名：李冠儒
趣味競賽：2人3腳
註記：後備選手

班級：106
姓名：陳淮中
趣味競賽：擲地有聲
註記：啦啦隊

班級：107
姓名：邱琬婷
趣味競賽：擲地有聲
註記：後備選手

參考答案

班級：107 姓名：黃妡庭 趣味競賽：2人3腳 註記：後備選手	班級：107 姓名：黃中嶺 趣味競賽：2人3腳 註記：後備選手
班級：107 姓名：郭恆瑜 趣味競賽：2人3腳 註記：啦啦隊	班級：108 姓名：黃皇名 趣味競賽：2人3腳 註記：後備選手
班級：108 姓名：陳泓宇 趣味競賽：擲地有聲 註記：後備選手	班級：108 姓名：彭詩珽 趣味競賽：擲地有聲 註記：後備選手
班級：101 姓名：梁尚謹 趣味競賽：擲地有聲 註記：啦啦隊	班級：101 姓名：曾佳鋐 趣味競賽：風火輪 註記：後備選手
班級：101 姓名：王怡秀 趣味競賽：擲地有聲 註記：後備選手	班級：102 姓名：鄭玟心 趣味競賽：2人3腳 註記：後備選手
班級：102 姓名：黃祐呈 趣味競賽：擲地有聲 註記：啦啦隊	班級：102 姓名：黃楚寧 趣味競賽：風火輪 註記：啦啦隊
班級：102 姓名：陳瑀涵 趣味競賽：風火輪 註記：啦啦隊	班級：103 姓名：林鈺旋 趣味競賽：擲地有聲 註記：後備選手
班級：103 姓名：鄭佳盈 趣味競賽：風火輪 註記：啦啦隊	班級：103 姓名：楊蘭雅 趣味競賽：風火輪 註記：後備選手

參考答案

班級：104 姓名：蕭嘉倚 趣味競賽：擲地有聲 註記：啦啦隊	班級：105 姓名：許意豪 趣味競賽：2人3腳 註記：後備選手
班級：105 姓名：林春美 趣味競賽：擲地有聲 註記：後備選手	班級：105 姓名：洪勝幃 趣味競賽：擲地有聲 註記：啦啦隊
班級：106 姓名：蘇雅婷 趣味競賽：風火輪 註記：後備選手	班級：106 姓名：邱家葳 趣味競賽：2人3腳 註記：啦啦隊
班級：106 姓名：李冠鈞 趣味競賽：2人3腳 註記：後備選手	班級：106 姓名：蕭敬傑 趣味競賽：擲地有聲 註記：後備選手
班級：106 姓名：吳彥苓 趣味競賽：2人3腳 註記：後備選手	班級：107 姓名：曾彥緯 趣味競賽：2人3腳 註記：後備選手
班級：107 姓名：張浩銓 趣味競賽：擲地有聲 註記：後備選手	班級：107 姓名：許筱茜 趣味競賽：2人3腳 註記：後備選手
班級：107 姓名：詹昱程 趣味競賽：2人3腳 註記：啦啦隊	班級：108 姓名：林俊毅 趣味競賽：風火輪 註記：啦啦隊
班級：108 姓名：蔡旻玲 趣味競賽：風火輪 註記：後備選手	班級：108 姓名：林婷婷 趣味競賽：2人3腳 註記：後備選手

參考答案

班級：108
姓名：劉耀翰
趣味競賽：2人3腳
註記：後備選手

Documents 文書處理

> **題目 1**
>
> 新增使用「A4 直向」的標籤文件，其中包含：標籤橫向 2 行、縱向 8 列的方式排列；上邊界為 0.5 公分、側邊界為 0.5 公分；每一標籤高度為 3.5 公分、寬度為 9 公分；垂直點數 3.5 公分、水平點數 9.5 公分。

解題步驟

1. 使用 Word 應用程式新增空白文件，點選 [郵件] 索引標籤 [啟動合併列印] 功能群組中 [啟動合併列印] 選單的「標籤」項目。

2. 開啟「標籤選項」對話方塊，選擇標籤編號清單中「A4（直向）」，按【新增標籤】鈕。

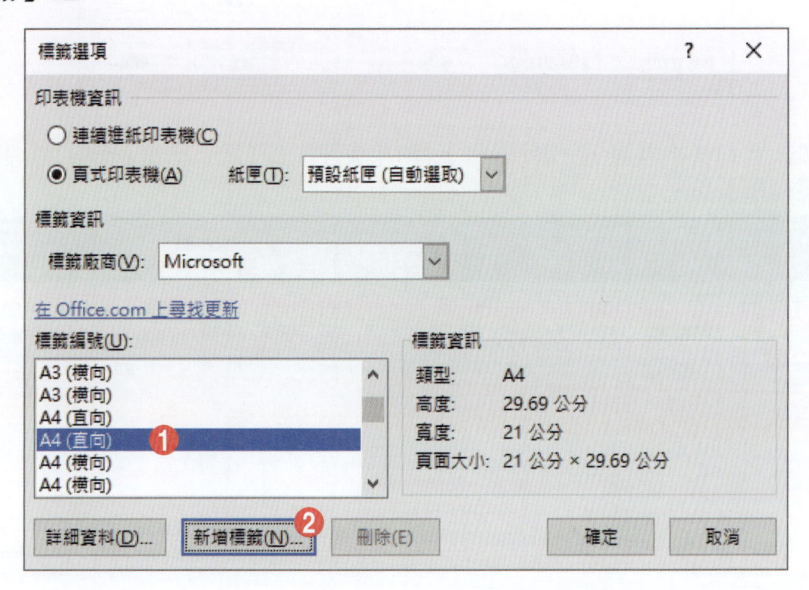

領域範疇 3 題組 1

D-51

3. 在「標籤詳細資料」對話方塊設定：
   - 橫向數目為「2」、縱向數目為「8」。
   - 上邊界為「0.5 公分」、側邊界為「0.5 公分」。
   - 標籤高度為「3.5 公分」、標籤寬度為「9 公分」。
   - 垂直點數為「3.5 公分」、水平點數為「9.5 公分」。
   - 按【確定】鈕。

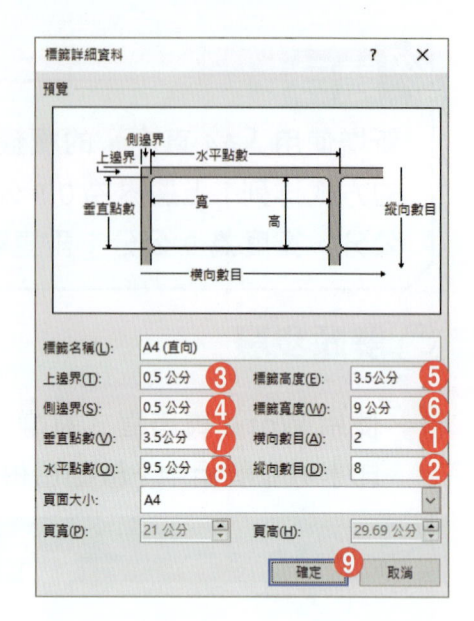

4. 返回「標籤選項」對話方塊，按【確定】鈕關閉對話方塊。

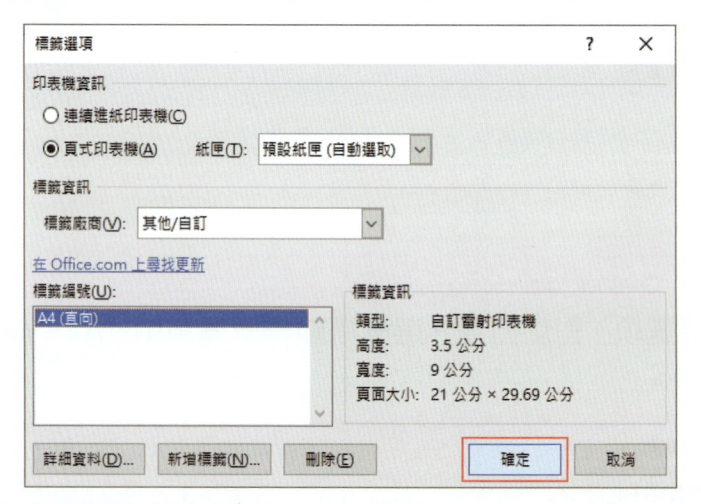

註：如未看到表格框線，點擊 [表格工具]/[版面配置] 索引標籤 [表格] 功能群組的【檢視格線】鈕。

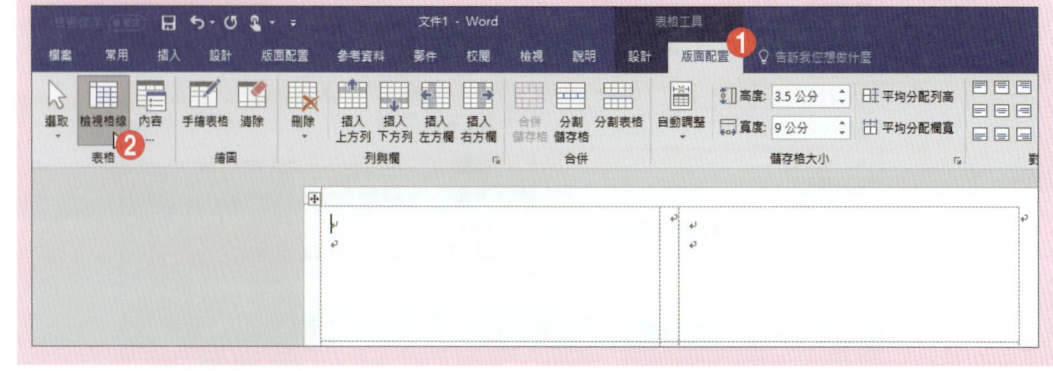

題目 2

使用標籤文件做為合併列印的主文件,以「運動會報名清單.docx」做為資料來源。

解題步驟

1 點選 [郵件] 索引標籤 [啟動合併列印] 功能群組中 [選取收件者] 選單的「使用現有清單」項目。

2 在開啟的「選取資料來源」對話方塊,選取資料夾的「運動會報名清單.docx」檔,按【開啟】鈕。

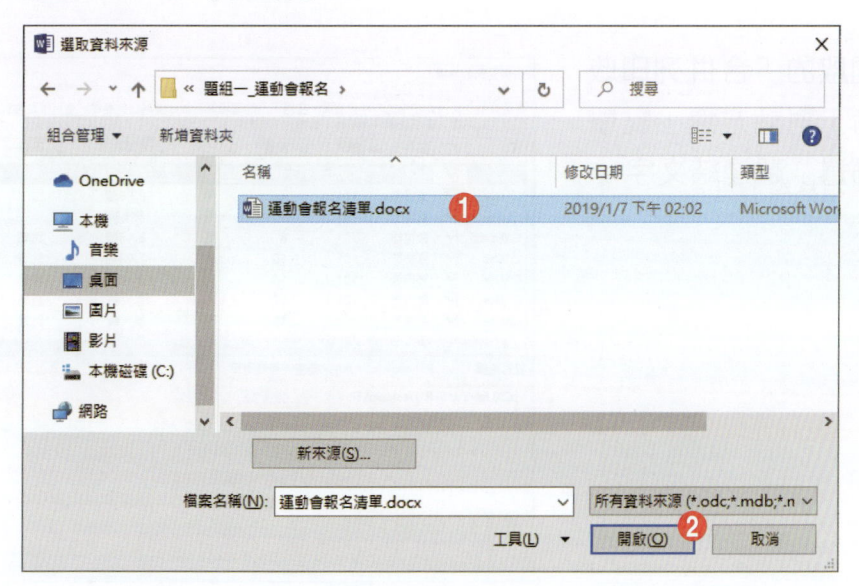

D-53

題目 3

標籤僅列印「田賽」為「跳遠」的資料,並依「性別」文字遞減排列。

解題步驟

1 點擊 [郵件] 索引標籤 [啟動合併列印] 功能群組中 [選取收件者] 選單的「編輯收件者清單」。

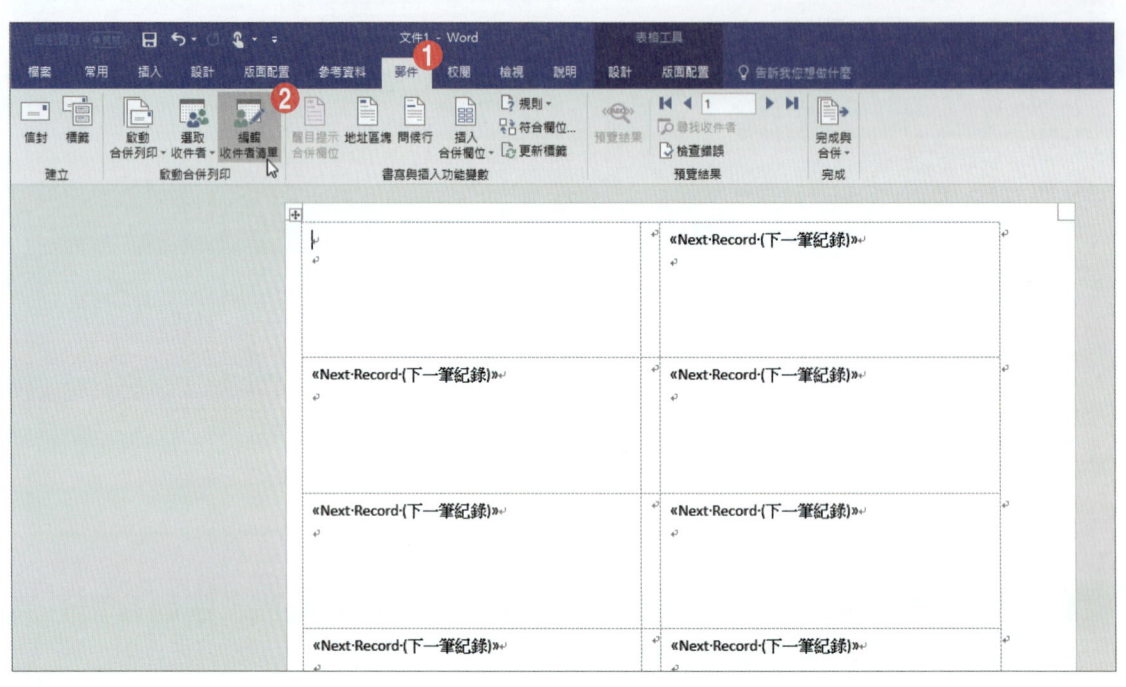

2 在開啟的「合併列印收件者」對話方塊,點擊「篩選」超連結文字。

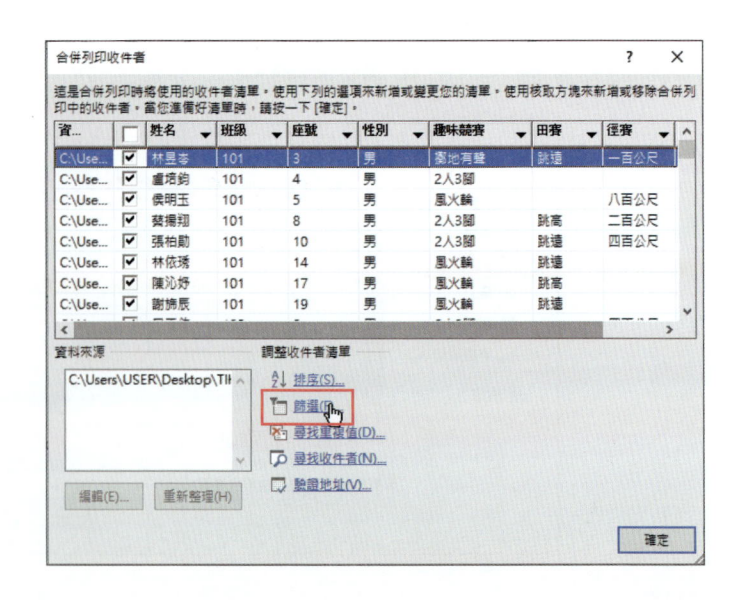

3 開啟「查詢選項」對話方塊中設定：
- 在「資料篩選」頁籤，選擇篩選欄位為「田賽」，邏輯比對為「等於」，比對值輸入「跳遠」。 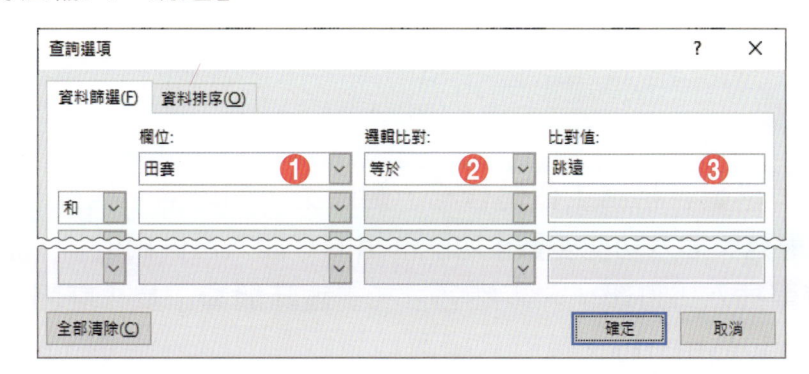
- 在「資料排序」頁籤，選擇第一階欄位為「性別」，點選「遞減」選項鈕。
- 按【確定】鈕。

4 返回「合併列印收件者」對話方塊，按【確定】鈕關閉對話方塊。

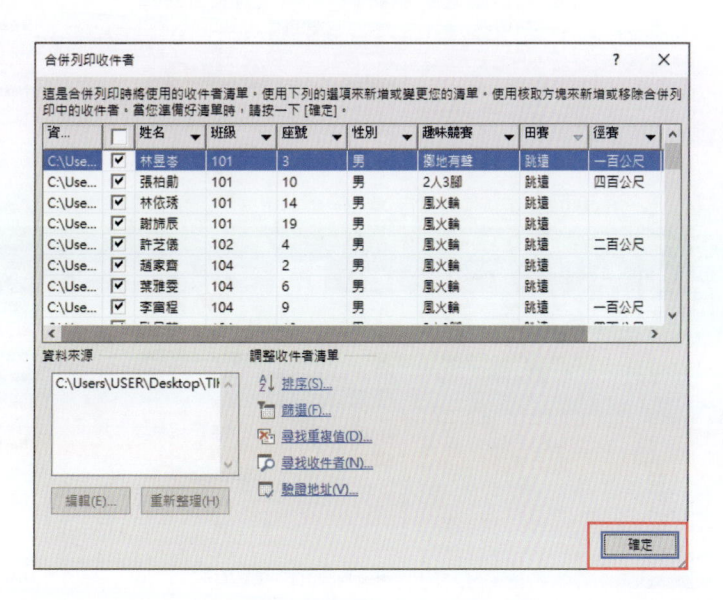

題目 4

標籤的內容依序為「班級」、「姓名」、「趣味競賽」及「註記」,且各佔用一行位置。

解題步驟

1. 游標置於標籤表格第 1 個儲存格,刪除第 1 個段落,執行 [郵件] 索引標籤 [書寫與插入功能變數] 功能群組的「插入合併欄位」,依序由合併欄位選單插入「班級」、「姓名」、「趣味競賽」及「註記」欄位,每個合併欄位佔用一行。

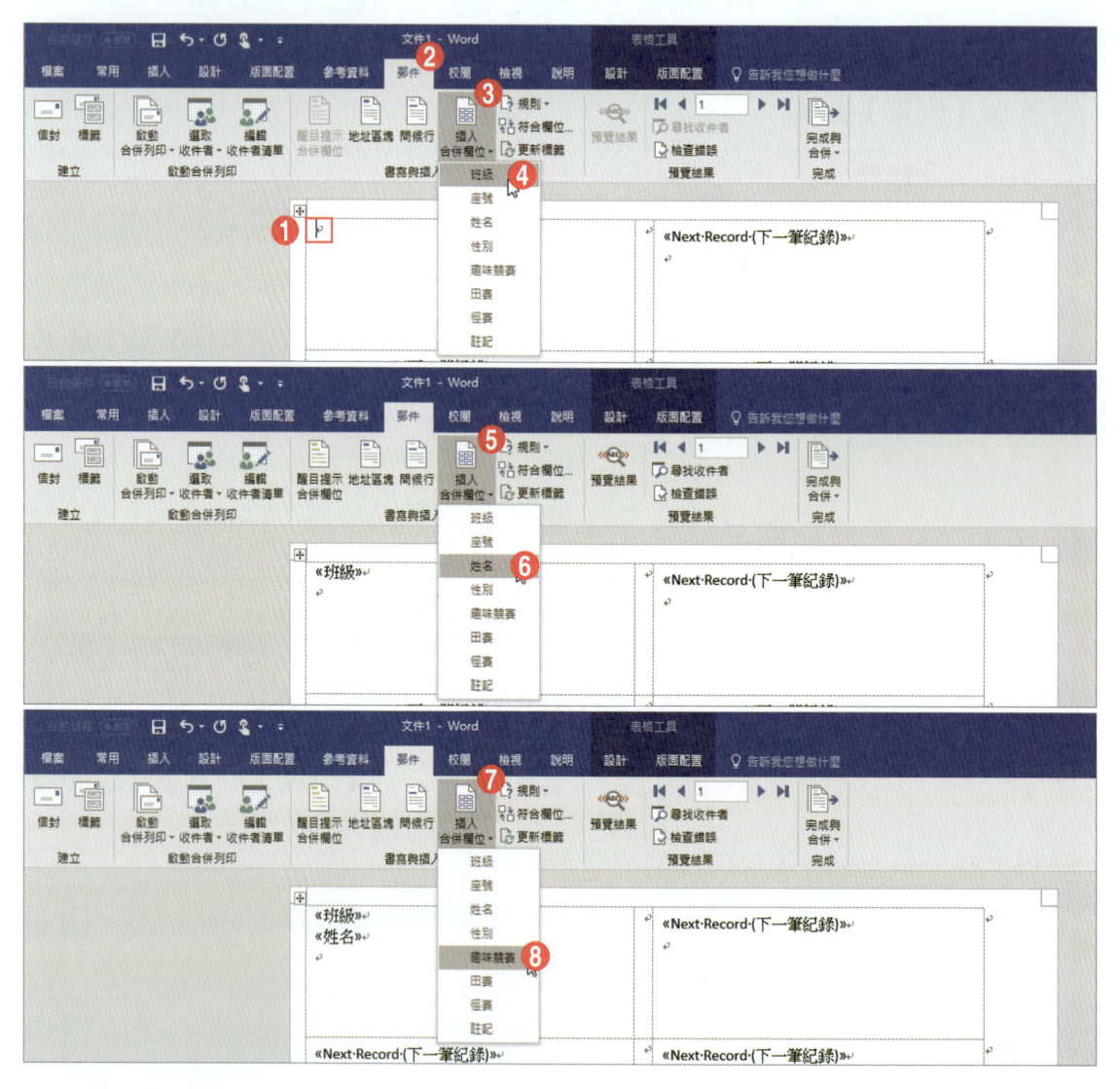

Documents 文書處理

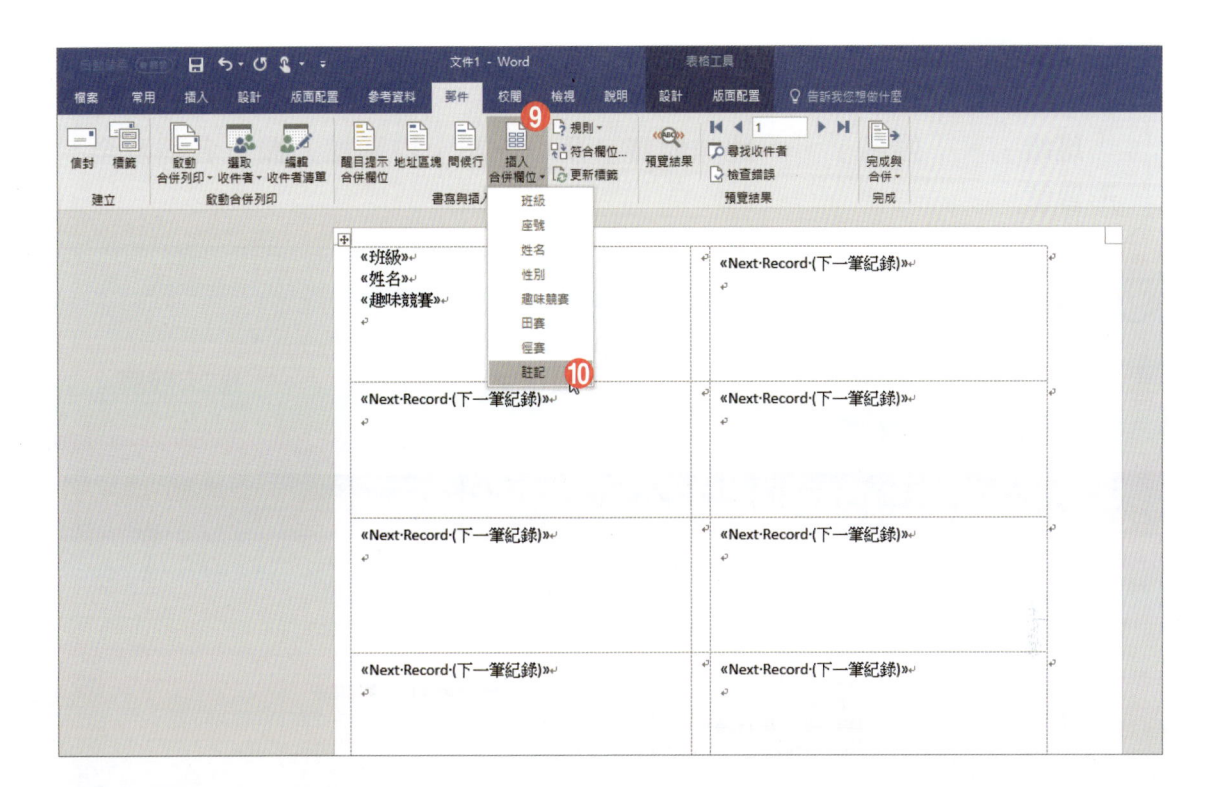

2 完成插入合併欄位。

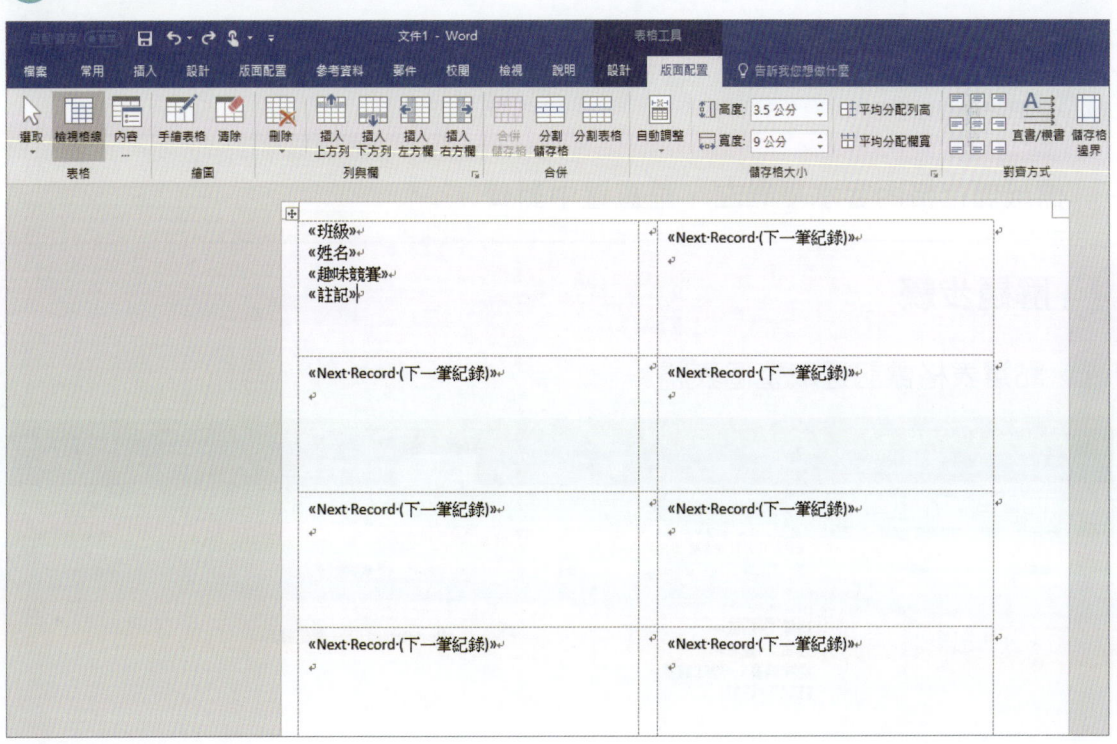

題目 5

「班級」、「姓名」、「趣味競賽」及「註記」均需加入欄位名稱及全形冒號。

解題步驟

1. 參照合併欄位，在前方分別加上「班級：」、「姓名：」、「趣味競賽：」及「註記：」文字。

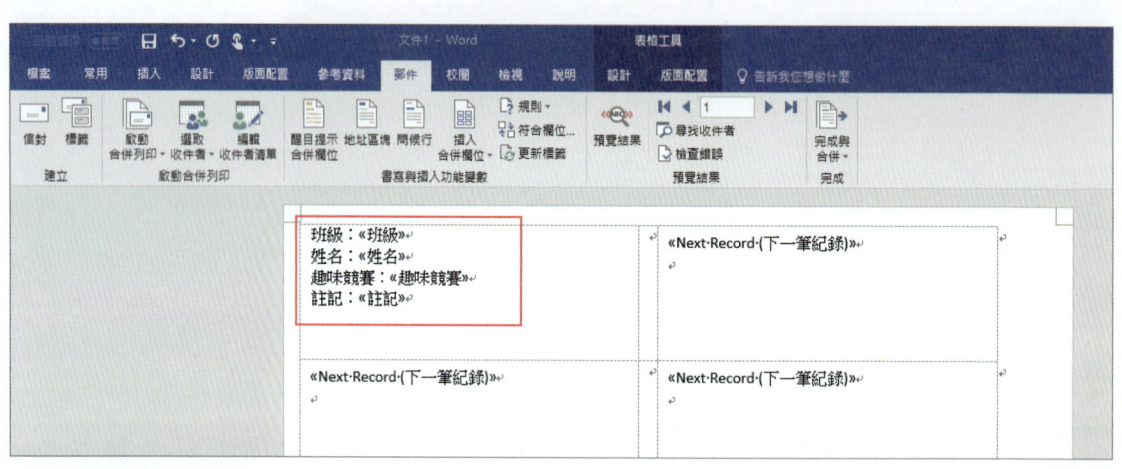

題目 6

標籤儲存格內容水平靠左、垂直置中對齊。

解題步驟

1. 點選表格標記選取整個表格。

Documents 文書處理

2 點擊 [表格工具]/[版面配置] 索引標籤 [對齊方式] 功能群組中的【置中左右對齊】鈕。

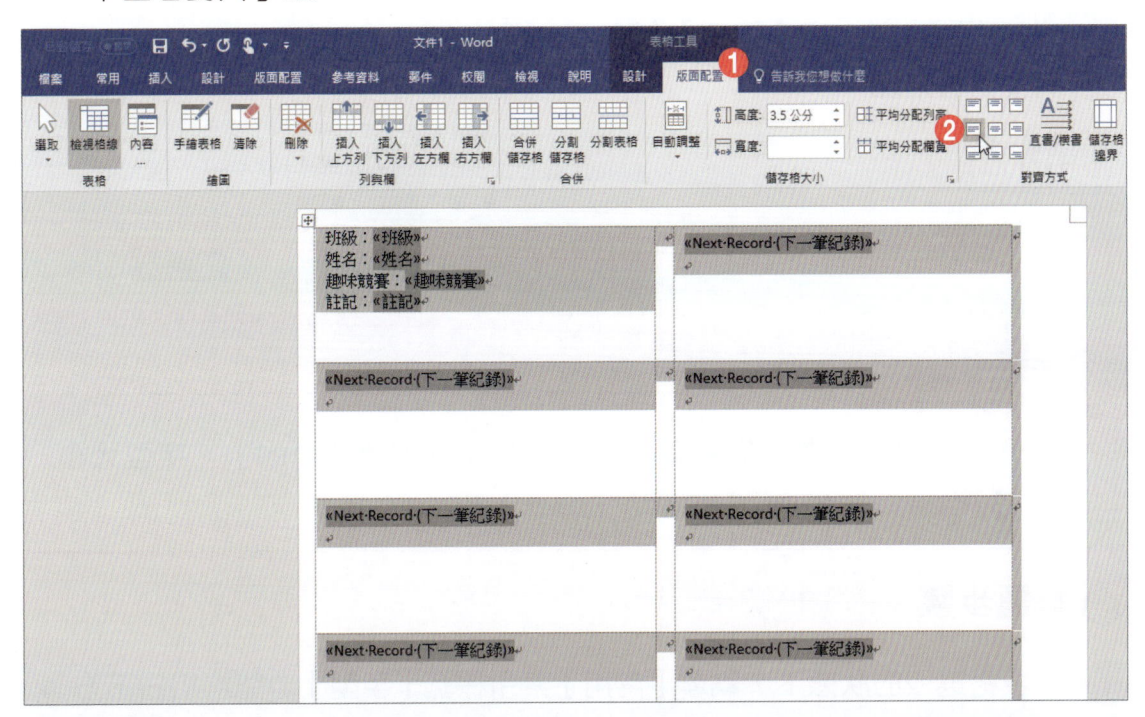

3 點擊 [表格] 功能群組的【內容】鈕，開啟「表格內容」對話方塊。

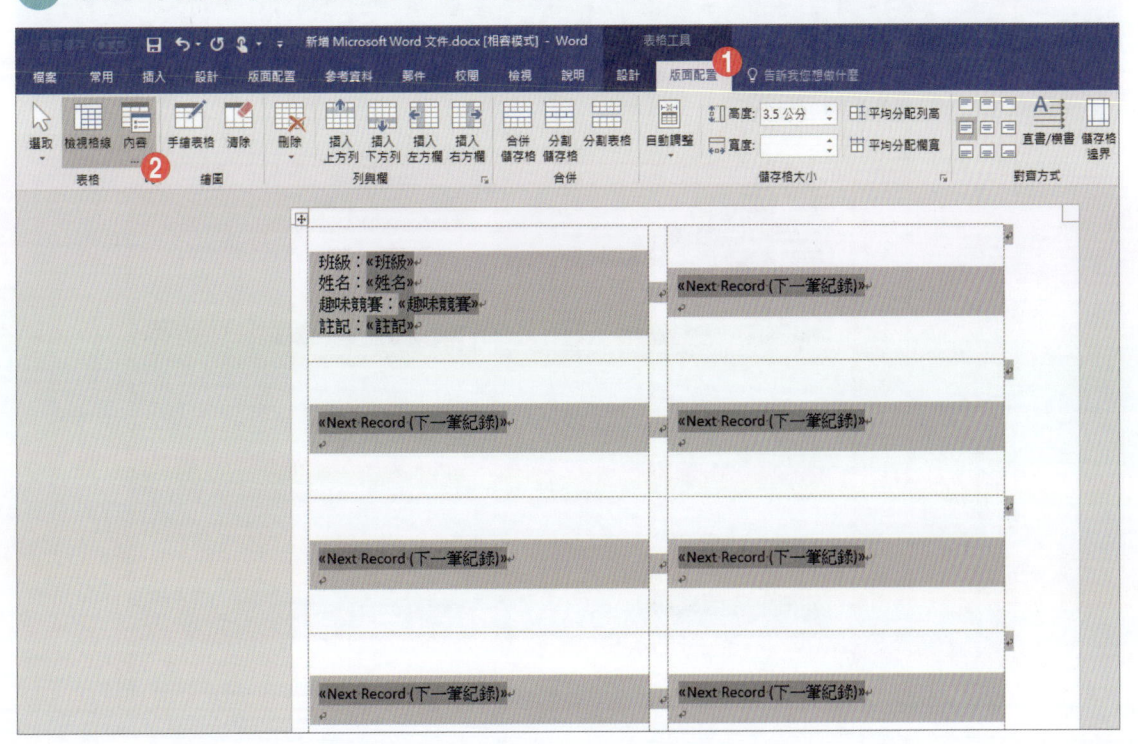

D-59

4 由「表格內容」對話方塊的[儲存格]頁籤，點選垂直對齊方式為「置中」，按【確定】鈕關閉對話方塊。

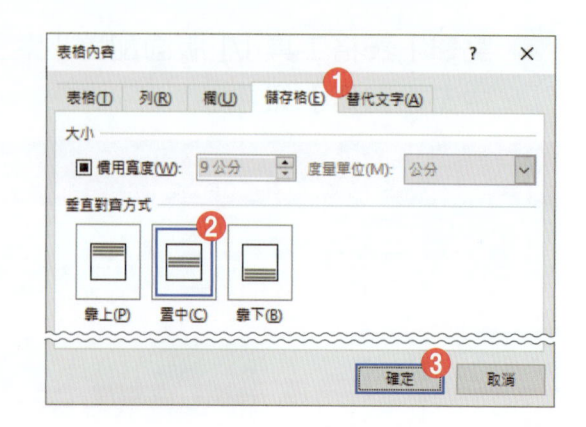

題目 7

標籤內容中文字體為「微軟正黑體」、英文字型為「Arial」、字型大小為「13pt」。

解題步驟

1 在表格選取的狀態下，點擊[常用]索引標籤[字型]功能群組右下方 標記，開啟「字型」對話方塊。

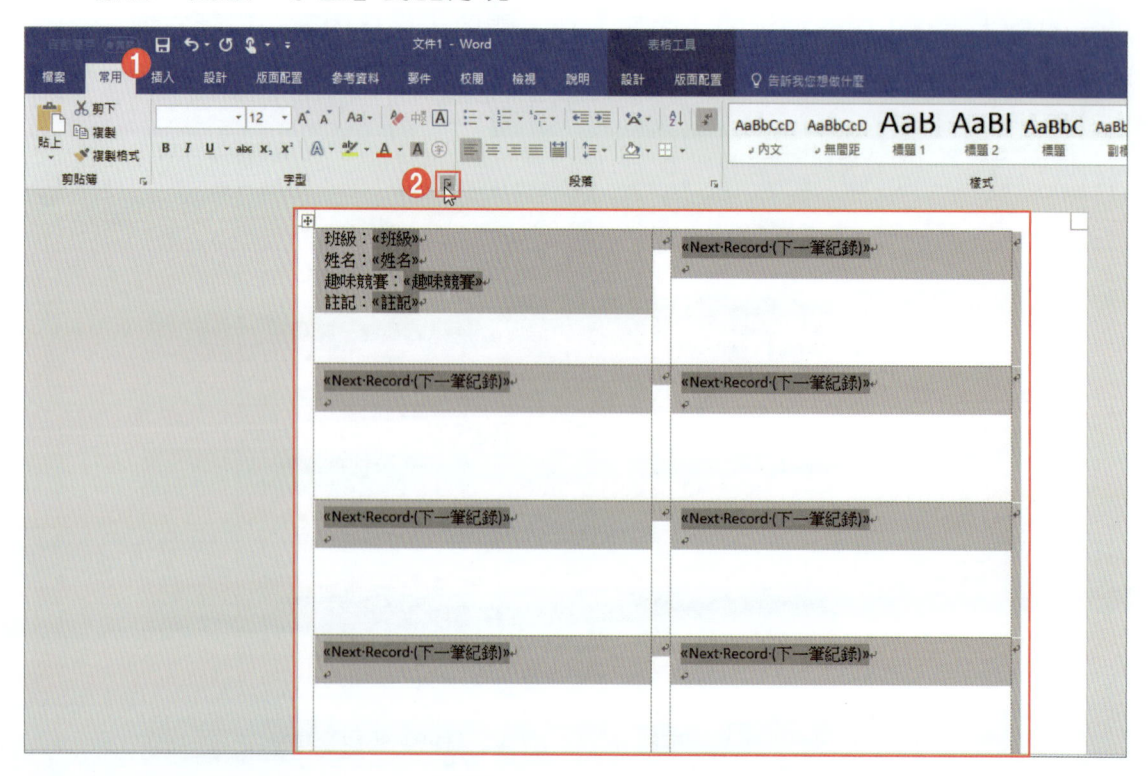

D-60

2 由「字型」對話方塊〔字型〕頁籤，選擇中文字型為「微軟正黑體」，英文字型為「Arial」，字型大小為「13」pt，按【確定】鈕關閉對話方塊。

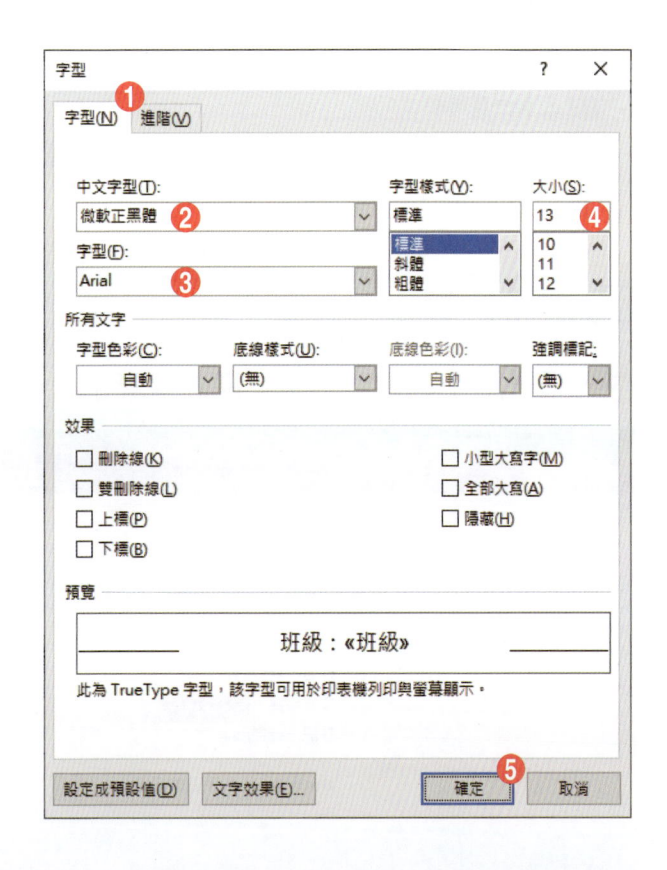

3 完成字型設定。

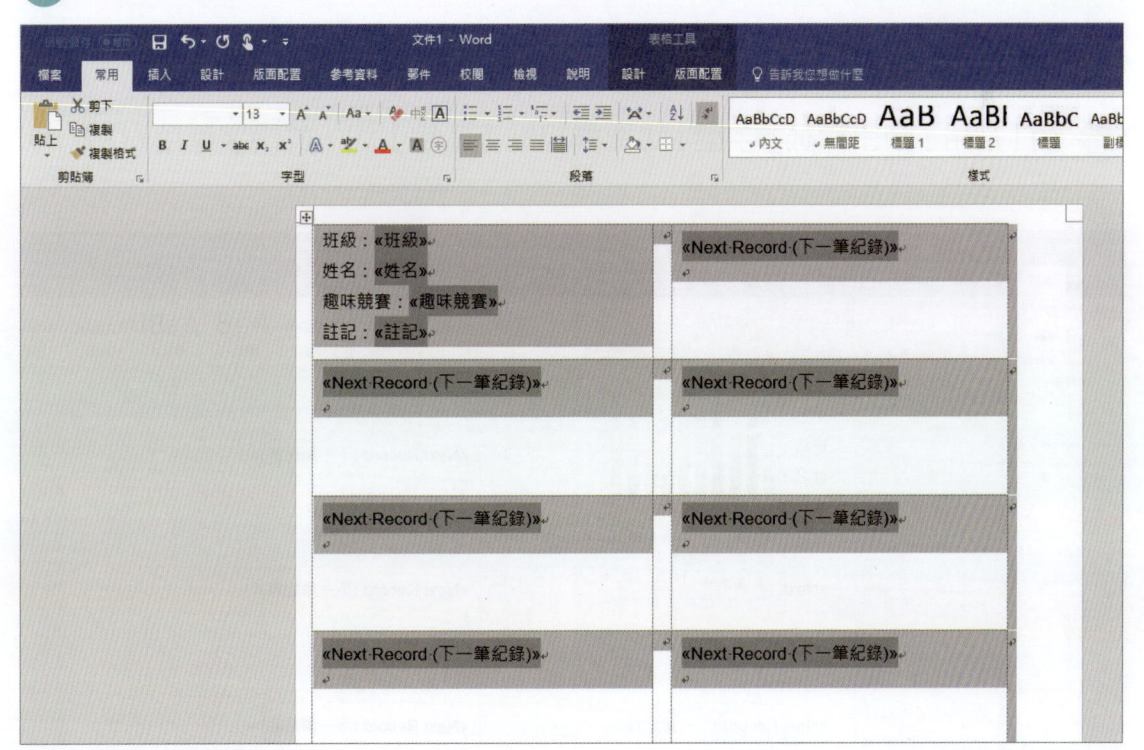

題目 8

「趣味競賽」的資料以「底線」、「綠色」表示;「註記」的資料以「粗體」、「藍色」表示。

解題步驟

1 框選第 1 個儲存格中「趣味競賽」合併欄位。

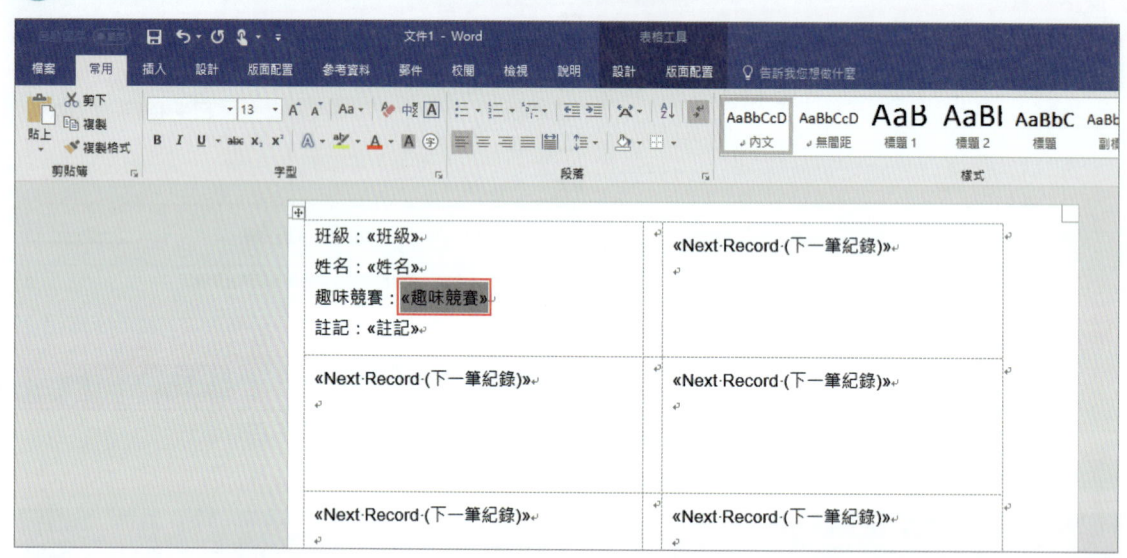

2 由 [常用] 索引標籤 [字型] 功能群組點【底線】鈕,並設字型色彩為「綠色」。

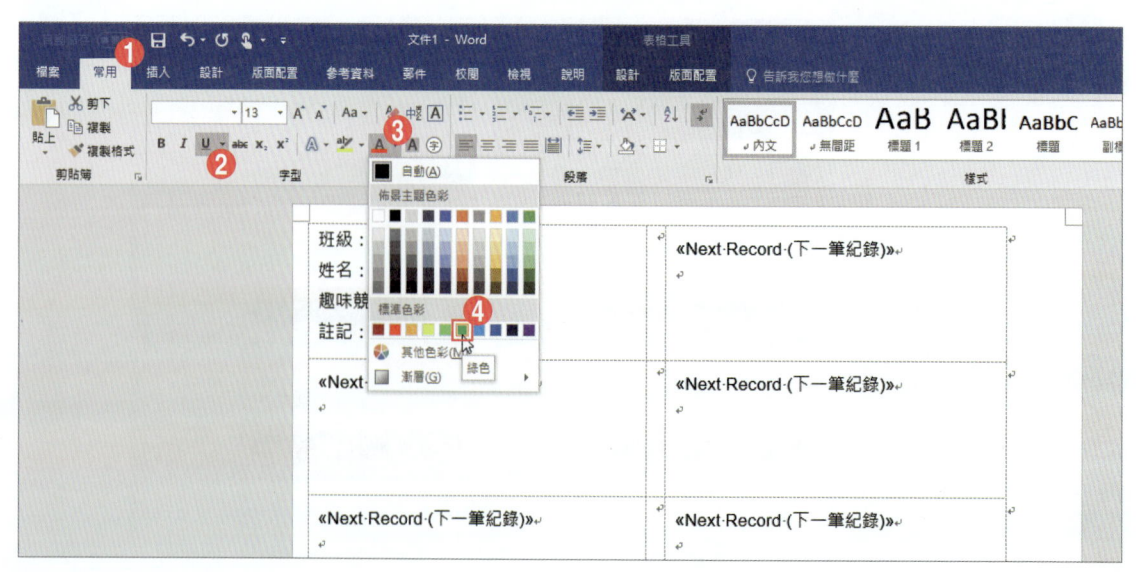

D-62

Documents 文書處理

③ 框選「註記」合併欄位。

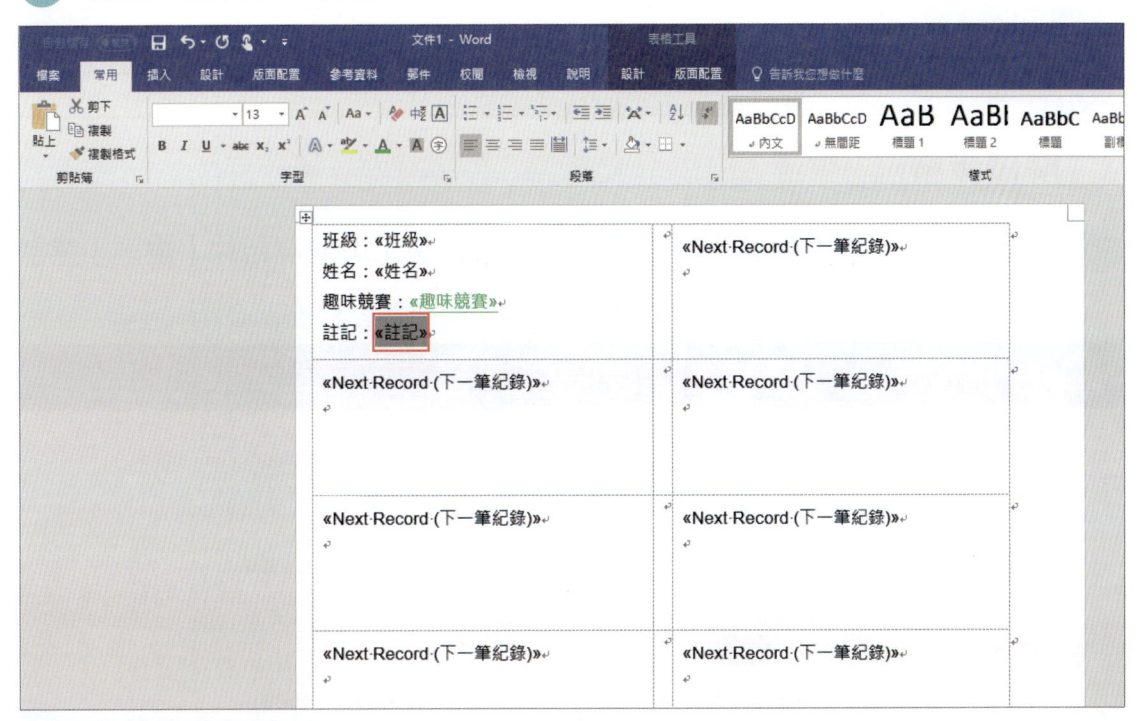

④ 由 [常用] 索引標籤 [字型] 功能群組點【粗體】鈕，並設字型色彩為「藍色」。

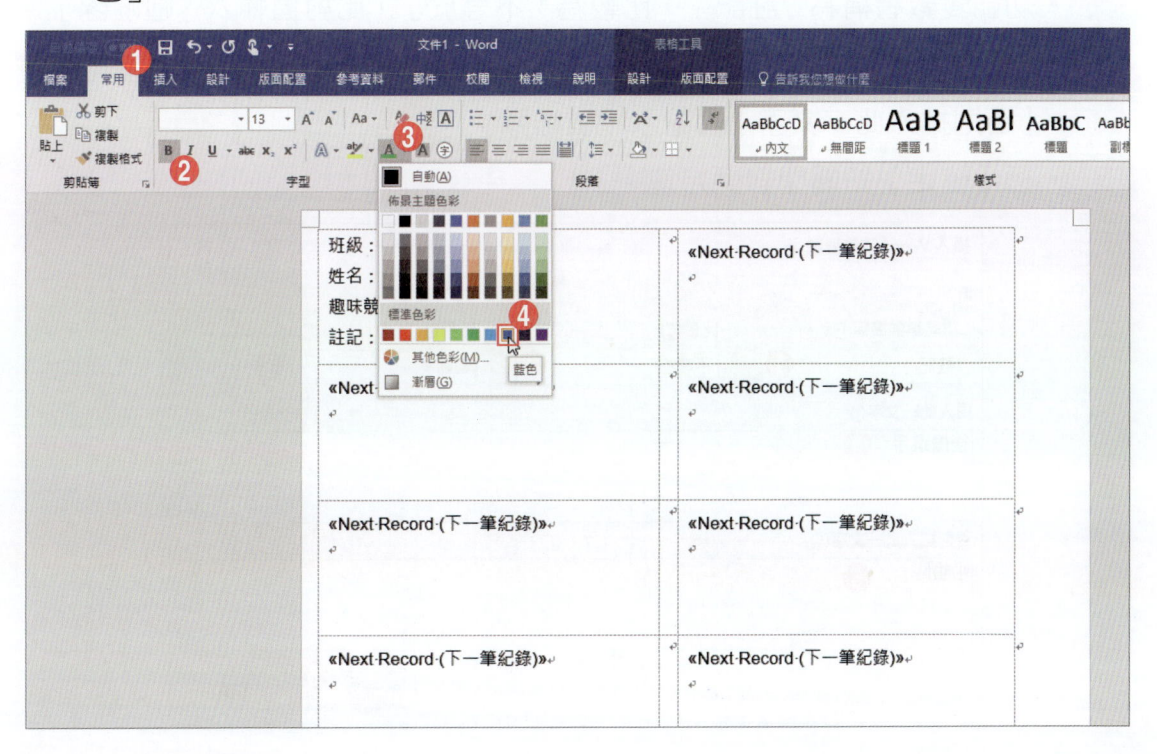

題目 9

如果「註記」內容不是「啦啦隊」，則改以「後備選手」文字顯示。

解題步驟

1 點選 [郵件] 索引標籤 [書寫與插入合併欄位] 功能群組中 [規則] 選單中的「IF…Then…Else（以條件評估引數）」項目。

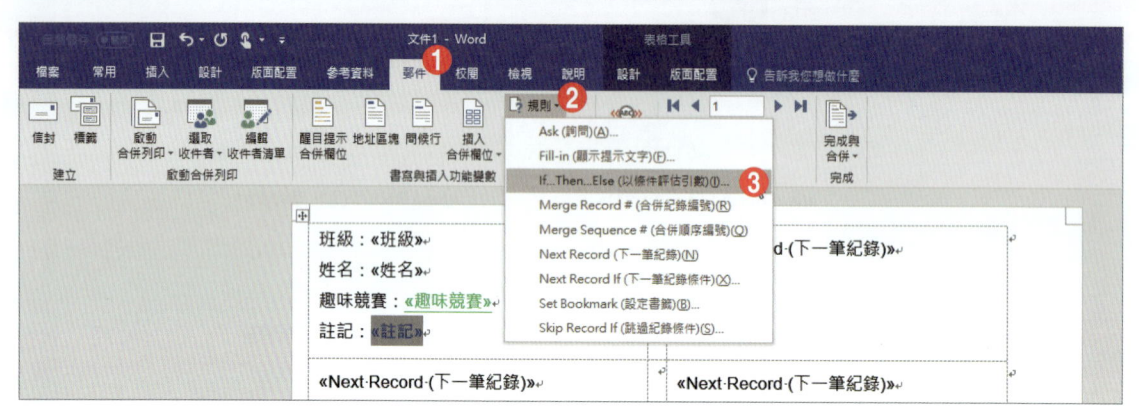

2 在開啟的「插入 Word 功能變數：IF」對話方塊中設定：
- 功能變數名稱為「註記」，比較為「不等於」，比對值輸入「啦啦隊」。
- [插入此一文字] 欄輸入「後備選手」。
- [否則插入此一文字] 欄輸入「啦啦隊」。
- 插【確定】鈕關閉對話方塊。

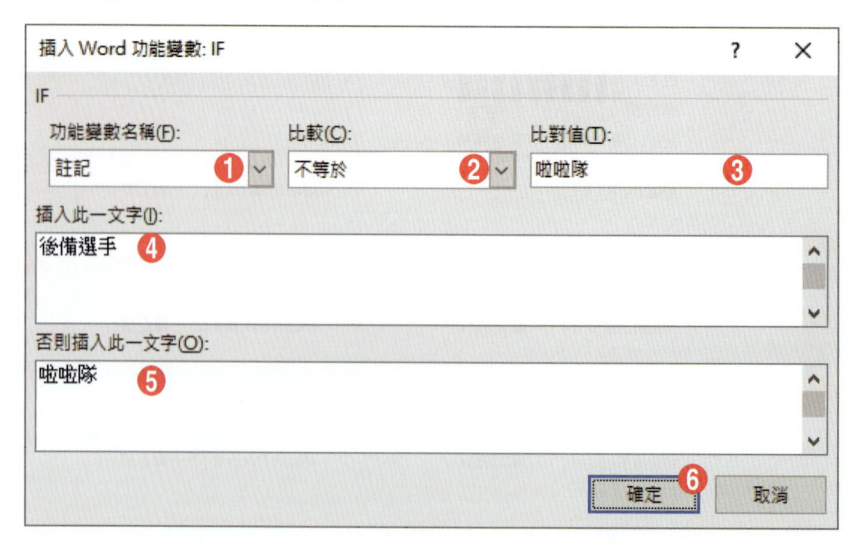

Documents 文書處理

③ 由於插入功能變數後，資料來源第 1 筆記錄的註記不是啦啦隊，所以顯示為「後備選手」，並且取消文字格式，因此再框選「後備選手」文字。

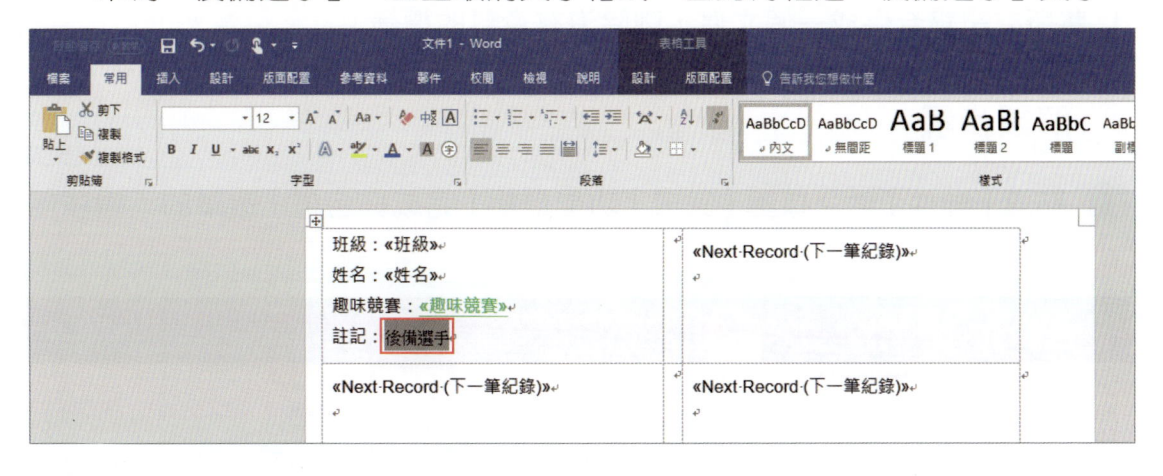

④ 由 [字型] 功能群組點擊【粗體】鈕，設定字型色彩為「藍色」。

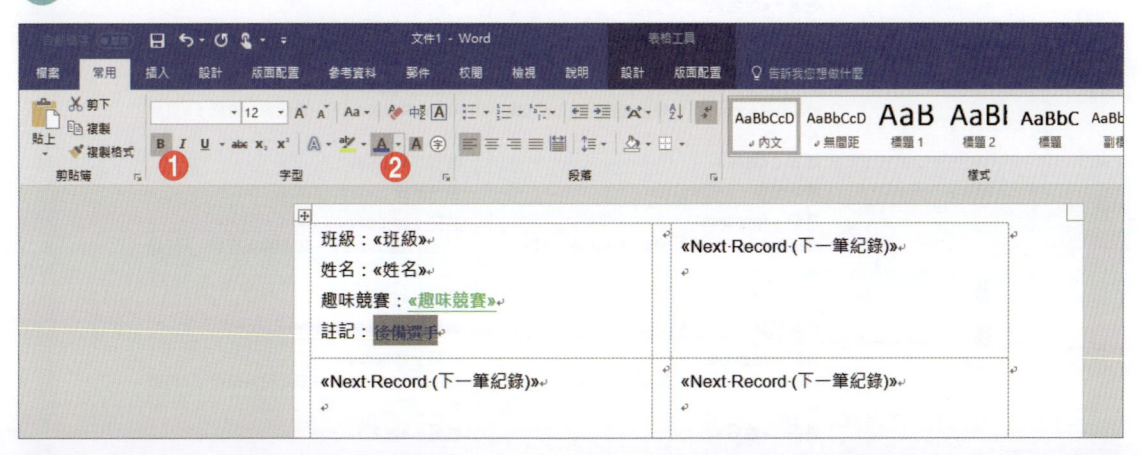

⑤ 按 [郵件] 索引標籤 [書寫與插入合併欄位] 功能群組的【更新標籤】鈕。

領域範疇 3 題組 1

D-65

題目 10

將所有記錄合併成一個文件，刪除沒有資料的標籤。

解題步驟

1. 點選 [郵件] 索引標籤 [完成] 功能群組 [完成與合併] 選單的「編輯個別文件」項目。

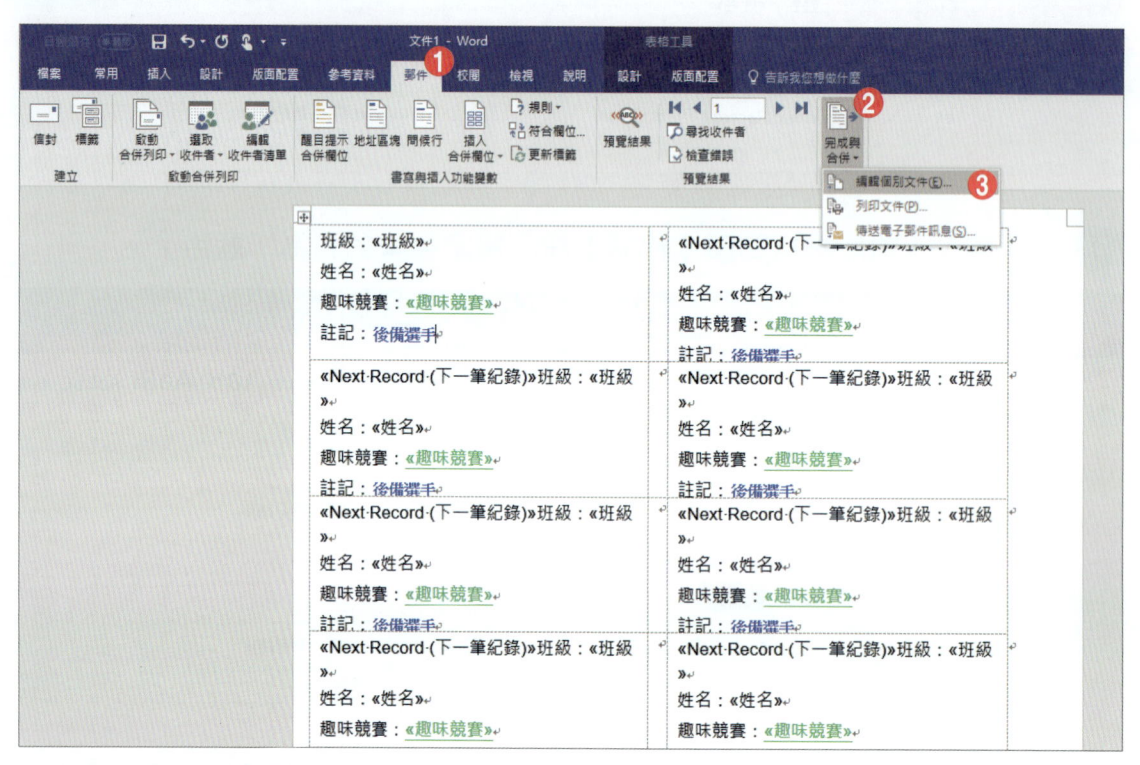

2. 開啟「合併到新文件」對話方塊，點選全併「全部」記錄，按【確定】鈕。

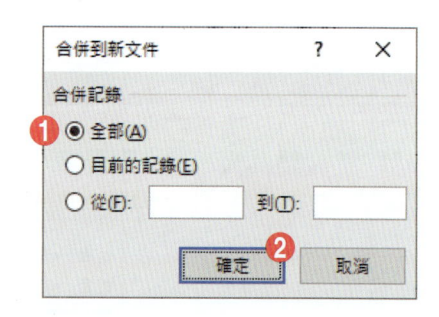

③ 將產生合併後新文件，點選最後一頁中沒有資料的儲存格，按 Delete 鍵刪除內容。

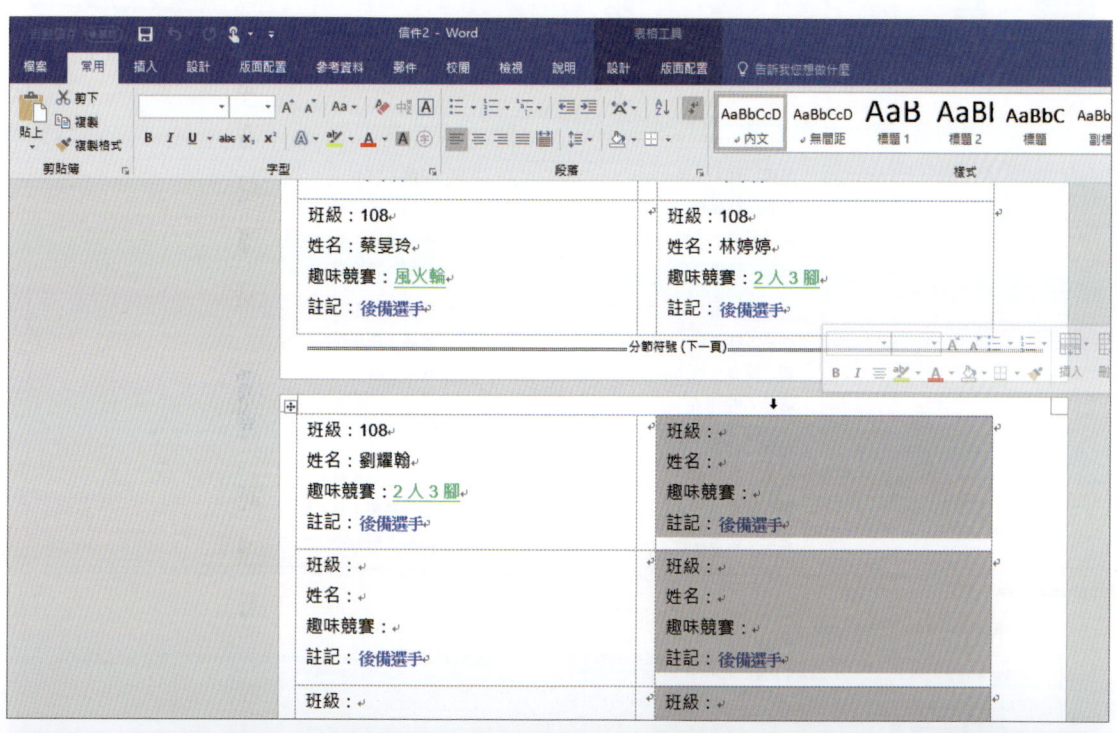

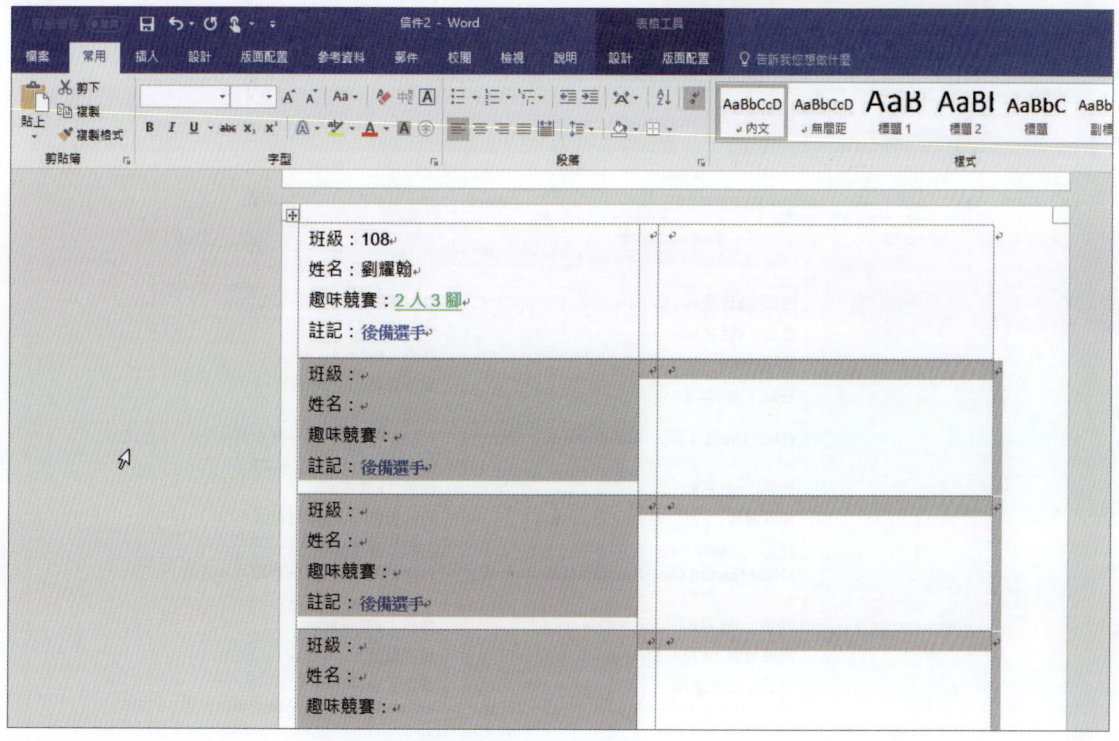

註：若產生新文件合併不完整，建議將標籤文件儲存後重新開啟，再進行完成合併。

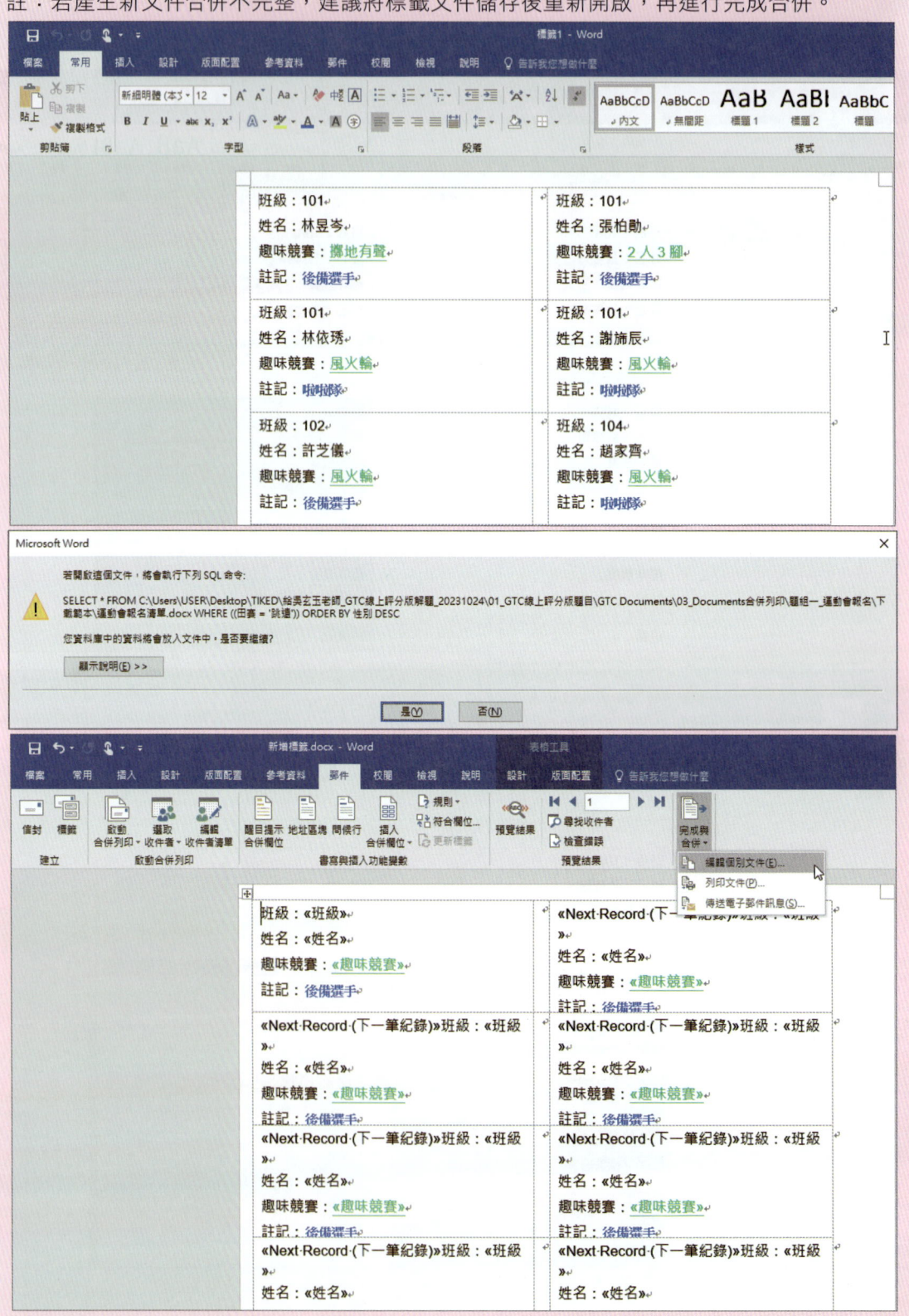

Copilot AI 應用
Microsoft Copilot 全面解析

迎接 AI 時代：Microsoft Copilot 助你數位轉型

現在是個全面進入數位化的時代，人工智慧（AI）已經成為提升工作效率的關鍵力量。而 Microsoft Copilot 就是微軟推出的一款創新 AI 工具，它的目標是徹底改變個人和企業的工作方式，讓人們擁有更高的效率和更強的創造力。以下將會帶你全面了解 Microsoft Copilot：從基本概念、背後技術，到如何在不同情境下幫助你的工作，以及該如何取得授權和使用它的小撇步，後續都會系統性地說明，讓你輕鬆掌握這款強大的 AI 工具。

一　Copilot：微軟的 AI 小幫手，讓工作更輕鬆！

是否曾幻想過，在工作或學習時，有個聰明的小幫手能隨時提供協助，讓你事半功倍？微軟的 Copilot 就是這樣一個結合了人工智慧（AI）的得力助手！它把 AI 的強大能力融入我們每天使用的微軟軟體和雲端服務中，無論是處理文件、整理資料，甚至是寫程式，都能讓你感受到前所未有的便利。

想像一下，Copilot 就像個人助理，在需要的時候，隨時提供智慧化的建議和協助。它不只出現在熟悉的 Word、Excel、PowerPoint、Outlook 等軟體中，更廣泛地應用在微軟的各種服務裡，讓整個微軟的生態系統都變得更聰明。

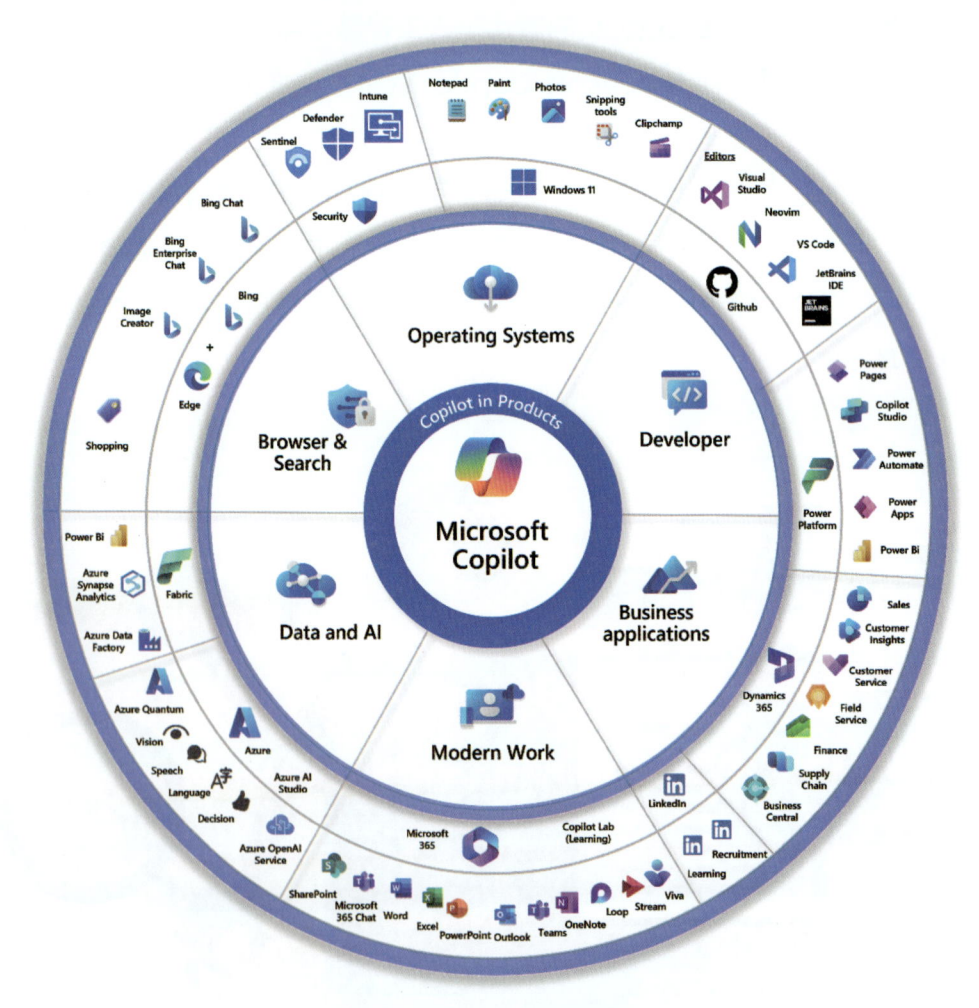

圖 1 ｜ Copilot 生態系

Copilot 的設計理念就是「無所不在」。它已經悄悄地融入了微軟的六大服務領域，讓你無論在哪裡，都能享受到 AI 帶來的便利；這六大領域包含作業系統、開發工具、商務應用程式、現代化工作、資料與 AI、瀏覽器與搜尋，而在這六大服務領域中，本節將重點先放在作業系統、瀏覽器與搜尋，以及現代化工作這三項，因為這三項最貼近人們日常生活、校園或一般辦公室的 AI 需求。

1-1 作業系統：電腦裡的貼心助理

如果電腦安裝 Windows 11，可見到工作列上就有一個 Copilot 的圖示。點一下，它會以聊天機器人介面呈現，可以直接跟它對話、提問、搜尋資料，它會立刻給你解答，就像你現在用其他 AI 工具一樣方便。

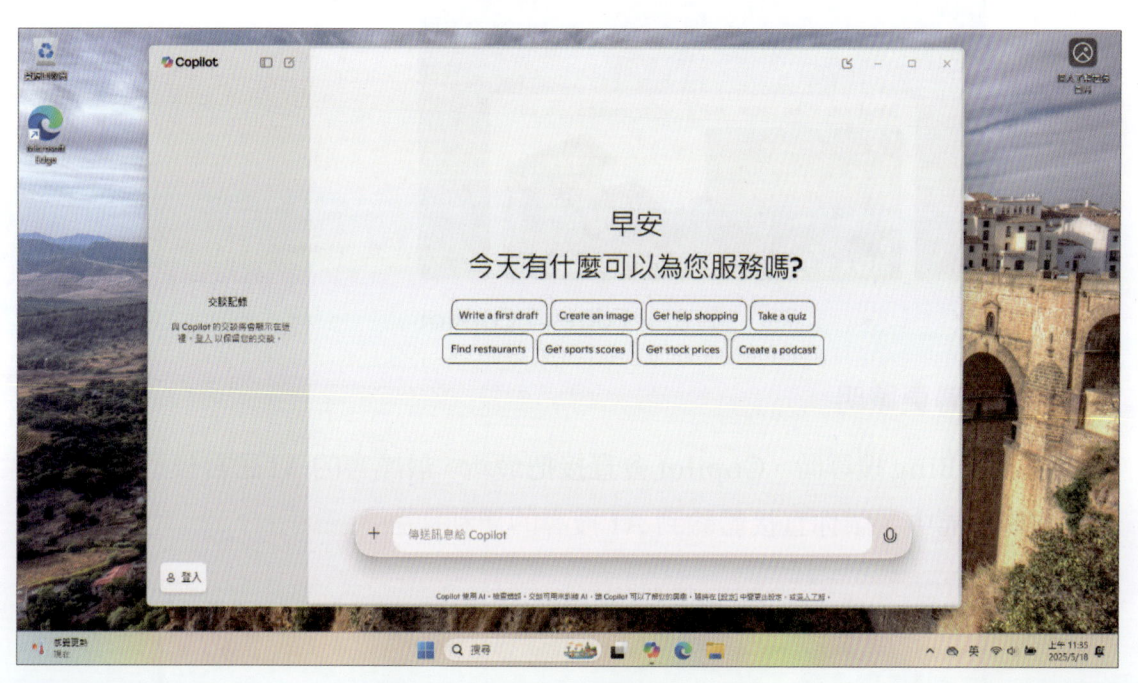

圖 2 ｜ Windows 預設 Copilot

1-2 瀏覽器與搜尋：上網好幫手

1. Edge 瀏覽器的最佳拍檔

使用 Microsoft Edge 瀏覽器時，Copilot 也會無縫整合在裡面。不論是在搜尋列旁邊，還是在瀏覽器功能列的右邊，都能找到 Copilot 的圖示。輕輕一點，就能開啟它來對話或查詢資料。當然，這個貼心功能只在 Edge 瀏覽器才有，在 Chrome 或 Firefox 等其他瀏覽器上是看不到的。

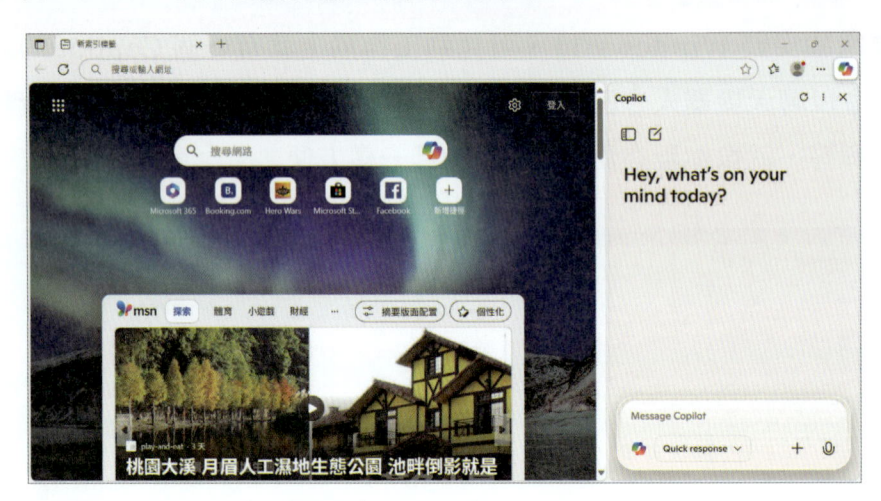

圖 3 ｜ Edge 與 Copilot

2. Bing 搜尋更聰明

當使用 Bing 搜尋時，Copilot 會直接把最新、最厲害的 AI 語言模型（LLM）帶入搜尋功能中，讓你直接體驗到 AI 搜尋的便利與強大。

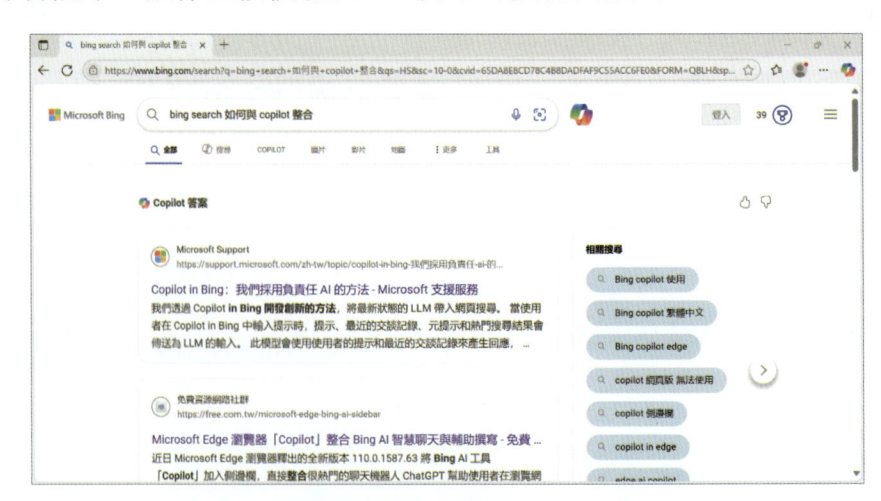

圖 4 ｜ Bing 與 Copilot

1-3　Modern Work 的 Copilot：現代辦公的智慧助理

Modern Work（現代化工作）或 Modern Workplace（現代化工作場域），指的是運用最新的數位工具和協作方式，讓每個人在學校或企業都能更有效率、更有彈性、更安全地學習、溝通和工作。過去，現代化工作是建立在雲端服務和數位轉型上，現在，加上 AI 的幫助，人們可以用更輕鬆、更聰明的方式完成同樣的工作。

現代化工作的核心概念包括：

- **數位化工作方式**：利用雲端工具（如 Microsoft 365），隨時隨地都能工作。
- **協作文化**：多人可以即時共同作業，而不是等一個人做完再換下一個人。
- **AI 輔助**：有了 Copilot 幫忙草擬、整理、思考，就像多了一位助理。
- **資料集中**：所有資料和工作都集中在一處，不怕找不到，也不怕版本混亂。

過去的 Office 365，現在已經演變成 Microsoft 365，它包含了每天用的 Office 軟體（Word、Excel 等）、企業網站 SharePoint、個人雲端硬碟 OneDrive，以及團隊溝通平台 Teams。此外，還加入許多幫助現代化工作的新服務，像是自動化流程的 Power Automate、建立應用程式的 Power Apps、任務管理 Planner 等。在這麼多好用的工具中，Copilot 的首要任務就是扮演智慧工作助理的角色，幫助使用者快速學習、上手使用這些工具，從而提升個人和團隊的創造力、效率和協作能力。

圖 5 ｜ Microsoft 365 Copilot

Microsoft 365 Copilot 如何幫助你：

- **降低技術門檻**：可以直接用口語和 Copilot 對話，無需複雜的操作，就能完成文件撰寫、數據分析、會議紀錄等任務。
- **提升效率與專注力**：它能自動化那些繁瑣、重複的工作（例如總結郵件、產生報表），讓人們可以專注在更有創意和價值的工作上。
- **強化團隊協作**：Copilot 可以即時整理資訊、產生會議摘要和行動項目，讓團隊成員快速掌握進度與重點，減少溝通上的誤解。
- **個人化與安全性**：Copilot 的所有 AI 回應都只基於你有權存取的資料，確保你的資訊安全和隱私。
- **推動創新與數位轉型**：企業還可以根據自己的需求，自訂 Copilot 代理人，讓 AI 更深入地融入業務流程，加速企業的創新和應變能力。

1-4 小結：AI 驅動的微軟雲服務，讓未來工作更輕鬆！

AI 驅動的微軟雲端服務正在全面改變人們的工作方式，透過一系列強大的工具和平台，大幅提升生產力、協作能力和創新力。Copilot 這個 AI 小幫手，將 AI 功能深度整合到人們的日常工具中，為使用者帶來前所未有的智慧工作體驗。

透過 Copilot，我們能大幅降低技術門檻，讓即使不是技術人員也能輕鬆使用 AI 工具完成複雜任務，提高工作效率，減少重複性工作的時間成本。同時，它也強化了團隊協作，幫助團隊即時掌握進度，減少溝通落差，最終實現推動企業創新，促進數位轉型，增強市場競爭力的目標。

二　Copilot 的智慧大腦與安全防護：你該知道的事

上一段提到 Copilot 如何讓工作和學習更方便。但可能也會好奇，這個聰明的 AI 助理到底是如何運作的？它背後有什麼技術？我的資料安全嗎？別擔心，接下來將揭開 Copilot 的神秘面紗，讓你對它的「智慧大腦」和「安全防護」機制有更清楚的認識。

2-1　LLM 大型語言模型：Copilot 的「超級大腦」

1. LLM

LLM 是 Large Language Model 的縮寫，中文稱為大型語言模型。可以把它想像成一個讀過數千萬篇文章、報告，並把這些內容「記憶」下來的超級大腦。這個超級大腦學會了如何「讀懂語言、理解意思、然後再產生文字」。所以，當你跟它說話時，它能理解你的問題，並用自然的語言（就像人說話一樣）來回答你，甚至還能歸納重點。可以說，LLM 就是 Copilot 背後最重要的核心技術。

簡單來說，LLM 是一種利用深度學習技術訓練出來的 AI 模型，它能夠理解、分析、生成和翻譯人類的語言。它透過閱讀大量的文章、書籍、網頁等文字資料來學習語言的規則、詞語之間的關係，以及如何根據上下文產生連貫且有意義的文字內容。所以，LLM 就像一個巨大的「語言資料庫兼創作者」，可以回答問題、寫文章、翻譯、摘要、改寫，甚至是寫程式碼！

2. Copilot 和 LLM 的關係與運作

Copilot 其實就是一個由 LLM 驅動的 AI 助理。以 Microsoft Copilot 為例，它的核心就是一個像 GPT-4 這樣的大型語言模型。但它不只會用這個超級大腦，還會結合 Microsoft Graph（這是一個能安全存取個人郵件、文件、行事曆等資料的工具）。這樣一來，Copilot 就能根據個人的需求和資料，提供客製化、有用的建議或內容。

- **LLM 負責理解和生成語言**：它處理你輸入的自然語言問題，理解你的表達，然後產生回答。

- **Copilot 負責整合應用和個人化**：它把 LLM 的強大能力帶進你每天使用的 Word、Excel、PowerPoint、Teams 等軟體中，並根據你自己的資料和使用情境，給出更貼近你需求的答案。

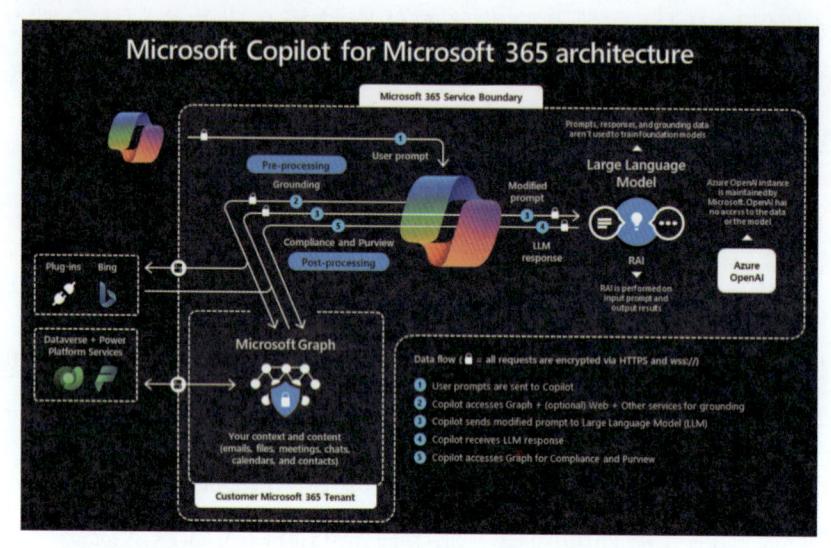

圖 6 ｜ M365 Copilot 架構（圖片來源：Microsoft Learn）

舉個例子，看看 Copilot 如何寫一份課程大綱或總結報告：

Step1 ▶ 輸入需求：你可能會說：「請幫我設計一份關於環境保護的課程大綱」，或者「幫我總結這份產業報告的重點」。

Step2 ▶ Copilot 預先處理（Grounding）：Copilot 會先分析你的需求，並透過你有權限存取的資料（例如你的文件、郵件、行事曆等），給 LLM 更多相關背景資訊。這個步驟就像是 Copilot 在幫 LLM「打好基礎」，讓它能更精準地理解你的情境。

Step3 ▶ LLM 產生回應：Copilot 將整理好的需求和背景資訊傳送給 LLM（例如 GPT-4），LLM 就會根據這些資訊生成合適的文字內容、建議或答案。

Step4 ▶ Copilot 後續處理與整合：Copilot 會再檢查 LLM 的回應，確保內容是安全、符合規定的，然後才會把答案顯示在你正在使用的應用程式中（比如 Word、Excel 或 Teams）。

Step5 ▶ 你審查與應用：最後，無論你是老師、學生還是企業員工，都可以根據 Copilot 的建議進行調整、採用，或者進一步提問。

簡單來說，LLM 是那個能夠理解和產生語言的 AI「大腦」，而 Copilot 則是把這個大腦帶進 Word、Excel、Teams 等日常應用中的 AI 助理，讓每個人都能用最自然的方式獲得智慧協助。

2-2 Copilot 與 Microsoft Graph：你的「數位資訊總管」

你可能會想，Copilot 怎麼會知道我的郵件、我的文件內容？這就得提到 Microsoft Graph 了！

1. Microsoft Graph

Microsoft Graph 可以說是幫 Copilot 找到你資料的「數位資訊橋樑」。它能安全地讀取你在 Microsoft 365 中所有的文件、電子郵件、行事曆和對話內容，然後根據這些資訊，給出最符合你需求的答案。

更詳細的說，Microsoft Graph 是微軟提供的一種服務，它讓應用程式能夠安全地存取、整合和分析來自 Microsoft 365 雲端服務（例如 Outlook 郵件、Teams 聊天、OneDrive 雲端硬碟、SharePoint 網站、Excel 表格、日曆、聯絡人等）以及你組織內部的各種資料和資訊。它就像一個「數位資訊總管」，把原本分散在不同應用程式裡的資料連接起來，讓使用者能更容易找到、使用和管理自己的數位資產。

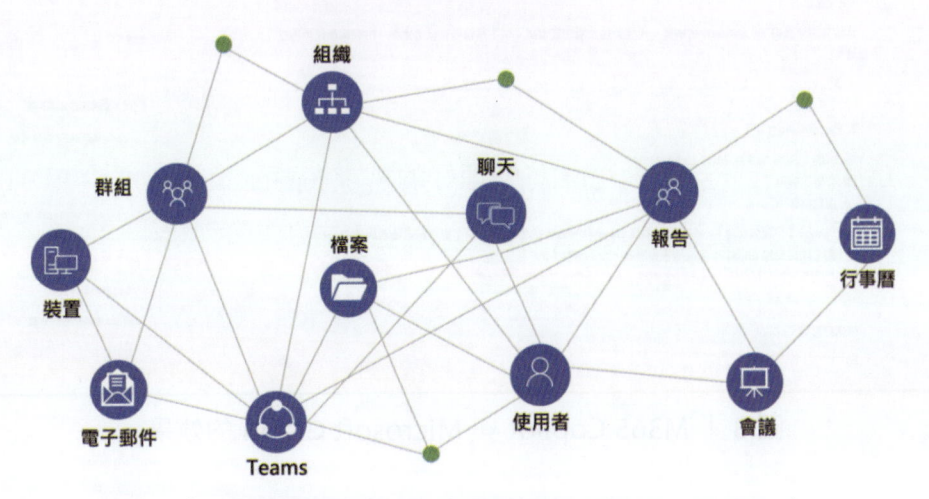

圖 7 ｜ Microsoft Graph（圖片來源：Microsoft Learn）

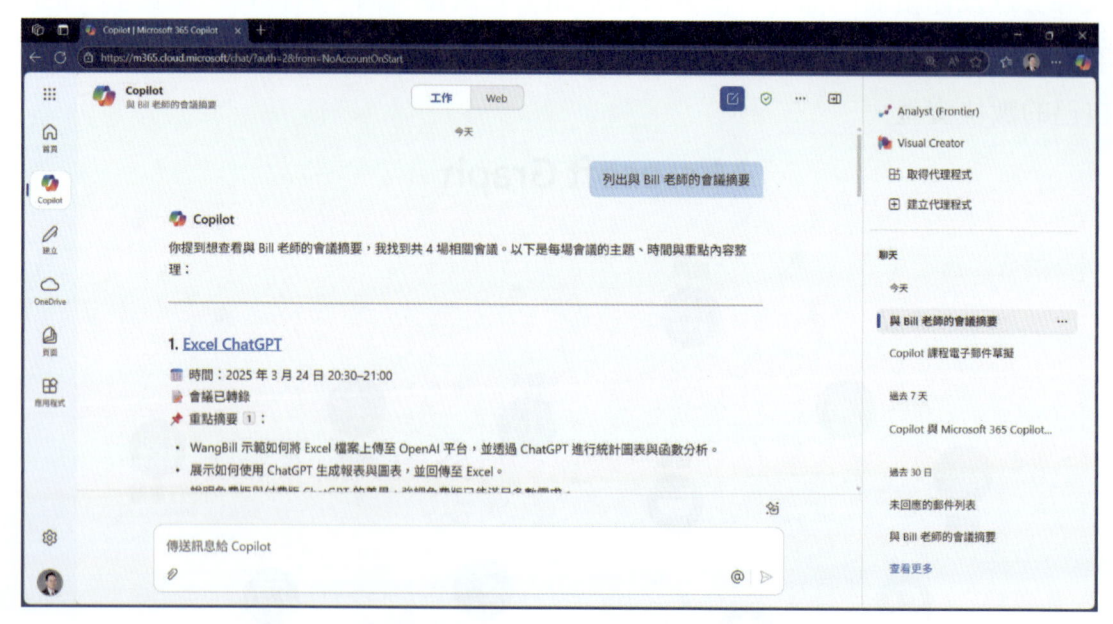

2. Copilot 與 Microsoft Graph 的協同運作

當使用公司的 Microsoft 365 帳號來使用 **Microsoft 365 Copilot** 時（請注意，這裡特別指針對企業和教育機構的版本），它的核心運作方式就是結合了大型語言模型（LLM）和 Microsoft Graph：

- LLM 負責理解和生成自然語言內容。
- Microsoft Graph 則負責提供在 Microsoft 365 生態系統中，專屬於你個人的資料來源，包括郵件、日曆、文件、會議記錄、聊天記錄等。

這種結合讓 Microsoft 365 Copilot 不僅僅是根據網路上的公開資訊回答問題，它還能根據你實際的工作內容、你的資料存取權限和具體需求，給出專屬的答案或建議，讓它真正成為你的貼身助理。

> **重要**
> 透過 Microsoft Graph 存取的提示、回應和資料不會用於訓練基礎 LLM，包括 Microsoft 365 Copilot 所使用的 LLM。

圖 8 ｜ M365 Copilot 與 Microsoft Graph 的效果

再舉個例子，看看 Microsoft 365 Copilot 如何結合 Microsoft Graph：

Step1 ▶ 輸入需求：你可能會問：「請幫我整理本週的會議重點」、「請幫我找出最近和王老師的對話紀錄」，或是「幫我產生一份根據最近三個月銷售數據的簡報」。

Step2 ▶ Copilot 取得背景資訊：Copilot 會透過 Microsoft Graph，安全地存取你有權限的郵件、日曆、文件、Teams 聊天、OneDrive 檔案等資訊。

Step3 ▶ AI 理解並生成內容：Copilot 將這些資料和你的需求一起傳送給 LLM，讓 AI 能更精準地理解你想要的是什麼，並產生專屬的答案、文件、簡報、報表或摘要。

Step4 ▶ 個人化回應與安全控管：Copilot 只會使用你有權限的資料來回應，確保你的資訊安全和隱私不被洩露。

Step5 ▶ 呈現結果並可進一步互動：Copilot 會把生成的內容直接顯示在 Word、Excel、Outlook、Teams 等應用程式中，可以直接編輯、調整或再次提問。

因此，無論是在校園還是企業中，Copilot 都能幫上大忙：

- 老師可以用 Copilot 彙整班級 Teams 群組的討論重點，或是根據 OneDrive 裡的檔案，生成教案內容。
- 學生能快速搜尋自己的 OneDrive、Outlook、Teams 聊天裡的資料，整理成報告或學習筆記。
- 企業員工可以用 Copilot 幫忙找出最近的專案文件、會議紀錄，或是根據 Excel 數據自動產生分析圖表。

簡單來說，Microsoft Graph 是 Microsoft 365 服務中所有資料的「資料樞紐」，它連接所有應用程式和個人資料；而 Copilot 則是結合 LLM 和 Microsoft Graph，讓 AI 的回應能根據你自己的資料和情境產生專屬內容。這種設計讓 Copilot 不僅「懂語言」，還「懂你」和你的工作環境，幫助你更有效率、更安全地學習與工作。

2-3　Copilot 的資料保護機制：安全至上！

微軟的產品和服務一直以來都以企業用戶為主要考量，所以在 AI 和 Copilot 的資料保護機制上自然非常嚴謹。在深入探討資料保護之前，讓我們先釐清 Copilot 和 Microsoft 365 Copilot 這兩個概念的區別：

- **Copilot（個人帳戶版）**：這是一個廣泛的 AI 助理，主要透過網路上的公開資訊來提供答案、生成內容、創作圖片等。可以在 copilot.microsoft.com 網站、Windows Copilot 應用程式、Microsoft Edge 瀏覽器，以及透過 Bing 搜尋引擎使用它。它主要依賴的是網際網路上的資訊。

- **Microsoft 365 Copilot（公司或教育機構購買授權版）**：這是專為企業和教育機構設計的 AI 助理。它整合了 Microsoft 365 的生產力應用程式（如 Word、Excel、PowerPoint、Outlook、Teams 等）和 Microsoft Graph（這包含組織內部的文件、電子郵件、會議、聊天等資料），同時也會結合網路資訊。它的核心價值在於能夠理解並運用組織內部的數據，提供更具相關性的協助。

圖 9 ｜ Copilot 公司與個人體驗

微軟在 AI 產品的資料保護上，一直都嚴格遵守其 AI 原則和負責任的 AI 標準，並且特別強調資料的安全性、隱私性和合規性。例如，微軟在 2024 年 9 月 26 日就宣布推出「可信任 AI 計畫」（Trustworthy AI）的相關產品功能和服務，進一步強化 AI 服務的全面防護措施，確保其 AI 服務是安全且具備隱私保護的。

2-4　企業資料保護（EDP）機制：你在 Copilot 中的資料安全嗎？

當登入公司或學校的帳戶使用 Copilot 時，無論是 Microsoft 365 隨附版 Copilot，還是付費的 Microsoft 365 Copilot，都會受到企業資料保護（Enterprise Data Protection, EDP）機制的保護。你會在 Copilot 頁面開始新聊天功能的右邊看到一個綠色盾牌 🛡️，這就是 EDP 機制的標誌。這個機制包含微軟宣告的以下幾點：

1. 你的資料很安全

- 我們會使用加密技術來保護你的資料，無論資料是在傳輸過程中還是在雲端儲存，都會受到嚴密保護。
- 你的資料會和其他公司的資料分開存放，確保別人看不到你的內容。
- 微軟的資料中心有非常嚴格的實體安全措施，保障資料的安全。

2. 你的資料屬於你，不會被亂用

- 除非你明確同意，否則我們不會將你的資料用於其他用途。
- 我們遵守歐盟和國際的隱私法規（例如 GDPR、ISO 標準等），確保你的隱私權利受到保障。

3. 你的權限和公司規則會自動套用到 Copilot

- Copilot 只會看到你本來就有權限存取的資料。如果一個文件你無法打開，Copilot 也無法看到裡面的內容。
- Copilot 會自動遵守你公司或學校設定的資料分類、保留和管理規則。
- 所有 Copilot 的操作都會被記錄下來，方便公司進行管理和稽核。

4. 防範 AI 相關風險與著作權問題

- 我們會主動防止 AI 產生有害或不當的內容。
- 我們有機制協助偵測和保護公司的專有資料。
- 微軟承諾會協助處理使用 Copilot 可能產生的著作權相關問題。

5. 你的資料不會被用來訓練 AI

- 你在 Copilot 裡輸入的內容、AI 產生的回應，以及 Copilot 存取到的公司資料，都不會被拿去訓練微軟的 AI 模型。
- 你的資料只會用來協助你完成工作，不會被用於其他用途。

此外，Microsoft 365 Copilot 在使用上，完全繼承 Microsoft 365 本身的權限控管、敏感度標籤、資料保留政策、加密和審核機制。這意味著它能深度整合 Microsoft 365 的資安和合規性標準。它嚴格遵守 Microsoft 365 的身份識別系統，只有使用者有權限的資料才會被 Copilot 存取並產生回應。除了全球隱私和安全標準，它還支援資料外洩防護（DLP）、資訊權限管理（IRM）等進階控管功能。最後，學校或企業的資訊管理者，可以追蹤 Copilot 的使用狀況，設定資料保護策略，甚至進行稽核。希望這些解釋能幫助你更清楚地了解 Copilot 背後的技術基礎和資料保護機制！

三 輕鬆搞懂 Microsoft Copilot

Microsoft Copilot 是一款聰明的 AI 小幫手，它能用來寫報告、做圖表、回信，甚至幫忙整理複雜的資料。不過，它有很多版本，每種版本的功能、使用方式和費用都不同，就像買手機一樣，有低價的入門款，也有功能齊全的旗艦款。

3-1 Copilot 版本大解析

- **Copilot 免費版**：這是最基本的版本，人人都可以用！可以在 Windows 11 的 Copilot 應用程式、Edge 瀏覽器或 Bing 搜尋裡找到它。它就像免費的地圖導航，功能有限，但日常使用足夠。

- **Copilot Pro 個人付費版**：這是專為個人使用者或小型工作者設計的「進階版」。需要有個人的 Microsoft 帳戶才能用。它最棒的地方是可以和你的 Word、Excel、PowerPoint 等 Office 軟體結合，幫忙更有效率地完成工作。

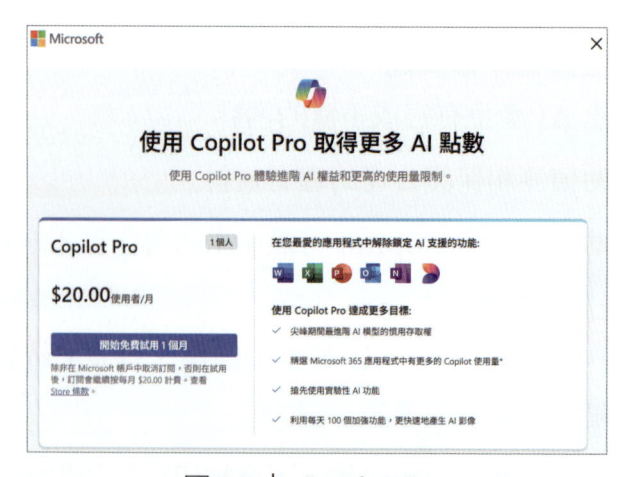

圖 10 ｜ Copilot Pro

- **Microsoft 365 隨附版 Copilot：**

    如果公司或學校有 Microsoft 365 的組織帳戶，可能會在 Microsoft 365 首頁看到一個 Copilot 圖示，這個功能叫做「Copilot Chat」。它是附贈的，所以只能在瀏覽器裡用，不能和 Office 軟體（像是 Word、Excel 的電腦版）直接整合。它就像是買大禮包送的小贈品。

- **Microsoft 365 Copilot 商業版或企業版：**

    這是為企業、政府和教育機構量身打造的「付費版」。需要登入 Microsoft 365 組織帳戶才能使用。它不僅能和 Word、Excel、PowerPoint 等 Office 軟體深度整合，甚至還能跟公司內部的 OneDrive、SharePoint 等服務串聯，讓 AI 幫忙處理更多組織內的資料。這就像是專為大型團隊設計的客製化工具，功能最強大。

3-2 Copilot 常見使用問題與解答

以下是幾個常見的問題：

Q 為什麼我的 Chrome、Safari 或 Firefox 瀏覽器沒有 Copilot？

A Copilot 主要和 Microsoft Edge 瀏覽器完美整合。其他瀏覽器預設是沒有 Copilot 側邊欄的。

Q 我的電腦裡有 Copilot，但為什麼 Word、Excel、PowerPoint 沒有 Copilot 功能？

A 這通常是因為沒有購買 Copilot 的付費版本，所以它沒辦法和 Office 軟體整合。

Q 我已經有 Microsoft 365 個人版或家用版了，為什麼 Word、Excel、PowerPoint 還是沒有 Copilot？

A 可能是 Office 軟體沒有更新授權資訊。請到 Office 軟體內的「帳戶設定」看看產品資訊，更新後應該就會出現 Copilot 圖示了！

圖 11 ｜ Office 電腦版授權更新出現 Copilot

Q 我有 Microsoft 365 家用版，也分享給家人使用，為什麼我家人們的 Office 軟體沒有 Copilot？

A Microsoft 365 家用版雖然可以分享給多人使用，但 Copilot 的 AI 點數（使用權限）只給購買訂閱的主帳戶。所以你的家人無法使用 Copilot。

圖 12｜家用版下的 AI 點數

Q 公司或學校已經購買 Office 365 或 Microsoft 365，也付費購買了 Copilot 商務版或企業版，為什麼我的 Word、Excel、PowerPoint 還是沒有 Copilot？

A 可能有兩種情況：
1. Office 365 或 Microsoft 365 版本（例如商務基本版、企業版 E1、教育版 A1）本身就不包含 Office 電腦版的安裝權限。
2. 雖然有較高階的 Microsoft 365 授權（例如商務版、企業版 E3、教育版 A3），但電腦裡安裝的 Office 可能是買斷版 Office（例如 Office 2016、Office 2019），買斷版是無法與 Copilot 整合的。

Q 為什麼我在 Microsoft 365 首頁有看到 Copilot（Copilot Chat），但我的線上版或網頁版 Word、Excel、PowerPoint 卻沒有 Copilot？

A Microsoft 365 預設會提供「Copilot Chat」功能，但這通常不代表已經額外購買了 Microsoft 365 Copilot 商務版或企業版，或者購買了但公司或學校的管理者還沒有把 Copilot 授權指派給你。所以，你的網頁版 Office 應用程式旁邊不會出現 Copilot 的圖示和功能。

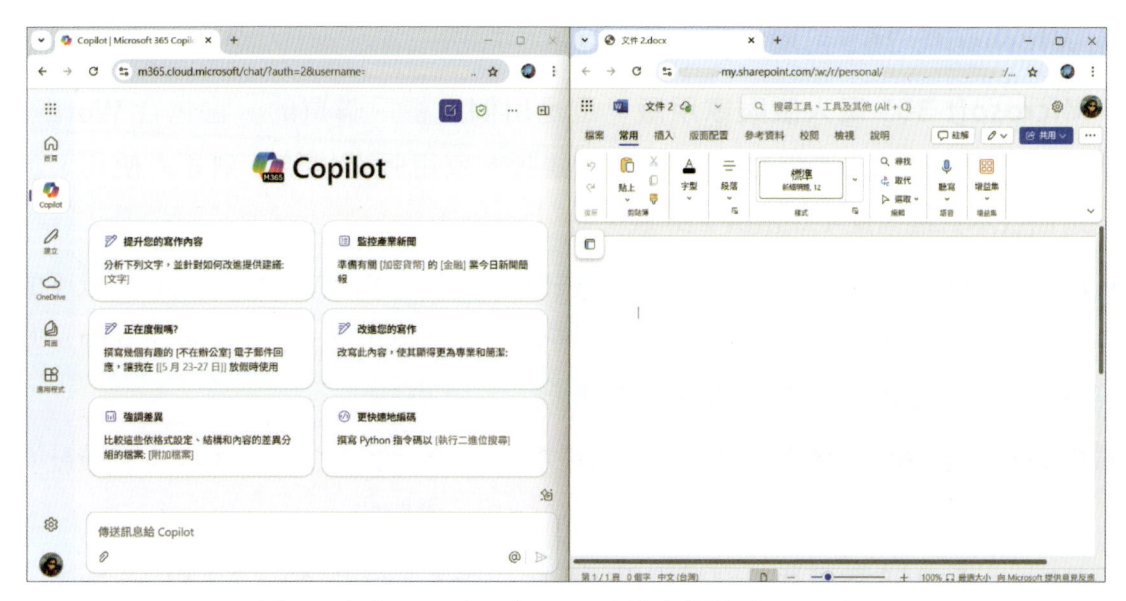

圖 13｜有 Copilot 但 Word 線上版沒有 Copilot

這些複雜的問題，歸根究底都和 Microsoft 帳戶、Microsoft 365 訂閱方案，以及 Copilot 版本授權息息相關。了解這些細節，才能避免一開始使用 Copilot 時遇到大量問題。

3-3 Copilot 授權與 Microsoft 365 訂閱的關係

現在來深入了解想讓 Copilot 和 Office 軟體（電腦版）整合，需要滿足以下條件：

1. Microsoft 365 帳戶種類

- **Microsoft 365 個人帳戶**：就是平常使用的 MSN、Hotmail、Outlook 或是任何用電子郵件註冊的 Microsoft 帳號。
- **Microsoft 365 組織帳戶**：以前稱為 Office 365 帳戶。如果公司或學校有和 Microsoft 365 郵件整合，那麼電子郵件通常就是你的 Microsoft 365 組織帳戶。

不同種類的帳戶，能購買的 Microsoft 365 和 Copilot 訂閱也不同。

2. Microsoft 365 訂閱方案

- **Microsoft 365 個人版與家用版**：這是用個人帳戶購買的。它包含 Word、Excel、PowerPoint 和 Outlook 的電腦版。家用版可以給 1 到 6 人使用，但這個版本只能搭配 Copilot Pro 版。

- **Microsoft 365 商務版**：這是用組織帳戶登入的，適合員工數在 300 人以下的中小型企業。裡面又分成基本版、標準版、進階版和 Apps 商務版。其中，基本版**不**包含 Office 電腦版的安裝權限。

- **Microsoft 365 企業版**：也是用組織帳戶登入的，像是 Office 365 企業版就有 E1、E3、E5 等版本。E1 版本也不包含 Office 電腦版。

- **Microsoft 365 教育版**：同樣使用組織帳戶登入，分為 A1、A3 和 A5 版本。A1 版本也不包含 Office 電腦版。

3. Copilot 版本與授權

- **AI 點數與 Copilot Pro**：
  - 需要使用 Microsoft 365 個人帳戶來登入使用。
  - AI 點數來自你的 Microsoft 365 個人版或家用版訂閱，但請注意，只有購買訂閱的主帳戶才能使用這些 AI 點數。
  - Copilot Pro 只能用個人帳戶購買，它能讓你優先體驗最新的 AI 模型，而且可以與 Word、Excel、PowerPoint 等 Office 電腦版應用程式整合。

- **Microsoft 365 Copilot**：
  - 需要使用 Microsoft 365 組織帳戶來登入、購買和使用。
  - 這個版本可以和你的 Office 電腦版應用程式深度整合，是專為企業、學校等組織設計的。

簡單來說，如果想讓 Copilot 在 Word、Excel、PowerPoint 等 Office 軟體裡幫忙，需要根據你的身份（個人或組織）和需求，選擇對應的 Microsoft 365 訂閱和 Copilot 版本。

帳戶與 M365 訂閱	個人帳戶 （個人版、家用版）		組織帳戶 （商務版、企業版、教育版）	
Copilot 版本	Copilot Free	Copilot Pro	Microsoft 365 隨附 Copilot	Microsoft 365 Copilot
訂閱方式	無	一帳戶一訂閱	M365 隨附	一帳戶一訂閱
每月費用	免費	670（台幣未稅）	無	965 （台幣未稅）
繳費方式	無	月繳	無	965*12（年繳） 1,013* 每月付款 (年度履約承諾)
問答次數 (與 AI 點數比)	家用版每月 60 點 AI 點數	無限制	無限制	無限制
基礎生成式問答	V	V	V	V
優先存取模型		V	V	V
企業資料保護			V	V
Office 電腦版		V		V
Teams Copilot		V（部分功能）		V

四 如何善用 Copilot：像跟聰明小孩說話

NVIDIA 執行長黃仁勳在 2025 年初說過一句話：「我第一件會做的事，就是學怎麼用 AI。」他還補充說，學習怎麼跟 AI 有效率地對話，就像是一門藝術，需要透過練習來掌握「**提示工程**」的技巧，這樣 AI 才能真正成為你的好幫手。

那麼，要怎麼跟 AI 有效溝通呢？不管是在瀏覽器、App，還是在 Office 軟體（電腦版）裡使用 Copilot，都會看到一個輸入文字的對話框，上面寫著：「傳送訊息給 Copilot！」這就表示你要跟 Copilot 說話了，而這個說話的過程，就是下達「**提示詞**」的過程！

4-1 提示詞的重要性

簡單來說，**提示詞（Prompt）** 就是對 Copilot 下達的「指令」或「問題」，就像與人溝通時所使用的語言。當指令越清楚、越具體，對方就越能理解並給你想要的答案。對 Copilot 來說，一個好的提示詞就像一張詳細的地圖，能引導它快速找到正確的方向，並給出精確的結果。

Lazarus AI 提示設計總監 Kelly Daniel 建議，想問出好問題，就把 AI 當成一個聰明但缺乏經驗的小孩：「你正在跟一個想幫你、想讓你滿意的聰明小孩對話；重點是，這孩子並不了解你在做的事，也沒有你的經驗，所以你要負責提供資訊並清楚說明。」

為了讓 Copilot 給出你想要的答案，首先要給它清晰簡潔的提示。越具體、越詳細的指令，越能讓 Copilot 發揮它的能力，給出滿意的回覆。以下有四個例子，可以看看當提示詞從籠統變得越來越具體時，Copilot 給出的答案品質和相關性會如何改善：

- **一般的提示**：「撰寫一封研討會會議邀請」
- **良好的提示**：「撰寫一封 Copilot 研討會會議邀請」
- **更好的提示**：「針對企業人資單位人員，撰寫一封 Copilot 研討會會議邀請」
- **最佳的提示**：「針對企業人資單位人員，撰寫一封 Copilot 研討會會議邀請，並說明人資如何協助員工應用 Copilot 提升工作效率」

從「一般的提示」到「最佳的提示」，內容越來越清楚、具體。

4-2 建立有效的 Copilot 提示詞

跟 Copilot 溝通的基本原則，就像跟一個聰明但缺乏經驗的小孩說話一樣，最好的方法就是把步驟拆解開來！

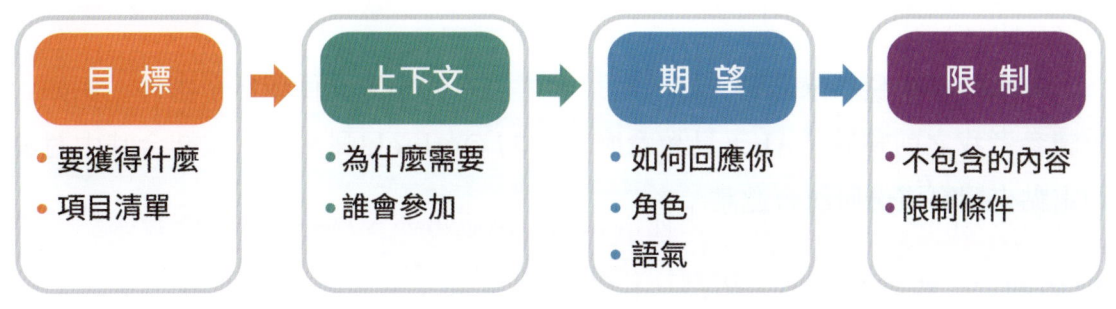

```
目　標　→　上下文　→　期　望　→　限　制
・要獲得什麼　・為什麼需要　・如何回應你　・不包含的內容
・項目清單　　・誰會參加　　・角色　　　　・限制條件
　　　　　　　　　　　　　　・語氣
```

圖 14 ｜建立有效提示詞的步驟

1. 原則一：設定明確清楚的目標

避免使用模糊不清的字眼，要給 Copilot 具體明確的指示。例如，當你想讓 Copilot 寫一封 Microsoft 365 Copilot 校園研討會會議邀請時，應該詳細地說明你的需求和目的。

- **不好的例子**：「幫我寫會議邀請」
- **好的例子**：「請幫我撰寫一份關於『Microsoft 365 Copilot 校園應用研討會』的正式會議邀請信，邀請全國大專校院教職員參加，時間為 113 年 5 月 9 日下午 2:30-4:30，地點為 OO 科技大學 A 棟行政大樓 4 樓人文講堂」

當具體說明你的目的時，也要明確告訴 Copilot 你希望它完成什麼樣的任務，像是撰寫草稿、編輯內容還是調整格式。

2. 原則二：提供足夠的「上下文」

NVIDIA 執行長黃仁勳最近提到，跟 AI 互動需要具備提問技巧和「上下文思維」，這項能力將在未來職場中扮演關鍵角色。所以，請告訴 Copilot 更多背景資訊，例如研討會的目標、參與對象、議程安排等詳細內容。Copilot 就能根據所提供的這些資訊，產生更符合需求的會議邀請內容。

- **背景資訊例子**:「這是一場針對教育工作者的 Microsoft 365 Copilot 應用研討會,目的是讓與會者了解如何在教學與行政工作中運用 AI 助手提升效率。議程包括 Word 中的 Copilot 應用、PowerPoint 中的 Copilot 功能展示、Teams 中的 Copilot 實際操作等內容」。

如果能指出資料來源會更好,可以參考現有的相關文件或電子郵件。例如:「請參考我之前關於『AI 工具教育應用』的 Outlook 郵件串,並結合其中討論的重點來撰寫這份研討會邀請」。

3. 原則三:設定期望的「角色」和「語氣」

讓 Copilot 知道它應該扮演的角色,並指定合適的語氣風格。對於 Microsoft 365 Copilot 研討會會議邀請,你需要考慮教育機構的正式性和專業性。

- **角色設定例子**:「請以教務處綜合業務組的身份,撰寫一份正式的研討會邀請函」。
- **語氣指定例子**:「請用正式、專業且具有教育意義的語氣來撰寫,同時保持友善和邀請性的氛圍,確保內容能吸引教職員踴躍報名參加」。

語氣的選擇應該符合目標受眾的期待,例如學術機構的邀請應該保持專業性,但也要展現出活動的價值和吸引力。

4. 原則四:告訴它「不要」什麼

明確說明不希望包含的內容,能讓 Copilot 更精確地理解你的需求。在撰寫 Microsoft 365 Copilot 研討會會議邀請時,清楚表達限制條件同樣重要。

- **限制條件例子**:「請撰寫 Microsoft 365 Copilot 研討會會議邀請,但不要包含過於技術性的專業術語,避免使用過於銷售導向的語言,也不要提及具體的軟體價格或授權費用相關資訊」。

這項原則特別重要,因為它能幫助 Copilot 避免產生不適合的內容,確保最終的會議邀請符合教育機構的專業形象和實際需求。

運用這四項原則來撰寫 Copilot 提示詞，能夠顯著提升 AI 助手的回覆品質和實用性。明確的指示、充足的上下文、適當的角色語氣設定，以及清楚的限制條件，共同確保了生成內容的專業性和適用性。這些原則不僅適用於會議邀請的撰寫，也可以擴展應用到其他類型的商業溝通和文件製作中，讓 Copilot 成為你真正有效的工作夥伴。

4-3　Copilot 使用注意事項

　　使用 Copilot 時，應注意以下幾點：

1. 提示與回應

- 請 Copilot 摘要或參照內容時，總計的文字量最好控制在 150 萬字或 300 頁以內，這樣 Copilot 才能有效運作。
- 如果文件小於 7,500 個字，詢問文件相關的 Copilot 問題效果最好。
- 重寫功能最適合用於少於 3,000 字的文件。
- 不同語言的這些限制可能會有些微差異，所以需要根據使用的語言來調整頁面或文字限制。
- 大型語言模型（LLM）傾向於優先處理文件開頭和結尾的內容。因此，得到的結果可能比較不關注長篇檔案中間部分的內容；如果想讓 Copilot 處理中間部分，可以嘗試分段詢問和摘要。
- Copilot 的回應每次都可能不同，這是 AI 的正常現象，可以多嘗試幾次，直到獲得滿意的答案。

2. 對長文件的使用

- **拆分**：若是很長的文件，可以考慮將它分割成較小的文件，分別提供給 Copilot，這樣 Copilot 就能有效地處理每個部分。
- **分段摘要**：對於長篇報告或手稿，可以嘗試使用 Copilot 將它們分成幾個部分進行摘要。可以將每個區段複製/貼到個別的文件，再分別摘要每個章節，這樣有助於 Copilot 給出更精確且相關的回應。

3. 安全性與驗證

- **資料隱私**：了解 Copilot 如何處理你的使用者資料，並採取適當措施保護個人隱私。
- **結果準確性**：Copilot 產生的結果可能不完全準確，應該仔細檢查和驗證。
- **潛在偏見**：Copilot 產生的結果可能反映其訓練資料中的偏見，應該保持批判性思考。
- **適度使用**：避免過度依賴 Copilot，應該保持個人的判斷力和專業技能。
- **持續學習**：Copilot 的功能會持續更新和改善，你應該不斷學習新技巧。

4. 在 Microsoft 365 環境下使用

當使用 Microsoft 365 組織帳戶下的 Copilot 時，建議 Microsoft 環境至少使用一到兩個月以上，這樣能確保 Copilot 能學習你們組織的資料以及繁體中文資訊。

五　Copilot 的功能與應用：讓 AI 成為你的超級工作夥伴

這一段主要會介紹 Microsoft 365 Copilot 的應用方式，因為這個版本的 Copilot 能和你的 Office 軟體（電腦版）以及其他 Microsoft 365 服務完美結合，讓你體驗到最棒的 AI 協同工作效果。如果是使用 Copilot Pro 的讀者，也不用擔心，它的協同工作效果會和 Microsoft 365 Copilot 很相似喔！

5-1　Copilot 與 Microsoft 365：你的 AI 秘書全面上線

目前，Microsoft 365 Copilot 在企業、學校或政府機關中最常被使用的整合功能，就像是下面這張圖顯示的。當 Copilot 融入 Microsoft 365 應用程式後，它就成了你最棒的「自然語言秘書」。這包含在 Microsoft 365 裡的 Copilot Chat，以及 Copilot 與 Outlook、Word、PowerPoint、Excel 等 Office 電腦版、Teams 電腦版或網頁版，還有 Forms 的整合與協作。

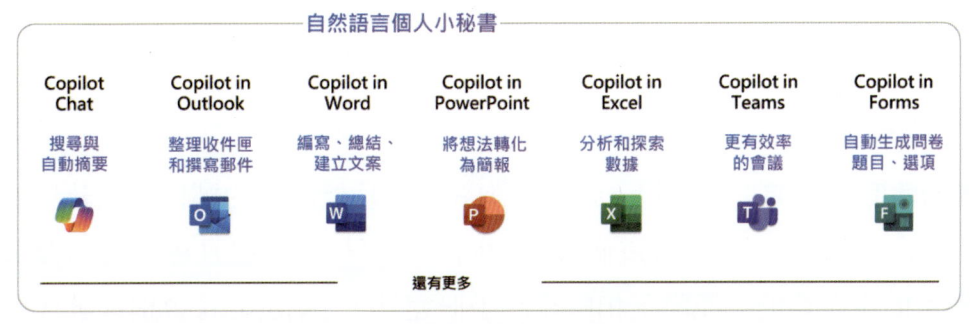

圖 15 ｜ Microsoft 365 Copilot 常用的生產力整合工具

5-2　Copilot 在企業的應用情境

Microsoft 365 Copilot 是你在辦公室裡提升效率的超級助手，它能幫忙處理各種工作，讓你在日常業務中事半功倍。

1. 全新的搜尋體驗（Copilot Chat）

Copilot Chat 就像一個聰明的對話機器人，它能理解你說的話，並從公司所有你看得到的資料裡（例如：文件、電子郵件、會議紀錄、SharePoint 檔案、OneDrive 雲端文件等）全面搜尋、自動整理和總結資訊。它不只是找檔案，它還能理解內容，給你綜合性的回答。

- **快速取得專案資訊**：想像正在準備一個新專案提案，需要快速了解公司過去類似專案的成功案例、客戶回饋和預算狀況。現在只要在 Copilot Chat 裡輸入：「請總結上個季度『藍鯨計畫』的銷售報告和客戶滿意度調查結果，並統整關鍵成功因素。」Copilot 就會自動搜尋相關文件，並提供一份精簡的摘要，省去你翻閱大量文件的時間。

- **比較分析提案**：手上有好幾個供應商的提案，需要比較看看哪個比較好。此時可以請 Copilot Chat：「比較這兩份採購提案的優缺點，並列出價格差異和服務條款。」Copilot 會分析兩份文件內容，幫你整理出清晰的比較報告。

- **快速查找特定資訊**：需要找到公司最新的差旅報銷規定，可以直接在 Copilot Chat 裡問：「最新的差旅報銷政策是什麼？」Copilot 會從公司內部文件庫找到相關規定，給你一份摘要，甚至會特別指出跟你職位相關的重點。

D-93

2. 郵件小幫手（Copilot in Outlook）

　　Copilot in Outlook 是智慧郵件助理，能幫助你高效處理大量的電子郵件。不論是自動寫回覆、總結很長的郵件對話，還是分析郵件內容並提醒你準備事項，它都能搞定。

- **快速回覆客戶詢問**：當收到一封客戶詢問產品功能細節的郵件。此時只要點擊 Copilot，指示它：「針對這個客戶詢問，草擬一封禮貌且專業的回覆，說明產品 A 的主要功能，並附上相關產品手冊連結。」Copilot 會根據郵件內容和你的指令產生草稿，只要檢查一下就可以發送了。

- **總結多封郵件對話**：如剛休完假回來，收件匣裡堆滿了幾十封關於某個專案的郵件。可以請 Copilot：「請總結這個專案的所有郵件對話，找出重要的決策和行動項目。」Copilot 會快速瀏覽整個郵件串，提供一份清晰的摘要，讓你迅速掌握專案進度。

- **會議準備提醒**：當收到一個會議邀請，裡面有很多附件和討論重點。可以問 Copilot：「針對這封郵件的會議，我需要準備什麼？」Copilot 會自動分析郵件和附件內容，列出可能需要預先閱讀的資料或要帶的物品，確保你準備充分。

> **重要**
>
> Copilot in Outlook 功能須搭配 New Outlook 才能釋放 Copilot 功能。

3. 文件草擬（Copilot in Word）

　　Copilot in Word 是撰寫各種業務文件的得力助手。它能根據你的指令草擬初稿、總結內容、潤飾文字，讓你的文件更專業、更有說服力。

- **快速撰寫專案報告**：需要撰寫一份季度業務報告。可以將銷售數據、市場分析、客戶回饋等重點輸入 Word，然後指示 Copilot：「根據這些資料，草擬一份包含市場趨勢、銷售分析和未來策略建議的業務報告。」Copilot 會快速產生報告的結構和內容。

- **改寫和潤飾**：寫好了一份客戶提案，但覺得語氣不夠專業或表達不夠精確。可以選取特定的段落，要求 Copilot：「將此段落改寫為更具說服力的商業語氣」或「精簡此部分，使其更簡潔有力」。
- **產生課程大綱 /SOP**：需要為新員工培訓準備一份詳細的入職流程 SOP（標準作業程序）。可以給 Copilot 幾個主要步驟，並指示它：「依據 OOO 產生詳細的 SOP 文件。」Copilot 會幫你展開細節，確保流程清晰完整。
- **產生解釋性說明**：需要向團隊解釋一個複雜的產品功能或技術概念。可以輸入該概念，並要求 Copilot：「產生 OOO 理論的說明。」Copilot 會用簡潔易懂的語言進行解釋。

4. 簡報製作（Copilot in PowerPoint）

Copilot in PowerPoint 將徹底改變製作簡報的方式。只要提供一個大綱、一份 Word 文件，甚至幾個關鍵字，Copilot 就能自動將你的想法變成視覺吸引力強的投影片，並建議排版、選擇圖片，甚至撰寫演講者的備忘稿。

- **從文件生成簡報**：剛完成一份詳細的產品提案 Word 文件，現在需要為高階主管製作一份簡報，只要在 PowerPoint 中參考這份 Word 文件，並指示 Copilot：「依據 OOO 提案產生業務報告簡報。」Copilot 會自動從文件中提取關鍵資訊，生成帶有標題、重點、圖片建議的投影片。
- **自動生成備忘錄**：需要為這次簡報準備一份講稿或演講者備註。可以要求 Copilot：「自動生成備忘錄，列出每張投影片的演講重點和建議講稿。」
- **預測問題**：在準備客戶提案簡報時，想提前準備客戶可能會問的問題。可以要求 Copilot：「根據此簡報，客戶可能提出哪些問題？」Copilot 會根據簡報內容和業務背景，預測可能的提問並協助你準備答案。

5. 數據分析（Copilot in Excel）

Copilot in Excel 將數據分析從專業人員手中解放出來，讓每個企業使用者都能輕鬆從數據中獲得深入的資訊。你可以透過日常對話的方式提問，Copilot 會自動辨識數據範圍、建立公式、產生圖表，並提供容易理解的數據分析和趨勢預測。

- **快速理解銷售數據**：收到一份包含幾百條銷售記錄的 Excel 表格，你想快速了解各產品線的銷售表現。可以直接向 Copilot 提問：「顯示每個產品類別的總銷售額」或「哪些產品的銷售增長最快？」Copilot 會立即生成相應的數據樞紐分析表或圖表，並提供重要的分析。
- **識別數據趨勢**：手頭有一份客戶滿意度調查數據，想看看不同地區的滿意度是否有差異。可以問 Copilot：「比較不同地區的客戶滿意度得分。」Copilot 會分析數據，並可能建議你建立一個長條圖來清楚呈現差異。
- **預測和假設分析**：正在規劃下一季度的預算，需要評估不同情況下的成本。可以詢問 Copilot：「如果營運成本增加 5%，利潤會受到什麼影響？」Copilot 會根據現有數據和你的假設，快速進行計算並展示結果，幫助你做決策。
- **生成複雜公式**：需要對某些數據進行複雜的計算，但不確定 Excel 公式怎麼寫。可以向 Copilot 描述你的需求，例如：「計算每個員工的加班費，標準工時 40 小時，每小時加班費是基本工資的 1.5 倍。」Copilot 會生成正確的公式，並解釋它的邏輯。

6. 會議記錄（Copilot in Teams）

　　Copilot in Teams 是智慧會議夥伴。它能在會議中即時追蹤對話、產生會議紀錄、辨識關鍵決策和行動項目，並在會後提供精簡的會議摘要，讓你無需分心做筆記，也能掌握所有重點。

- **自動生成會議摘要**：參加了一場長達一小時的跨部門專案會議。會議結束後，可以在 Teams 中要求 Copilot：「依據主題回顧會議，並生成會議記錄和摘要。」Copilot 會自動整理會議內容，列出討論主題、決策事項和指派的行動項目。
- **回顧關鍵片段**：在會議中分心了一段時間，錯過了一些重要的討論。可以問 Copilot：「請回顧 OOO 討論部分的關鍵點和決策。」Copilot 會引導你到會議錄影中的相關時間點，並提供該部分的摘要。
- **列出後續工作和指派**：會議結束後，你想快速了解所有需要追蹤的任務和負責人。此時可以要求 Copilot：「請列出後續工作列表、指派，以及截止日期。」Copilot 會從會議記錄中提取這些資訊並整理成清單。

總結來說，Microsoft 365 Copilot 的目標是成為日常工作的效率引擎。它將 AI 融入你熟悉的應用程式中，幫助你更高效地處理資訊、撰寫內容、協作溝通和分析數據。身為企業一般使用者，善用 Copilot 將能大幅減少你的重複性工作，提升個人和團隊的生產力，讓你把更多時間專注於創新思考和策略執行，為公司創造更大的價值。建議你和公司的 IT 部門合作，充分利用這個強大的工具！

5-3 Copilot 在校園的應用情境

Microsoft Copilot 不僅是職場利器，在校園裡，它也能成為老師和學生的智慧幫手，讓研究、教學和行政工作都更有效率。

1. 研究領域的應用

- **論文書稿與編修（Copilot in Word）**：Copilot in Word 能協助研究人員從頭開始撰寫論文草稿，或對現有文稿進行潤飾和改寫。它能理解文章的上下文，提供語法、用詞、風格上的建議，甚至根據你的指示擴充或總結內容。
  - **草擬論文初稿**：某位教授正在撰寫一篇關於「AI 在教育中的倫理挑戰」的學術論文。他輸入關鍵字、大綱和一些初步發現，Copilot in Word 就能根據這些資訊自動生成論文的引言、文獻回顧的初步草稿，大大縮短了撰寫初期耗時的構思階段。
  - **論文內容編修**：一位研究生寫完論文初稿後，希望讓語句更流暢、表達更精確。他選取特定段落，要求 Copilot 進行「改寫以使其更具學術性」或「精簡此段落的冗餘部分」。Copilot 會立即提供多種修改建議，幫助他提升論文品質。
  - **整理引證摘要**：在進行文獻回顧時，研究員將多篇參考文獻的摘要貼入 Word，要求 Copilot「依據內容產生學術論文的引證摘要」。Copilot 能夠自動提取每篇摘要的核心觀點，並以符合學術規範的方式進行組織。
  - **發散思考與切入點**：論文遇到瓶頸時，研究員可輸入目前的論點，詢問 Copilot「以五個面向點出新的切入點」。Copilot 會從不同的角度提供新的思考方向，幫助研究員拓展思路。

- **學術研討會準備（Copilot in PowerPoint）**：Copilot in PowerPoint 能將你的研究成果或學術思想，迅速轉化為視覺化的簡報。它能根據文字內容自動生成投影片佈局、建議圖片，甚至撰寫演講者備忘稿，大幅簡化簡報製作過程。
    - **投影片製作**：一位講師需要為即將到來的國際學術會議準備一份關於「智慧校園的數據分析」的簡報。他將論文的重點或大綱貼入 PowerPoint，並指示 Copilot「依據 OOO 資料產生簡報」。Copilot 立即生成包含標題、重點、圖表建議的投影片，省去了大量排版時間。
    - **演講稿準備**：講師可以要求 Copilot「依據簡報檔產生演講稿」。Copilot 會根據投影片內容，為每張投影片生成詳細的演講備註，幫助講師流暢地進行口頭報告。
    - **Q&A 問答準備**：在準備學術發表時，講師可利用 Copilot 思考「其他學者會問什麼問題？」Copilot 會基於簡報內容和學術領域的常見疑問，預測可能的提問並協助講師準備應對策略。

2. 教學領域的應用

- **教學資料準備（Copilot in Word）**：Copilot in Word 不僅限於研究，也能成為教學材料準備的利器。它能協助教師快速生成考試題目、課程大綱，甚至是針對特定概念的解釋或常見問題解答（FAQ）。
    - **產生考試題目**：一位授課教師需要為「統計學」課程準備期末考。他將課程重點和授課內容輸入 Word，並指示 Copilot「依據 OOO 產生題目」。Copilot 能自動生成多種題型的考題（如選擇題、是非題、計算題），大大節省命題時間。
    - **生成課程大綱 / FAQ**：新學期開始，教師需要為「數位行銷」課程制定詳細大綱，或為學生準備常見問題與解答。Copilot in Word 根據課程主題和目標，快速生成結構清晰的課程大綱和豐富的 FAQ 內容，提升教學準備效率。
    - **專有名詞解釋**：當學生對某個複雜的學術概念有疑問時，教師可以直接在 Word 中輸入概念，要求 Copilot「產生 OOO 理論的說明」。Copilot 會用清晰易懂的語言解釋該理論，幫助學生理解。

- **數據分析（Copilot in Excel）**：Copilot in Excel 讓數據分析不再是只有專業人士才能完成的任務。師生和行政人員可以透過日常對話的方式向 Copilot 提問，例如「找出不及格的學生並列出他們的平均分數」、「比較不同入學年度學生的畢業率」。Copilot 會自動辨識數據範圍、建立公式、產生圖表，並提供容易理解的分析。

  ○ **分析學生學業表現**：一位教授想了解班級學生在某個課程單元的學習情況。他將學生成績數據輸入 Excel，並問 Copilot：「顯示分數低於 60 分的學生名單，並分析他們的平均出勤率。」Copilot 會快速篩選數據，生成相關清單和分析結果，幫助教授及時調整教學策略。

  ○ **研究數據整理與視覺化**：一位研究生正在收集問卷數據，需要將複雜的數據整理並繪製圖表。她可以指示 Copilot：「請總結性別和年齡對學習滿意度的影響，並生成相關的圖表。」Copilot 會自動處理數據，並創建適合的圖表，讓研究成果更直觀。

  ○ **校務數據趨勢分析**：行政人員需要分析過去五年學校各系所的招生人數變化趨勢。他可以向 Copilot 提問：「顯示各系所的招生人數年度增長率，並預測下學年的招生情況。」Copilot 會自動建立公式、計算增長率，並根據歷史數據提供初步的預測，輔助校務決策。

  ○ **經費使用狀況分析**：學院秘書需要匯報各專案的經費使用情況。她可以要求 Copilot：「列出所有專案的實際花費與預算差異，並找出超支最多的前三個項目。」Copilot 會快速進行計算和排序，提供清晰的報告。

3. 行政領域的應用

- **系務會議（Copilot in Teams）**：Copilot in Teams 讓會議更高效、更具生產力。它能在會議中即時追蹤討論內容，生成會議摘要，辨識關鍵行動項目和負責人，並協助與會者提出與會議主題相關的問題。

  ○ **會議摘要與跟進**：某系所召開每月系務會議，討論課程調整和招生策略。會議進行中，Copilot in Teams 自動記錄並總結發言重點。會議結束後，Copilot 立即生成包含「依據主題回顧會議」、「提出建議問題」的會議摘要，列出所有決議和「列出會議後需執行的項目」的行動項目，並指派給相關人員，確保會議決議能有效落實。

- **即時提問**：在會議討論某個複雜議題時，與會者可以利用 Copilot 提出基於會議內容的疑問。Copilot 能快速在會議記錄中找到相關資訊進行回覆，確保討論的連續性和深度。

- **私人助理（Copilot in Outlook）**：Copilot in Outlook 是教職員工的個人郵件管家。它能協助處理大量的郵件，快速回覆常見詢問，整理和歸納信件中的重要資訊，讓你能更專注於核心工作。

  - **信件回覆與資料統整**：一位行政人員每天收到大量來自學生、家長或校內單位的詢問郵件。當收到關於「學費繳交流程」的詢問時，Copilot 可以根據之前的溝通紀錄或預設的回覆範本，自動草擬一封包含詳細步驟的郵件，只需行政人員簡單確認即可發送。

  - **快速查找資訊**：當需要查找某個特定專案在郵件中的溝通內容時，行政人員可以要求 Copilot「幫我找出 OOO 的相關內容」。Copilot 會快速掃描郵件，提取並呈現關鍵資訊，省去了手動篩選的時間。

  - **比較與歸納**：在處理多個申請文件或會議邀請時，Copilot 可以幫助行政人員「比較兩個文件內容並舉例」、「OOO 的資訊要準備什麼？」，快速對比不同郵件或文件中提及的日期、要求、附件等細節，高效完成資料統整。

Microsoft Copilot 是一款潛力巨大的 AI 工具，它正在改變人們工作和學習的方式。透過了解 Copilot 的基本概念、背後技術、各種應用情境和使用注意事項，可以更有效地利用它的優勢，在數位時代取得更大的成功。隨著 AI 技術的不斷發展，Copilot 將在未來扮演更重要的角色，並為人們帶來更多的創新和可能性。

Copilot AI 應用
Copilot in Word
寫作 AI 助手

1. 開始使用寫作 AI 助手前的準備
2. Copilot in Word 介面導覽與使用
3. 實務案例
4. Copilot in Word 在企業與校園文件應用範例
5. 進階技巧與限制：精通 Copilot，實現高效協作

一 開始使用寫作 AI 助手前的準備

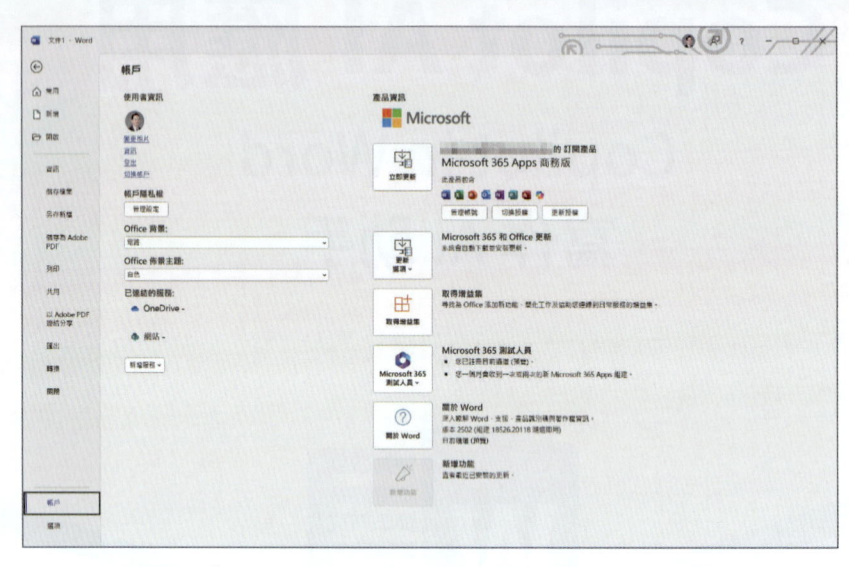

圖 1 ｜ Copilot in Word 帳戶設定與整合重點

在使用 Copilot in Word 這個聰明的 AI 助手之前，有些準備工作是必須的。這就像買了一台新的智能家電，總得先插上電、設定好一些基本功能，它才能開始為你服務。這些準備工作一點也不複雜，但卻能確保 Copilot 能夠順利運作，並且提供你最佳的輔助體驗。

這些步驟旨在讓 Copilot 能夠「認得」你的身份、知道去哪裡找到它需要的資料，並且遵守你的組織為其設定的安全規範。

1-1 確認你是 Copilot 的「對的人」

要使用 Copilot，最重要的就是確認你手上的 Word 軟體，是否由一個「對的帳戶」登入的。

- **登入帳戶**：想像一下，Copilot 是你的專屬秘書。它只會聽從「它的老闆」的指令。所以，你登入 Word 的帳戶，必須是公司或學校已經為你開啟 Copilot 功能的 Microsoft 365 帳戶。在 Word 裡面，通常會在左上角看到你的名字和電子郵件，例如「王恩琦（Angi）」與其信箱。這就表示 Word 知道是誰在操作，Copilot 也知道要為誰服務。

- **授權類型確認**：Office 應用程式並不是所有 Microsoft 365 版本都有送的「加值服務」。它通常需要企業版 (例如 Microsoft 365 商務標準版、商務進階版、企業版 E3、E5 等) 或教育版 (A3、A5 等) 的訂閱，而且公司還需要額外幫你「加購 Copilot 的授權」。所以，如果授權不符合這些條件，就算有 Copilot 授權，它可能也只是「看得到，用不到」。

1-2 檢查你的 Word 是否「訂閱」Copilot 服務

確認你是「對的人」之後，還要看看你用的 Word 軟體本身，有沒有連結到那個「包含 Copilot 服務的訂閱」。

- **確認訂閱產品**：在 Word 裡，可以在「產品資訊」區塊看到你的訂閱狀態。它會顯示「電子郵件帳號的訂閱產品」以及「Microsoft 365 Apps 商務版」之類的字樣。這就是確認你的 Word 是雲端版。但光有這個還不夠，得再確認你的訂閱裡面有沒有真正「包含 Copilot 的授權」。

- **「管理帳戶」與「切換授權」**：如果發現 Copilot 用不了，或者同時有多個 Microsoft 帳戶 (例如：公司帳戶、個人帳戶)，不確定哪個有 Copilot 權限，可以點擊「管理帳戶」或「切換授權」來檢查或切換。這就像是確認你的「門票」對不對，才能進入 Copilot 的專屬包廂。

1-3 讓 Copilot 找到你的「雲端檔案」

Copilot 雖然聰明，但它不是憑空變出內容的。它很重要的功能就是會「參考」你過去寫過的文件，來學習你的寫作風格、了解你常用的專業術語，甚至從你公司的文件裡提取相關資訊來幫助你。

- **OneDrive / SharePoint 整合**：想像 Copilot 要幫你寫一份報告，它得先知道你以前寫過的類似報告都放在哪裡吧？所以，你的 Word 帳戶必須要正確連結到公司的雲端儲存空間，也就是 OneDrive 或 SharePoint。只有把文件放在這些雲端位置，Copilot 才能安全、合法地「讀取」它們。

當你正在寫一份新文件，需要 Copilot 提供建議時，如果它能參考你之前存在雲端的文件 (例如：你以前的提案、簡報草稿)，它就能更精準地理解你的意圖，並提供更貼近你需求的建議。上述措施就像你的私人助理，因為熟悉你的工作習慣，所以能提供更貼心的服務。

1-4 了解你的「隱私權設定」

Copilot 會讀取和處理你的資料來提供服務，所以了解和管理隱私權設定也很重要。

- **管理設定**：可以點擊「管理設定」查看和調整你的隱私權選項，但通常在公司或學校環境中，IT 部門為了確保資料安全和符合規性，會統一管理這些設定。但身為使用者，知道有這個選項並留意它，會讓你對資料處理的過程更有概念。

1-5 提醒：別混用多個帳號！

在使用 Copilot 時，請特別注意：務必使用具備 Copilot 授權的 Microsoft 365 帳戶登入 Word，勿在 Word 登入公司或學校帳號，又登入個人帳號。

當你完成這些小小的檢查後，恭喜你！你的 Copilot 寫作助手已經準備就緒，可以開始為你服務，可以體驗更便利、更有效率的寫作樂趣了！

二 Copilot in Word 介面導覽與使用

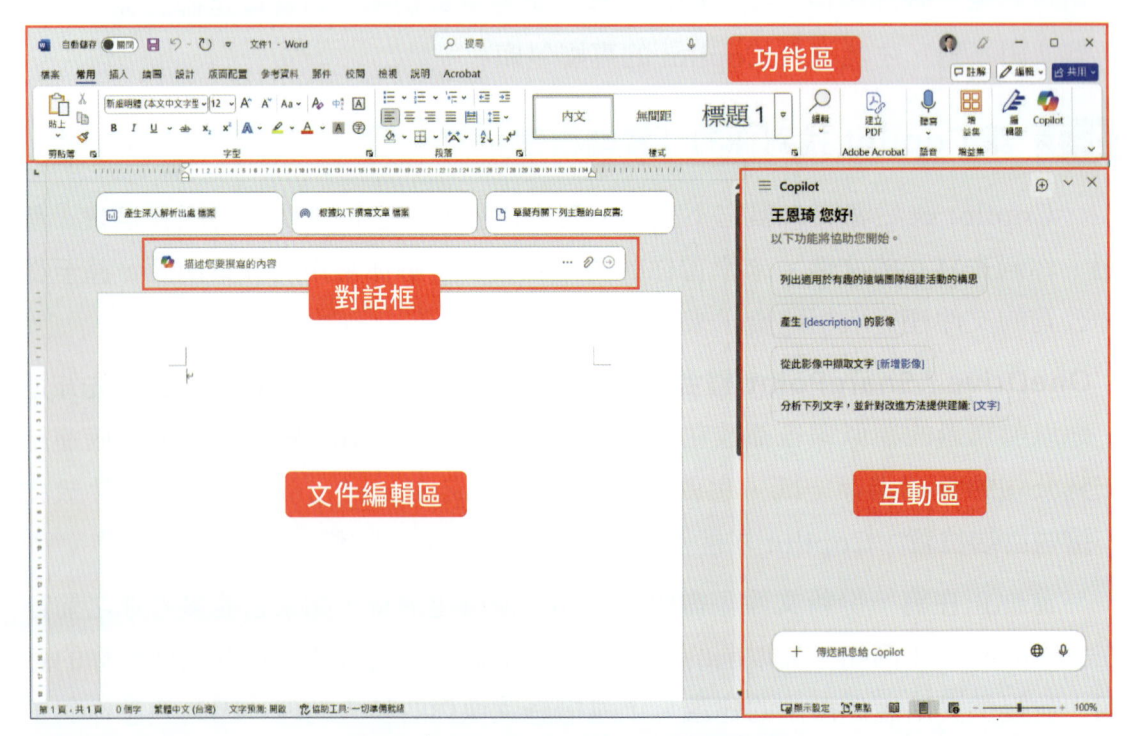

圖 2 ｜ Copilot in Word 使用介面

Copilot in Word 就像是 Microsoft 365 結合了人工智慧的超強秘書,能幫你更有效率地寫東西、修改內容,甚至分析文件。接下來,我們就來看看這個「智能工作檯面」上主要的區域和功能。

2-1 主要介面區域

首先,會看到幾個 Copilot 的「專屬位置」,是與 Copilot 互動的主要舞台。

1. Copilot 啟動按鈕（Word 右上角）

在 Word 最上方的「功能區」裡,會看在最右邊的 Copilot 圖示。它就像是 Copilot 的「開關」按鈕。只要輕輕一點,右側的 Copilot 面板就會彈出來,或者收回去。這可以隨時開啟或關閉 Copilot,讓它在需要時出現,不需要時就不會佔用畫面。

2. Copilot 聊天窗格（Word 右側）

這是你和 Copilot 最主要的「聊天室」或「互動區」。當點擊啟動按鈕後,它就會像一個側邊欄一樣出現在 Word 畫面的右邊。

- **溫馨的歡迎訊息**:一開始,會看到 Copilot 親切地跟你打招呼,可能還會顯示你的名字,讓你知道它已經準備好要協助你了。
- **多種建議操作**:面板裡會直接列出許多 Copilot 已經為你預設好的「點子」或「功能選項」,這些都是它能幫忙做的事情,例如:
  - 「列出適用於有趣的遠端團隊活動的構思」:如果你在寫會議記錄或活動企劃,它會給你一些想法。
  - 「產生描述內容的影像」:如果需要一個圖片,它可以根據你的文字描述自動生成。
  - 「從影像中擷取文字」:如果有張圖片上面有字,它可以幫你把字抓出來變成可編輯的文字。
  - 「分析特定文字並提供改進建議」:如果對某段文字不滿意,它會幫你看看哪裡可以寫得更好。

3. Copilot 輸入欄（面板底部）

這個輸入框就像是跟朋友聊天時的「訊息輸入框」一樣，位於 Copilot 面板的最下方。可以在這裡直接打字，告訴 Copilot 你想讓它做什麼。例如，可以輸入：「幫我總結這份文件。」或者：「請幫我擬一封會議邀請信，主題是新產品發布。」Copilot 會根據你的文字指令，開始思考並給你回應。

2-2 文件編輯區的智能提示

除了右側的 Copilot 面板，Word 的文件編輯區（也就是打字的地方），也會出現 Copilot 的小提示，讓你在寫作時能更即時地獲得幫助。

1. 建議提示（文件上方）

有時候，當你打開一份文件或開始撰寫內容時，Word 文件頁面的最上方，會自動出現一些 Copilot 提供的快速建議按鈕。例如，可能會看到「產生深入解析出處摘要」、「根據以下摘要文章編案」、「幫我有關下列主題的文章」等。這些都是 Copilot 預設好的「懶人包」指令，點一下，它就自動幫你產生內容或整理重點，非常方便。

2. 描述區（文件上方）

在某些情況下，Word 文件頁面的上方也會有一個「描述區」，上面可能會寫著「描述你要撰寫的內容」這類提示。可以在這裡直接輸入你希望 Copilot 協助你撰寫的內容概括，例如：「我需要一份關於 AI 應用在製造業的提案初稿。」Copilot 就會根據你的描述，為你生成一份初步的草稿或提供相關建議。

3. 其他常用功能（讓你的文件協作更有效率）

這些不是 Copilot 獨有的功能，但它們和 Copilot 一起使用，能讓你的工作流程更順暢、文件品質更高。

- **自動儲存與共用（Word 頂端工具列）**

  在 Word 視窗的最上方，會看到「自動儲存」和「共用」這些按鈕。「自動儲存」能確保文件即時被保存，不怕斷電或忘記存檔。「共用」則非常適合團隊合作，讓你可以輕鬆邀請同事一起編輯同一份文件。這些功能讓你在和 Copilot 協同作業時，也能享受無縫接軌的便利。

- **語言與文字預覽（Word 下方狀態列）**

　　在 Word 視窗的底部，有一個「狀態列」，可以在這裡切換文件的語言、檢查拼字和文法等。確保這些設定正確，可以幫助 Copilot 更好地理解你的寫作語言，同時也保證最終文件的品質符合專業標準。

　　透過這些介面元素的介紹，現在應該對 Copilot 的操作方式有初步的了解。準備好，開始智能寫作之旅吧！

三　實務案例

　　為了具體展示 Copilot in Word 如何在實際工作中發揮作用，我們將跟隨一位職場新鮮人「小林」的視角，看她如何運用 Copilot 完成一項充滿挑戰的任務：在一週內提交一份關於「AI 在企業應用」的專案提案初稿。這個案例將貫穿本章節，逐步演示 Copilot 撰寫草稿、文字改寫、撰寫提示等各項核心功能。

　　小林，一位剛從大學畢業、對未來充滿憧憬的年輕人，順利進入了一家頗具規模的科技公司，擔任專案助理一職。入職不久，她便接到直屬主管指派的第一個重要任務：負責草擬一份「人工智慧於現代企業應用之潛力分析與導入策略」的專案提案初稿。

　　這份提案的目標讀者是公司的高階管理層，內容需要涵蓋以下幾個核心面向：

1. **市場趨勢分析**：全球及國內 AI 技術在企業應用的最新發展趨勢、市場規模預測。

2. **潛在應用案例**：針對公司所在的產業（例如，假設為製造業或服務業，我們將在後續具體化），探討 AI 技術可以應用的具體場景與潛在效益。

3. **預期效益與風險評估**：導入 AI 技術可能為公司帶來的量化與質化效益，以及可能面臨的技術、組織與倫理風險。

4. **初步導入策略建議**：提出一個初步的 AI 技術導入路線圖與關鍵成功因素。

對於剛踏入職場的小林而言，這無疑是一項艱鉅的挑戰。她雖然在學校接觸過一些 AI 相關的基礎知識，但要獨立完成一份如此全面且具有專業深度的專案提案，並在一週的時限內提交初稿，壓力可想而知。她手頭上有一些主管提供的初步參考資料，包括幾份產業研究報告（部分為英文）和公司過往的一些數位轉型相關文件，但如何將這些零散的資訊有效地整合並轉化為一份結構清晰、論點充分的提案，是她面臨的最大難題。

此外，小林也擔心自己撰寫的內容是否足夠專業、語氣是否得體、格式是否符合公司的要求。她知道，這份提案的品質將直接影響到她在公司的第一印象。

幸運的是，小林所在的公司最近為員工導入 Microsoft 365 Copilot。在了解 Copilot in Word 的強大功能後，小林決定積極運用這個 AI 助手來協助她應對這次挑戰。她希望 Copilot 能幫助她：

- 快速理解和摘要參考資料。
- 高效地草擬提案的各個章節。
- 優化和潤飾文字內容，使其更專業。
- 整合來自不同來源的資訊。
- 甚至協助準備後續的會議文件。

接下來，我們將一步步跟隨小林的腳步，看她如何與 Copilot in Word 協同合作，逐步攻克難關，完成這份重要的專案提案。這個過程不僅將展示 Copilot 的具體操作，也將體現 AI 如何賦能職場人士，提升工作效率與品質。

3-1 Copilot 自動草擬與內容生成

面對空白的 Word 文件和緊迫的時限，小林決定先利用 Copilot 的自動草擬功能，為她的專案提案「人工智慧於現代企業應用之潛力分析與導入策略」搭建一個初步的框架和內容基礎。她知道，即使是由 AI 生成的初稿，也需要後續大量的人工修改和完善，但這至少能幫助她快速克服「萬事起頭難」的困境，並提供一個可以著手編輯的起點。

小林開啟一個新的 Word 文件，在 Word 功能列下方看到 Copilot 提示詞選項以及【描述你要撰寫的內容】對話框。在對話輸入框中，開始構思她的第一個指令。回憶起主管的要求和提案的核心內容，嘗試組織一個清晰且包含足夠上下文的提示。

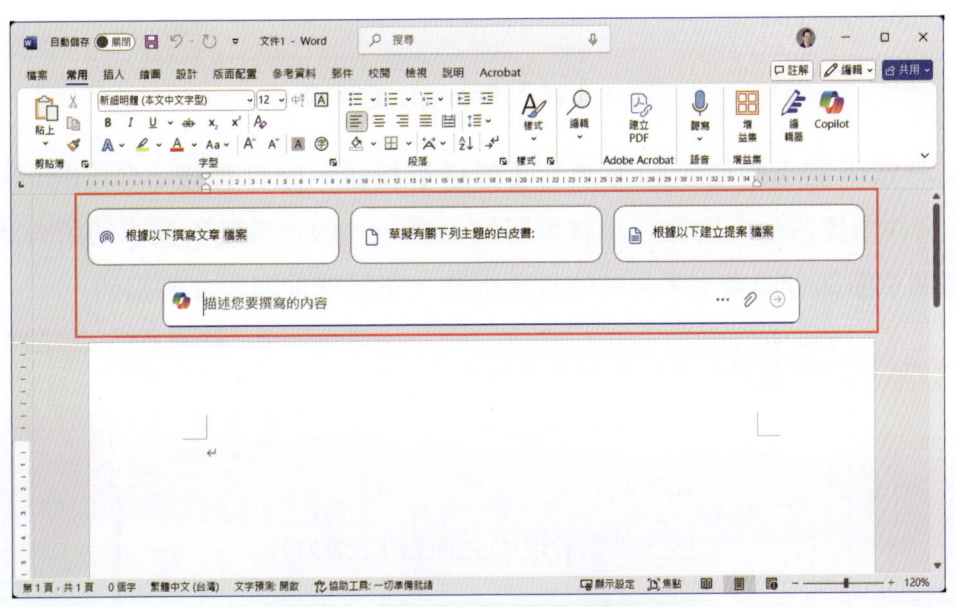

圖 3 ｜打開 Word 見到 Copilot

1. 輸入提示詞

小林的第一個提示：

> 請幫我草擬一份專案提案初稿，主題是「人工智慧於現代企業應用之潛力分析與導入策略」；這份提案的目標讀者是公司高階管理層，初稿應至少包含以下幾個主要章節：

1. 導論（闡述 AI 在現代企業的重要性及本提案目的）
2. 全球及國內 AI 技術企業應用趨勢分析
3. 針對製造業的 AI 潛在應用案例探討（請列舉至少三個具體案例）
4. 導入 AI 技術的預期效益（請列舉至少三個具體案例）
5. 主要風險與挑戰
6. 初步導入策略建議
7. 結論

圖 4｜輸入 Prompt 提示詞

　　小林按下右下角藍色圓箭頭的【傳送】按鈕。幾秒鐘後，Copilot 開始在 Word 文件中逐段生成內容。小林驚訝地看到，一個包含她所要求的所有章節，並且每個章節都有初步文字內容的提案框架，正迅速地展現在她眼前。

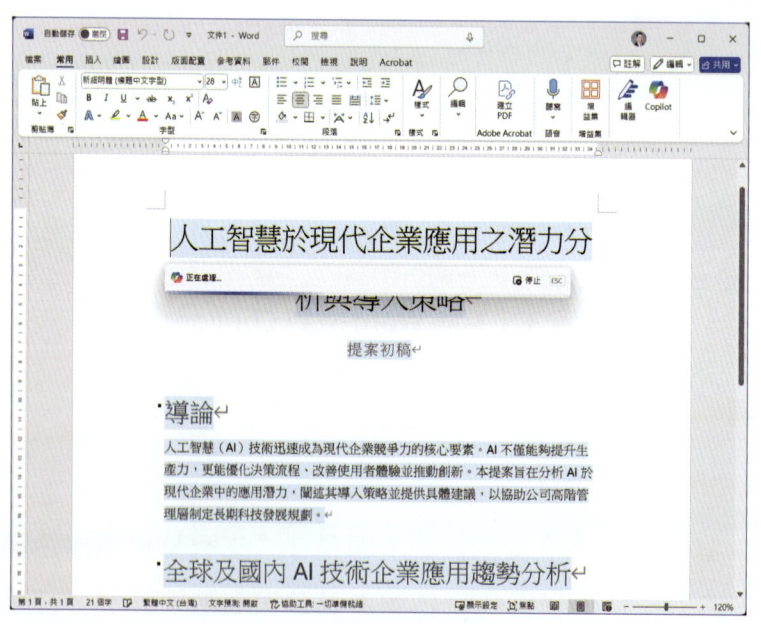

圖 5｜提示詞生成文件內容

當【Copilot 正在處理】的視窗消失，Word 下方會出現【保留】視窗，即代表 Copilot 生成作業完成。

圖 6 ｜生成完成出現保留功能視窗

2. Copilot【保留】功能視窗

對於停留在 Word 最下方的【保留】功能視窗，小林做了一些研究。

圖 7 ｜保留視窗的功能

編號	圖示	功能名稱
1	< 1/2 >	上一份草稿、下一份草稿
2	✏	編輯提示
3	AI 產生的內容可能不正確。	提醒語
4	👍 👎	讚、不喜歡
5	✓ 保留	保留
6	↻	重新產生
7	🗑	捨棄
8	例如，「變得更專業」	微調草稿

(1) 上一份草稿、下一份草稿
- **作用**：想像你請了一位秘書寫報告，她可能準備了好幾種寫法供你選擇。這個功能就像在「翻閱不同版本的草稿」。Copilot 不會只生成一個版本，它可能會在背景同時生成多個不同的提案（草稿），來盡量滿足你的需求。
- **實際操作**：當 Copilot 生成第一個版本時，上一份、下一份草稿只會顯示 < 1/1 >，如果點選視窗下方的【重新產生】圖示，當 Copilot 完成第二版或第三版生成後，就會出現 <2/2> 或 <3/3> 的狀態。第一個數字代表第幾個版本，第 2 個數字代表共有幾個版本。當你對當前看到的草稿不滿意時，點擊「下一份草稿」可以切換到 Copilot 生成的下一個不同版本；點擊「上一份草稿」則可以回頭查看前一個版本。這樣可以在不同的寫法、不同的結構或不同的語氣中進行挑選，直到找到最符合你期望的那一個。這對於探索不同表達方式或尋找靈感非常有幫助。

(2) 編輯提示
- **作用**：Copilot 的輸出品質，很大程度上取決於你給它的「提示」（也就是指令）是否清晰、具體。如果 Copilot 寫出來的內容不符合你的預期，最常見的原因就是你的提示不夠精準。
- **實際操作**：點擊「編輯提示」會跳回你剛才輸入提示的介面，讓你可以直接修改原始的提示詞。在【使用 Copilot 編寫草稿】視窗，可以新增更多細節、更明確的要求、設定特定的語氣或格式，甚至提供更多背景資訊。修改完提示後，再重新生成，Copilot 就會根據你修正後的提示，提供新的內容。這是優化 Copilot 輸出最直接有效的方法。

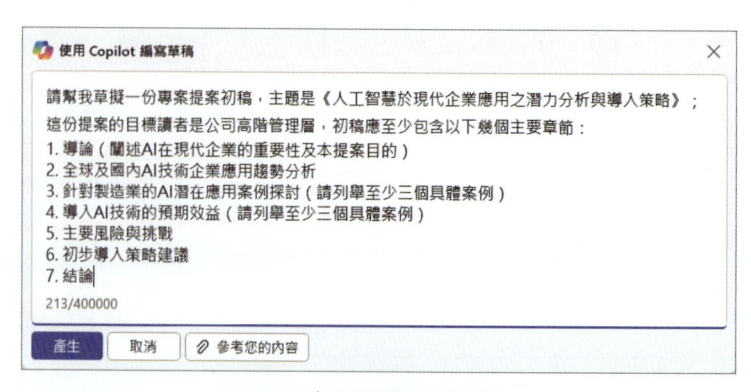

圖 8 ｜ 編輯提示視窗

- **產生**：根據修訂完的內容重新生成，如果沒有修訂任何內容，直接按下產生，Copilot 也會刪除所有舊有內容，產生一份全新的內容，但完成後，不再出現【保留】視窗。
- **取消**：回到保留功能視窗。
- **參考您的內容**：此功能會打開參考檔案視窗，視窗內有全部、檔案、會議與電子郵件的分類選單，檔案分別來自 OneDrive 商務版、Teams 會議以及電子郵件內的附件，可以讓你補上參考檔案，重新產生內容。檔案的順序以使用時間做預設排序，而目前此處的檔案內容以 Word、PowerPoint、PDF、TXT 等文字檔為主。

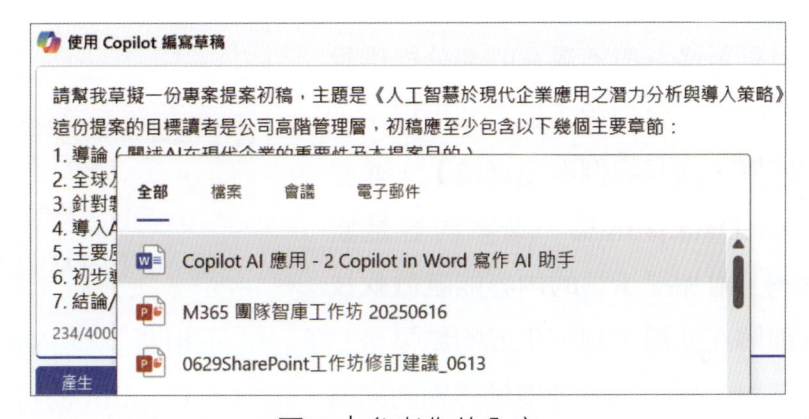

圖 9｜參考您的內容

> **提醒**
> 如果直接點選【使用 Copilot 編寫草稿】視窗右上角的【關閉】，除了關閉【使用 Copilot 編寫草稿】視窗，也將直接關閉正在使用的【保留】功能視窗，原來淺藍底的文字標註將消失，Copilot 即完成提示詞內容生成。如果仍需要使用【保留】功能視窗，請勿點選關閉。

(3) 提醒語

- 這裡所看到的【AI 產生的功能可能不正確】僅是提醒語，並無任何功能；使用任何 AI 工具所產生的內容，都應負責的檢查所生成的內容，確保內容的正確性。

(4) 讚、不喜歡

- **作用**：這是一個提供回饋給微軟 Copilot 團隊的按鈕。你每一次的點擊，都在幫助 Copilot 變得更聰明、更符合使用者的需求。

- **實際操作**：如果 Copilot 這次生成內容非常符合你的期待，甚至超出預期，請點擊「讚」（豎起大拇指圖示）。如果它生成得不理想，甚至完全不相關，請點擊「不喜歡」（向下大拇指圖示）。此功能不論是點【讚】、或點【不喜歡】，都會打開【向 Microsoft 提供意見反映】的對話框，可以針對滿意與不滿意的部分提供說明，預設情況下會勾選【是否共用提示、產生的回應、內容範例與記錄檔】，並產生 contextData.json 檔，檔案內容是原生提示詞，附加提示詞的內容能讓微軟技術團隊理解在此提示詞下生成的結果是「好」、「不相關」、「內容不準確」、「語氣不對」等，請盡量提供詳細的回饋，這對於 Copilot 的持續改進至關重要。

圖 10 ｜向 MS 提供意見

(5) 保留

- **作用**：當你對 Copilot 生成的某個草稿版本非常滿意，並決定要採用它時，點擊這個按鈕就可以將該內容正式插入到你的 Word 文件中。

- **實際操作**：點擊「保留」後，Copilot 生成的文字會自動從預覽框中移出，並直接顯示在你 Word 文件中游標所在的位置。這意味著你已經接受並選擇使用這段由 Copilot 生成的內容作為你文件的一部分。

(6) 重新產生

- **作用**：如果對 Copilot 生成的內容不滿意，但又覺得自己剛才輸入的「提示」已經夠好、不需要修改了，那麼，「重新產生」就是你的選擇。它會根據你原來的提示，再次嘗試生成一個全新的不同版本。

- **實際操作**：點擊「重新產生」後，Copilot 會在不改變原始提示的情況下，重新運算並輸出一段新的內容。這就像你讓秘書用同樣的指示再寫一份新的草稿，希望能有不同的靈感。

(7) 捨棄

- **作用**：當你覺得 Copilot 生成的內容完全不適用、不需要，或者想重新開始一個全新的寫作任務時，可以使用這個功能。它會清除當前 Copilot 生成的內容和相關預覽介面。

- **實際操作**：點擊「捨棄」後，所有 Copilot 剛才生成的草稿內容都會被刪除，Copilot 的預覽介面也會消失，讓你回到 Word 的編輯狀態，準備下一個指令或繼續手動編輯。

(8) 微調草稿

- **作用**：這是一個非常強大且互動性高的功能。它允許你在 Copilot 已生成的基礎上，進一步「精煉」或「調整」該草稿，而不需要重新輸入完整的提示。它就像是你對著秘書說：「這份報告寫得不錯，但請你把這段的語氣改得更正式一點。」

- **實際操作**：點擊「微調草稿」後，會出現一個輸入框，可以在裡面輸入更具體的修改指令。例如，可以說：「讓它更簡潔」、「加入更多的細節」、「將語氣改為更專業」、「增加一段關於某某主題的內容」、「用條列式呈現」等等。Copilot 會根據你提供的微調指令，對當前選中的草稿進行修改並重新呈現。這比完全重新產生要更有效率，因為是基於一個已存在的基礎進行優化。若完成提示詞修改，則點選右側箭頭的生成，若不修改則點選左上角的箭頭回到前一視窗。

< 若要微調草稿，請新增一些詳細資料並重新產生

例如，「讓會議正式化」　　　　　　　　　　　→

圖 11 ｜微調草稿

3. 開啟 Copilot 編寫草稿功能

當開啟 Word 時，如果在 Word 工具列下方沒有看到 Copilot 編寫草稿功能時，可以點擊 Word 編輯畫面左側的【使用 Copilot 編寫草稿】圖示，或使用快捷鍵【Alt + I】，就能開啟 Copilot 編寫草稿功能。

圖 12｜當沒有 Copilot 編寫草稿功能

圖 13｜點擊 Copilot 圖示　　圖 14｜重新打開 Copilot 編寫草稿功能

3-2　Copilot 編輯與重寫現有內容

小林看著 Copilot 生成的初稿，雖然知道這只是個開始，內容還比較通用，缺乏針對性數據和公司實際情況的結合，但她還是鬆了一口氣。至少，她不再需要從零開始，一個清晰的提案結構已經擺在面前。Copilot 準確地理解了她的指令，並按照要求生成了各個章節的初步內容，語氣和風格也基本符合專業提案的要求。

她注意到，Copilot 在「針對製造業的 AI 潛在應用案例探討」部分，確實列舉三個具體的案例方向，這為她後續深入研究和補充細節提供很好的指引。

接下來，小林知道她的工作重點將是：

- **事實核查與內容深化**：針對 Copilot 生成的內容，進行仔細的事實核查，並補充更具體的行業數據、市場分析和公司內部資訊。
- **案例具體化**：將通用的 AI 應用案例，結合公司自身的業務特點和潛在需求，進行更深入的闡述和分析。
- **個性化調整**：根據公司的具體情況和提案的側重點，對內容進行調整和優化，使其更具說服力和針對性。

儘管如此，Copilot 的自動草擬功能已經為她節省了大量初期構思和撰寫框架的時間。她現在有了一個堅實的基礎，可以更有信心地投入到後續的編輯和完善工作中。小林在 Copilot 窗格中點擊「保留」，將生成的內容正式保留在文件中，準備開始下一步的細化工作。

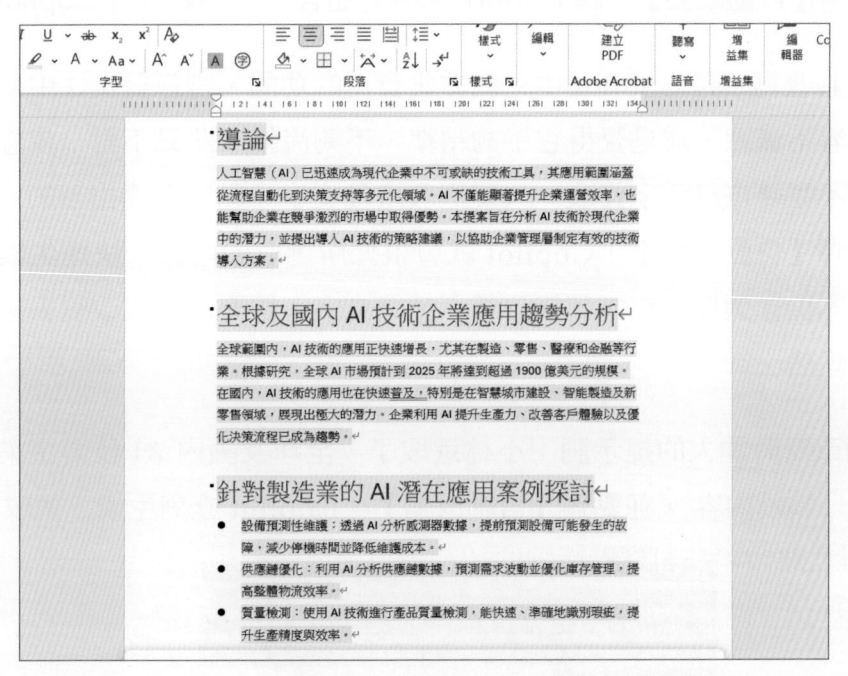

圖 15 ｜初稿內容完成

小林看到全球及國內 AI 技術企業應用趨勢分析有點薄弱，於是圈選起本段的範圍，發現左側出現 Copilot 圖示，將滑鼠移到圖示上即浮出【使用 Copilot 重寫】的說明。

1. 自動改寫：增加國內 AI 現況

小林覺得目前這一段對於國內 AI 發展的描述，只有簡單提到「快速普及，特別是在智慧城市建設、智能製造及新零售領域」，相對比較籠統。她希望能夠增加一些更深入的見解或趨勢，讓內容更具價值，並且更切合國內企業主管的關注點，而非只是全球趨勢的泛泛而談，於是圈選起本段的範圍，發現左側出現 Copilot 圖示，將滑鼠移到圖示上即浮出【使用 Copilot 重寫】的功能。

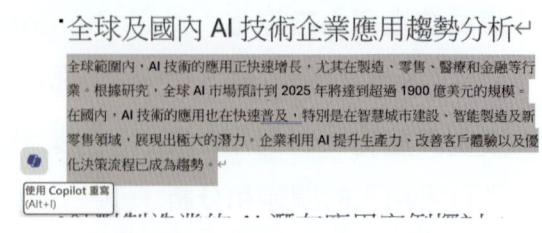

圖 16 ｜使用 Copilot 重寫

點擊 Copilot 圖示，彈出的選單內含三個選項，撰寫提示、自動改寫與視覺化為資料表，在此處，小林欲使用【自動改寫】，讓 Copilot 來強化這段。

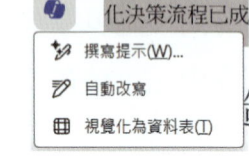

圖 17 ｜ Copilot 重寫選單

「自動改寫」是 Copilot 中一個非常實用的功能。當你對文件中某一段現有的文字內容不滿意，或是覺得它不夠精準、不夠流暢、語氣不對、或想增加更多細節時，不需要自己逐字修改。只要選取這段文字，點擊旁邊出現的 Copilot 圖示，再選擇【自動改寫】，Copilot 就會根據所選取的內容，快速生成多個不同的改寫版本供你選擇。它能潤飾語氣、精簡文字、擴充內容或改變表達方式，讓你的文字煥然一新。

自動改寫時加入的提示詞：小林選取了「全球及國內 AI 技術企業應用趨勢分析」這一整段內容，並點選【自動改寫】，Copilot 立刻生成三個改寫版本。

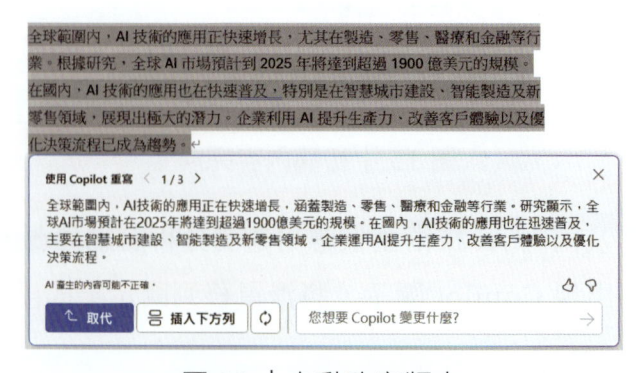

圖 18 ｜自動改寫版本

由於她希望針對國內部分進行加強,她在自動改寫後出現的輸入框中,輸入更具體的指令,例如:

- 請加入更多關於台灣 AI 產業發展現況的說明。
- 強調台灣製造業在 AI 應用上的領先之處。
- 讓這一段的內容更豐富,請加入更多關於台灣 AI 產業發展現況說明,並突出國內 AI 的獨特趨勢。

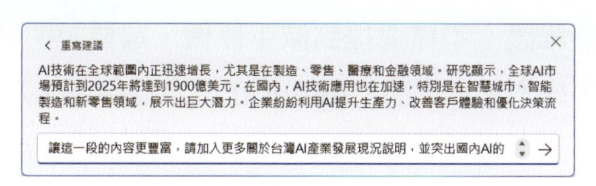

圖 19 ｜輸入改寫提示詞

輸入提示詞後,點選產生,Copilot 生成第四個版本,此版本比前三個版本更具體,小林直接點選【取代】,Copilot 即取代原本在 Word 裡的內容。

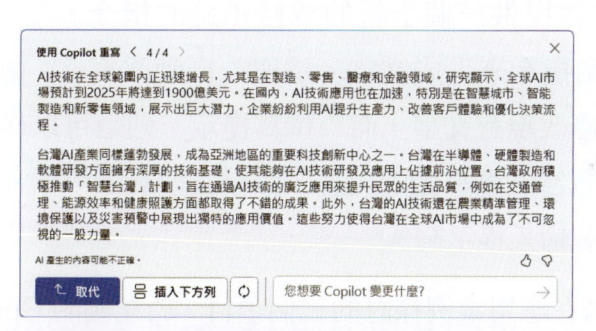

圖 20 ｜根據提示詞改寫成新的版本

經過小林點選【自動改寫】並輸入提示詞後,Copilot 根據原有內容和她的需求,生成了一個更具深度與針對性的版本。

圖 21 ｜自動改寫與使用提示詞改寫完成

2. 撰寫提示：將案例具體化

在「針對製造業的 AI 潛在應用案例探討」部分，Copilot 雖然已經提供了三個方向，但小林覺得這些案例的描述還比較通用和簡短，缺乏足夠的細節和說服力，無法讓高階主管立即理解這些應用如何具體地在公司現有的製造流程中發揮作用。她希望這些案例能更具體化，並且能連結到實際的效益。

小林需要將這三個抽象的案例方向，轉化為更具體的應用場景和效益分析。例如，「設備預測性維護」不僅要提到減少停機，還要說明 AI 如何做到，以及預期能降低多少維護成本。這需要 Copilot 在已有框架下，進行更深入的內容補充，而「撰寫提示」正是最適合的工具，可以讓小林提供新的指令，讓 Copilot 生成新的、更詳細的內容。

當你在 Word 中需要基於現有內容或空白處生成新的、更詳細或特定主題的內容時，「撰寫提示」功能就非常有用。它允許你提供一個全新的或修正過的指令，Copilot 會根據這個指令來生成文字。這與「自動改寫」不同，自動改寫是修改現有文字，而「撰寫提示」則是可以從無到有，或在原有基礎上「添加」更豐富、更具體的內容。點擊選取範圍旁的 Copilot 圖示，選擇【撰寫提示】，接著輸入提示詞。

圖 22 ｜點選撰寫提示

小林圈選 AI 潛在應用案例探討的三個項目，於左側的 Copilot 圖示選擇【撰寫提示】，並輸入下面提示詞，讓 Copilot 針對案例進行具體化：

> 請將這三個應用案例，增加具體實施方式、預期量化效益及面臨的挑戰，每一項內容請控制在 300 字以內。

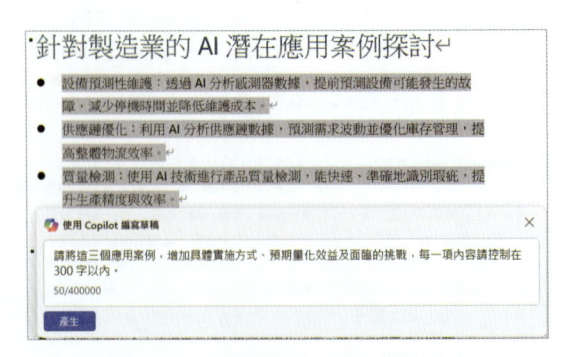

圖 23 ｜於對話框中撰寫提示

D-120

Copilot 根據提示詞產生內容後，小林按下保留，此應用案例的探討內容就變得更具體且完整。

圖 24 ｜撰寫提示產生結果

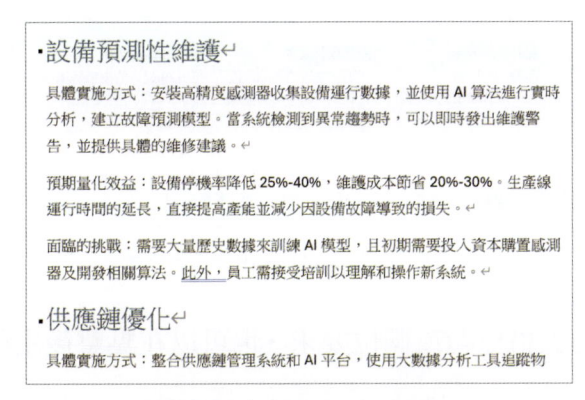

圖 25 ｜撰寫提示完成

3. 視覺化為資料表：將文字轉為表格

小林在審閱「導入 AI 技術的預期效益」這一節時，雖然文字已經列出三點效益，但她建議對於高階管理層而言，將文字資訊轉換成清晰的表格能使內容更易於理解。而此效益，有些簡短，若能再增加數據，勢必更具說服力，因此小林想將此段轉換為表格呈現，並增加「效益類別」、「具體內容」和「預期影響」，以及「預期百分比」。如此，對於需要快速掌握重點的高階主管來說，表格式能更有效地對比和理解各項效益。視覺化為資料表能美化排版，且更清楚地結構化信息，突出重點，便於比較和記憶，同時增加提案的專業度和易讀性。

「視覺化為資料表」是 Copilot 中一個非常巧妙的功能，它能將你選取的非結構化文字內容（如清單、段落）自動轉換成結構化的表格格式。這對於整理和呈現資訊尤其有用，特別是當你需要對比、羅列多個項目或呈現數據時。只要選取你想轉換的文字內容，點擊旁邊的 Copilot 圖示，選擇【視覺化為資料表】，Copilot 就會自動將這些文字智能地轉換成表格，並自動判斷表格的欄位與內容。

小林選取「導入 AI 技術的預期效益」這一節的所有文字內容。接著她會點擊選取範圍旁出現的 Copilot 圖示，選擇【視覺化為資料表】。此時通常不需要額外輸入提示詞，因為功能本身就是將所選文字轉為表格。

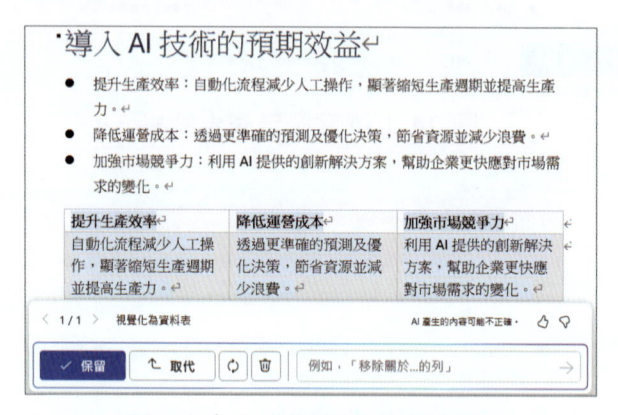

圖 26 ｜ 文字視覺化為資料表

如果她有特定的表格標題或欄位要求，也可以在點擊後出現的提示框中輸入：

> 請將效益轉換為一個包含「效益類別」、「具體內容」和「預期影響」，以及「預期百分比」的表格。

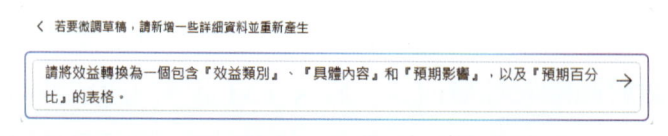

圖 27 ｜ 再增加提示詞項目，加入表格中

經過小林的操作，Copilot 將原有的文字內容轉換成以下形式的表格：

效益類別	具體內容	預期影響	預期百分比
提升生產效率	自動化流程減少人工操作，顯著縮短生產週期並提高生產力。	生產週期縮短	30%
降低運營成本	透過更準確的預測及優化決策，節省資源並減少浪費。	運營成本降低	20%
加強市場競爭力	利用 AI 提供的創新解決方案，幫助企業更快應對市場需求的變化。	市場應變能力提高	25%

圖 28 ｜ 表格轉換與新增項目完成

3-3 Copilot 原文文獻速讀與摘要

完成提案的初步潤飾和細節填充，小林覺得自己的提案已經有了骨架和血肉。但是，她心裡還有個小小的擔憂：她的提案內容是否足夠全面？是否能與最新的全球趨勢保持一致？尤其是關於「Global Generative AI Business Application Trends Annual Report，全球生成式 AI 商業應用趨勢年度報告」，這份她從公司內部資料庫找到的英文報告，內容厚重，實在沒有足夠時間仔細閱讀每一個字。這份報告包含最新的市場數據和趨勢分析，對她的提案至關重要。

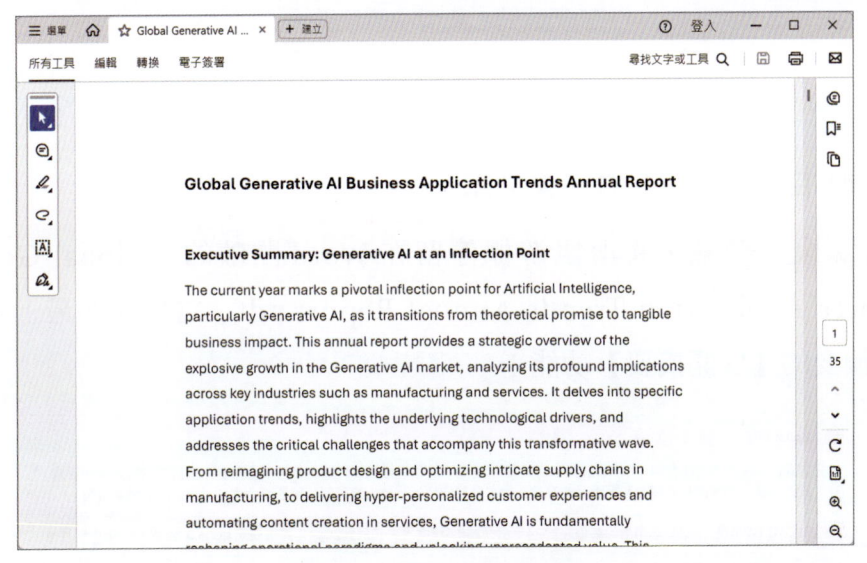

圖 29 ｜英文 PDF 文件

她想起前輩提到 Copilot 不僅能幫忙寫，還能幫忙讀！「這不就是為我量身打造的功能嗎？」小林眼睛一亮，知道自己必須充分利用 Copilot 的這個能力。

小林將下載的「Global Generative AI Business Application Trends Annual Report.pdf」這份檔案直接用 Word 打開。雖然是 PDF 格式，但 Word 具備了直接讀取 PDF 的能力，讓小林感到非常方便。不需要再花時間將 PDF 轉換成 Word 檔，省去一道繁瑣的程序。

她看著這份厚重的英文報告，心想：「這麼多頁，要是我自己讀完，可能太陽都要下山了。而且很多專業術語，還得邊查邊看。」當 Word 完成 PDF 開啟後，小林看到 Copilot 摘要的提示，她知道，這時候就得靠 Copilot 了。

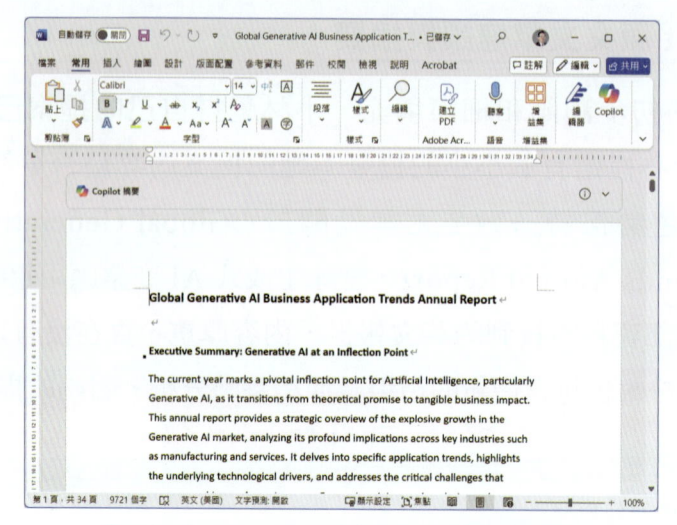

圖 30 ｜ Copilot 對英文文件進行摘要

1. Copilot 自動摘要 35 頁英文文獻

小林深吸一口氣，將滑鼠游標停留在 Word 開啟的「Global Generative AI Business Application Trends Annual Report.pdf」這份文件最上方，點選 Copilot 摘要的【展開摘要】功能！

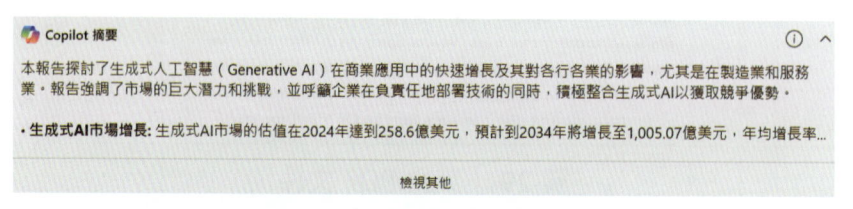

圖 31 ｜展開摘要查看更多

此時，Copilot 對整份英文內容，直接提出繁體中文版的摘要，這讓小林覺得非常激動，再點選【檢視其他】，Copilot 根據章節進行章節摘要。

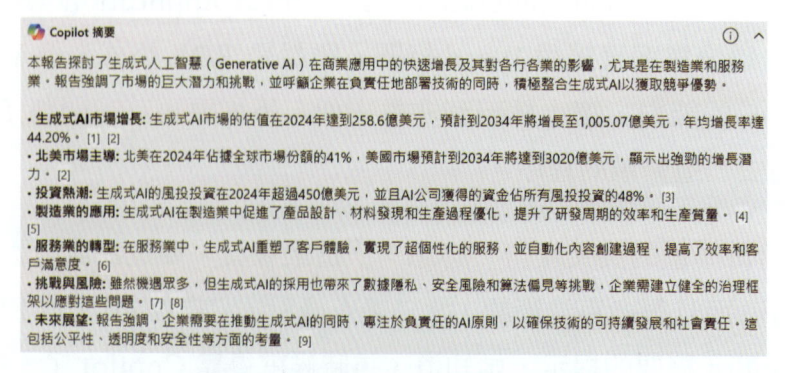

圖 32 ｜檢視其他看到更多摘要

Copilot 摘要的功能，就像是 Copilot 為你聘請的一位超速閱讀的專案經理。當你手上有大量資料，而時間卻非常有限時，這個功能會是你最可靠的幫手。它能夠快速掃描整份文件或指定的部分內容，就像提煉精華一樣，將最重要、最核心的訊息自動彙整成一份簡潔扼要的摘要。你不需要花費數小時甚至數天閱讀，Copilot 就能讓你在幾分鐘內，對文件的全貌和關鍵內容瞭然於胸。

Copilot 在執行摘要功能時，並不是簡單地複製貼上原文的句子。它背後運作的是複雜的生成式 AI 模型。當你發出摘要指令時，Copilot 會：

- **深度理解**：首先，它會對整個文件進行深度的語義理解，分析每個段落、每個句子之間的邏輯關係和重要性。它會識別出文章的主旨、核心論點、關鍵數據和主要結論。
- **提取與濃縮**：接著，它會根據其對內容的理解，智能地提取出最能代表原文核心思想的句子或概念。同時，它也會進行語句的重組與濃縮，將複雜的資訊用更簡潔、更直接的語言重新表達出來，形成一份全新的、精煉的摘要。這是一個高度智能化的過程，讓生成的摘要不僅包含重點，而且語句通順、邏輯清晰。

對小林來說，Copilot 的摘要功能簡直是多功能的利器：

- **節省寶貴時間**：不再需要花費大量時間閱讀冗長的英文報告，幾秒鐘就能獲得核心資訊。
- **快速掌握重點**：即使面對專業性強的報告，也能迅速抓住關鍵數據和趨勢，避免遺漏重要信息。
- **提升決策效率**：快速掌握文件精華，有助於更快做出判斷，並將相關資訊有效融入她的提案中。
- **增強報告說服力**：透過引用最新、最精準的全球趨勢數據，讓提案更具權威性和說服力。
- **建立自信心**：對於這樣的新人，能高效處理大量專業英文資料，無疑大大提升了她的職場自信。

但此處 Copilot 摘要的內容似乎有點少，小林希望 Copilot 能提供更多的資訊，甚至能再與 Copilot 互動，此時看到下方有個【在聊天中開啟】，索性點下去。

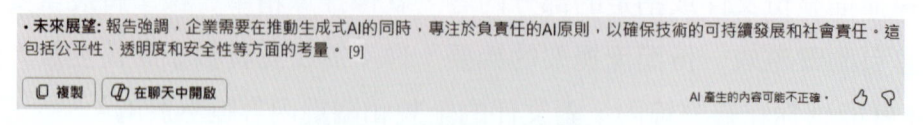

圖 33 ｜在聊天中開啟

2. 使用 Copilot 聊天窗格，進一步詢問協作

點擊摘要下方的【在聊天中開啟】按鈕後，很快 Word 介面的右側就彈出一個乾淨整潔的【Copilot 聊天窗格】。窗格中已自動帶入提示詞：提供這份文件的內容摘要，同時快速處理與產生新的摘要。

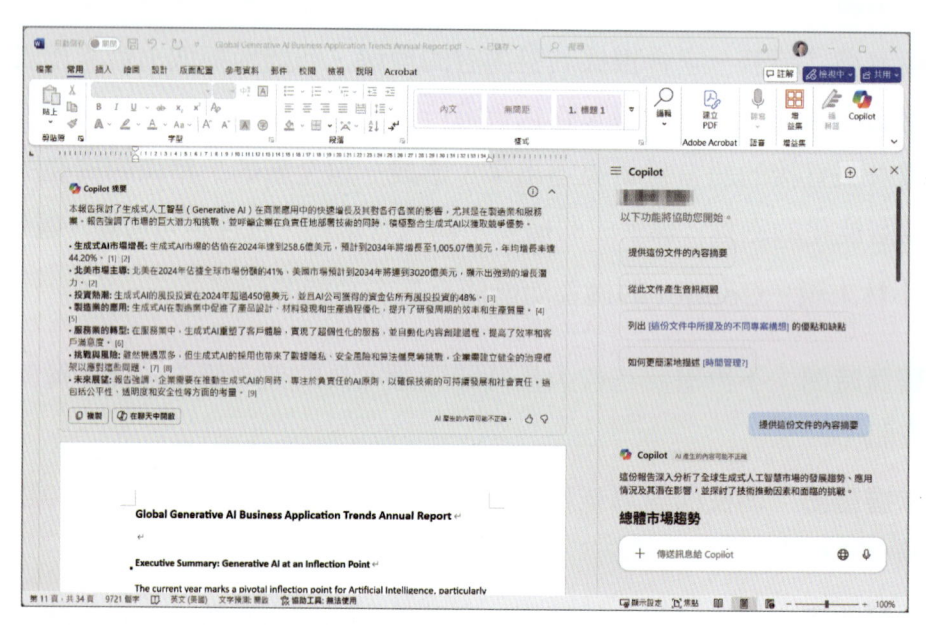

圖 34 ｜聊天開啟 Copilot 聊天窗格

Copilot 摘要下方的「在聊天中開啟」功能，這個按鈕是 Copilot 為了提供更深入、更連續的互動而設計的。當你點擊它時，Copilot 不會只是給你一個單次的摘要，而是會將這份文件的內容載入到一個「聊天模式」的環境中。這意味著，可以在這個聊天介面中，針對這份文件進行後續的追問、要求更詳細的解釋、比較不同章節的內容，甚至是讓 Copilot 根據文件內容生成新的內容。它將一次性的功能轉換為持續的對話。

D-126

當點擊「在聊天中開啟」之後，或直接點擊 Word 右側的 Copilot 圖示（如果有固定在側邊欄），一個全新的「Copilot 聊天窗格」就會在 Word 介面的右側打開。這個工作窗格是你與 Copilot 進行互動的主要介面。它通常會顯示當前文件的預覽、一個輸入提示的文字框，以及 Copilot 的回覆區域。

Copilot 聊天窗格是 Copilot 的全能指揮中心。它提供的功能遠不止摘要：

- **多輪對話**：可以在這裡持續與 Copilot 進行對話，提出一連串的問題或指令，Copilot 會記住上下文，讓對話更連貫。
- **文件理解與提問**：可以針對當前文件提出任何問題，例如：「這份報告提到哪些新的生成式 AI 工具？」、「製造業面臨的最大挑戰是什麼？」Copilot 會直接從文件中找到答案。
- **內容生成**：不僅可以摘要，也可以要求 Copilot 根據文件內容，生成新的段落、列表、表格，甚至初稿。
- **編輯與潤飾**：可以直接在工作窗格中指示 Copilot 針對文件中的某段文字進行改寫、擴充或精簡。
- **引用與參考**：Copilot 在回答時，通常會標註資訊來源（來自文件的哪一部分），增加內容的可信度。
- **保持專注**：所有互動都在側邊欄進行，讓主文件保持在編輯狀態，不會被頻繁的介面切換打斷。

當 Copilot 生成完成，Copilot 聊天窗格停在最後的結論與展望，而在每則摘要後面都有類似文獻參考功能的數字標示。

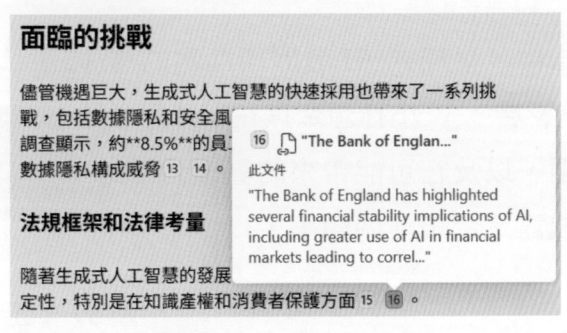

圖 35 ｜摘要的超連結

點選數字即能直接跳轉到 Word 內容的本文處。

> warned investors about new AI-related risks, such as faulty or incomplete results from Generative AI, inadequate or inaccurate data, and increased competition for talent.[16] The EU Artificial Intelligence Act, which went into effect in 2024, establishes new rules on AI systems in regions where many US banks operate, adding to regulatory compliance complexities.[16]

圖 36 ｜點摘要超連結至本文查看

小林知道，她可以把這份「Global Generative AI Business Application Trends Annual Report.pdf」當成一本活的教科書，隨時向 Copilot 提問。

3. 與 Copilot 進行深度交流與問答，挖掘文獻細節

小林在 Copilot 聊天窗格中，不僅能夠深入挖掘「Global Generative AI Business Application Trends Annual Report.pdf」中關於製造業的細節，她更意識到，一份完整的提案必須要能全面考量，包括潛在的風險與挑戰。她的「人工智慧於現代企業應用之潛力分析與導入策略.docx」提案中，已經有一個章節是「主要風險與挑戰」，她希望能借助這份全球報告的洞察，讓自己的風險分析更具深度和預見性。

她知道，Copilot 不只會回答表面問題，只要她提出足夠精準的提示詞，就能像跟一位資深顧問對話一樣，獲得更深入的分析。

為了強化提案中「主要風險與挑戰」這一節的內容，小林在 Copilot 聊天窗格的提示輸入框中，輸入了以下幾句提示詞，希望從「Global Generative AI Business Application Trends Annual Report.pdf」中提取關於 AI 潛在風險的具體洞察：

「請列出本報告中，生成式 AI 發展所面臨的 數據隱私與安全 方面的具體挑戰，並說明其潛在影響。」小林想聚焦在數據隱私這一個點上，了解全球報告是如何描述這個問題，以及它可能帶來的具體風險，比如數據洩露、合規性問題等，以補充她的提案內容。

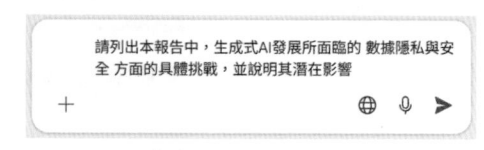

圖 37 ｜工作窗格輸入提示詞

Copilot 收到這些提示後，迅速從「Global Generative AI Business Application Trends Annual Report.pdf」中提取並組織相關內容，並將它們呈現在工作窗格中。

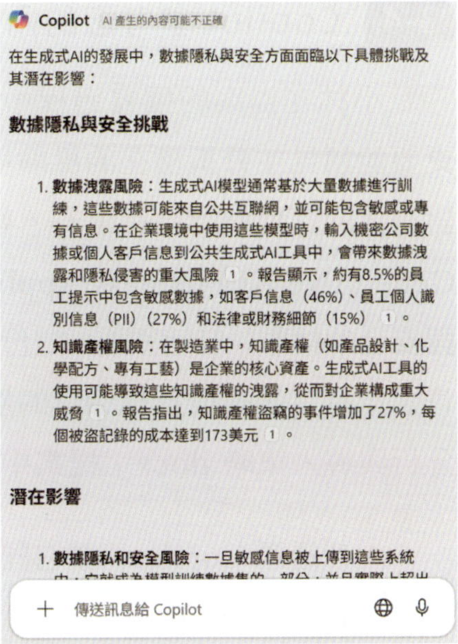

小林發現，這些資訊補充她提案中的內容，讓原本較為概括的描述變得更加具體、有數據和技術細節支持。可以輕鬆地將這些精煉過的資訊，整合到她自己的提案中，使內容更具專業度和說服力。

看著 Copilot 在她眼前快速完成摘要和精準問答，小林感覺自己像是擁有了一位超級智能的「知識顧問」。過去可能需要花費好幾天，埋首於大量的英文報告和研究資料中，才能勉強整理出這些資訊。現在，透過 Copilot 的幫助，快速將最核心、最關鍵的全球趨勢數據和應用案例細節掌握得一清二楚。

圖 38│根據提示詞回應段落摘要

「這真的太神奇了！」小林心裡想著。Copilot 不僅僅是個寫作工具，更是一個強大的資訊處理和研究夥伴。它讓她這個初入職場的菜鳥，也能夠像資深前輩一樣，高效地從海量資訊中提煉價值，將外部的專業報告內容無縫融入到自己的專案提案中。

她不再擔心自己經驗不足或英文閱讀速度不夠快。Copilot 就像一雙無限延伸的手臂，替她觸及了原本難以企及的資訊深度和廣度。這不僅大幅提升她的工作效率，更重要的是，讓她在面對這項充滿挑戰的任務時，充滿前所未有的自信。她知道，有了 Copilot，可以更專注於思考提案的策略性、內容的創新性，而不是被繁瑣的資料搜集和閱讀所困擾。Copilot 真正賦予了她，一個職場新鮮人，能夠專業、高效地完成任務的能力。她迫不及待地想把這些寶貴的資訊，正式整合到她的「人工智慧於現代企業應用之潛力分析與導入策略」提案中。

3-4 Copilot 參考您的內容生成

小林在提案的撰寫過程中，深知一份完整的提案不僅要強調潛力與效益，更要能預見並分析潛在的風險與挑戰。這不僅能展現她的思慮周全，也能讓老闆對提案的落地執行更有信心。她已經透過 Copilot 的協助，提取與知曉「Global Generative AI Business Application Trends Annual Report」中關於數據隱私與安全的挑戰。但她知道，這份全球報告的「5. Challenges and Outlook」章節，肯定還有更多維度且具深度的風險分析，是她「人工智慧於現代企業應用之潛力分析與導入策略.docx」提案中「主要風險與挑戰」章節所急需的。

她想透過 Copilot，讓它同時參考這兩份文件，將全球報告中「5. Challenges and Outlook」的精華，結合到她的提案中，生成一份既專業又具前瞻性的風險分析內容，呈現在她老闆面前。

小林首先將游標定位到「人工智慧於現代企業應用之潛力分析與導入策略.docx」中「主要風險與挑戰」章節尾端的空白行，準備在此處插入新的內容。

1. Copilot 與 Word 段落、游標的協作關係

此時小林發現，Copilot 會因為游標的位置、選取的範圍，以及所在的段落不同，而有不同的行為，雖然前面有用過部分功能，但小林決定再測試並確認差異。

當游標落在文件的段落中，且沒有選取任何的文字的時候，Copilot 符號並不會出現！

> ● 數據隱私與安全：AI 應用需處理大量數據，如何保障數據安全及合規是一大挑戰。

圖 39 ｜未選取文字時，沒有 Copilot

當游標選取文字範圍時，在段落的左邊會出現 Copilot 圖示，而此時的 Copilot 將開啟【使用 Copilot 重寫 (Alt+I)】的功能，點擊後將出現撰寫提示、自動改寫與視覺化為資料表的選單功能，但此時 Copilot 不具備參考其他文件的功能。

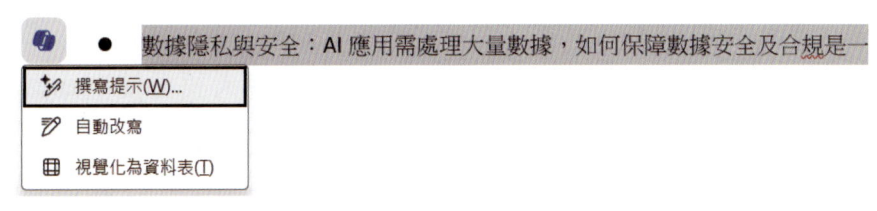

圖 40 ｜選取段落文字使用 Copilot 重寫

當游標在空白段落時，Copilot 將開啟【使用 Copilot 編寫草稿 (Alt+I)】的功能，點選使用 Copilot 編寫草稿，在對話框下方中，將看見【參考您的內容】及【給我靈感】兩個功能。

圖 41 ｜空白段落使用 Copilot 編寫草稿

所以，段落、游標與 Copilot 的關係：

段落	游標	Copilot 圖示與功能	參考文件功能
有文字	未選取文字	不會出現 Copilot 圖示	無
有文字	選取段落文字	使用 Copilot 重寫 Alt + I	無
無文字	未選取文字	使用 Copilot 編寫草稿 Alt + I	有

2. 解析與使用 Copilot 參考您的內容

經過以上嘗試後，小林知道 Copilot 不僅能從零開始生成內容，更能在段落中再參考其他資料來「編寫草稿」。她點擊 Word 介面中的 Copilot 圖示，隨即跳出 Copilot 編寫草稿視窗，而在視窗下方有個【參考您的內容】。

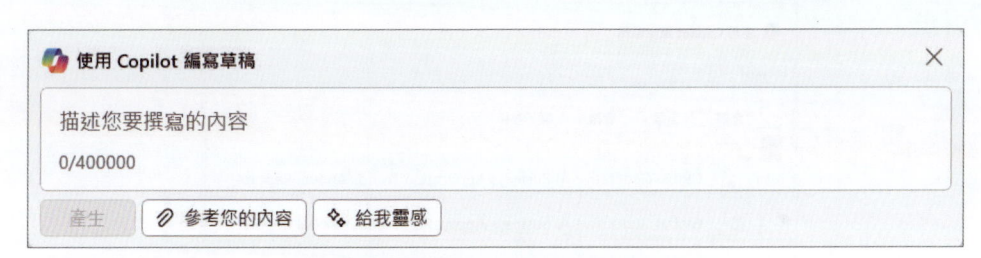

圖 42 ｜使用 Copilot 編寫草稿

D-131

什麼是「參考您的內容」功能？「參考您的內容」是 Copilot 在生成內容時的一項強大功能，它允許 Copilot 不僅依賴其內建的龐大語言模型知識，更能夠精準地讀取並理解使用者指定的檔案內容。這意味著 Copilot 可以從這些檔案中提取資訊、概念、風格，並將其融入到新生成或修改的文本中。使用者可以透過此功能上傳一個或多個相關文件，Copilot 會在生成內容時，以這些文件為參考依據，確保生成內容的準確性、相關性以及與特定資料源的一致性。對於需要基於大量專業文件進行報告、摘要或撰寫的工作，此功能能夠大幅提升效率和內容品質。

使用「參考您的內容」有兩個方法：

- **方法一**：直接點選下方迴紋針符號的「參考您的內容」，此時會浮出一個視窗，並且可能會看到數個檔案。這些檔案是來自於你的商務版 OneDrive、Microsoft 365 SharePoint、Teams 會議與電子郵件的郵件檔案，而出現的順序，是依照最近使用檔案的時間。

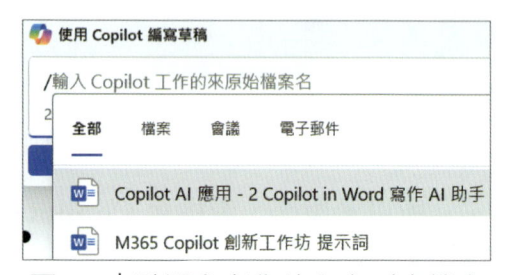

圖 43 ｜點選參考您的內容叫出檔案

- **方法二**：在對話框上直接輸入反斜線「/」，在上圖中，即便按了參考您的內容，也可以看到在對話框最前面有一個反斜線 / 的符號，因此，在不點選迴紋針符號的參考您的內容功能時，輸入反斜線，就能叫出參考內容的視窗。

由於參考您的內容所列出的檔案有限，當找不到檔案時，請繼續在反斜線後方輸入檔案名稱，即能根據檔案名稱列出相關檔案。

圖 44 ｜使用反斜線與輸入部分檔案名稱以叫出檔案

> **注意**
> 1. 如果檔案剛放上去，沒辦法立即找到，請過三五分鐘後再試。
> 2. 如果參考您的內容發生如下錯誤，有可能確實是有組織原則限制，這需請資訊人員協助，是否有針對組織原則設定了某些關鍵字與條件禁止 Copilot 參考內容；另一個解決方法是將檔案換成另一個副檔名，如 .pdf 檔換成 .docx 檔，若仍受限制，請直接向資訊人員詢問。
>
> 圖 45 ｜參考檔案受組織原則限制

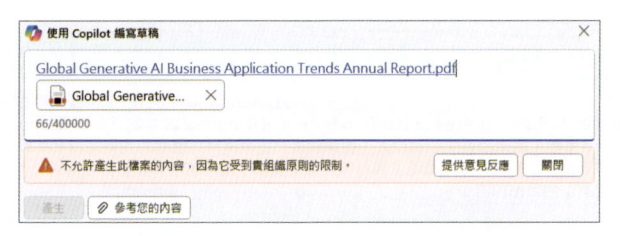

3. Copilot 參考您的內容，增強風險與挑戰段落

小林知道要達成她的目標，可使用「參考您的內容」將儲存在 OneDrive 上的文件添加進來，因此，確認游標位置在正確的位置上：人工智慧於現代企業應用之潛力分析與導入策略檔案的主要風險與挑戰一節下方，並準備參考 Global Generative AI Business Application Trends Annual Report.docx，接著，輸入她精心設計的提示詞。她需要 Copilot：

- **鎖定目標章節**：清楚指定要從哪份文件中提取內容（Global Generative AI Business Application Trends Annual Report.pdf 的 5. Challenges and Outlook）。
- **整合至特定位置**：指示 Copilot 將生成的內容放入她當前文件的特定章節（人工智慧於現代企業應用之潛力分析與導入策略 .docx 的「主要風險與挑戰」）。
- **語氣與風格**：確保生成的內容符合報告的專業嚴謹風格。
- **內容濃縮**：要求 Copilot 進行濃縮，而非照搬原文。

> 根據文件 Global Generative AI Business Application Trends Annual Report.docx 中的「5. Challenges and Outlook」章節，請濃縮並生成關於人工智慧於現代企業應用所面臨的主要風險與挑戰。請確保內容專業嚴謹，適合作為向高階主管報告的精簡要點，並將這些要點整合到當前文件「主要風險與挑戰」的章節內容中。

圖 46 ｜風險與挑戰的提示詞

小林的思考：

- **明確文件來源與目標章節**：明確指定 PDF 報告中的特定章節作為內容來源，並暗示 Copilot 需將內容「整合到當前文件『主要風險與挑戰』的章節內容中」，儘管是在「編寫草稿」模式下，Copilot 仍會理解這是為了填充該章節。

- **「濃縮並生成」**：這要求 Copilot 不僅是提取資訊，還要進行提煉和歸納，避免冗長。

- **「專業嚴謹」與「精簡要點」**：這些詞語定義了輸出內容的語氣和形式，使其符合報告要求。

- **「適合作為向高階主管報告」**：再次強調內容的目標受眾和其應具備的簡潔性和重點性。

幾秒鐘後，Copilot 在她指定的位置，生成一段新的內容，而段落中的五個要點，正是 Global Generative AI Business Application Trends Annual Report 的五點。

> 除此之外，根據《Global Generative AI Business Application Trends Annual Report》中的分析，現代企業在應用生成式人工智慧時，還需面對以下主要風險與挑戰：
>
> - 資料隱私與安全風險：生成式 AI 模型需處理大量內外部數據，包含敏感客戶與企業資訊，若管理不善，易發生數據外洩、隱私侵犯及合規違規等事件。報告指出，約 8.5%的員工 AI 輸入內容含有敏感數據，且六成企業難以有效監控 AI 工具使用情形，提升了資安風險。
> - 演算法偏見與透明度不足：AI 模型訓練資料若存在偏見，將導致自動決策結果不公平，並可能產生歧視性或不準確的判斷。黑箱式 AI 決策亦使企業

圖 47 ｜生成結果

　　這段內容簡潔而有力，涵蓋了技術複雜性、數據治理、倫理考量、人才缺口，以及法規不確定性等「Global Generative AI Business Application Trends Annual Report.pdf」中「5. Challenges and Outlook」章節的核心挑戰。小林仔細審閱 Copilot 生成的內容，只需要進行少量的語句潤飾和格式調整，即可完美地融入她的提案。Copilot 這次的輔助，讓她在處理複雜的跨文件內容整合任務時，展現無與倫比的效率。經過一連串與 Copilot 的深度協作，小林徹底顛覆以往對文書處理的認知。從自動草擬報告架構、精準改寫段落，到跨文件參考生成複雜的風險分析，Copilot 展現出的驚人效率和內容生成能力，讓以往數小時、甚至數天的工作量，能在極短時間內高品質完成。她提出的「人工智慧於現代企業應用之潛力分析與導入策略」不僅內容詳盡、數據紮實，更因其快速產出和高品質，獲得了老闆的高度讚賞。

　　小林的 Copilot in Word 故事，在此落幕！

四 Copilot in Word 在企業與校園文件應用範例

　　Copilot in Word 在企業與校園中，不同部門的工作性質，或學生、教師、行政單位角色差異，因此 Copilot 的應用也需量身定制，以下分別列舉公司中幾個典型部門，以及校園中不同的身分，思考平日最常撰寫的文書報告，並設計了最具代表性的應用情境和提示詞。

4-1 企業各部門的應用

1. 行銷部：市場推廣文案撰寫

- **情境**：行銷部需要為公司即將推出的新產品「智能家居助理」撰寫一份引人入勝的市場推廣文案，目標客群是年輕家庭，強調產品的便利性、智慧化和節能特性。他們需要快速生成多個版本進行比較。

- **報告／文件**：新產品上市宣傳文案（網頁內容、社群媒體貼文、產品簡介）。

- **Copilot 提示詞範例**：

  - 請為我們的新產品「智能家居助理」撰寫一份引人入勝的市場推廣文案。目標客群為年輕家庭，內容需強調產品的便利性、智慧化和節能特性，語氣輕鬆活潑，並包含至少三個賣點。請提供三個不同風格的版本。

  - 參考附件中的產品規格表（智能家居助理產品規格.docx），為社群媒體撰寫 5 則短貼文，每則包含表情符號和相關標籤，鼓勵用戶互動。

2. 業務部：客戶提案報告

- **情境**：業務部在準備客戶提案時，需要整合客戶需求、公司產品優勢和預期效益。Copilot 可以快速草擬提案的結構，並根據客戶資料客製化內容。

- **報告／文件**：客戶提案簡報（文字稿）。

- **Copilot 提示詞範例**：

  - 根據與客戶 A 公司（附件：A_公司需求訪談紀要.docx）的訪談內容，以及我司 B 產品（附件：B 產品介紹手冊.pdf）的優勢，為客戶 A 撰寫一份客製化的產品提案報告初稿。報告需包含客戶痛點分析、產品解決方案、預期效益和導入時程。

- 在上述提案中，針對「預期效益」部分，加入兩項可量化的效益指標與估計數據。

3. 人力資源部：員工績效評估報告

- **情境**：人力資源部需要為一位員工撰寫績效評估報告。Copilot 可以從日常工作記錄、專案成果、主管回饋等零散資訊中，歸納整理出有條理的評估內容，並確保語氣客觀公正。
- **報告／文件**：員工年度績效評估報告。
- **Copilot 提示詞範例**：

- 請根據以下這位員工（姓名：陳大明，職位：資深軟體工程師）在過去一年的工作表現摘要：[在此貼上或參考陳大明的工作日誌、專案完成度、主管季度回饋等關鍵點]。撰寫一份年度績效評估報告的「績效總結」段落。內容需涵蓋其主要成就、待改進領域以及未來發展建議，語氣需專業且建設性。
- 基於上述績效總結，為陳大明設定未來三個月的兩項具體發展目標，目標需符合 SMART 原則（SMART 是 Specific, Measurable, Achievable, Relevant, Time-bound 的縮寫，即制定具體可衡量且有時限的目標準則）。

4. 財務部：費用報銷政策說明

- **情境**：財務部經常需要更新或發布各項財務政策。Copilot 可以將複雜的條款和條件，轉換為清晰易懂的內部公告，確保員工能夠快速理解並遵守。
- **報告／文件**：公司最新費用報銷政策說明。
- **Copilot 提示詞範例**：

- 請將附件「公司費用報銷政策 2025 版草案.docx」中的主要修改內容（尤其是關於餐飲、交通和住宿報銷的新規定），提煉成一份面向全體員工的內部公告。公告需語氣清晰、重點突出，並包含政策生效日期和查詢管道。
- 針對新版費用報銷政策，列出員工最常問的五個問題及簡潔的答案。

5. 資訊部：新系統導入使用者手冊

- **情境**：資訊部負責公司新 ERP 系統的導入。他們需要為非技術背景的員工撰寫一份簡明扼要的使用者手冊，指導他們完成常用操作。Copilot 可以將技術文件轉換為使用者友善的語言。
- **報告 / 文件**：新 ERP 系統基本操作手冊。
- **Copilot 提示詞範例**：

> ○ 請根據附件「新 ERP 系統功能規格書 v3.0.pdf」中關於「採購訂單建立」和「庫存查詢」這兩個功能模組的描述，撰寫一份針對非技術員工的簡易操作指南。指南需包含步驟說明、必要截圖標註（提示預留位置）和常見問題解答。
>
> ○ 用簡單易懂的語言解釋「ERP 系統」對公司營運效率提升的重要性。

4-2 校園的應用

1. 學生：學術論文初稿撰寫與文獻整理

- **情境**：撰寫學術論文或報告，是大學生最常遇到的挑戰之一。Copilot 可以快速生成論文、報告的草稿、整理文獻，甚至協助潤飾語句，節省大量時間。
- **報告 / 文件**：期末報告或學位論文初稿。
- **Copilot 提示詞範例**：

> ○ 請根據以下研究主題：「人工智慧在永續發展中的應用潛力」，為一篇大學部期末報告撰寫開頭的「緒論」和「文獻回顧」部分。緒論需包含研究背景、目的與問題；文獻回顧需提及至少三位相關領域學者的主要觀點（提示：請參考我提供的文獻列表檔案）。
>
> ○ 請幫我將這段關於實驗結果的描述：「本實驗發現，隨著溫度的升高，反應速率呈現線性增長，且 R 平方值為 0.98。」改寫成更具學術語氣且嚴謹的表達。
>
> ○ 請摘要我提供的這份研究論文「AI For Sustainable Development.pdf」的核心論點、研究方法和主要發現，生成一份 150 字的摘要。

2. 老師：課程大綱與考試題目設計

- **情境**：老師們需要投入大量時間準備課程資料。Copilot 可以快速生成課程大綱、設計教學活動，甚至基於課程內容生成考試題目，提高教學效率。
- **報告／文件**：新學期課程大綱或期中考試題目。
- **Copilot 提示詞範例**：

> ◦ 請為一門大學部「資料科學導論」課程設計一份包含八個週次的課程大綱。每個週次需包含主題、學習目標和主要討論內容。請確保內容涵蓋資料收集、清洗、分析、模型建立與評估等核心概念。
>
> ◦ 根據我提供的課程講義「資料庫系統基礎.docx」中關於「資料庫正規化」的章節，設計五道是非題和兩道簡答題，用於期中考試，並提供參考答案。

3. 行政單位：會議記錄與公告撰寫

- **情境**：學校行政單位每日需處理大量文書工作，如會議記錄、通知公告、活動說明等。Copilot 可以有效減輕這類重複性高的寫作負擔。
- **報告／文件**：系務會議記錄或學生社團活動公告。
- **Copilot 提示詞範例**：

> ◦ 請根據我提供的錄音檔文字稿（附件：系務會議錄音稿.txt），撰寫一份正式的系務會議記錄。記錄需包含會議時間、地點、主席、出席人員、討論事項及決議。
>
> ◦ 請撰寫一份面向全校師生的「社團招募日」活動公告。公告需包含活動時間、地點、參與方式、目的和鼓勵語，語氣活潑積極。
>
> ◦ 請總結最近一次校園安全委員會會議（附件：校安會議紀要.docx）中，關於校園網路安全提升的具體措施，並整理成一份簡潔的行動方案。

五　進階技巧與限制：精通 Copilot，實現高效協作

以下將介紹更進階的技巧，因此，文字上會較偏向 AI 角度的技術詞彙。

5-1　設計有效提示詞（Prompts）的藝術

Copilot 的智慧表現，很大程度上取決於你如何「提問」。一個好的提示詞就像一份清晰的任務指令，能引導 Copilot 快速理解你的意圖，並生成高品質的內容。

1. 清晰明確，避免模糊

- 錯誤範例：

  寫點關於銷售的。（太過籠統，Copilot 無從判斷具體內容和目的）

- 正確範例：

  請為我們下季度的銷售策略報告撰寫一份開頭段落，強調市場潛力與挑戰。
  （明確指出文件類型、目的、重點）

2. 提供上下文，設定情境

Copilot 在有上下文時表現最佳。在提示詞中簡要說明背景或提供相關資訊，能幫助 Copilot 更好地理解你的需求。

- 範例：

  我們正在籌備一個針對中小企業的數位轉型研討會。請撰寫一份活動邀請函，突出研討會如何幫助企業克服數位化挑戰，並包含報名連結和主講嘉賓介紹。

3. 指定格式與長度

如果你希望生成特定格式（如列表、表格、段落）或有字數限制，請明確告知。

- **範例一**：

> 請將上述會議記錄（參考附件：上週會議紀要.docx）中的「待辦事項」整理成一個項目符號列表，每點不超過 20 字。

- **範例二**：

> 請為此產品描述（參考：產品說明書.pdf）撰寫一份 150 字以內的社群媒體文案，包含兩個表情符號和三個相關標籤。

4. 定義語氣與風格

希望內容是正式的、非正式的、鼓勵的、分析性的，都可以在提示詞中說明。

- **範例一**：

> 請用鼓勵的語氣為新進員工撰寫一段歡迎詞，強調團隊合作的重要性。

- **範例二**：

> 請用嚴謹的學術語氣，重寫這段關於統計數據的分析。

5. 迭代優化，逐步精煉

第一次生成的內容不滿意是常態，不要害怕嘗試不同的提示詞。可以先從一個廣泛的提示詞開始，再根據 Copilot 的回應逐步添加細節、限制條件或修改要求。

- **範例流程**：寫一篇關於環保的短文。（生成初步內容）

> 請將這篇短文的重點放在「企業如何實踐綠色供應鏈」，並加入一些具體案例。

（細化主題）

> 請將語氣調整得更具說服力，並在結尾呼籲讀者採取行動。（調整語氣與目的）

5-2 常見問題與疑難排解

即使掌握了提示詞的藝術，在使用 Copilot 時也可能遇到一些常見問題。了解這些問題及其解決方案，能幫助使用者更順暢地利用 Copilot。

1. Copilot 回應不相關或錯誤

- 原因：提示詞不夠明確；參考資料不足或不相關；Copilot 對語境理解偏差。
- 解決方案：
  - 重新調整提示詞：增加更多細節，明確意圖。
  - 提供更多上下文：在提示詞中加入背景資訊或指定參考文件。
  - 分階段提問：將複雜任務拆解為多個簡單的步驟。
  - 檢查參考文件：確保你提供的參考文件是正確且內容豐富的。

2. Copilot 生成的內容不夠深入或缺乏創意

- 原因：提示詞過於籠統；缺乏足夠的輸入來激發創意。
- 解決方案：
  - 提供具體例子或方向：讓 Copilot 有更多「靈感」來源。
  - 要求不同的視角或風格：請從客戶服務的角度重新撰寫此段落。
  - 明確要求創新或詳細程度：請提出三個非傳統的行銷點子。或請詳細說明每個步驟。

3. Copilot 無法存取我的檔案或數據

- 原因：檔案未儲存於 Copilot 可存取的雲端位置 (如 OneDrive, SharePoint)；權限設定不正確；檔案格式不支援。
- 解決方案：
  - 確認檔案儲存位置：確保檔案在 Microsoft 365 生態系統中。
  - 檢查檔案權限：確保你有足夠的權限讀取這些檔案。
  - 檢查檔案格式：Copilot 主要支援 Word 文檔 (.docx)、PDF(.pdf)、PowerPoint (.pptx) 等常用格式。

4. 效能緩慢或暫時無法使用

- **原因**：網路連線問題；Copilot 服務繁忙；軟體更新。
- **解決方案**：
  - 檢查網路連線。
  - 稍後重試。
  - 確認 Microsoft 365 服務狀態頁面是否有異常公告。

5-3 實用建議與最佳實務

這裡總結在使用 Copilot 時的黃金法則，這些建議能幫助所有使用者更好地利用 Copilot。

1. 將 Copilot 視為協作者而非替代者

Copilot 是一個強大的助手，它能處理重複性工作、提供靈感、加速草稿生成，但最終的內容仍需要人類的判斷、審核和潤飾；始終保持批判性思維，並對生成內容負責。

2. 小心保護機密資訊

雖然 Microsoft 承諾保護資料隱私，但在輸入極度敏感或機密資訊時仍需謹慎。避免將非公開的關鍵商業機密直接作為提示詞，在可能的情況下，先將機密資訊脫敏或在內部離線環境處理。

3. 建立個人化的提示詞庫

隨著使用經驗的累積，你會發現某些提示詞在特定情境下特別有效。將這些提示詞整理成個人化的「提示詞庫」，可以大幅提高未來的工作效率。

4. 善用多文件參考

Copilot 跨文件參考的能力是其核心優勢。在需要整合多個報告、數據或郵件的內容時，務必將所有相關文件上傳或指定為參考。

5. 保持學習和探索

　　Copilot 的功能會不斷更新迭代。關注 Microsoft 的最新公告和教學資源，積極探索新功能，嘗試不同的應用方式，會發現更多意想不到的效率提升點。

6. 確保「事實查核」

　　雖然 Copilot 努力提供準確信息，但 AI 模型仍可能因資訊不足、過時而生出「幻覺」，即產生不實或錯誤資料的內容；特別是涉及數字、日期、專有名詞或專業知識時，務必進行人工查核和驗證。

WIA 職場智能應用國際認證
Spreadsheets 電子試算表
Using Microsoft® Excel®

領域範疇 1 資料編修與格式設定

- 題組 1　訂單付款狀態報表

領域範疇 2 基本統計圖表設計

- 題組 1　各系借閱圖書統計

領域範疇 3 基本試算表函數應用

- 題組 1　甄選成績報表

領域範疇 1

資料編修與格式設定

題組 1 訂單付款狀態報表

題號	題目要求	頁碼
1	使用「Tab 鍵」做為分隔符號，自 A1 儲存格匯入「訂單付款狀態.txt」文字檔，將工作表命名為「訂單付款狀態」，並將工作表索引標籤設定為「藍色」。	S-05
2	調整工作表欄位順序為「地區」、「訂單編號」、「訂單日期」、「訂單金額」、「金額結清」。	S-08
3	依據儲存格內容，填滿 A 欄「地區」下方空白儲存格。（注意：有多個部門）	S-10
4	設定「訂單日期」欄值日期格式如「2022/01/02」。	S-13
5	設定「訂單金額」欄值格式為「會計專用」數值格式，符號為「NT$」，小數位數為 1。	S-15
6	將工作表資料依照「訂單金額」由最大到最小排序，如果「訂單金額」相同者，再依「金額結清」遞增排序。	S-17
7	在「金額結清」欄位中，設定醒目提示儲存格規則，將顯示「待付」的儲存格設定為「淺紅色填滿與深紅色文字」。	S-18
8	將工作表內容格式化為表格，並套用表格樣式：「橙色，表格樣式中等深淺 10」，再轉換表格為一般範圍。	S-19
9	設定所有欄位的欄寬：「16」，所有儲存格格式皆為：「水平置中對齊」、「垂直置中對齊」。	S-21
10	設定版面為「橫向」，列印標題為第 1 列，左邊界、右邊界設為 1.5、上邊界、下邊界設為 1.2，置中方式設定水平置中。	S-22

參考答案

地區	訂單編號	訂單日期	訂單金額	金額結清
中區	YMB1531	2017/12/22	NT$ 17,079.5	待付
南區	YMB0292	2017/03/03	NT$ 16,102.0	待付
中區	YMB1198	2017/09/27	NT$ 13,492.1	結清
北區	YMB1054	2017/08/21	NT$ 12,189.0	結清
中區	YMB0627	2017/05/13	NT$ 11,823.4	結清
北區	YMB0508	2017/04/18	NT$ 11,752.2	待付
中區	YMB0483	2017/04/12	NT$ 11,560.8	結清
中區	YMB1498	2017/12/10	NT$ 10,789.8	結清
中區	YMB0376	2017/03/23	NT$ 10,609.6	結清
南區	YMB0398	2017/03/26	NT$ 10,315.7	結清
南區	YMB1098	2017/09/01	NT$ 10,152.6	結清
北區	YMB1456	2017/11/25	NT$ 9,965.3	結清
中區	YMB0020	2017/01/05	NT$ 9,766.9	待付
南區	YMB0799	2017/06/24	NT$ 9,281.5	結清
南區	YMB1580	2018/01/05	NT$ 9,252.5	結清
北區	YMB1092	2017/08/31	NT$ 8,972.3	待付
北區	YMB0391	2017/03/25	NT$ 8,946.5	結清
南區	YMB0609	2017/05/11	NT$ 7,693.2	待付
北區	YMB0182	2017/02/10	NT$ 7,166.0	結清
北區	YMB0505	2017/04/18	NT$ 7,163.4	結清
中區	YMB1071	2017/08/27	NT$ 6,976.0	待付
中區	YMB0232	2017/02/24	NT$ 6,893.3	結清
南區	YMB1543	2017/12/26	NT$ 6,629.6	結清
中區	YMB0040	2017/01/08	NT$ 6,586.4	結清
中區	YMB0547	2017/04/28	NT$ 6,439.2	待付
南區	YMB0113	2017/01/23	NT$ 6,168.7	待付
南區	YMB0996	2017/08/08	NT$ 6,104.7	結清
北區	YMB1159	2017/09/14	NT$ 6,085.5	結清
北區	YMB1141	2017/09/10	NT$ 6,060.6	結清
中區	YMB0722	2017/06/06	NT$ 5,899.5	待付
中區	YMB1380	2017/11/09	NT$ 5,770.5	待付
北區	YMB1053	2017/08/21	NT$ 5,748.1	結清
中區	YMB0630	2017/05/14	NT$ 5,687.2	結清
中區	YMB1156	2017/09/14	NT$ 5,639.9	結清
中區	YMB0913	2017/07/19	NT$ 5,633.5	結清
北區	YMB1034	2017/08/16	NT$ 5,526.8	待付
南區	YMB1174	2017/09/19	NT$ 5,483.5	待付
北區	YMB1193	2017/09/26	NT$ 5,441.4	結清
中區	YMB1327	2017/10/26	NT$ 5,387.0	結清
南區	YMB0738	2017/06/10	NT$ 5,369.6	結清
北區	YMB1061	2017/08/24	NT$ 5,306.3	待付
中區	YMB0803	2017/06/25	NT$ 5,243.9	結清
南區	YMB1552	2017/12/29	NT$ 5,200.9	結清
南區	YMB1028	2017/08/16	NT$ 5,141.9	結清
北區	YMB0065	2017/01/15	NT$ 5,123.0	結清
南區	YMB0641	2017/05/18	NT$ 5,020.1	結清

第 1 頁，共 19 頁

參考答案

地區	訂單編號	訂單日期	訂單金額		金額結清
南區	YMB0958	2017/07/30	NT$	435.8	結清
中區	YMB0149	2017/02/05	NT$	425.0	待付
北區	YMB1279	2017/10/16	NT$	415.5	結清
北區	YMB0406	2017/03/28	NT$	406.0	結清
中區	YMB0706	2017/06/03	NT$	404.2	待付
南區	YMB1075	2017/08/27	NT$	403.0	結清
北區	YMB0129	2017/01/29	NT$	370.0	待付
南區	YMB0336	2017/03/13	NT$	361.0	結清
中區	YMB0577	2017/05/05	NT$	355.1	結清
北區	YMB1436	2017/11/22	NT$	336.8	待付
中區	YMB1370	2017/11/06	NT$	334.0	結清
中區	YMB0808	2017/06/26	NT$	333.2	結清
北區	YMB0478	2017/04/10	NT$	319.5	結清
中區	YMB0078	2017/01/19	NT$	318.0	結清
南區	YMB0798	2017/06/23	NT$	312.4	結清
南區	YMB0481	2017/04/12	NT$	307.1	結清
北區	YMB1123	2017/09/07	NT$	302.0	結清
中區	YMB1291	2017/10/18	NT$	299.5	結清
南區	YMB0565	2017/05/02	NT$	288.8	結清
中區	YMB0743	2017/06/11	NT$	269.0	結清
北區	YMB1089	2017/08/30	NT$	245.6	結清
中區	YMB1491	2017/12/08	NT$	242.0	結清
南區	YMB0320	2017/03/09	NT$	239.0	結清
北區	YMB0212	2017/02/20	NT$	235.5	待付
中區	YMB1116	2017/09/05	NT$	217.0	結清
南區	YMB0980	2017/08/05	NT$	207.8	待付
南區	YMB1371	2017/11/07	NT$	198.4	結清
南區	YMB1477	2017/12/03	NT$	197.0	結清
中區	YMB1078	2017/08/27	NT$	188.8	結清
中區	YMB0775	2017/06/18	NT$	172.0	結清
南區	YMB0554	2017/04/30	NT$	160.0	待付
中區	YMB1128	2017/09/09	NT$	157.5	待付
中區	YMB1243	2017/10/07	NT$	155.0	待付
中區	YMB1521	2017/12/20	NT$	138.0	待付

Spreadsheets 電子試算表

題目 1

使用「Tab 鍵」做為分隔符號，自 A1 儲存格匯入「訂單付款狀態.txt」文字檔，將工作表命名為「訂單付款狀態」，並將工作表索引標籤設定為「藍色」。

解題步驟

1. 游標置於 A1 儲存格，點擊 [資料] 索引標籤 [取得外部資料] 功能群組的【從文字檔】，開啟「匯入文字檔」對話方塊。

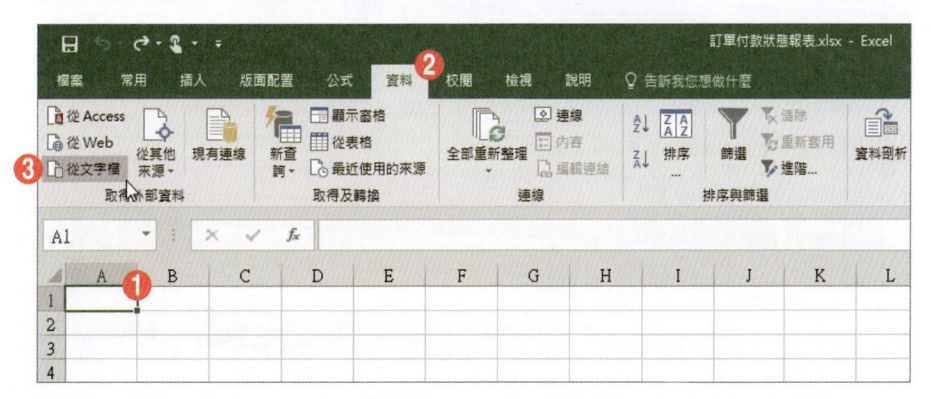

2. 選取資料夾的「訂單付款狀態.txt」文字檔，按【匯入】鈕。

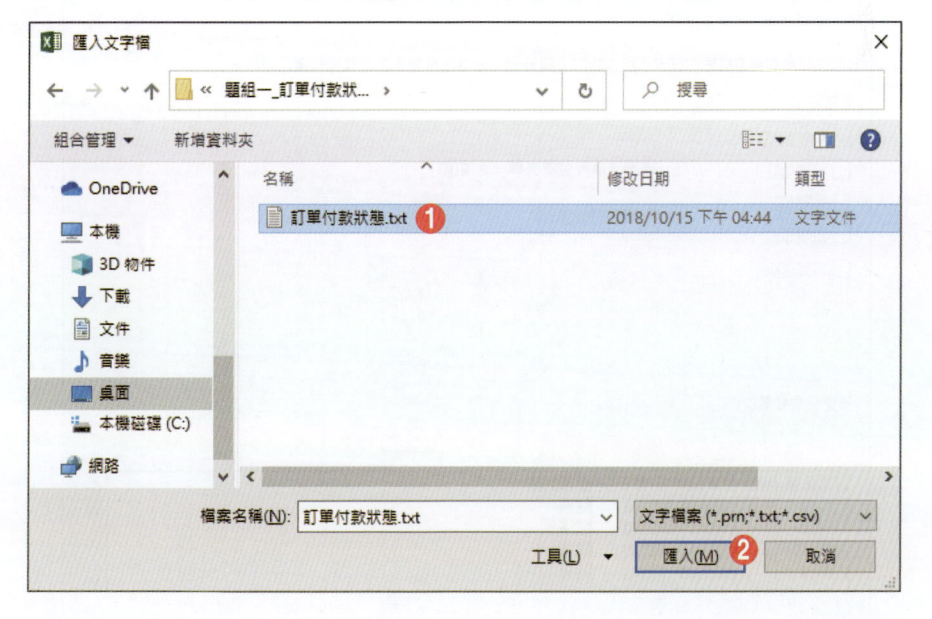

領域範疇 1 題組 1

S-05

3 畫面出現「匯入字串精靈」對話方塊：
確認剖析資料類型為「分隔符號」，按【下一步】鈕。

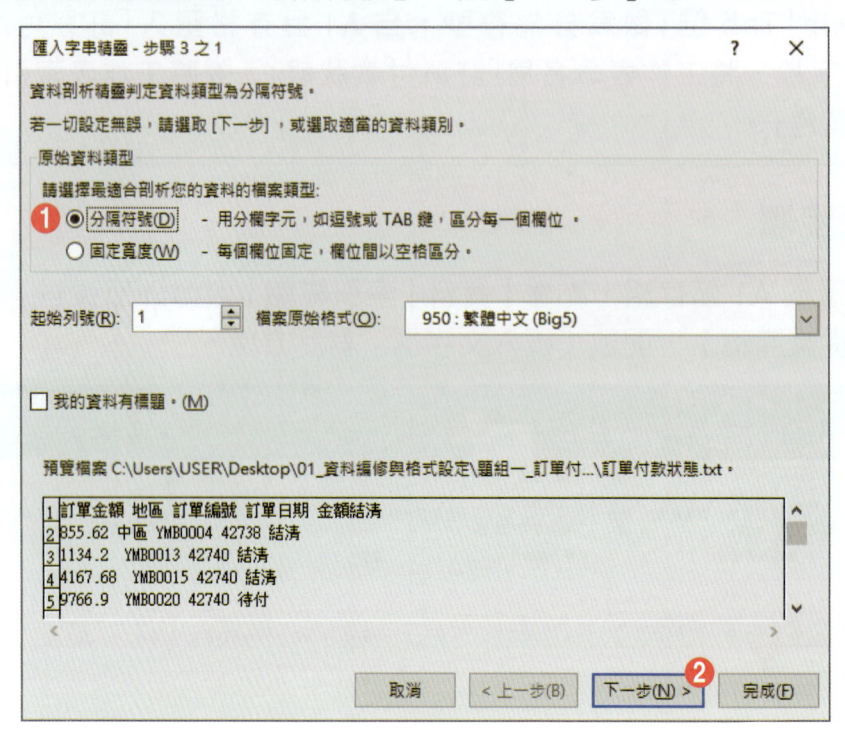

4 勾選分隔符號為「Tab 鍵」，按【下一步】鈕。

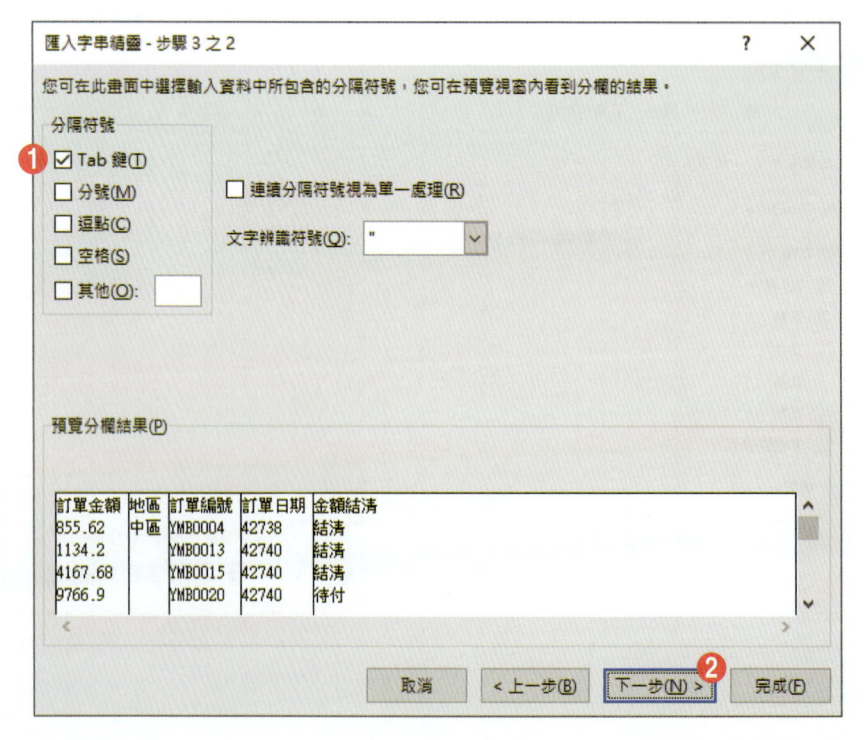

5 按【完成】鈕關閉對話方塊。

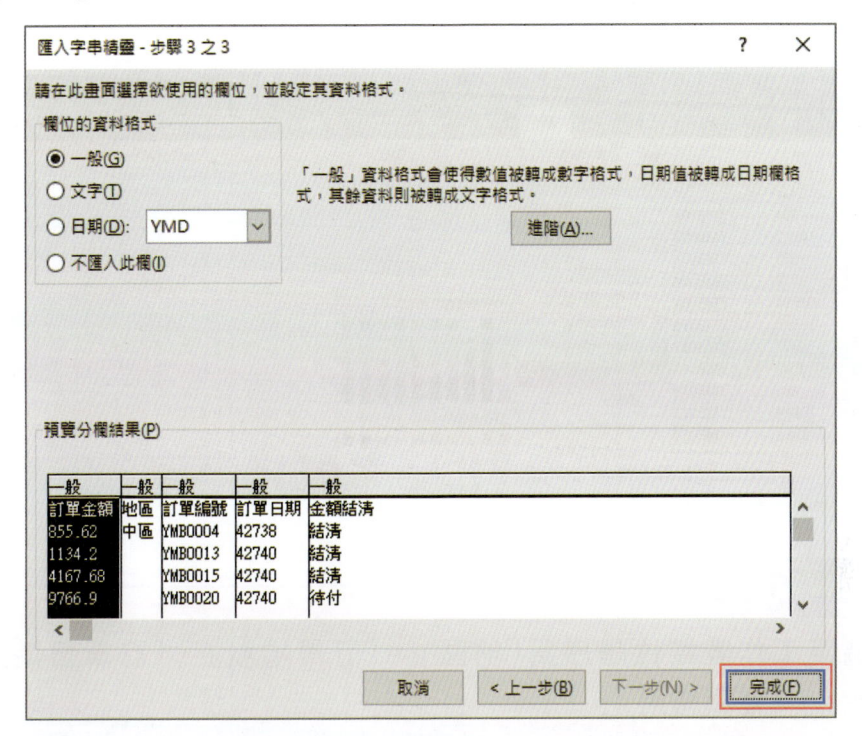

6 彈出「匯入資料」對話方塊，按【確定】鈕關閉對話方塊。

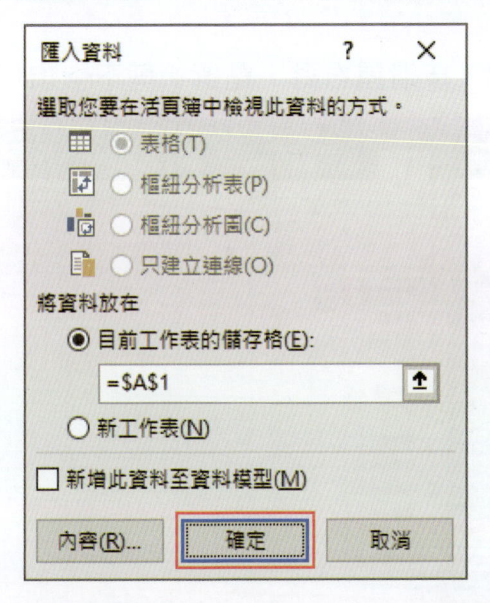

7. 快點二下工作表標籤，更名為「訂單付款狀態」，並按滑鼠右鍵，點選 [索引標籤色彩] 為「藍色」。

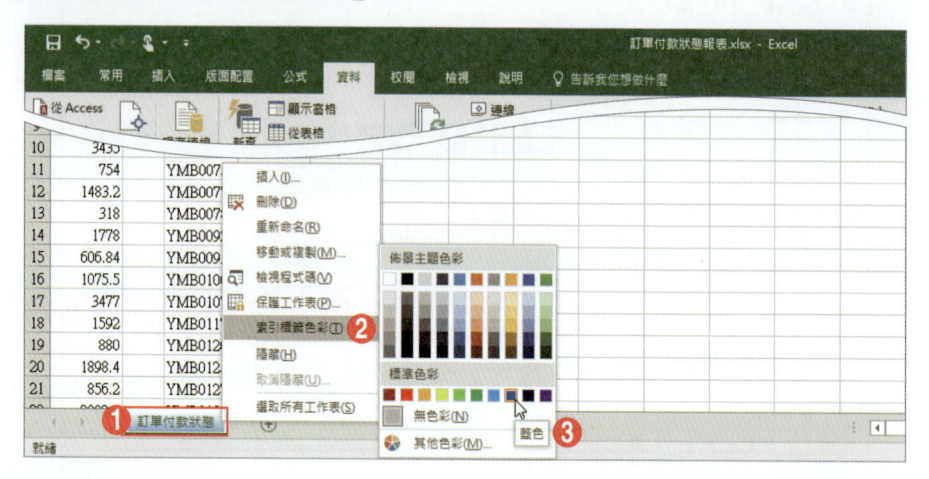

題目 2

調整工作表欄位順序為「地區」、「訂單編號」、「訂單日期」、「訂單金額」、「金額結清」。

解題步驟

1. 選取 B、C、D 欄，按滑鼠右鍵，點選「剪下」項目。

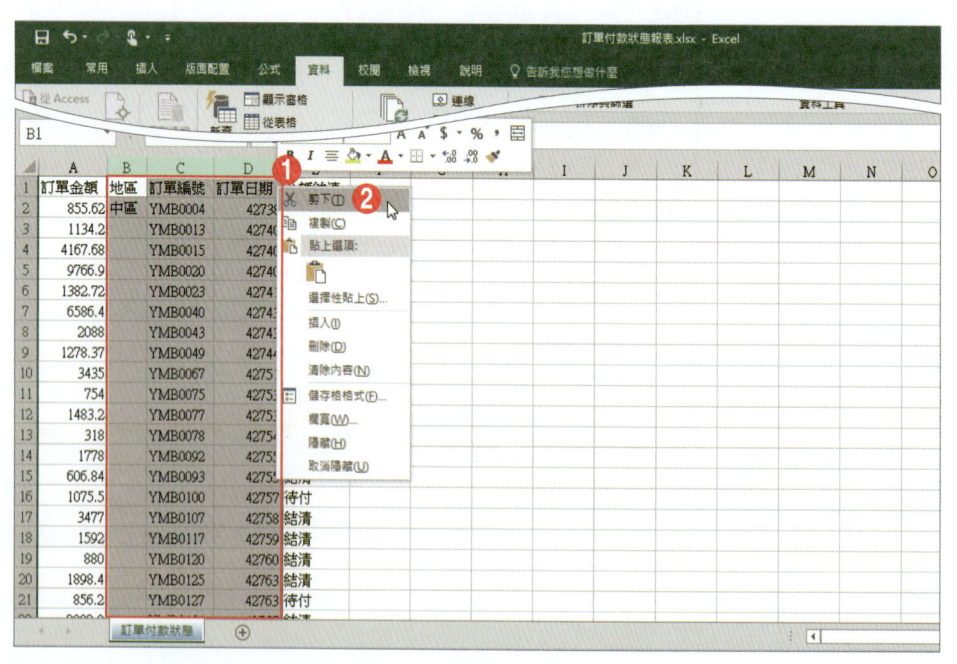

2 再點選 A 欄，按滑鼠右鍵，點選「插入剪下的儲存格」項目。

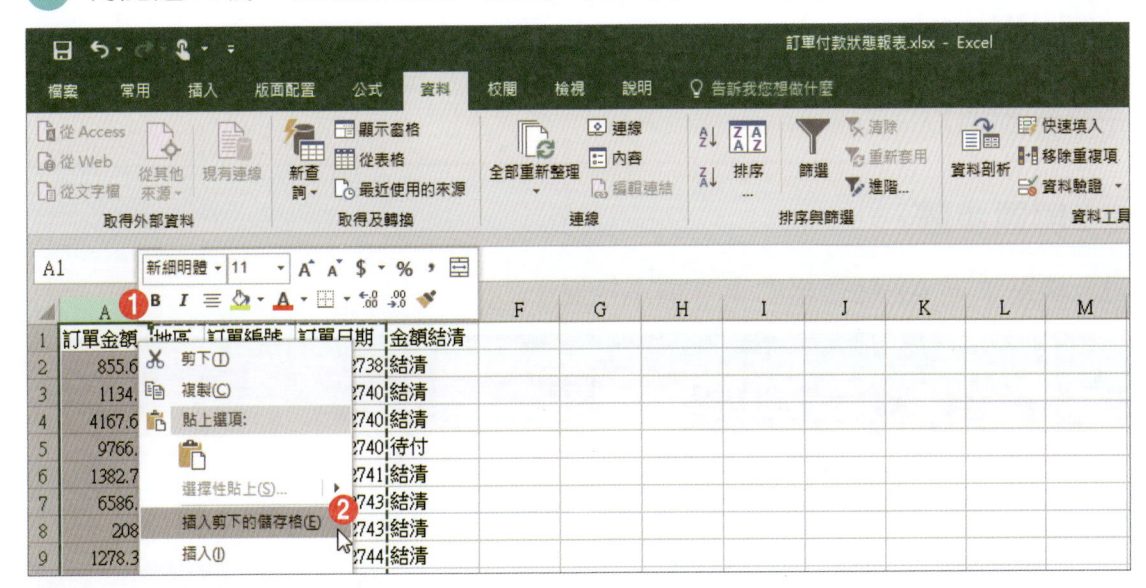

3 完成欄位排序。

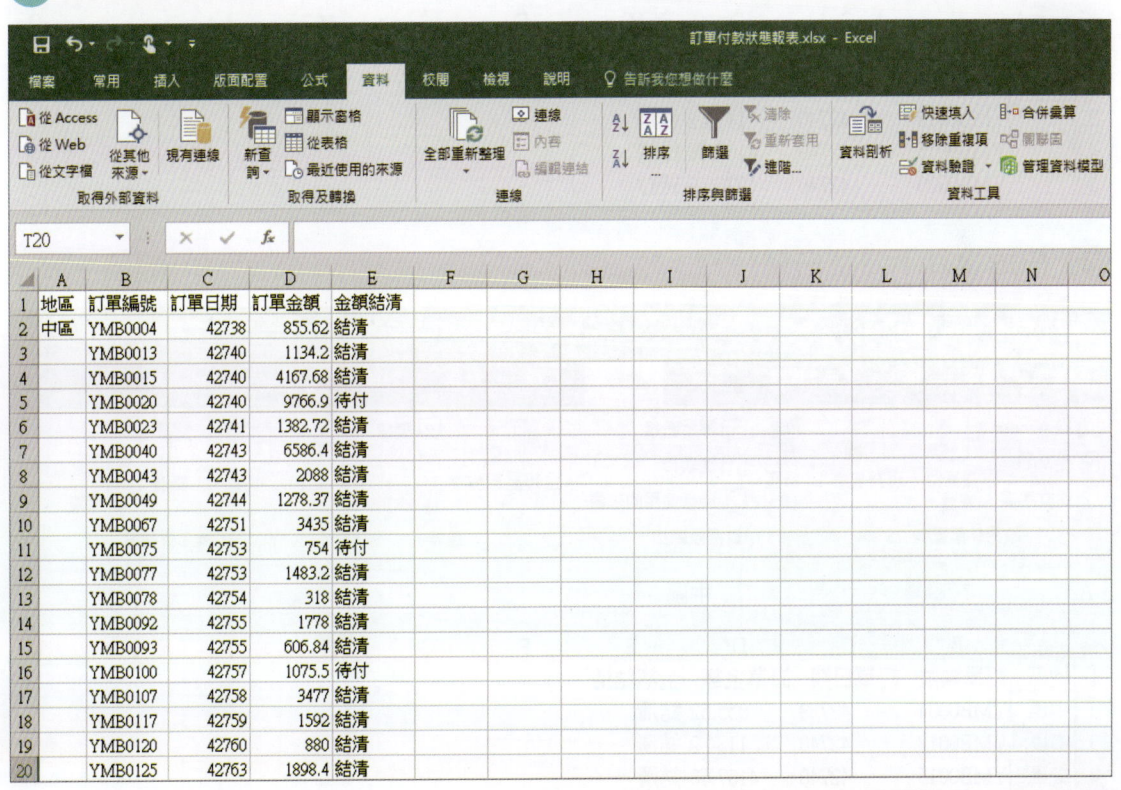

題目 3

依據儲存格內容，填滿 A 欄「地區」下方空白儲存格。（注意：有多個部門）

解題步驟

1 快點二下 A2 儲存格右下方填滿控點。

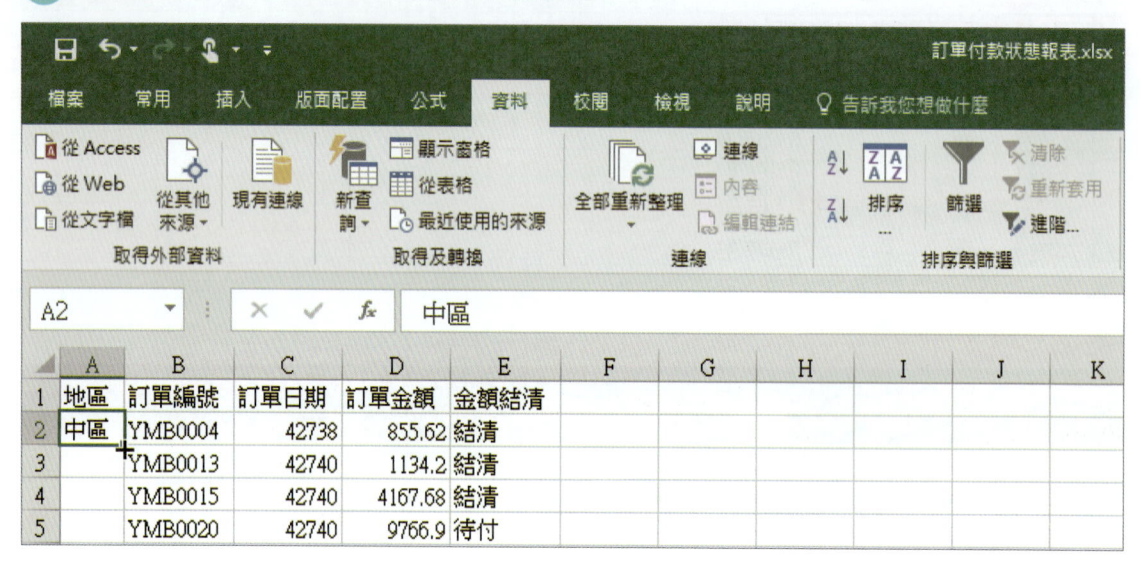

	A	B	C	D	E
1	地區	訂單編號	訂單日期	訂單金額	金額結清
2	中區	YMB0004	42738	855.62	結清
3		YMB0013	42740	1134.2	結清
4		YMB0015	42740	4167.68	結清
5		YMB0020	42740	9766.9	待付

2 快速填入下方空白儲存格。

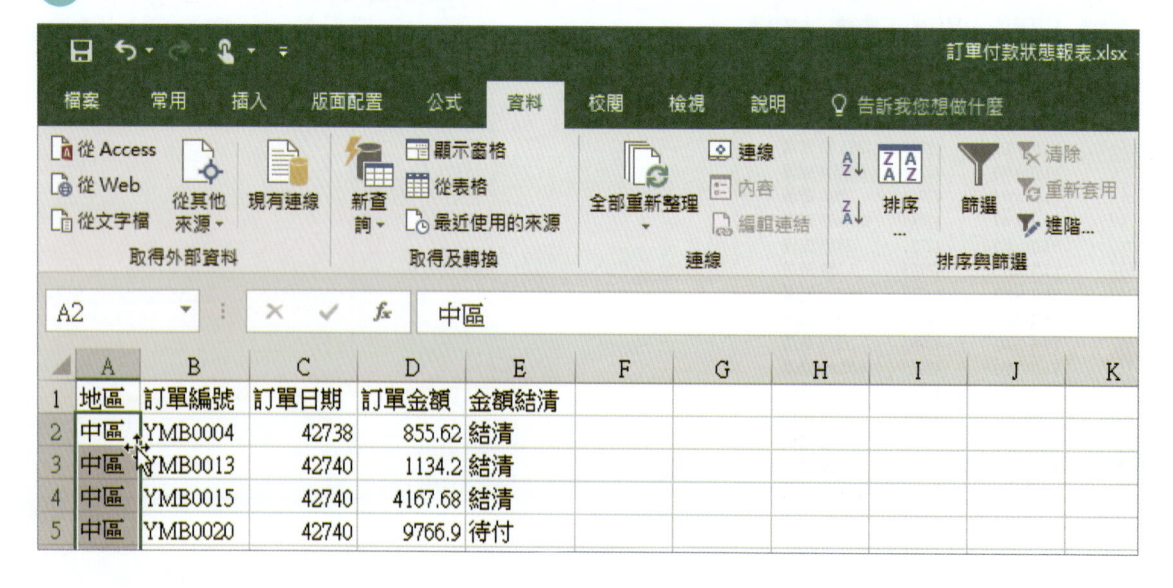

	A	B	C	D	E
1	地區	訂單編號	訂單日期	訂單金額	金額結清
2	中區	YMB0004	42738	855.62	結清
3	中區	YMB0013	42740	1134.2	結清
4	中區	YMB0015	42740	4167.68	結清
5	中區	YMB0020	42740	9766.9	待付

3. 按 [Ctrl+↓] 鍵，快速移到 A313 儲存格，再快點二下 A313 儲存格右下方填滿控點。

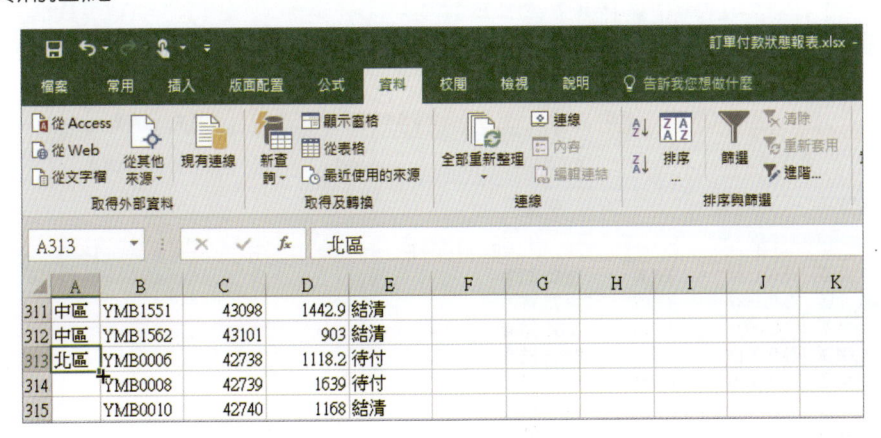

4. 快速填入下方空白儲存格。

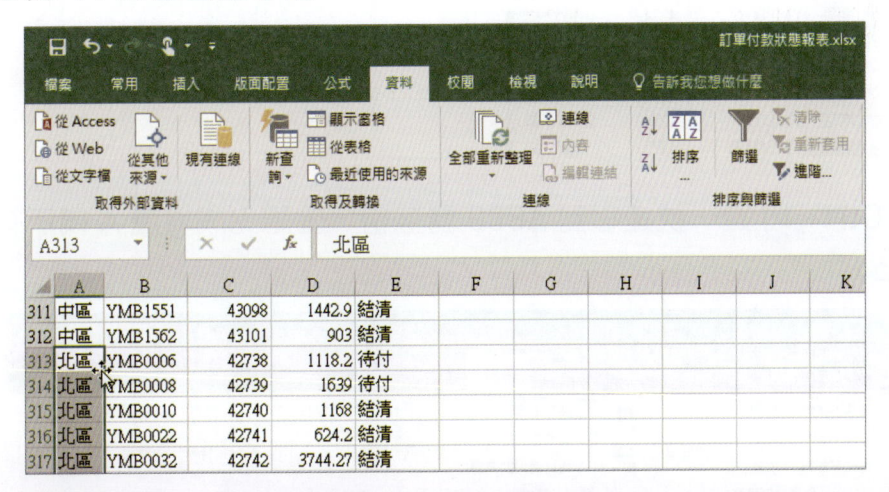

5. 按 [Ctrl+↓] 鍵，快速移到 A569 儲存格，再快點二下 A569 儲存格右下方填滿控點。

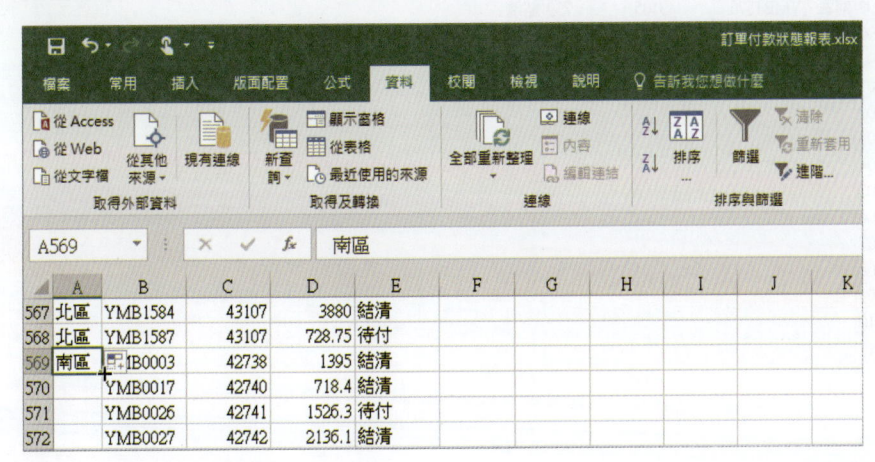

6 快速填入下方空白儲存格。

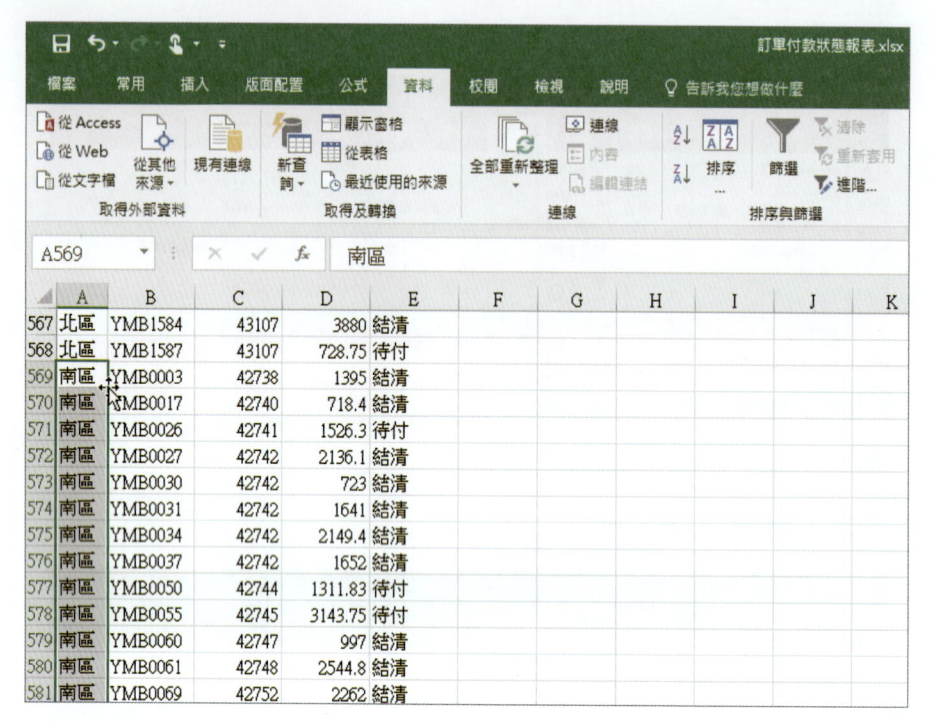

7 按 [Ctrl+↓] 鍵，快速移到 A800 儲存格，確認完成填滿 A 欄所有空白儲存格。

題目 4

設定「訂單日期」欄值日期格式如「2022/01/02」。

解題步驟

1. 點選 C2 儲存格，按 [Ctrl+Shift+↓] 鍵，選取 C 欄訂單日期下方儲存格，按滑鼠右鍵，點選「儲存格格式」項目，開啟「儲存格格式」對話方塊。

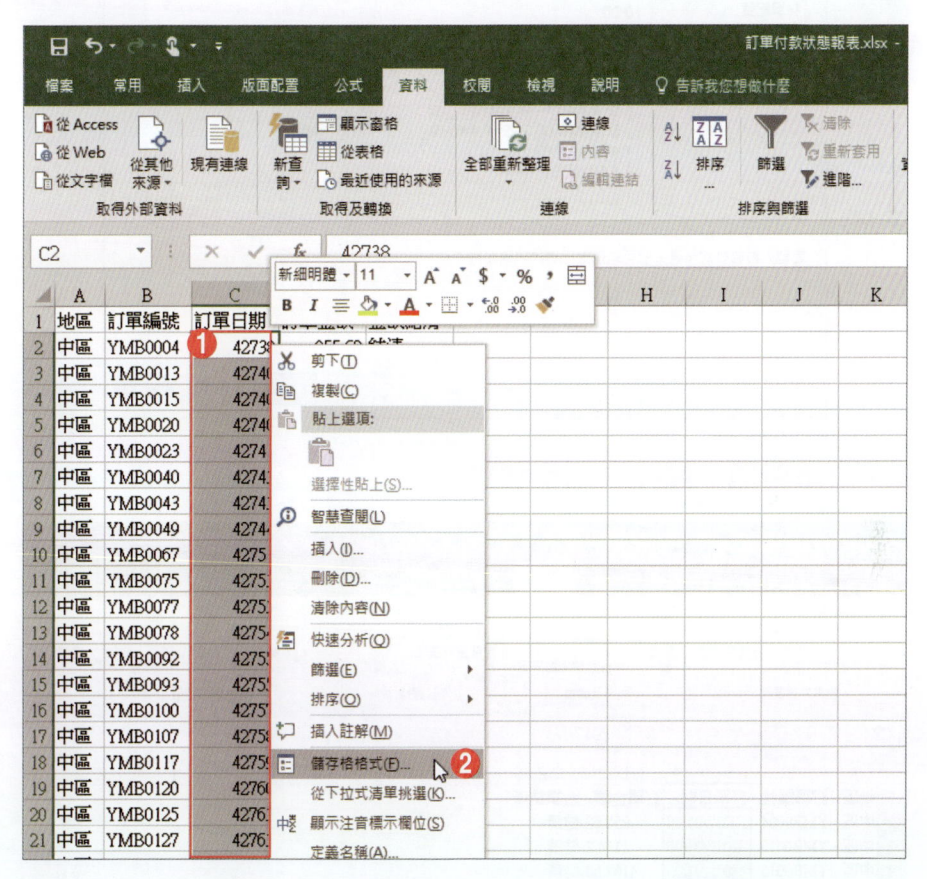

2 由 [數值] 頁籤，點選「自訂」類別，設定類型為「yyyy/mm/dd」，按【確定】鈕關閉對話方塊。

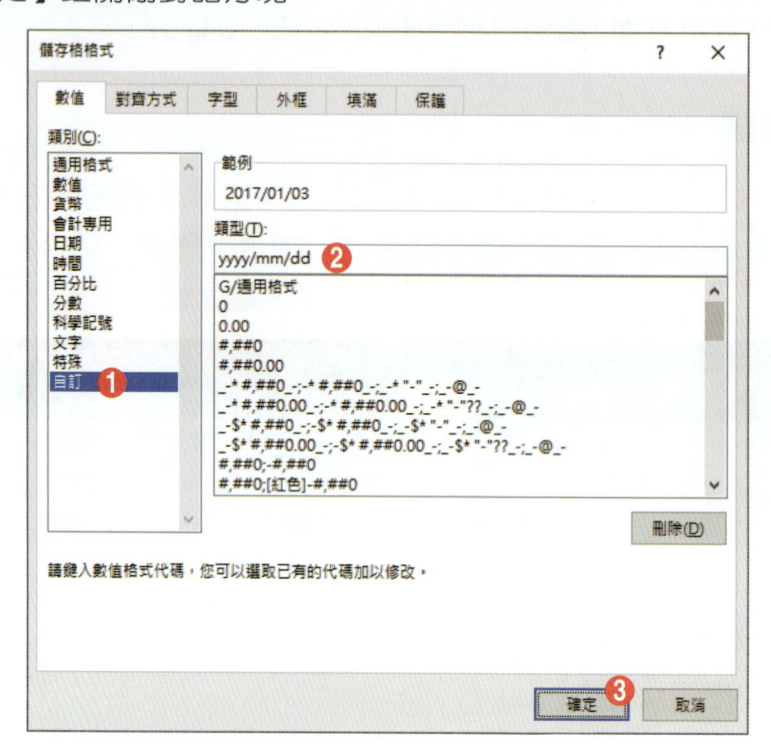

3 完成「訂單日期」欄儲存格格式設定。

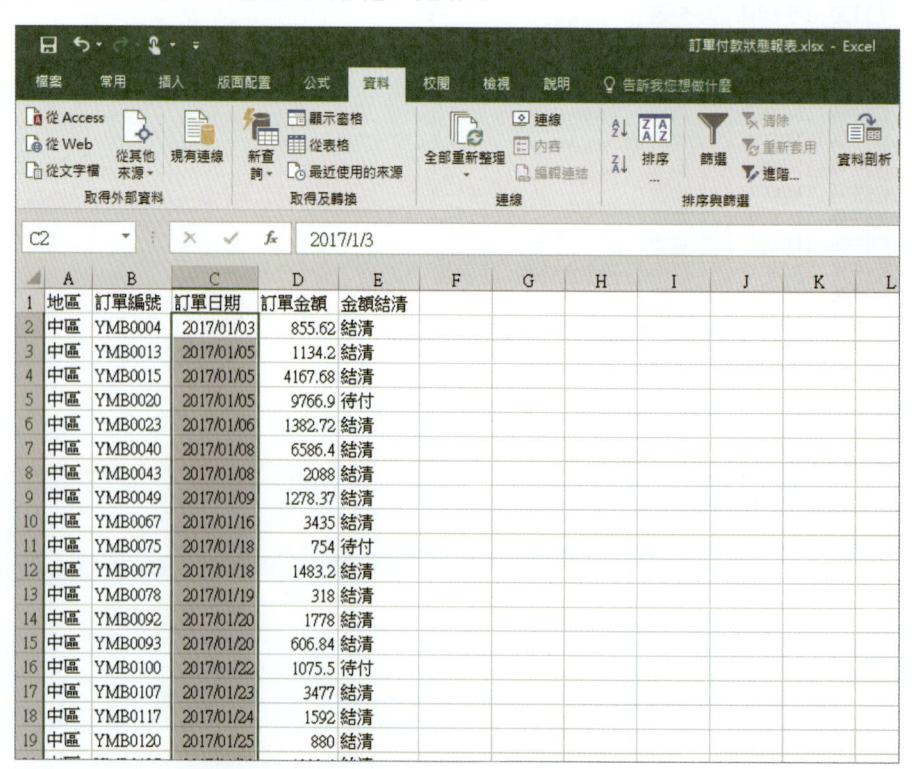

題目 5

設定「訂單金額」欄值格式為「會計專用」數值格式,符號為「NT$」,小數位數為 1。

解題步驟

1. 點選 D2 儲存格,按 [Ctrl+Shift+↓] 鍵,選取 D 欄訂單金額下方儲存格,按滑鼠右鍵,點選「儲存格格式」項目,開啟「儲存格格式」對話方塊。

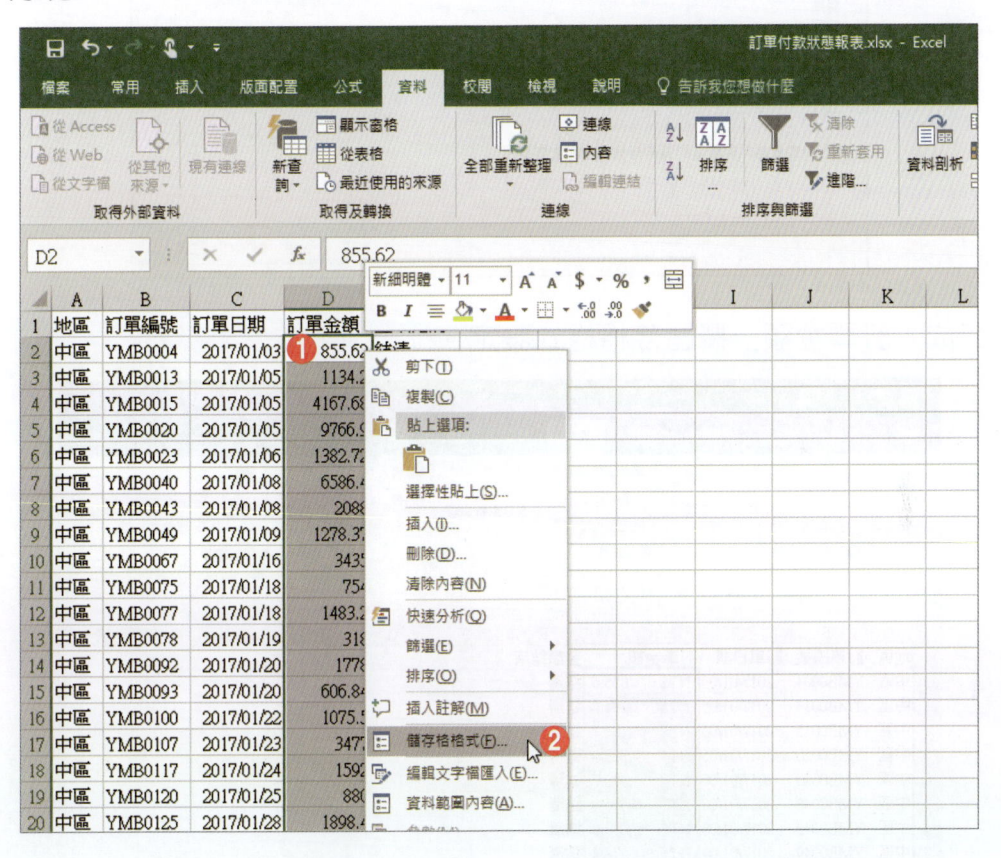

2 由 [數值] 頁籤，點選「會計專用」類別，設定小數位數為「1」，符號為「NT$」，按【確定】鈕關閉對話方塊。

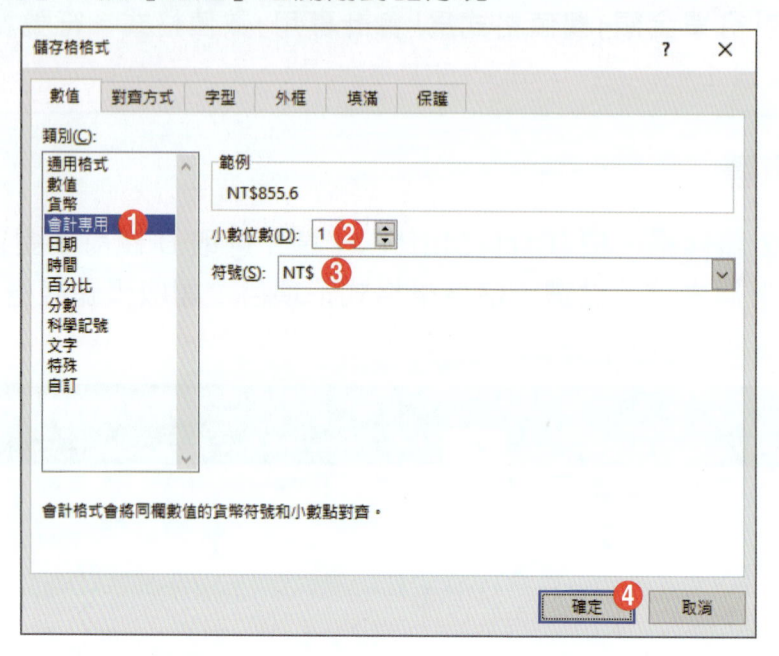

3 完成「訂單金額」欄儲存格格式設定。

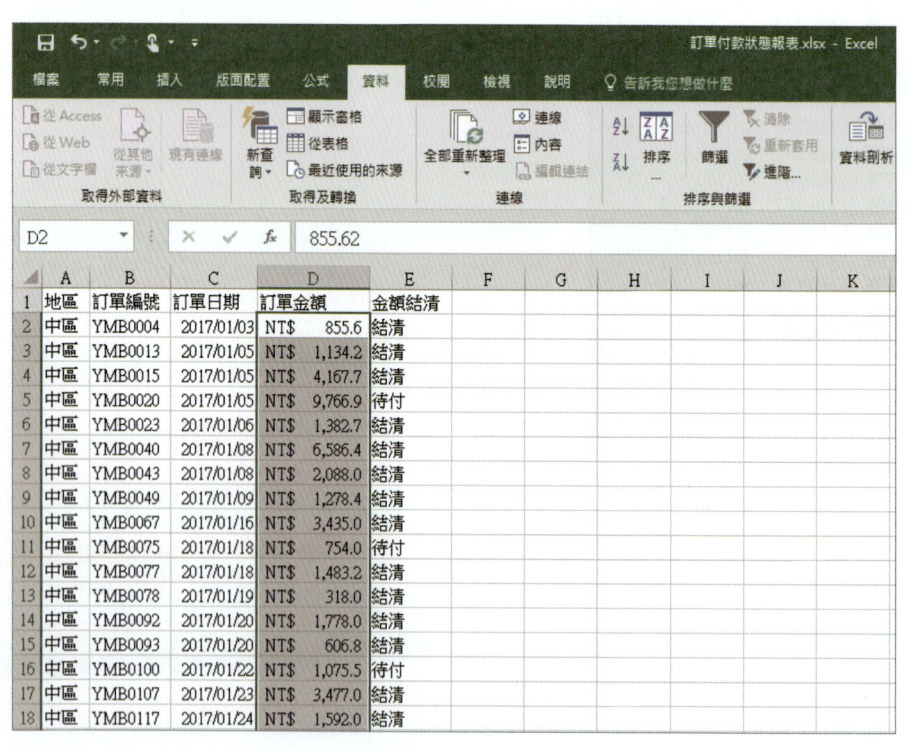

題目 6

將工作表資料依照「訂單金額」由最大到最小排序，如果「訂單金額」相同者，再依「金額結清」遞增排序。

解題步驟

1. 游標置於 A1 儲存格，點選 [常用] 索引標籤 [編輯] 功能群組 [排序與篩選] 選單中的「自訂排序」項目，開啟「排序」對話方塊。

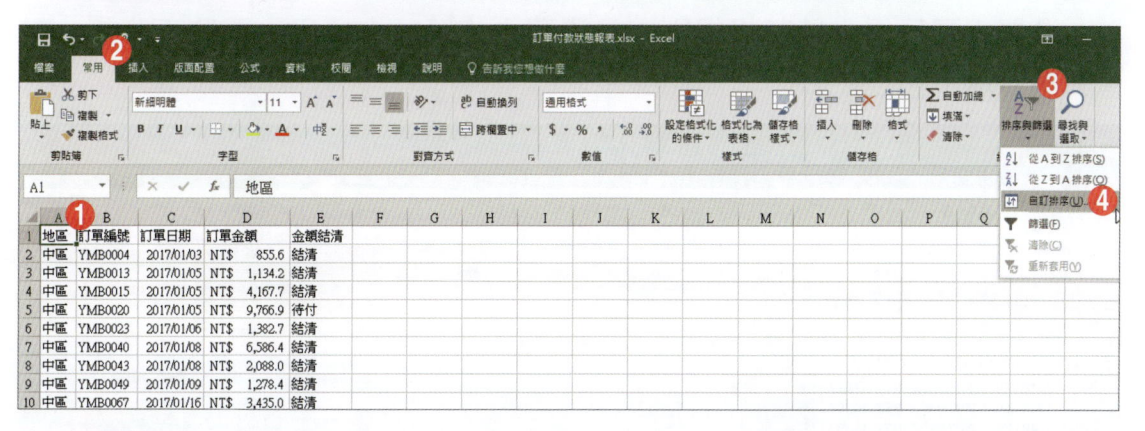

❶ 選擇 [排序方式] 為「訂單金額」，順序為「最大到最小」。

❷ 按【新增層級】鈕。

❸ 選擇 [次要排序方式] 為「金額結清」，順序為「A 到 Z」。

❹ 按【確定】鈕關閉對話方塊。

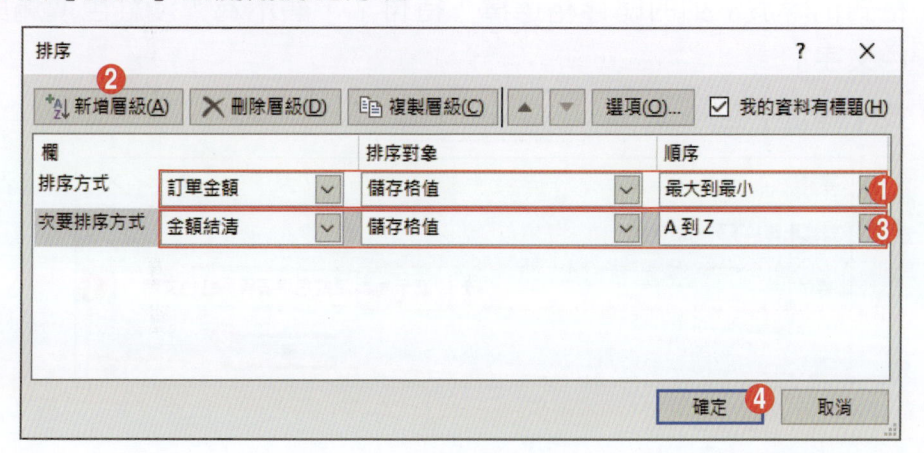

題目 7

在「金額結清」欄位中，設定醒目提示儲存格規則，將顯示「待付」的儲存格設定為「淺紅色填滿與深紅色文字」。

解題步驟

1. 點選 E2 儲存格，按 [Ctrl+Shift+↓] 鍵，選取 E 欄金額結清下方儲存格，由 [常用] 索引標籤 [樣式] 功能群組，點選「設定格式化的條件」選單「醒目提示儲存格規則」子選單中「等於」項目，開啟「等於」對話方塊。

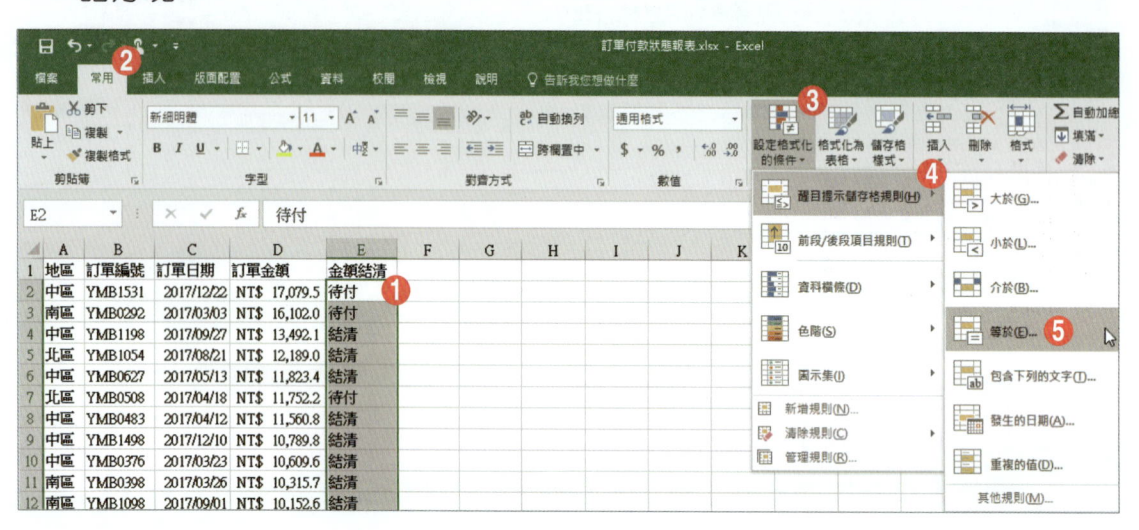

❶ 格式化等於下列的儲存格選擇「待付」，顯示為「淺紅色填滿與深紅色文字」。

❷ 按【確定】鈕。

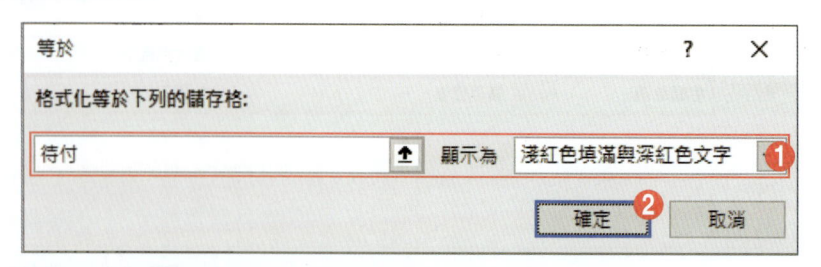

2 完成儲存格格式設定。

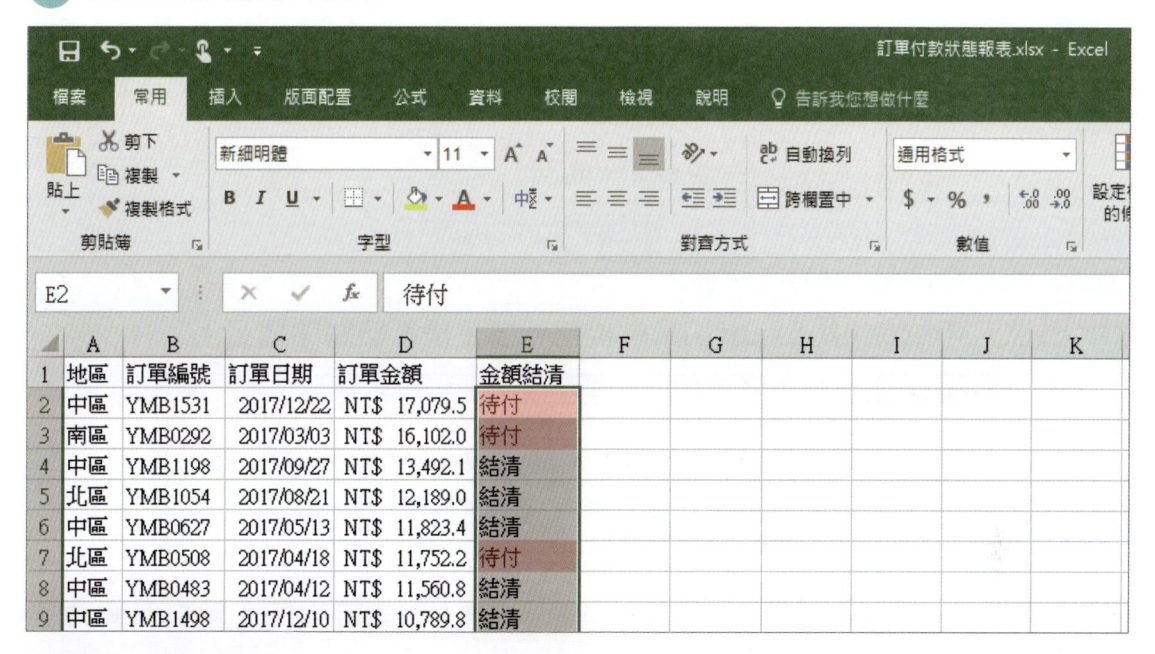

題目 8

將工作表內容格式化為表格，並套用表格樣式：「橙色，表格樣式中等深淺 10」，再轉換表格為一般範圍。

解題步驟

1 點選任意資料儲存格，套用 [常用] 索引標籤 [樣式] 功能群組 [格式化為表格] 選單中「橙色，表格樣式中等深淺 10」表格樣式。

② 確認資料範圍格式化為表格，按【確定】鈕。

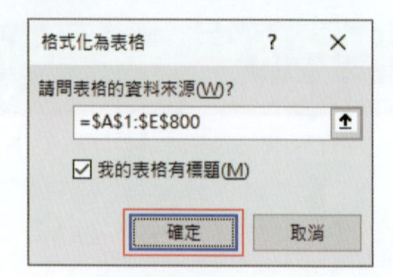

③ 出現「Microsoft Excel」訊息視窗，按【是】鈕關閉視窗。

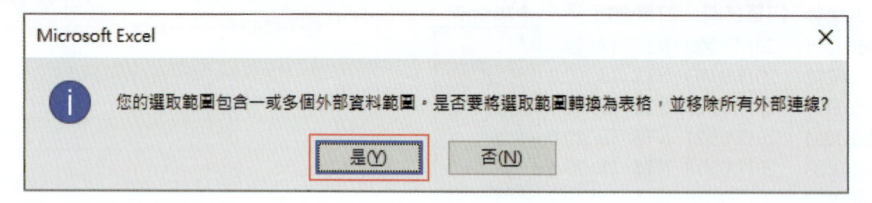

④ 點擊 [表格工具]/[設計] 索引標籤 [工具] 功能群組的【轉換為範圍】鈕。

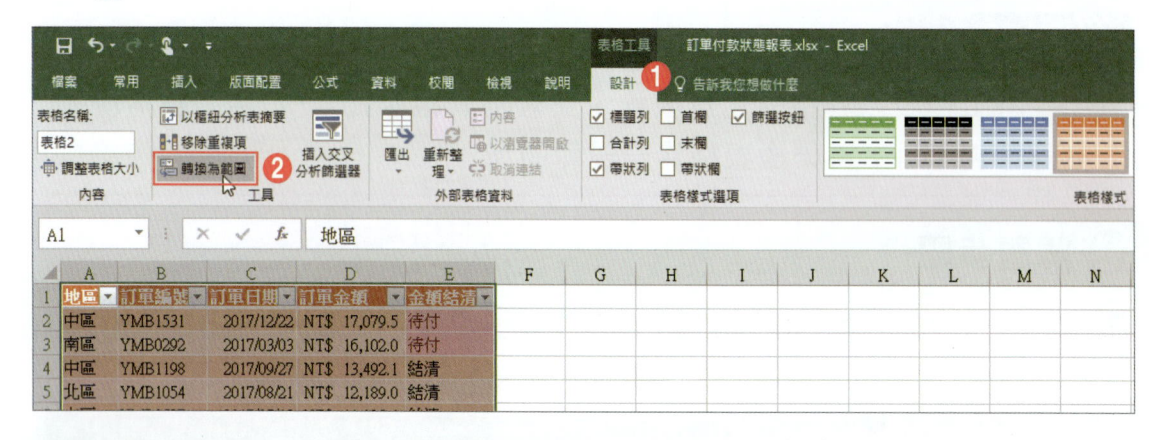

⑤ 在「Microsoft Excel」訊息視窗按【是】鈕。

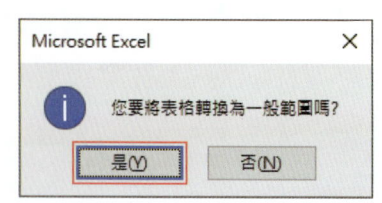

題目 9

設定所有欄位的欄寬：「16」，所有儲存格格式皆為：「水平置中對齊」、「垂直置中對齊」。

解題步驟

1. 選取 A～E 欄，按滑鼠右鍵，點選「欄寬」項目，開啟「欄寬」對話方塊。

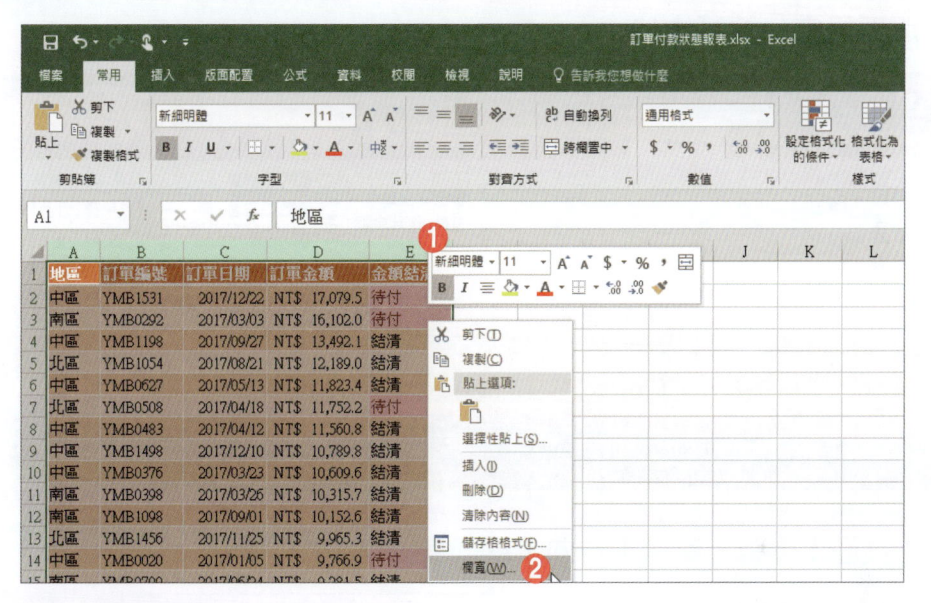

❶ 輸入欄寬值「16」。

❷ 按【確定】鈕。

2. 點擊 [常用] 索引標籤 [對齊方塊] 功能群組的【置中對齊】及【置中】鈕。

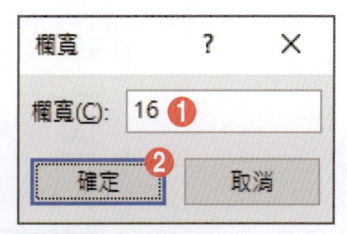

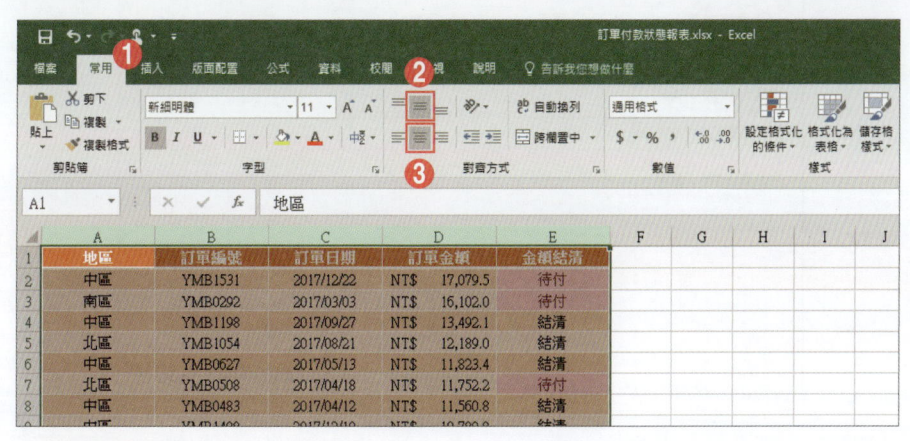

S-21

題目 10

設定版面為「橫向」，列印標題為第 1 列，左邊界、右邊界設為 1.5、上邊界、下邊界設為 1.2，置中方式設定水平置中。

解題步驟

1 點擊 [版面配置] 索引標籤 [版面設定] 功能群組右下方 標記，開啟「版面設定」對話方塊。

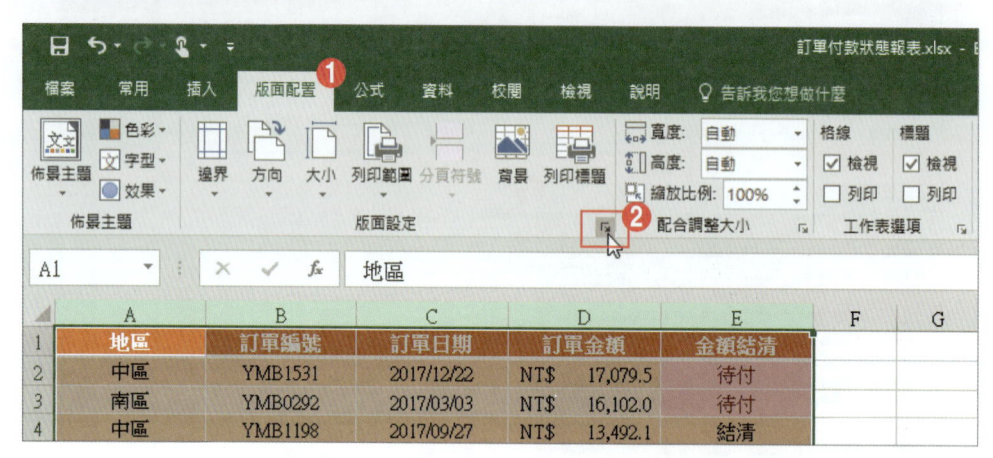

2 在 [頁面] 頁籤，點選 [方向] 為「橫向」。

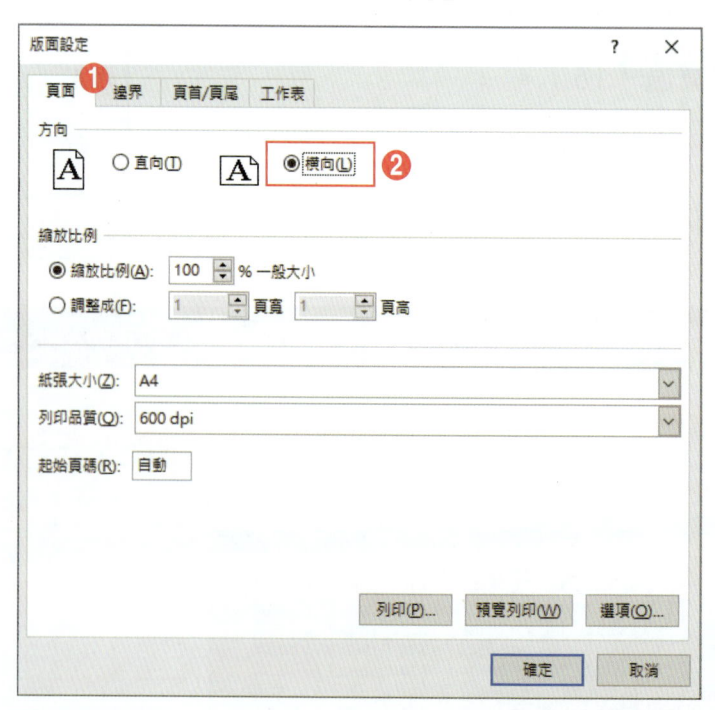

S-22

3 在 [工作表] 頁籤，設定 [標題列] 為「$1:$1」。

4 在 [邊界] 頁籤，設定 [左]、[右] 邊界為「1.5 公分」，[上]、[下] 邊界為「1.2 公分」，[置中方式] 勾選「水平置中」核取方塊。按【確定】鈕關閉對話方塊。

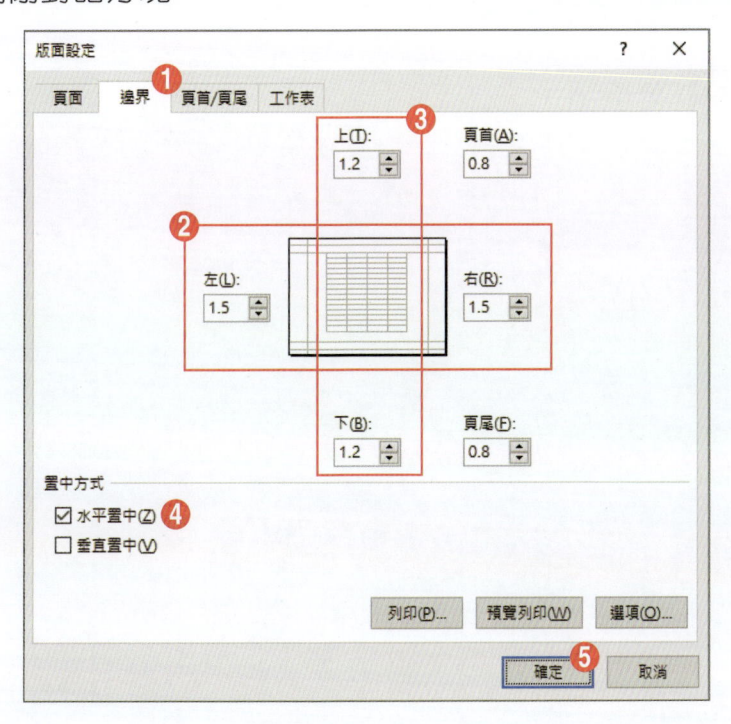

領域範疇 **2**

基本統計
圖表設計

題組 1　各系借閱圖書統計

題號	題目要求	頁碼
1	使用「資料來源」工作表 B2:H2 儲存格和 B7:H8 儲存格，在新工作表製作「堆疊折線圖」，工作表名稱為「各系借閱圖書比較圖」。	S-28
2	將「各系借閱圖書比較圖」工作表的索引標籤色彩設定為「紫色」。	S-30
3	該圖表套用快速版面配置「版面配置 2」和「樣式 5」，並在圖表上方顯示圖表標題「最近 2 年各系借閱圖書比較圖」，微軟正黑體、大小 24pt。	S-30
4	調整圖例位置為「上」，並且圖例位置和圖表不重疊。	S-32
5	設定數列「107 學年」的標籤顯示「數列名稱、值」的內容，分隔符號為「換行」。並設定標籤文字的字型大小 12pt。	S-34
6	設定圖表區填滿「輕度漸層 - 輔色 4」漸層，角度設定為「180°」。	S-36
7	使用「資料來源」工作表 B2:B8 及 E2:E8 儲存格，在新工作表製作「區域圖」，工作表名稱為「資訊系圖書借閱統計」。	S-38
8	設定圖表樣式「樣式 7」，設定垂直座標軸的最大值為「1000」，單位主要為「200」。	S-40
9	在「資訊系圖書借閱統計」圖表中，新增運算列表，設定「無圖例符號」。	S-42
10	設定數列填滿「畫布」材質，類別座標軸的字型大小為 12pt。	S-42

參考答案

各系借閱圖書統計

年度	電子系	電機系	資訊系	日語系	文學系	數學系
102學年	431	697	830	879	525	582
103學年	482	462	520	760	741	577
104學年	809	419	965	428	718	472
105學年	449	542	836	721	819	404
106學年	426	604	522	629	727	722
107學年	775	437	691	471	474	788

*單位：冊

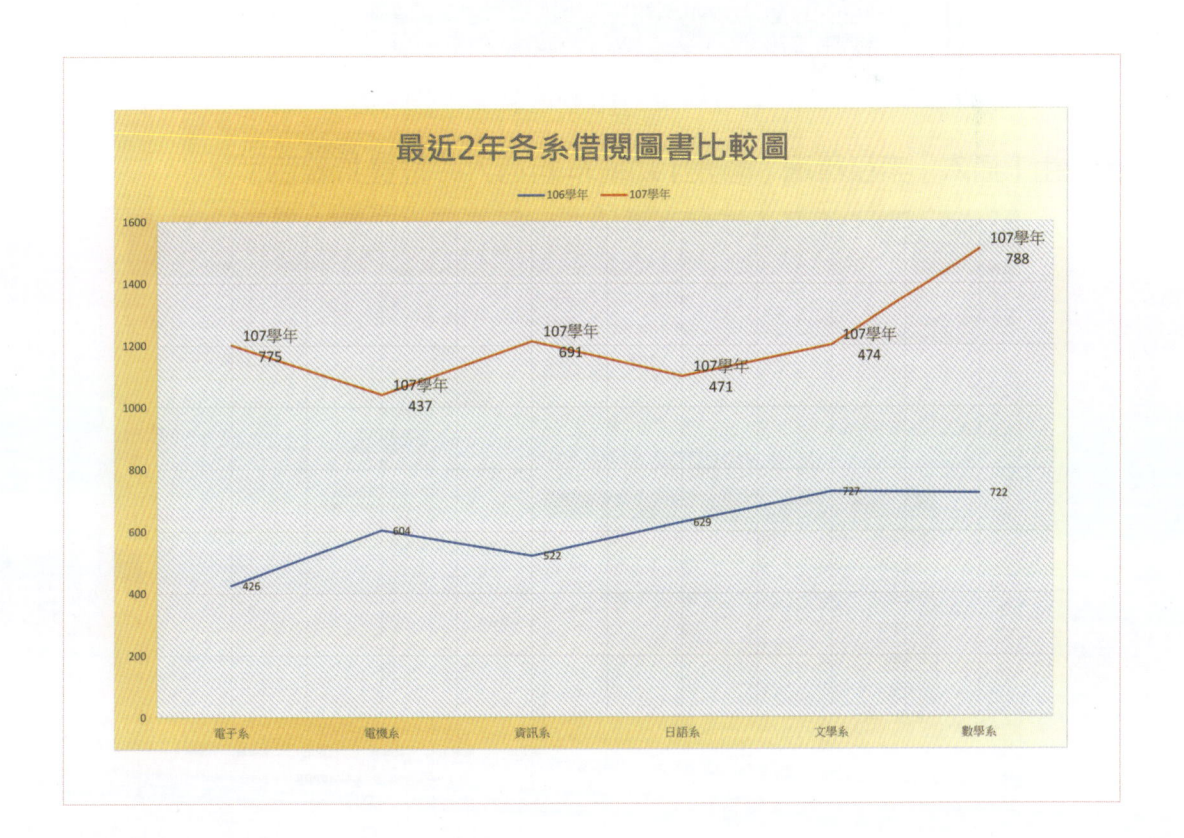

最近2年各系借閱圖書比較圖

— 106學年　— 107學年

系別	106學年	107學年
電子系	426	775
電機系	604	437
資訊系	522	691
日語系	629	471
文學系	727	474
數學系	722	788

題目 1

使用「資料來源」工作表 B2:H2 儲存格和 B7:H8 儲存格,在新工作表製作「堆疊折線圖」,工作表名稱為「各系借閱圖書比較圖」。

解題步驟

1. 選取 B2:H2 儲存格後,按住 [Ctrl] 鍵不放,再選取 B7:H8 儲存格。

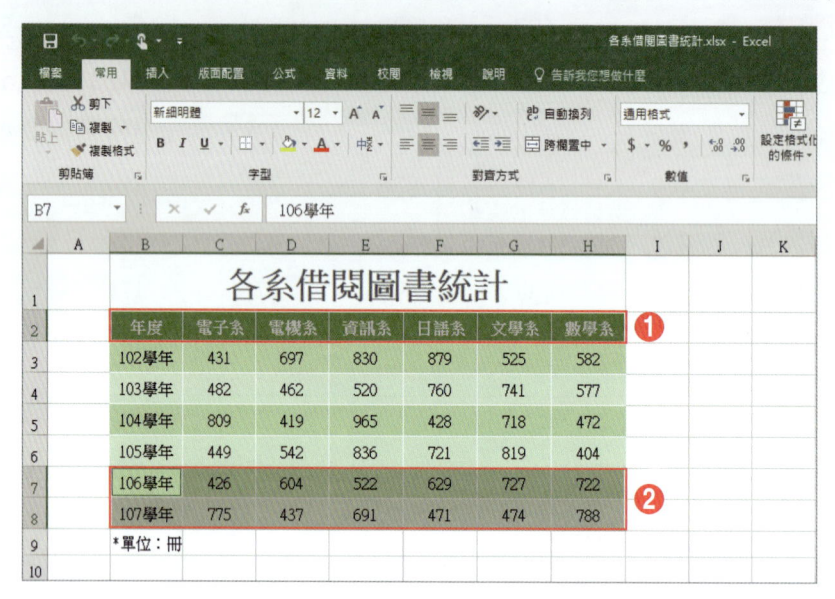

2. 由 [插入] 索引標籤 [圖表] 功能群組插入「堆疊折線圖」。

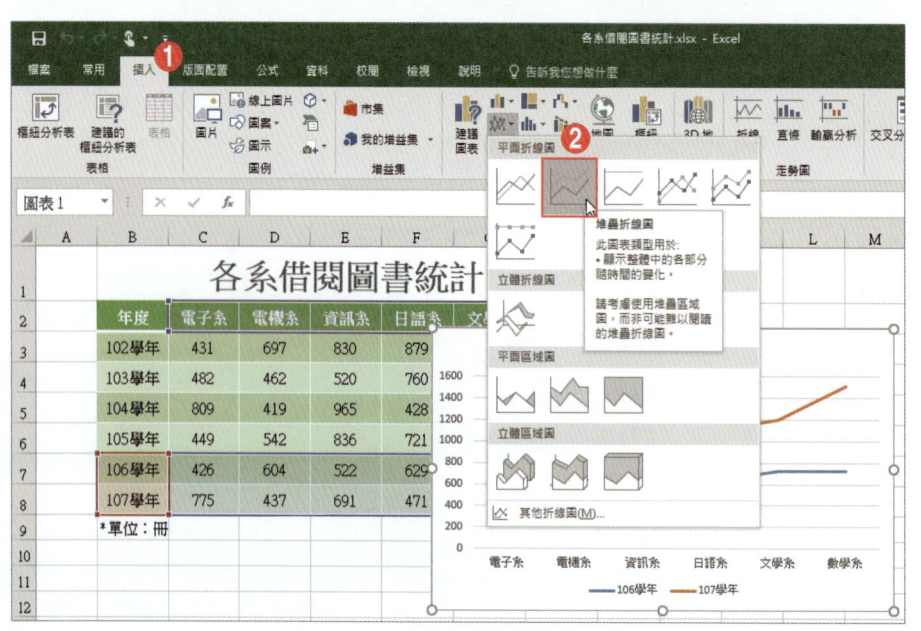

Spreadsheets 電子試算表

3 點擊 [圖表工具]/[設計] 索引標籤 [位置] 功能群組的【移動圖表】鈕，開啟「移動圖表」對話方塊。

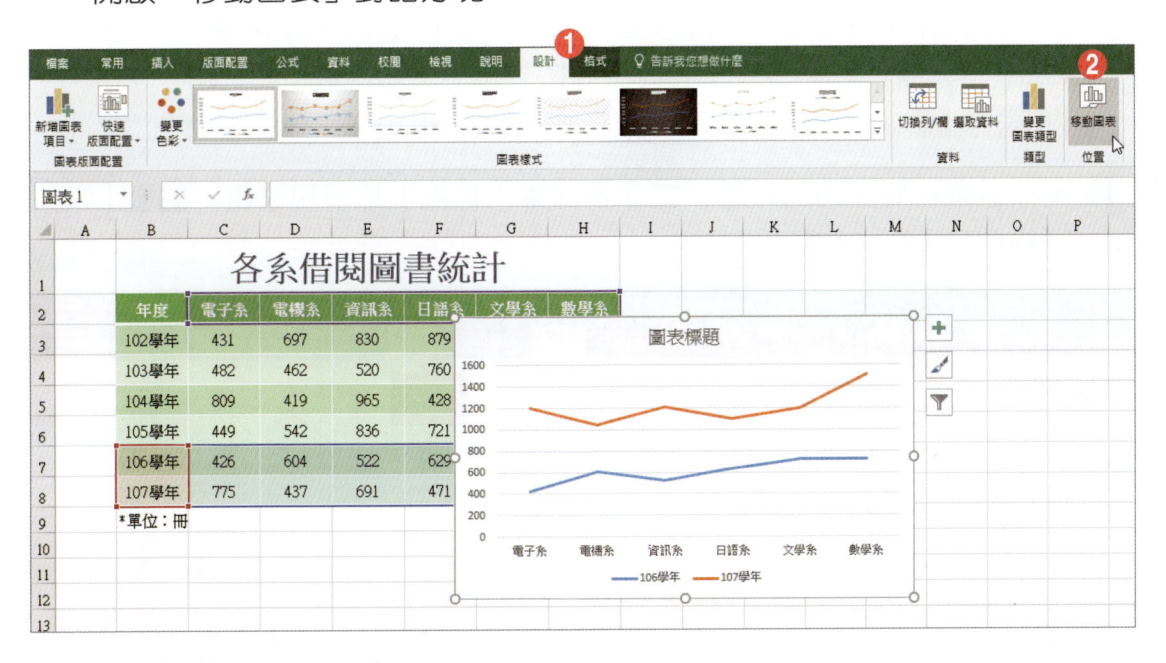

❶ 點選圖表放置位置為「新工作表」，並輸入工作表名稱「各系借閱圖書比較圖」。

❷ 按【確定】鈕關閉對話方塊。

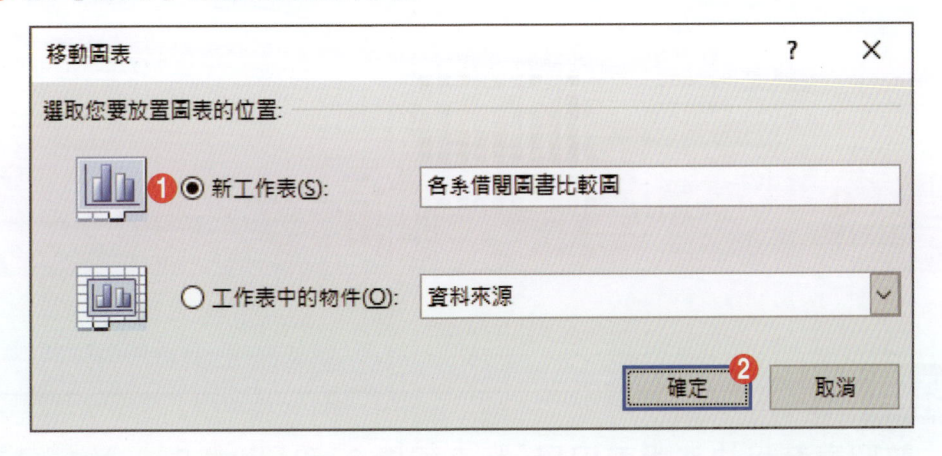

S-29

題目 2

將「各系借閱圖書比較圖」工作表的索引標籤色彩設定為「紫色」。

解題步驟

1. 在「各系借閱圖書比較圖」工作表的索引標籤上按滑鼠右鍵，點選【索引標籤色彩】為「紫色」。

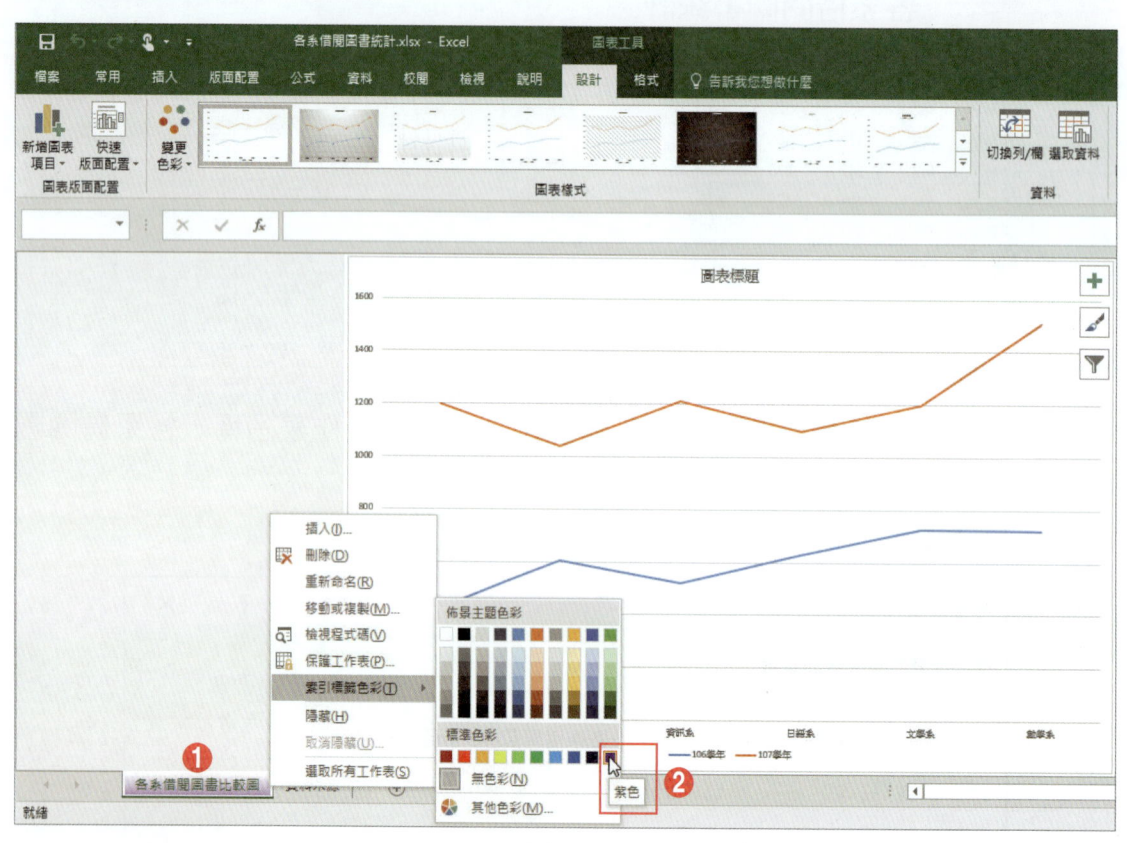

題目 3

該圖表套用快速版面配置「版面配置 2」和「樣式 5」，並在圖表上方顯示圖表標題「最近 2 年各系借閱圖書比較圖」，微軟正黑體、大小 24pt。

解題步驟

1 由 [圖表工具]/[設計] 索引標籤 [圖表版面配置] 功能群組 [圖表版面配置] 選單，點選「版面配置 2」。

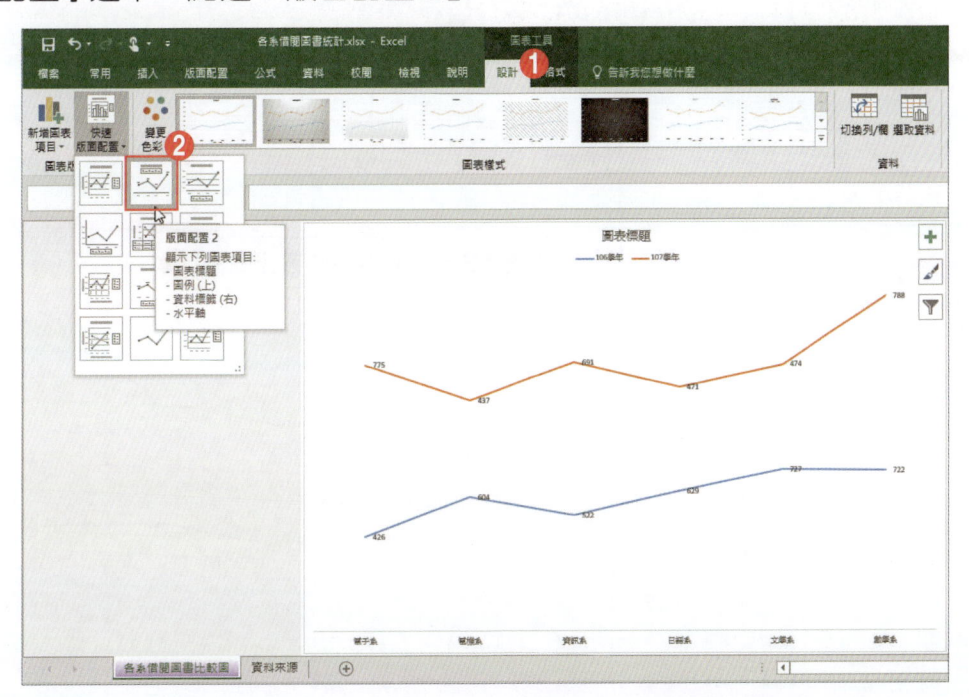

2 再點選 [圖表樣式] 功能群組中的「樣式 5」圖表樣式。

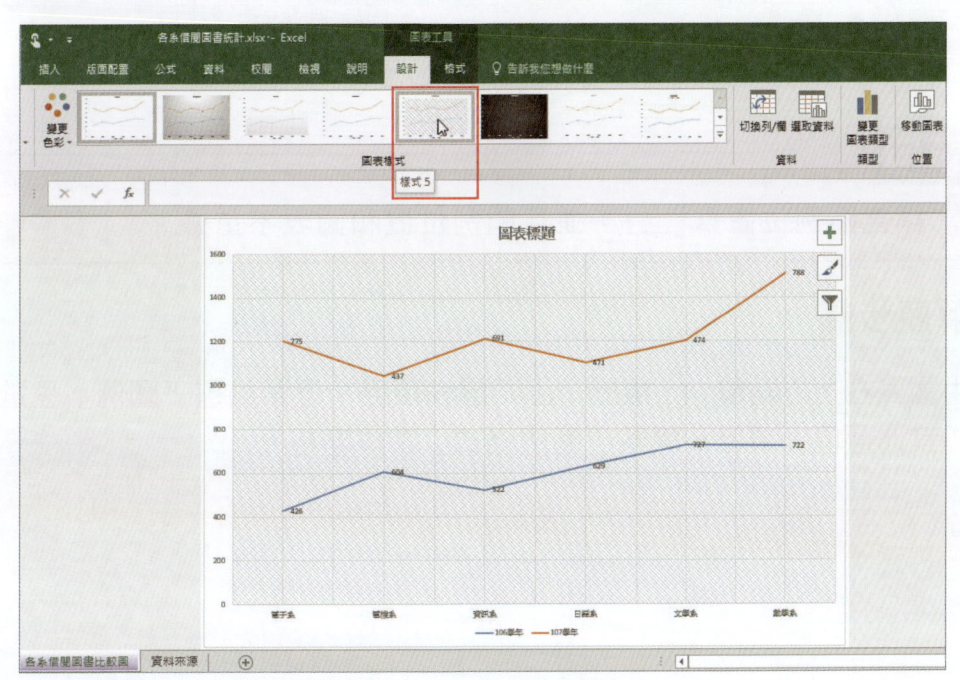

3. 輸入圖表標題文字「最近 2 年各系借閱圖書比較圖」，並由 [常用] 索引標籤 [字型] 功能群組，設定字型為「微軟正黑體」，字型大小為「24」pt。

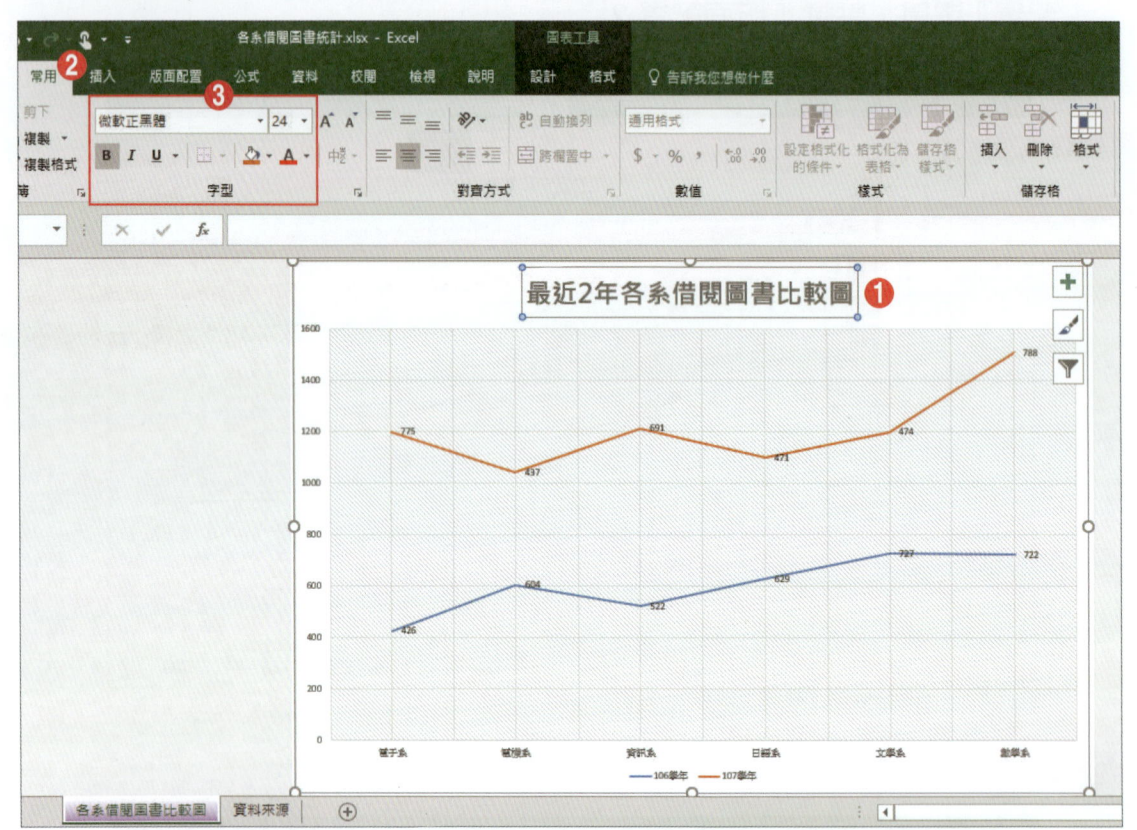

題目 4

調整圖例位置為「上」，並且圖例位置和圖表不重疊。

解題步驟

1. 由圖表右上方點擊 ➕ 標記，由「圖表項目」選單點選「圖例」子選單的「其他選項」項目，開啟「圖例格式」工作窗格。

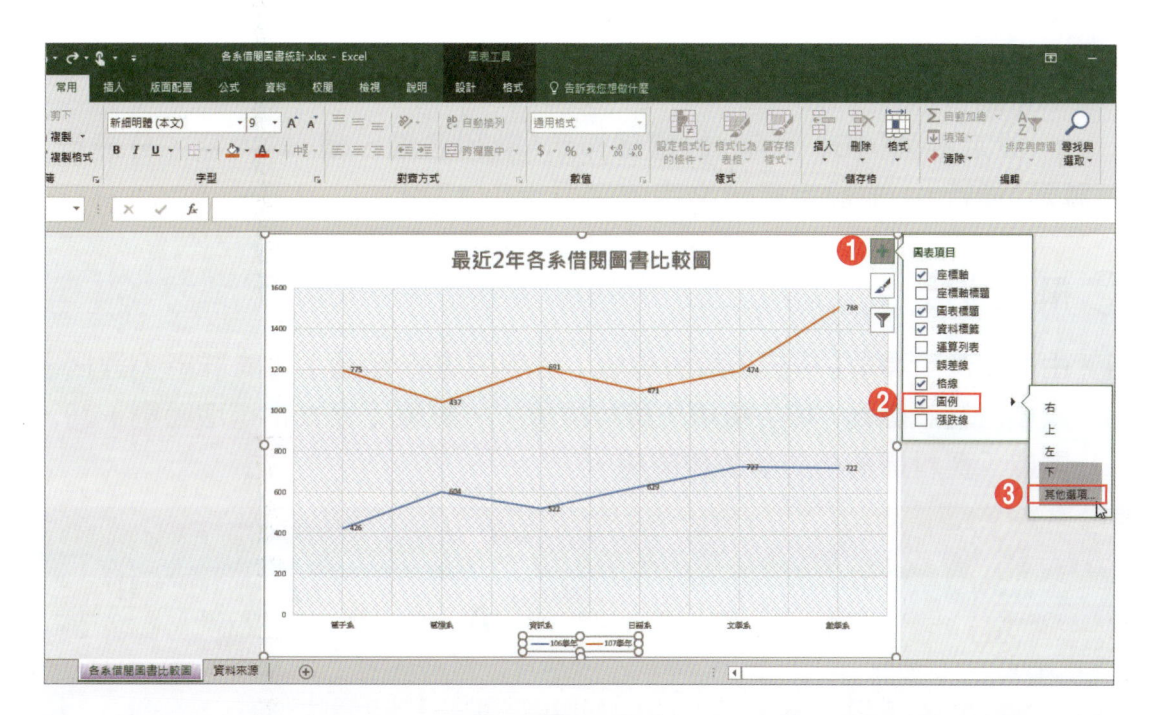

Spreadsheets 電子試算表

2 在【圖例選項】類別設定圖例位置為「上」，勾選「圖例顯示位置不與圖表重疊」核取方塊。

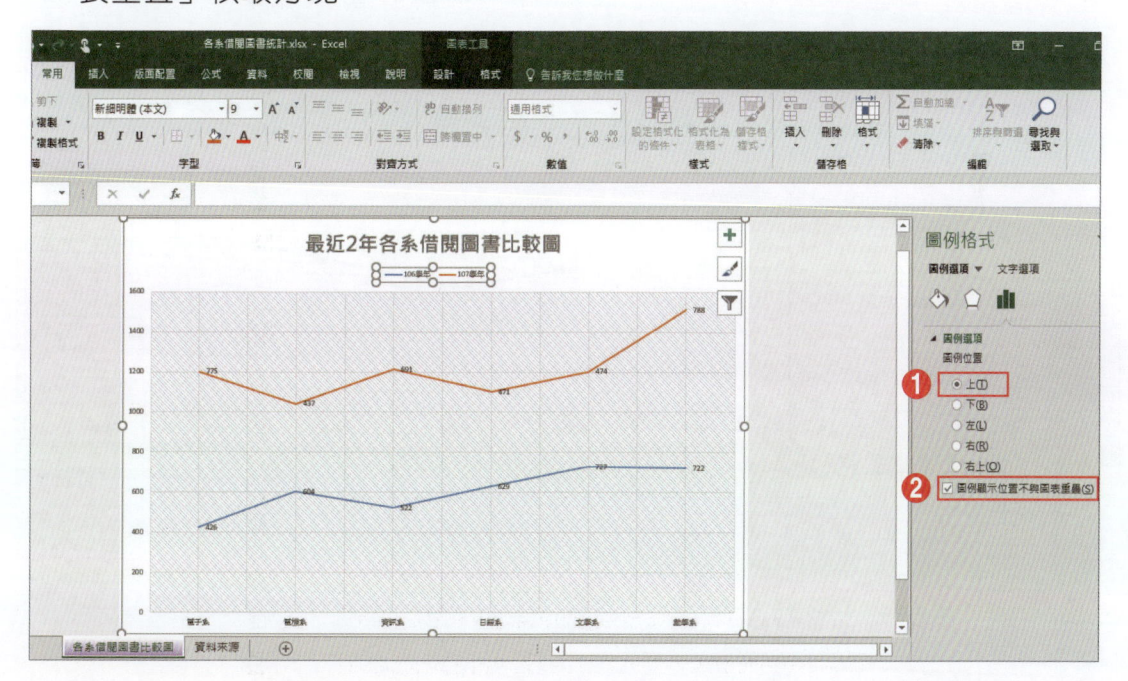

題目 5

設定數列「107 學年」的標籤顯示「數列名稱、值」的內容，分隔符號為「換行」。並設定標籤文字的字型大小 12pt。

解題步驟

1. 由 [圖表工具]/[格式] 索引標籤 [目前的選取範圍] 功能群組，選擇圖表項目為「數列 "107 學年 " 資料標籤」，點擊【格式化選取範圍】鈕，開啟「資料標籤格式」工作窗格。

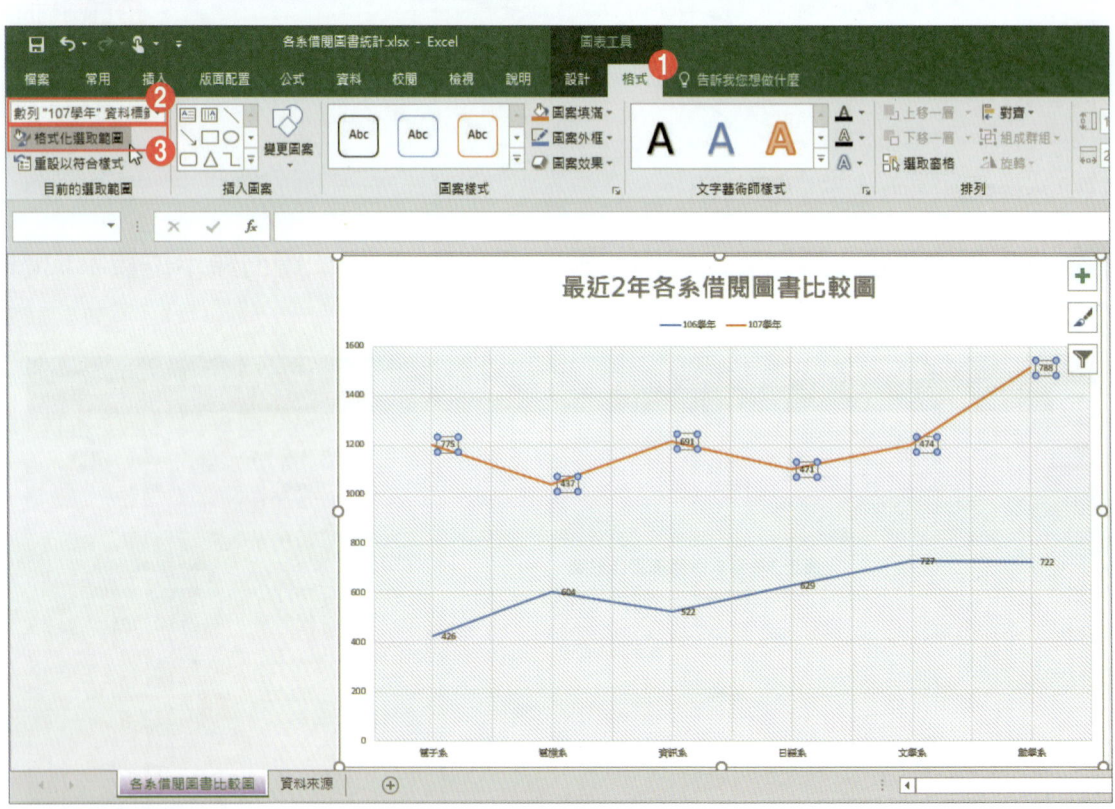

2 在 [標籤選項] 類別勾選「數列名稱」、「值」核取方塊，選擇分隔符號為「（換行）」。

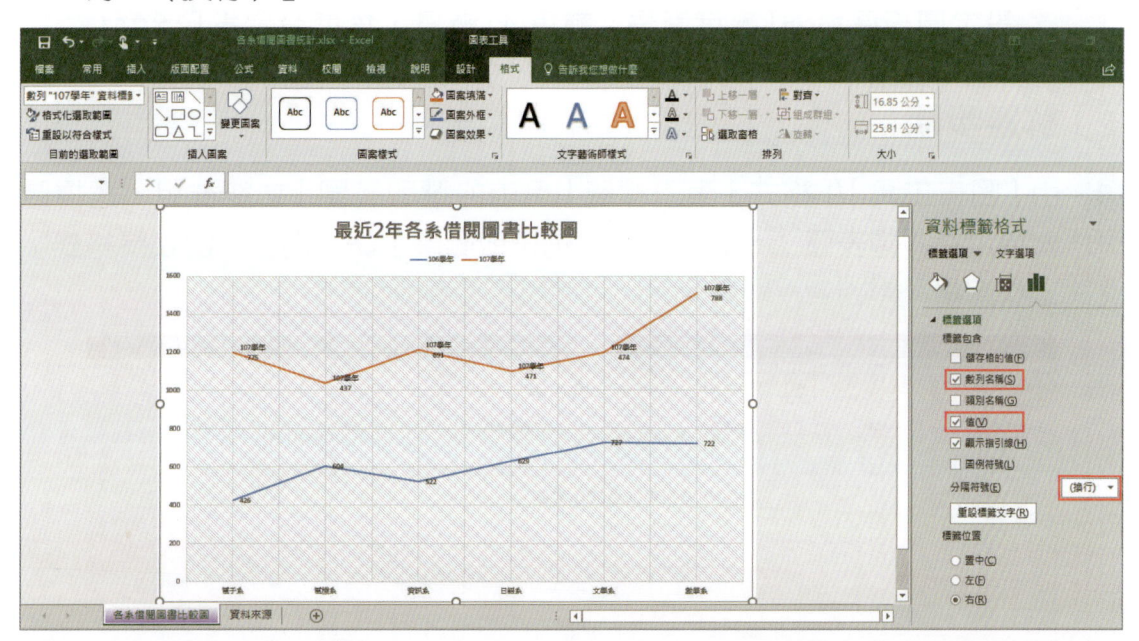

3 由 [常用] 索引標籤 [字型] 功能群組設定字型大小為「12」pt。

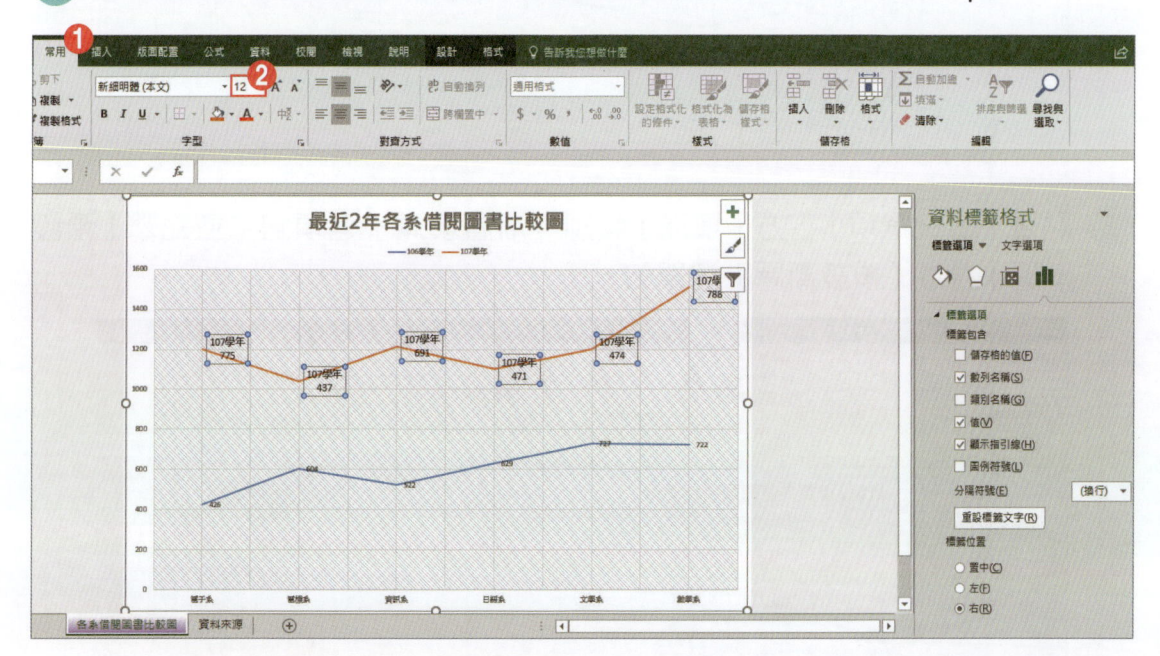

題目 6

設定圖表區填滿「輕度漸層 - 輔色 4」漸層，角度設定為「180°」。

解題步驟

1 由 [圖表工具]/[格式] 索引標籤 [目前的選取範圍] 功能群組，選擇圖表項目為「圖表區」，點擊【格式化選取範圍】鈕，開啟「圖表區格式」工作窗格。

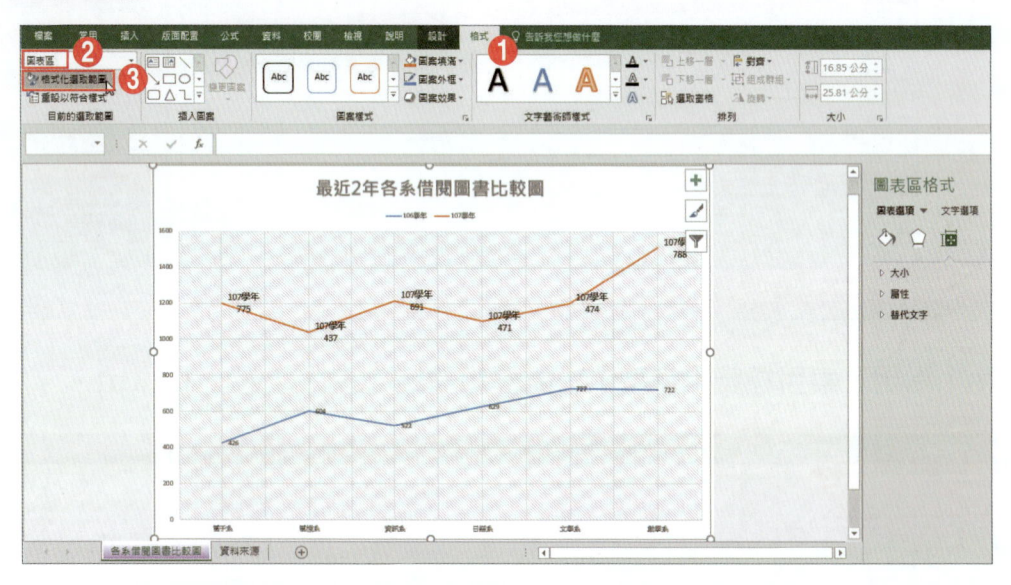

2 點選 [圖表選項] 下方 [填滿] 類別「漸層填滿」選項鈕，並點擊 [預設漸層] 右方【預設漸層】選單鈕。

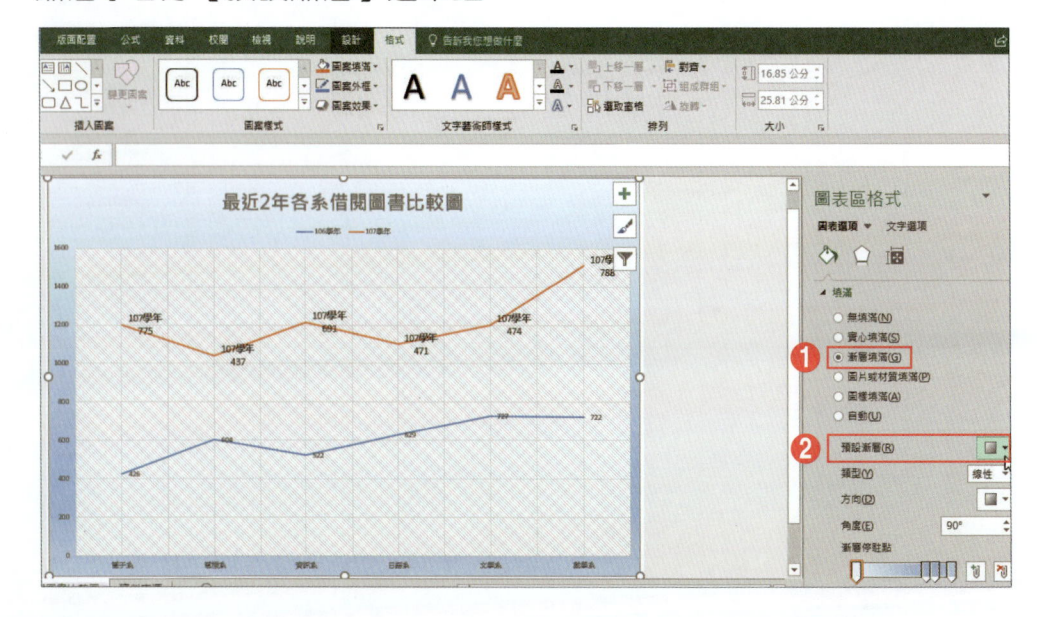

S-36

Spreadsheets 電子試算表

③ 點選套用「輕度漸層 – 輔色 4」漸層樣式。

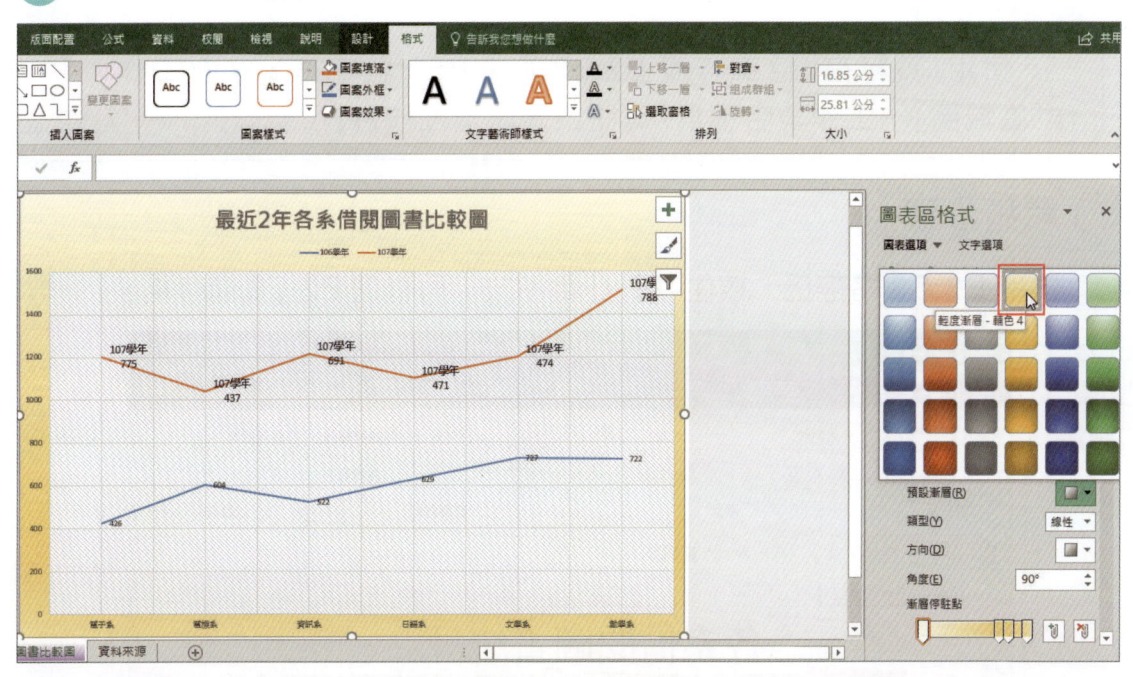

④ 角度設為「180°」。

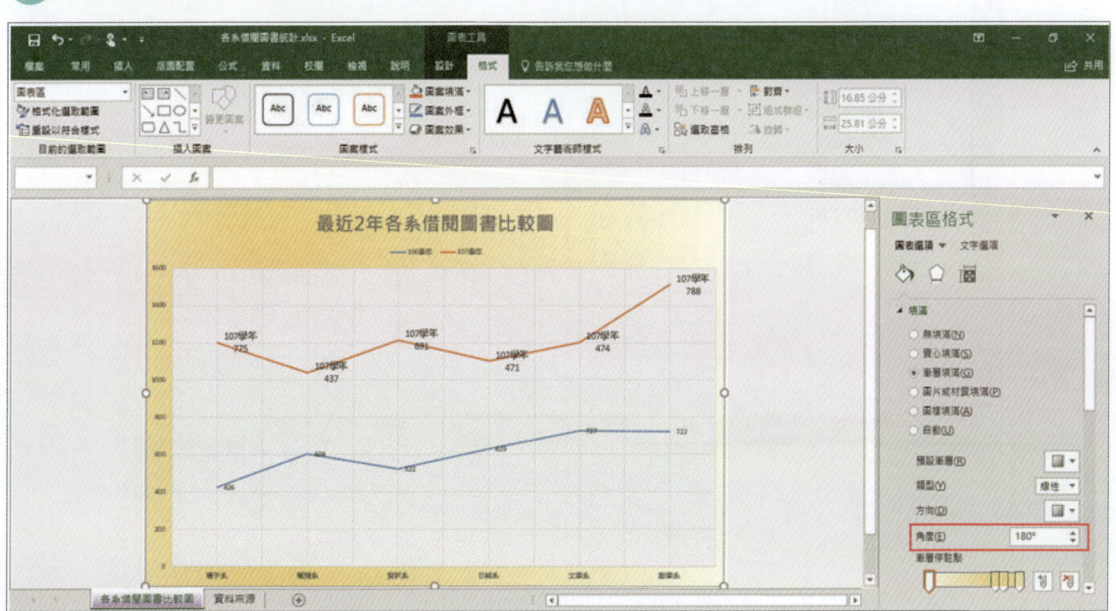

S-37

題目 7

使用「資料來源」工作表 B2:B8 及 E2:E8 儲存格，在新工作表製作「區域圖」，工作表名稱為「資訊系圖書借閱統計」。

解題步驟

1 選取 B2:B8 儲存格，按住 [Ctrl] 鍵不放，再框選 E2:E8 儲存格。

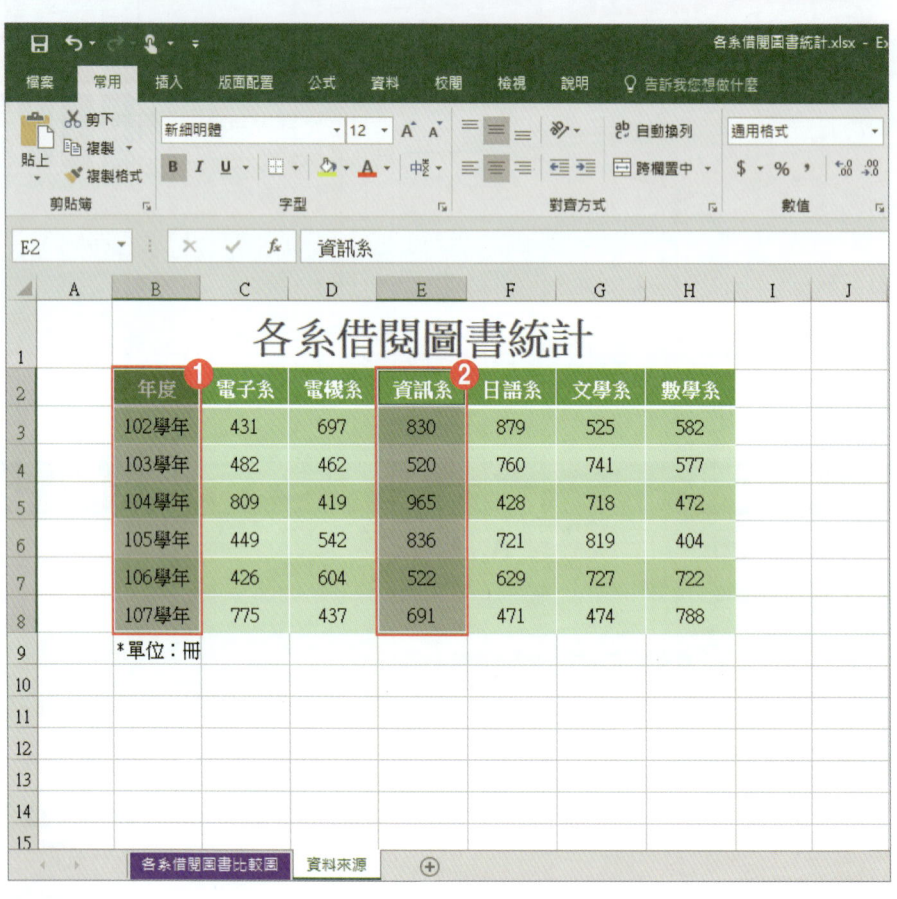

年度	電子系	電機系	資訊系	日語系	文學系	數學系
102學年	431	697	830	879	525	582
103學年	482	462	520	760	741	577
104學年	809	419	965	428	718	472
105學年	449	542	836	721	819	404
106學年	426	604	522	629	727	722
107學年	775	437	691	471	474	788

*單位：冊

Spreadsheets 電子試算表

2 由 [插入] 索引標籤 [圖表] 功能群組插入「區域圖」。

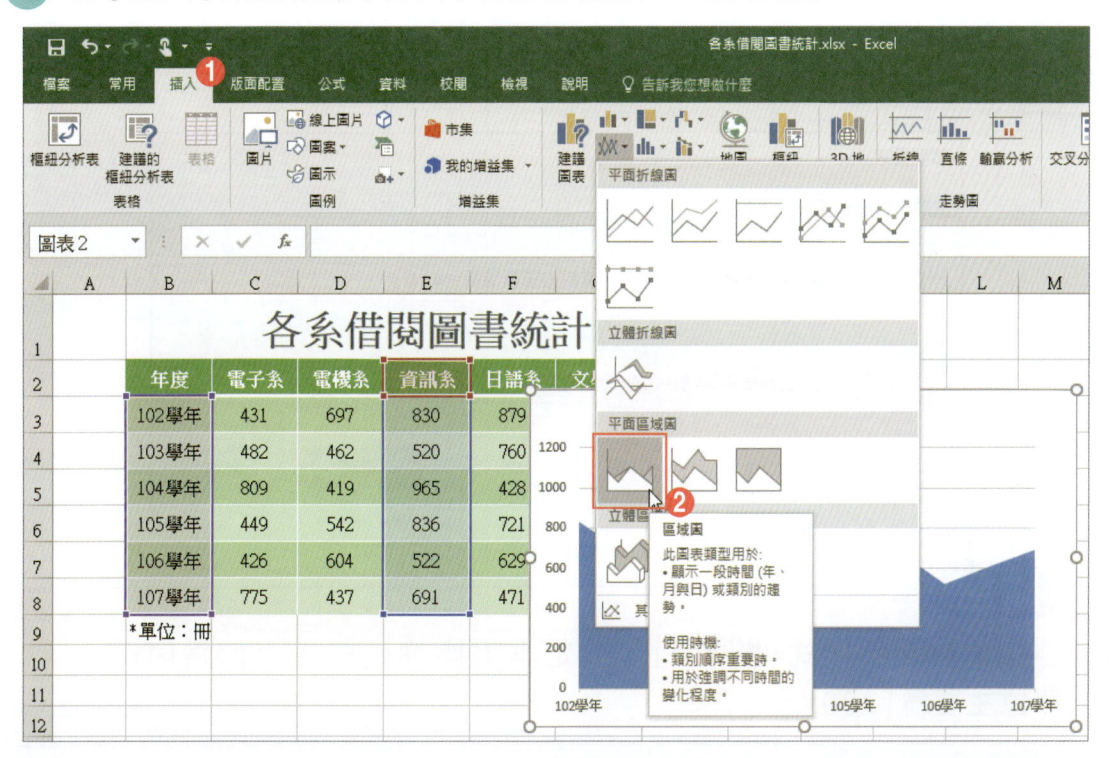

3 點擊 [圖表工具]/[設計] 索引標籤 [位置] 功能群組的【移動圖表】鈕，開啟「移動圖表」對話方塊。

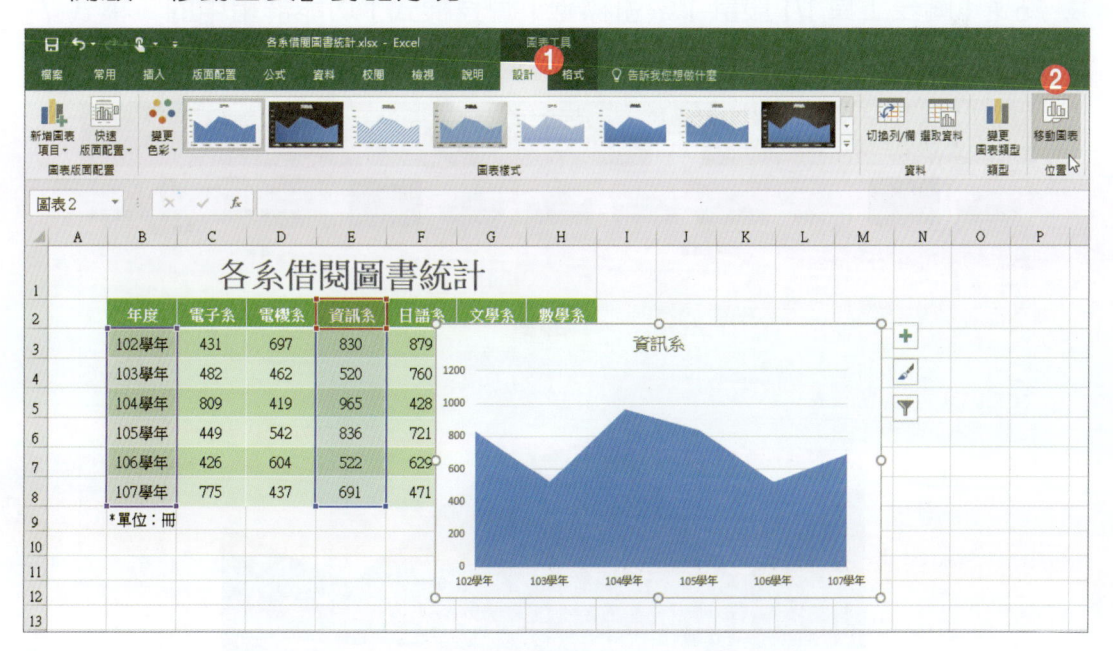

領域範疇 2 題組 1

S-39

❶ 點選圖表放置位置為「新工作表」，並輸入工作表名稱「資訊系圖書借閱統計」。

❷ 按【確定】鈕關閉對話方塊。

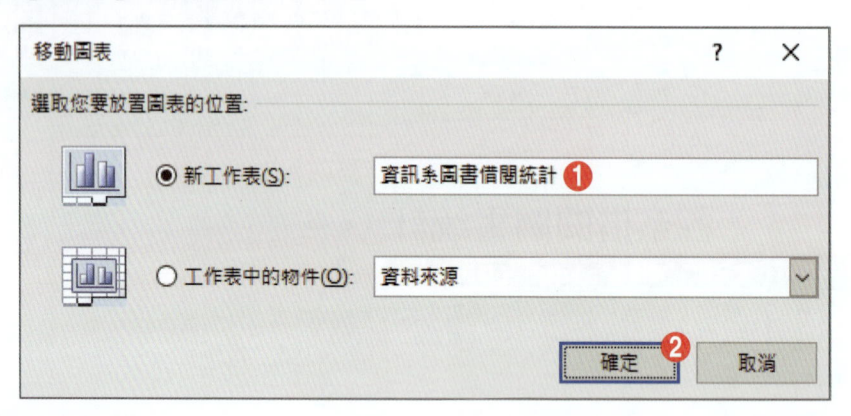

題目 8

設定圖表樣式「樣式 7」，設定垂直座標軸的最大值為「1000」，單位主要為「200」。

解題步驟

1. 點選 [圖表工具]/[設計] 索引標籤 [圖表樣式] 功能群組中的「樣式 7」圖表樣式。

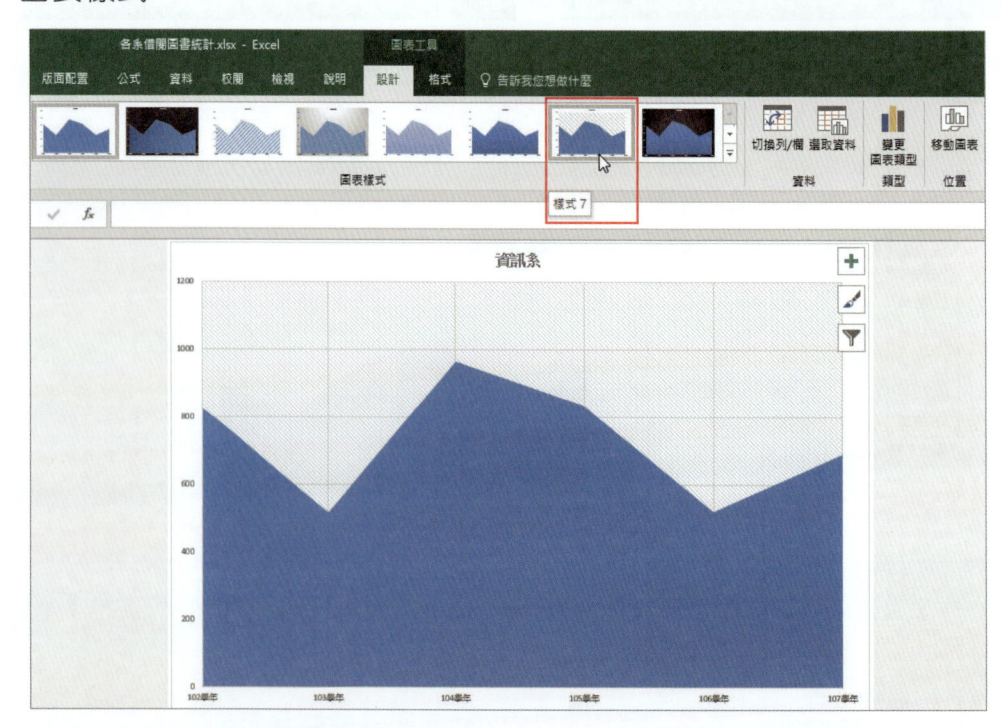

2 快點二下圖表項目「垂直（數值）軸」，開啟「座標軸格式」工作窗格。

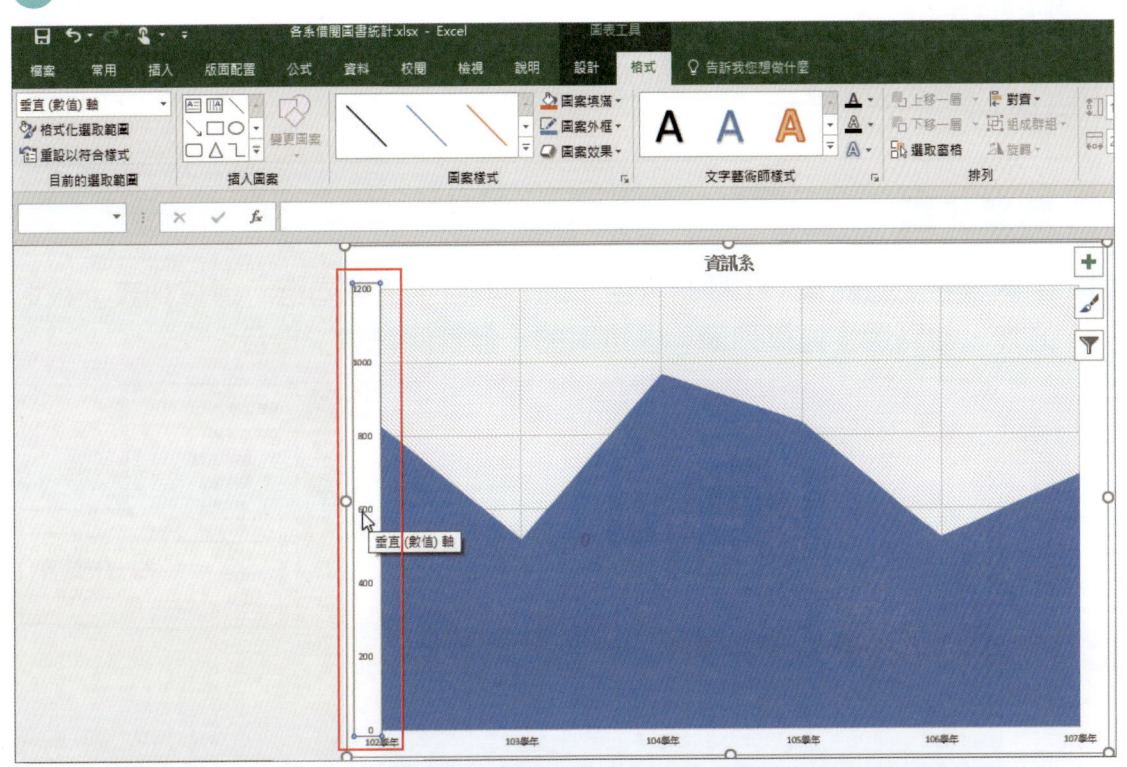

3 [座標軸選項] 下方 [座標軸選項] 類別，設定範圍 [最大值] 為「1000」，單位 [主要] 為「200」。

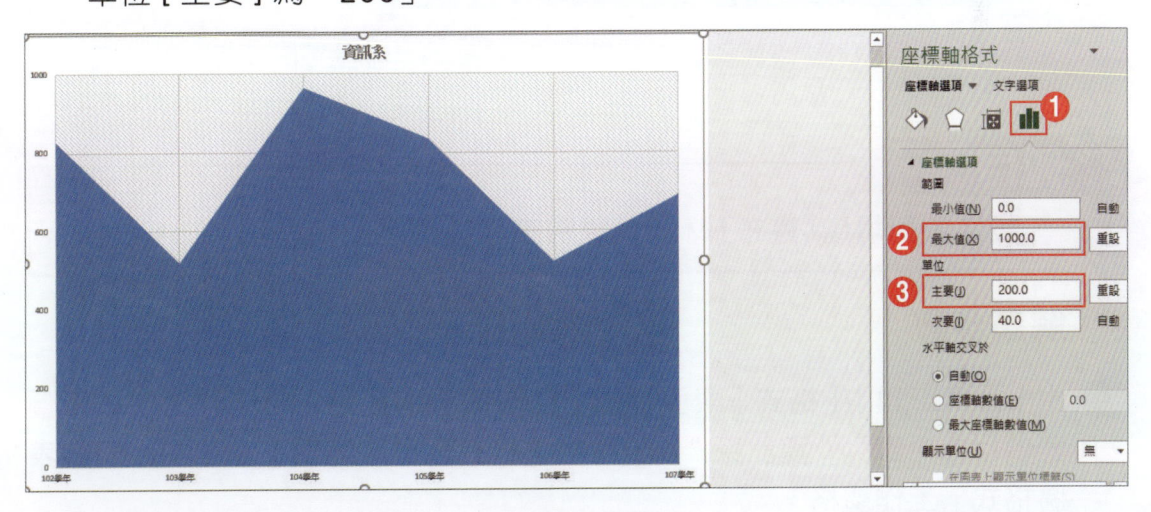

題目 9

在「資訊系圖書借閱統計」圖表中，新增運算列表，設定「無圖例符號」。

解題步驟

1 由圖表右上方點擊 ➕ 標記，由「圖表項目」選單勾選「運算列表」核取方塊，並點選「運算列表」子選單的「無圖例符號」項目。

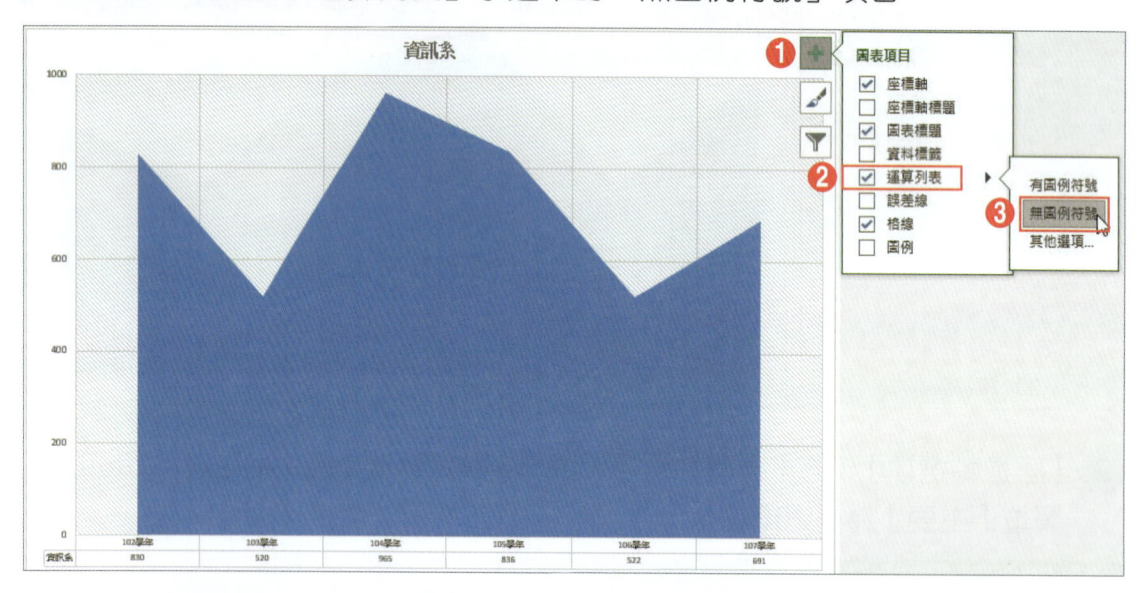

題目 10

設定數列填滿「畫布」材質，類別座標軸的字型大小為 12pt。

解題步驟

1 由 [圖表工具]/[格式] 索引標籤 [目前的選取範圍] 功能群組，選擇圖表項目為「數列 " 資訊系 "」，點擊【格式化選取範圍】鈕，開啟「圖表區格式」工作窗格。

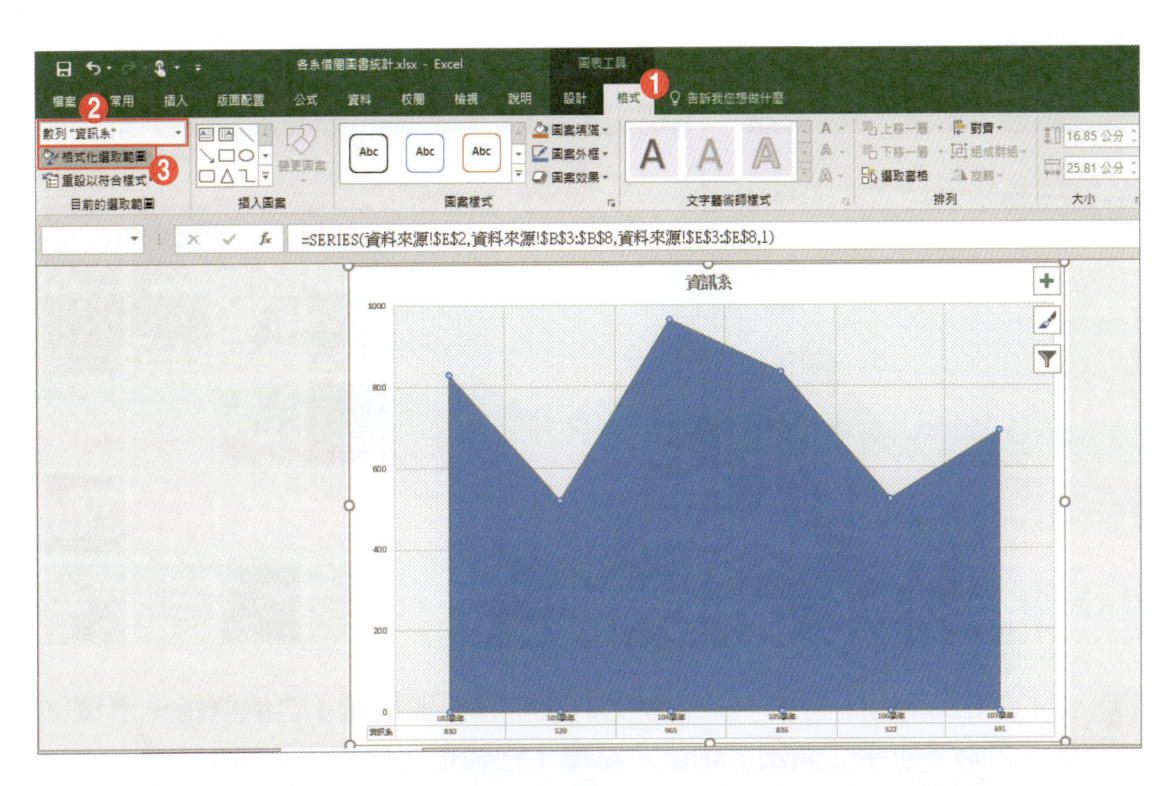

2 點選 [圖表選項] 下方 [填滿] 類別「圖片或材質填滿」選項鈕,並點擊 [材質] 右方【材質】選單鈕。

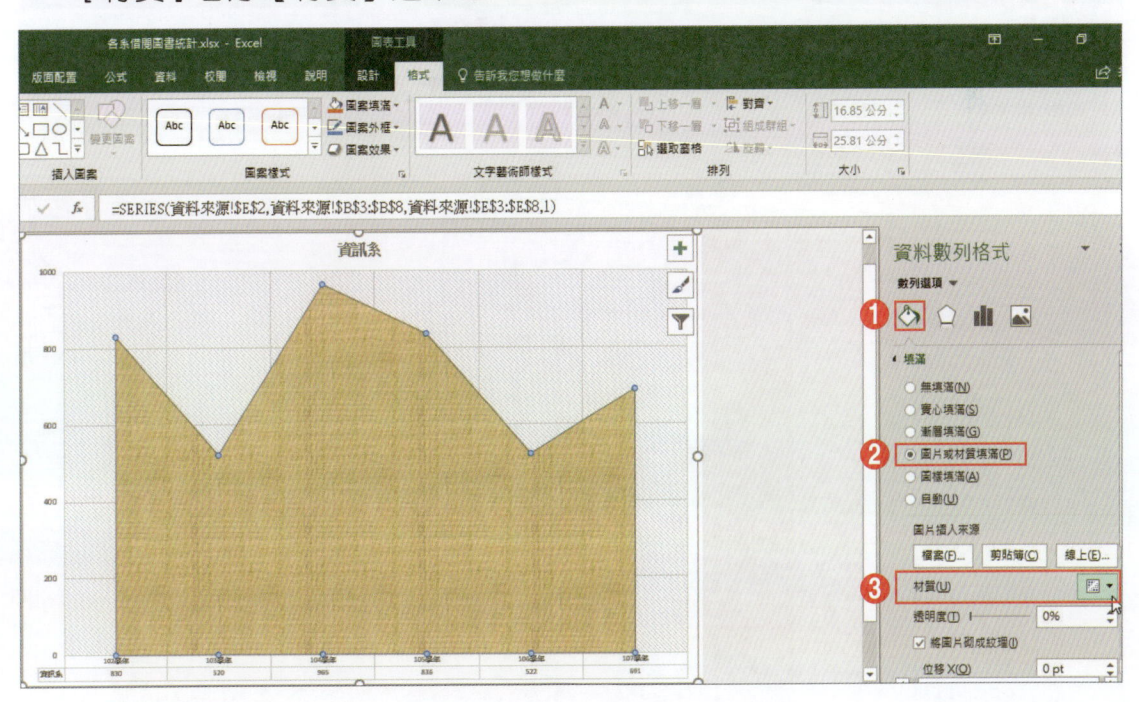

3 點選套用「畫布」材質。

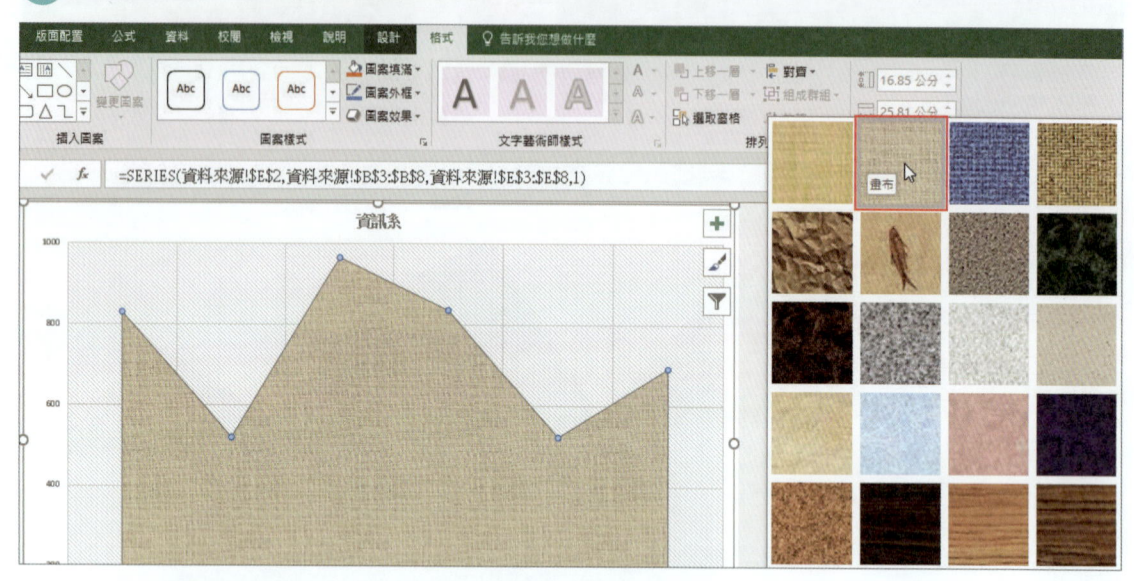

4 由 [圖表工具]/[格式] 索引標籤 [目前的選取範圍] 功能群組，選擇圖表項目為「水平（類別）軸」，點擊【格式化選取範圍】鈕。

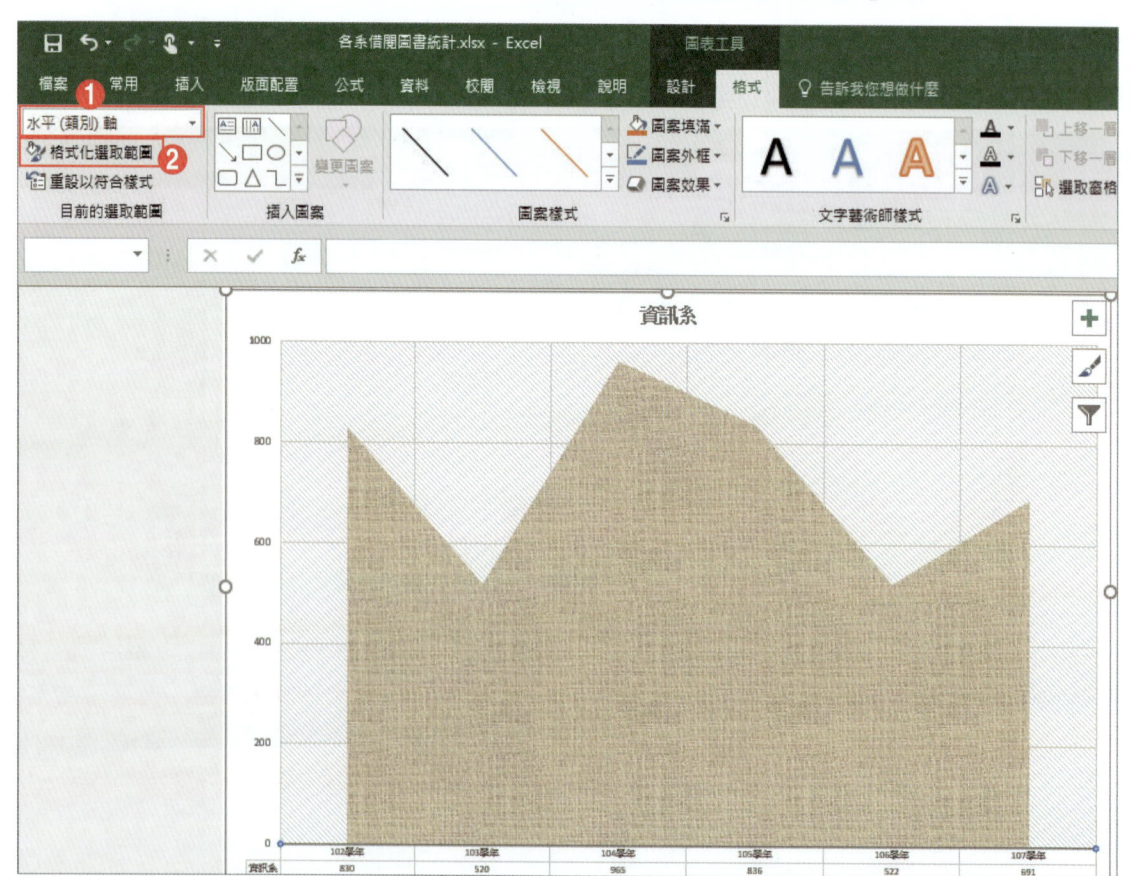

5 由 [常用] 索引標籤 [字型] 功能群組設定字型大小為「12」pt。

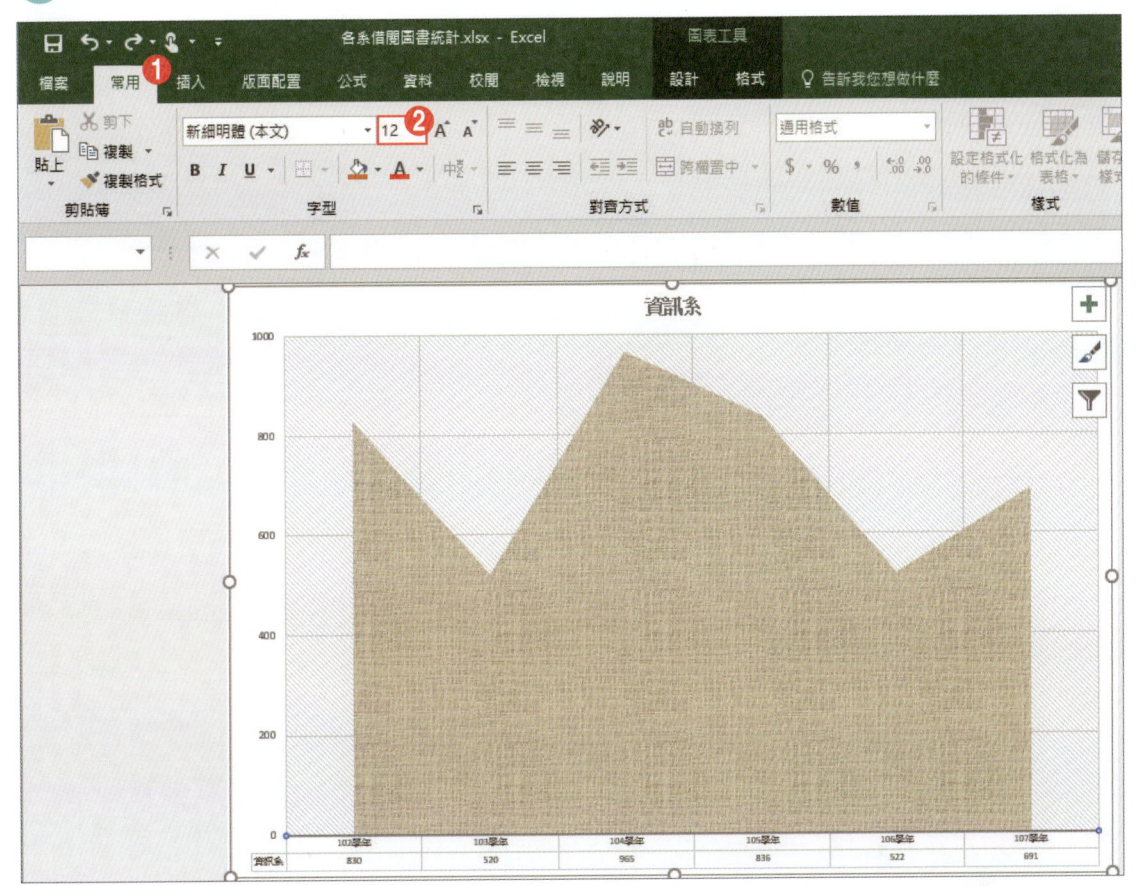

領域範疇 3

基本試算表函數應用

題組 1 甄選成績報表

題號	題目要求	頁碼
	在「甄選成績報表」工作表中完成下列儲存格計算	
1	在 I3:I102 儲存格中，使用 AVERAGE 函數計算每位學生的平均分數，並設定欄值數值格式為「數值」，小數位數為 1。	S-51
2	在 J3:J102 儲存格中，使用 IF 函數和 SUM 函數計算每位學生的總分，並設定欄值數值格式為「數值」，小數位數為 1。（若特殊考生欄位註記「V」，則分數加 20%。）	S-55
3	在 K3:K102 儲存格中，使用 RANK.EQ 函數顯示學生總分的排名。	S-59
4	在 L3:L102 儲存格中，根據名次欄位，50 名以內（含 50）顯示「錄取」，超過 50 名者顯示「不錄取」。	S-62
	在「甄選成績分析」工作表中完成下列儲存格計算	
5	在 C2 儲存格中，使用 COUNTIF 函數和「結果」範圍名稱計算不錄取人數。	S-65
6	在 C5 儲存格中，使用 AVERAGE 函數和「總分」範圍名稱計算全體考生的平均成績，並設定數值為小數位數 1 位。	S-67
7	在 D5 儲存格中，使用 MAX 函數和「總分」範圍名稱顯示全體考生的最高分，並設定數值為小數位數 1 位。	S-70
8	在 E5 儲存格中，使用 MIN 函數和「總分」範圍名稱顯示全體考生的最低分，並設定數值為小數位數 1 位。	S-73
9	在 C6 儲存格中，使用 AVERAGEIF 函數和「特殊考生、總分」範圍名稱計算特殊考生的平均成績，並設定數值為小數位數 1 位。	S-76
10	在 C10:D10 儲存格中，使用 VLOOKUP 函數和「甄選清單」名稱範圍，查詢學生「黃雅筑」的「特殊考生、結果」欄位內容。	S-79

參考答案

入學甄選成績報表

准考證號碼	姓名	委員甲	委員乙	委員丙	委員丁	委員戊	特殊考生	平均分數	總分	名次	結果
T0001	林恬瑩	80	77	77	91	85		82.0	410.0	51	不錄取
T0002	傅宜謙	71	70	73	90	77		76.2	381.0	88	不錄取
T0003	許凱翔	76	95	82	79	77		81.8	409.0	53	不錄取
T0004	郭理偉	86	97	92	87	66		85.6	428.0	29	錄取
T0005	江楷穎	86	85	98	99	95	V	92.6	555.6	1	錄取
T0006	江玉美	75	73	68	72	66		70.8	354.0	99	不錄取
T0007	彭映酈	68	70	98	99	80		83.0	415.0	42	錄取
T0008	薛怡琪	90	99	97	83	78		89.4	447.0	14	錄取
T0009	蒲雍理	85	76	67	87	72		77.4	387.0	81	不錄取
T0010	張于珝	89	68	97	87	99	V	88.0	528.0	2	錄取
T0011	陳柏鈞	84	85	79	73	71		78.4	392.0	77	不錄取
T0012	邱又任	81	70	65	71	66		70.6	353.0	100	不錄取
T0013	余意雯	89	66	80	91	69		79.0	395.0	72	不錄取
T0014	張書豪	67	85	75	71	83		76.2	381.0	88	不錄取
T0015	陳毓臻	84	70	70	97	91		82.4	412.0	45	錄取
T0016	王宥恩	98	68	98	72	97	V	86.6	519.6	3	錄取
T0017	宋慧中	83	98	94	84	92		90.2	451.0	9	錄取
T0018	陳稚聖	66	67	83	96	98		82.0	410.0	51	不錄取
T0019	游子涵	90	93	86	86	96		90.2	451.0	9	錄取
T0020	吳沛蓁	66	86	56	83	63	V	70.8	424.8	33	錄取
T0021	黃雅筑	66	94	77	78	68		76.6	383.0	85	不錄取
T0022	柳書怡	91	97	72	76	75		82.2	411.0	47	錄取
T0023	李咸軍	79	94	81	98	95		89.4	447.0	14	錄取
T0024	劉雲婷	61	66	66	80	61	V	66.8	400.8	64	不錄取
T0025	林宇馨	94	72	72	83	68		77.8	389.0	79	不錄取
T0026	何麗帆	68	90	73	76	90		79.4	397.0	67	不錄取
T0027	姚悅寧	82	98	78	87	70		83.0	415.0	42	錄取
T0028	賴雨萱	73	81	71	79	79		76.6	383.0	85	不錄取
T0029	翁寶璋	84	99	93	99	78		90.6	453.0	8	錄取
T0030	楊世華	96	68	94	96	84		87.6	438.0	24	錄取
T0031	石勝暐	87	92	98	73	77		85.4	427.0	30	錄取
T0032	林佳屏	97	88	72	83	66		81.2	406.0	58	不錄取
T0033	張宇涵	86	80	97	78	88		85.8	429.0	28	錄取
T0034	陳侑霖	77	99	82	93	71		84.4	422.0	36	錄取
T0035	陳博堯	93	79	65	98	70		81.0	405.0	61	不錄取
T0036	陳子晴	85	82	66	81	97		82.2	411.0	47	錄取
T0037	黃智能	82	75	65	74	65		72.2	361.0	96	不錄取
T0038	黃哲文	67	68	59	65	62	V	64.2	385.2	83	不錄取
T0039	黃承祐	78	99	98	76	67		83.6	418.0	40	錄取
T0040	陳家玲	75	67	73	65	76		71.2	356.0	98	不錄取
T0041	錢荃雅	79	81	86	71	87		80.8	404.0	62	不錄取
T0042	吳邑泓	58	85	72	65	72	V	70.4	422.4	35	錄取
T0043	鄭紹淳	70	71	87	74	72		74.8	374.0	91	不錄取
T0044	陳瑀心	92	76	85	73	82		81.6	408.0	54	不錄取
T0045	林奕程	88	67	78	71	76	V	76.0	456.0	7	錄取
T0046	周慧茹	85	68	78	98	92		84.2	421.0	37	錄取
T0047	蔡季慧	78	73	65	57	67	V	68.0	408.0	54	不錄取
T0048	張玟臻	91	81	97	81	93		88.6	443.0	17	錄取

參考答案

不錄取人數	50

	平均成績	最高分	最低分
全體考生	414.3	555.6	353.0
特殊考生	449.1		

考生	特殊生	是否錄取
黃雅筑		不錄取

題目 1

在 I3:I102 儲存格中，使用 AVERAGE 函數計算每位學生的平均分數，並設定欄值數值格式為「數值」，小數位數為 1。

解題步驟

1. 游標置於「甄選成績報表」工作表中 I3 儲存格，輸入函數「=AVERAGE()」，點按【插入函數】鈕 ƒx，開啟「函數引數」對話方塊設定：

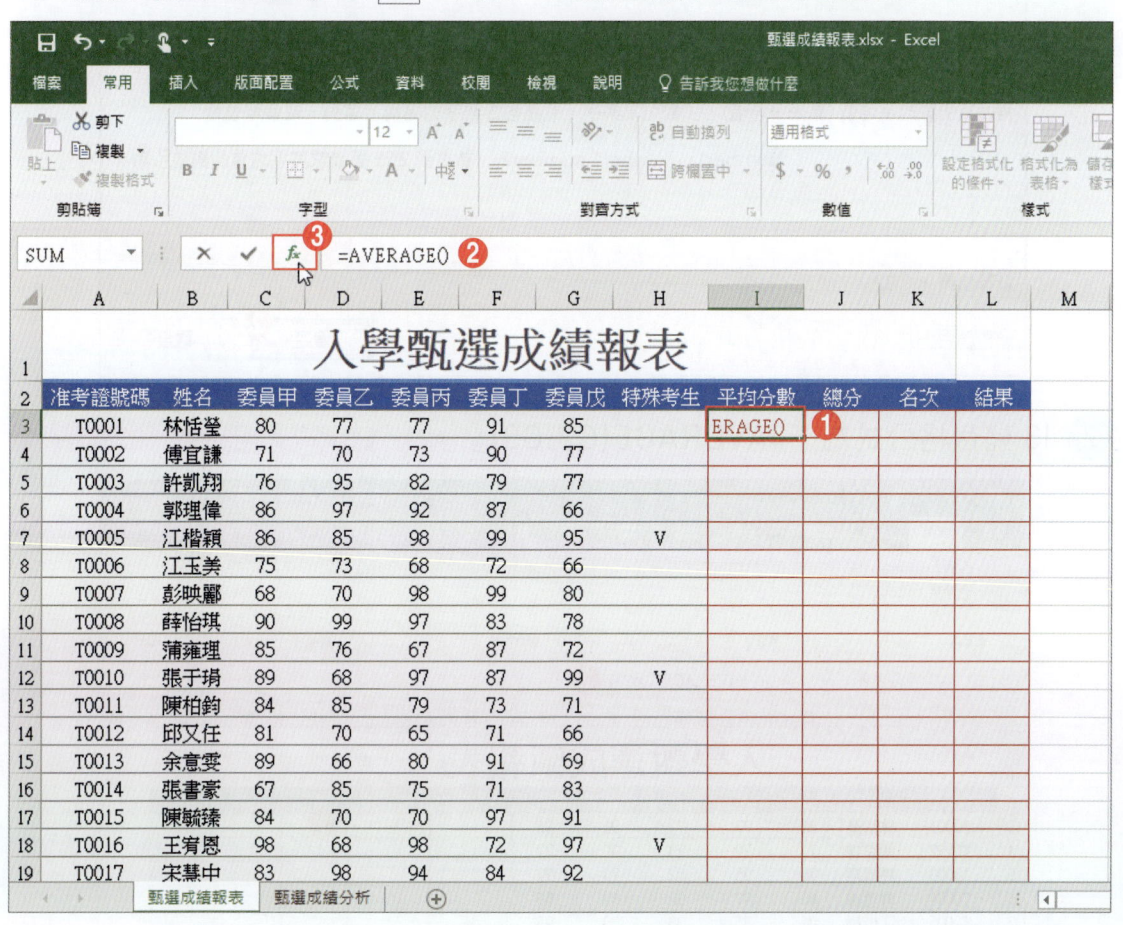

❶ Number1：「C3:G3」。

❷ 按【確定】鈕關閉對話方塊。

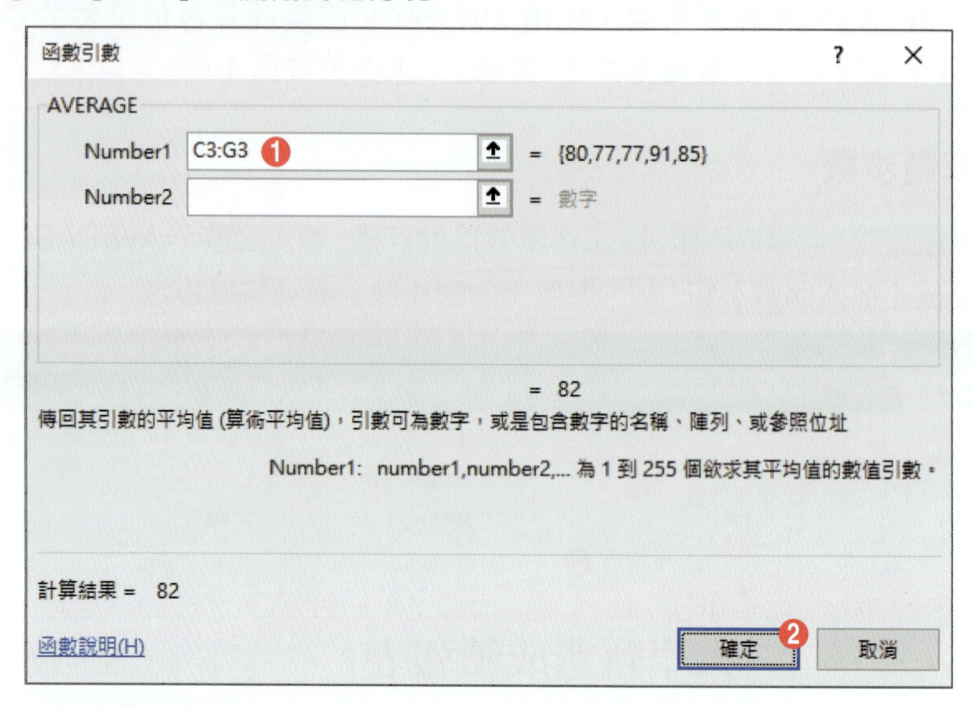

② I3 儲存格公式為「=AVERAGE(C3:G3)」。

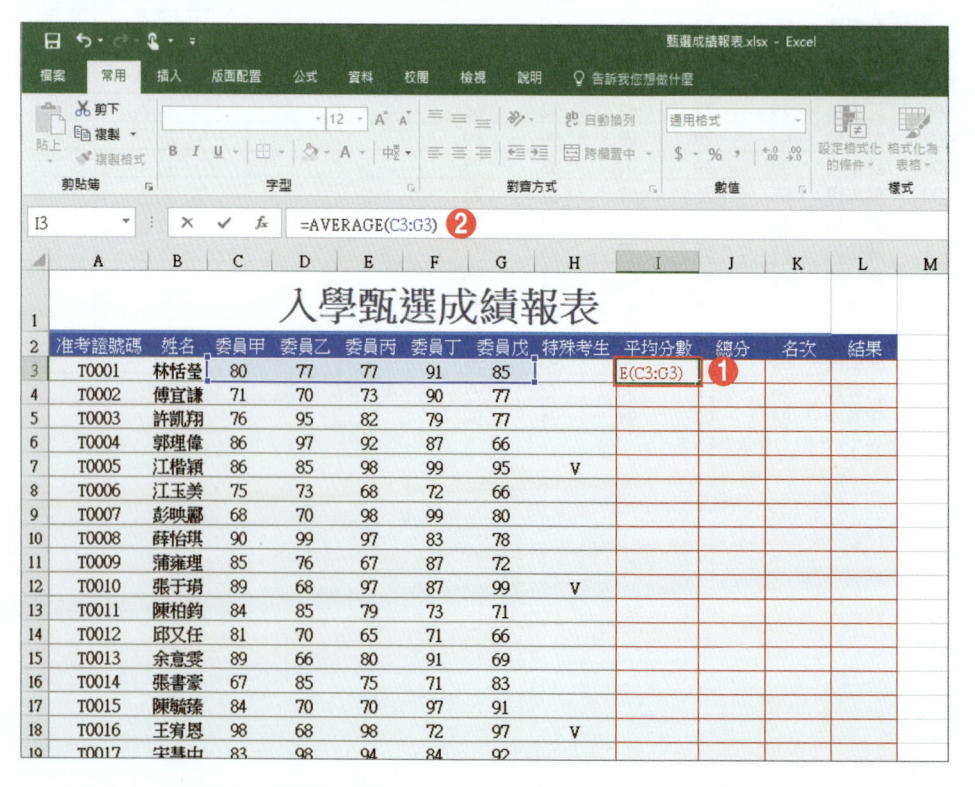

3 快點二下 I3 儲存格右下方填滿控點，填滿公式至 I102 儲存格。

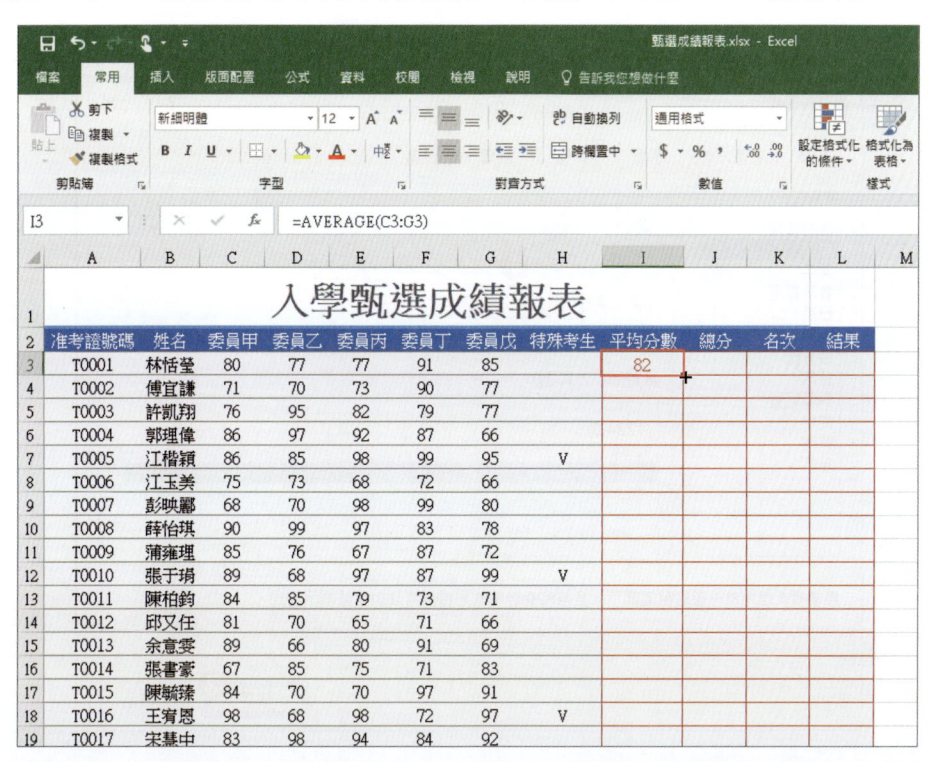

4 按滑鼠右鍵，點選「儲存格格式」項目，開啟「儲存格格式」對話方塊。

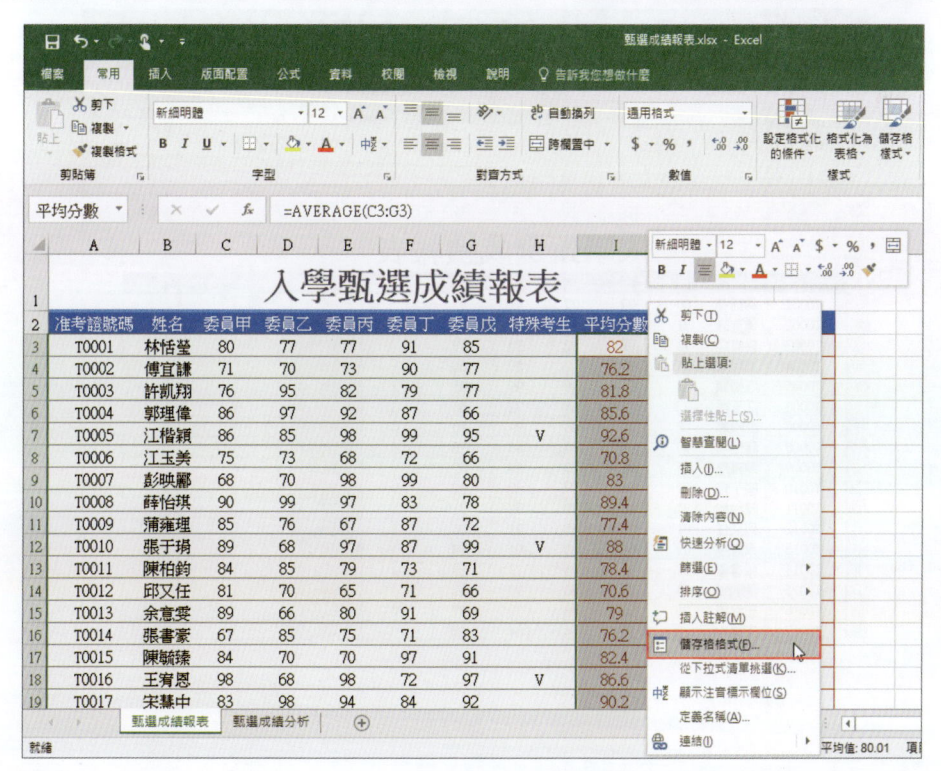

❶ 在 [數值] 頁籤,點選「數值」類別,設定小數位數為「1」。
❷ 按【確定】鈕關閉對話方塊。

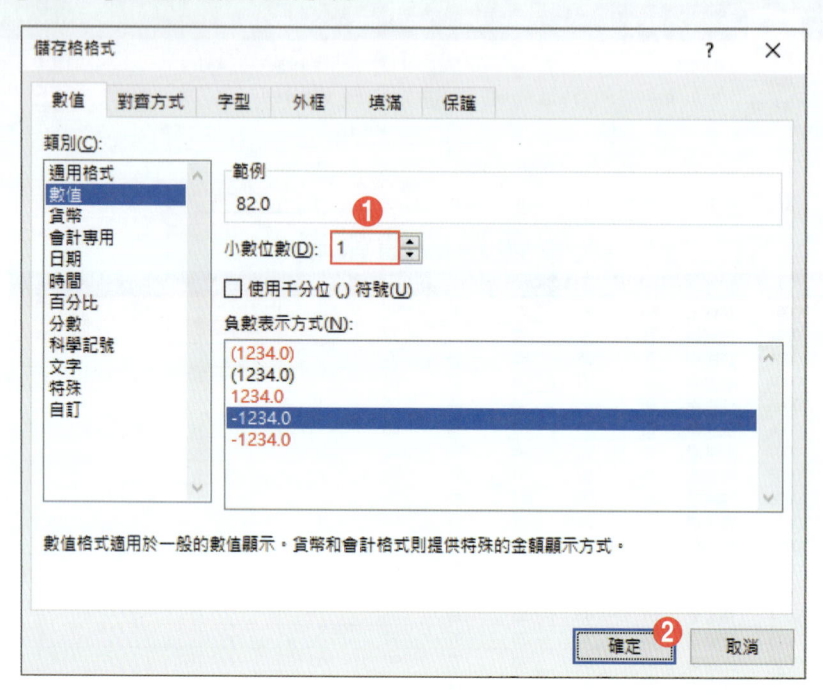

5 完成平均分數計算。

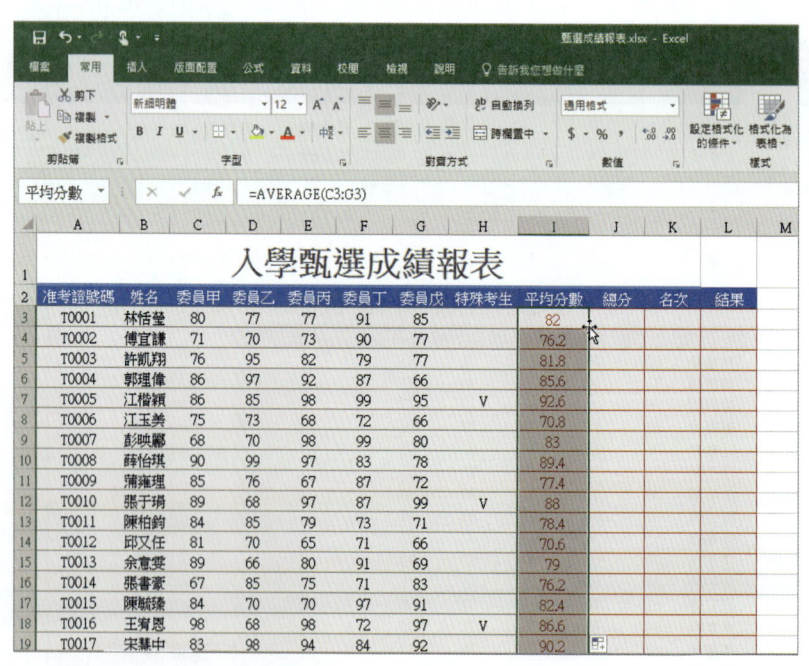

題目 2

在 J3:J102 儲存格中，使用 IF 函數和 SUM 函數計算每位學生的總分，並設定欄值數值格式為「數值」，小數位數為 1。（若特殊考生欄位註記「V」，則分數加 20%。）

解題步驟

1 點選 J3 儲存格，輸入函數「=IF()」，點按【插入函數】鈕 f_x，開啟「函數引數」對話方塊設定：

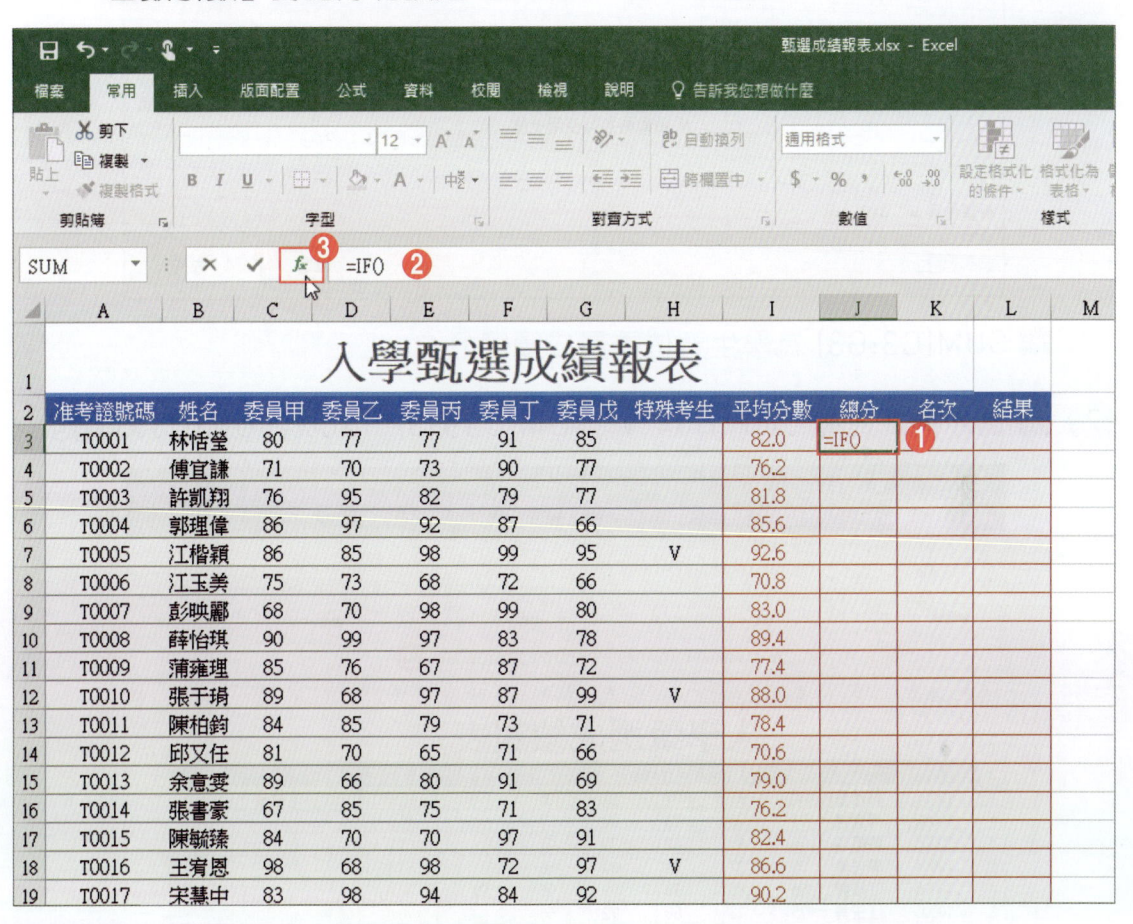

❶ Logical_test：「H3="V"」。

❷ Value_if_true：「SUM(C3:G3)*1.2」。

❸ Value_if_false：「SUM(C3:G3)」。

❹ 按【確定】鈕關閉對話塊。

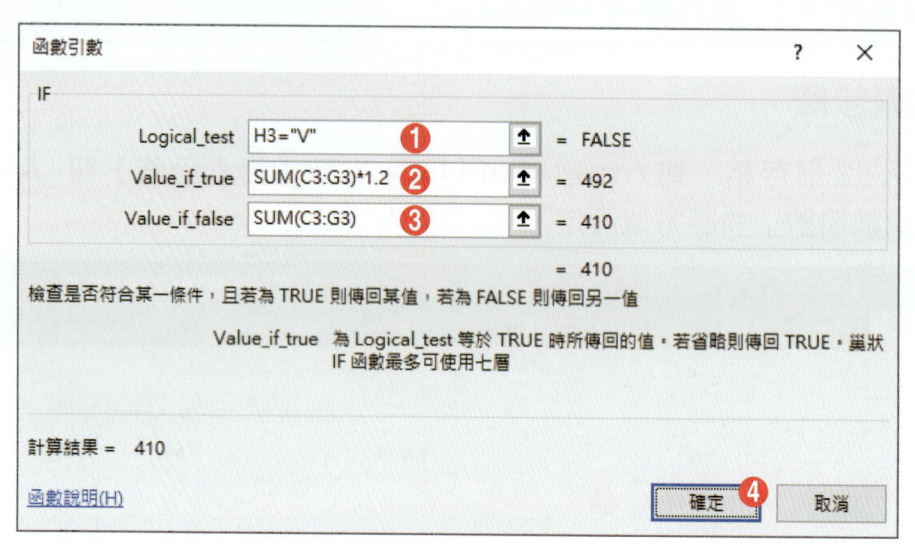

註 SUM(C3:G3) 為學生五位委員成績總分。

② J3 儲存格公式為「=IF(H3="V",SUM(C3:G3)*120%,SUM(C3:G3))」。

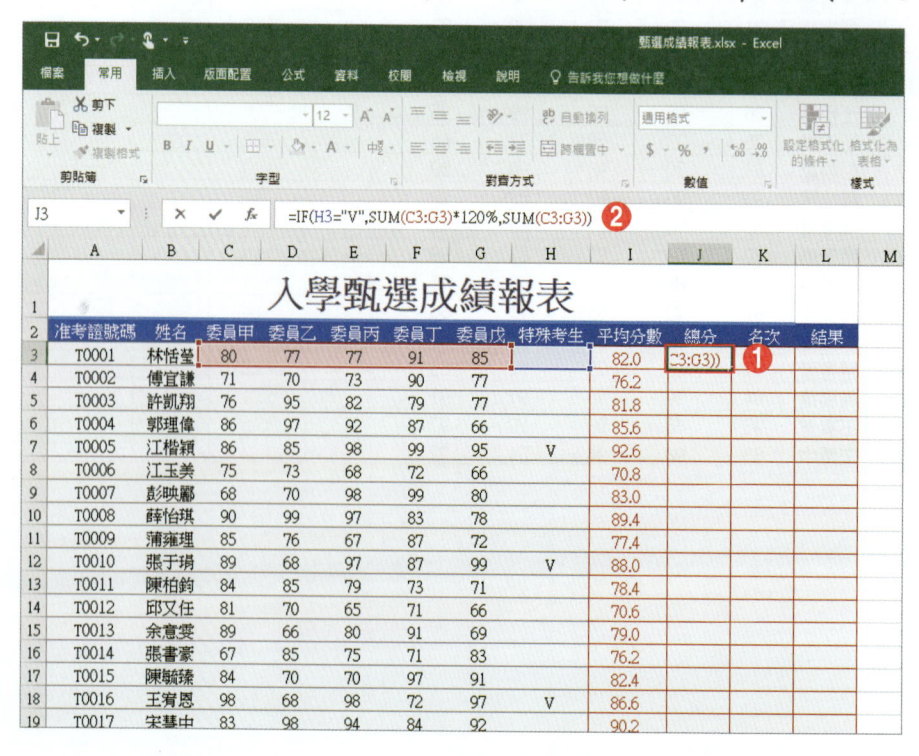

3 快點二下 J3 儲存格右下方填滿控點，填滿公式至 J102 儲存格。

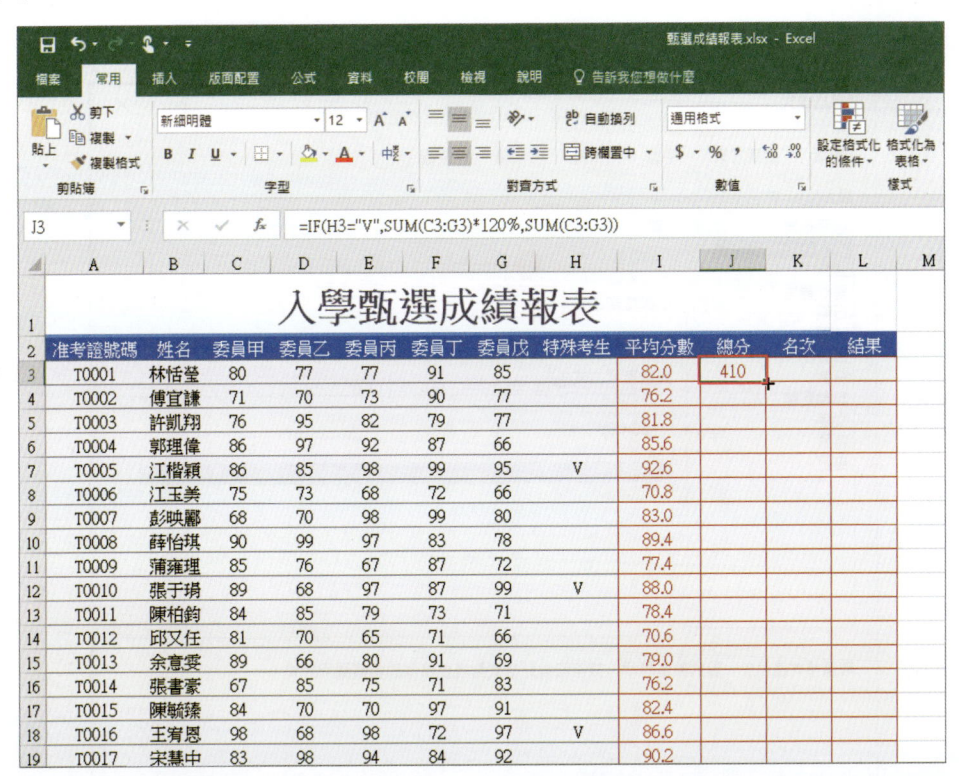

4 按滑鼠右鍵，點選「儲存格格式」項目，開啟「儲存格格式」對話方塊。

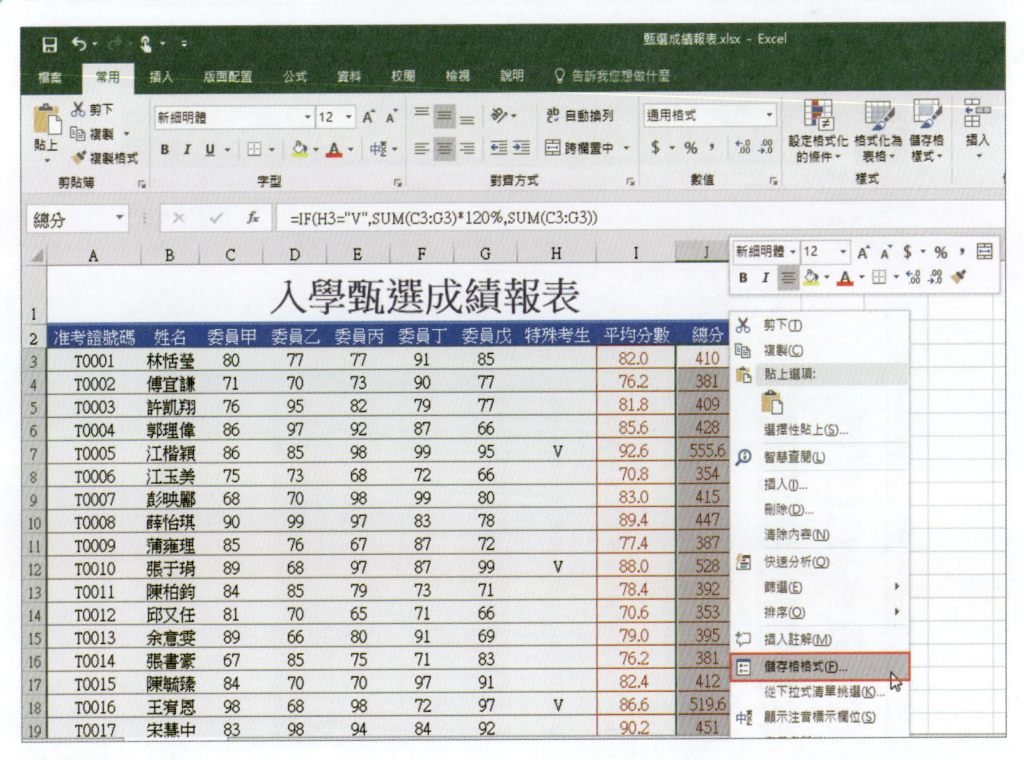

❶ 在［數值］頁籤，點選「數值」類別，設定小數位數為「1」。
❷ 按【確定】鈕關閉對話方塊。

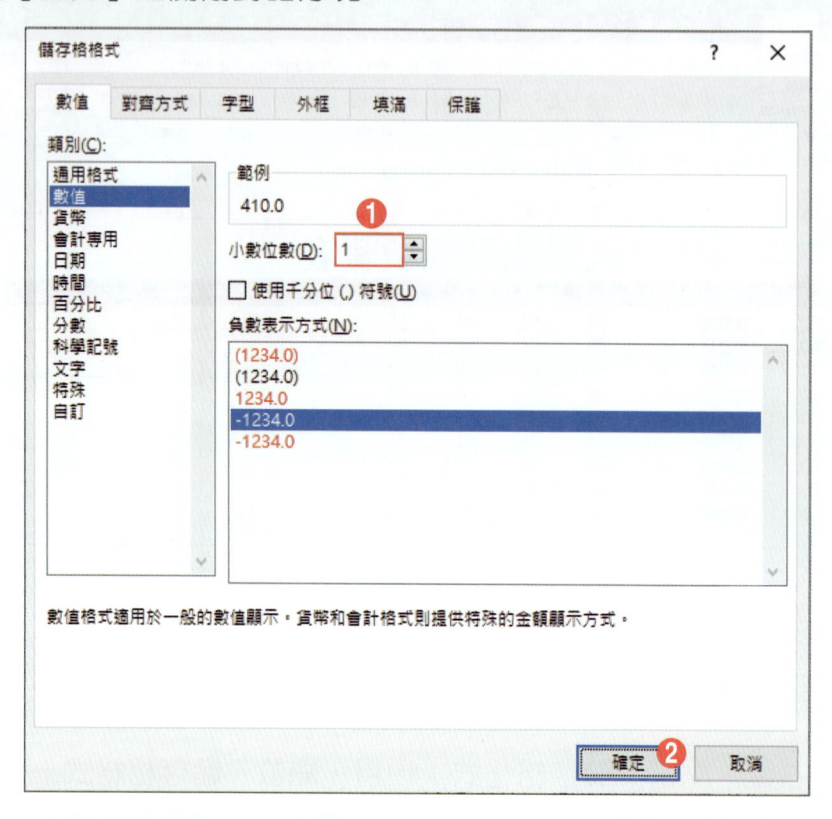

5 完成總分計算。

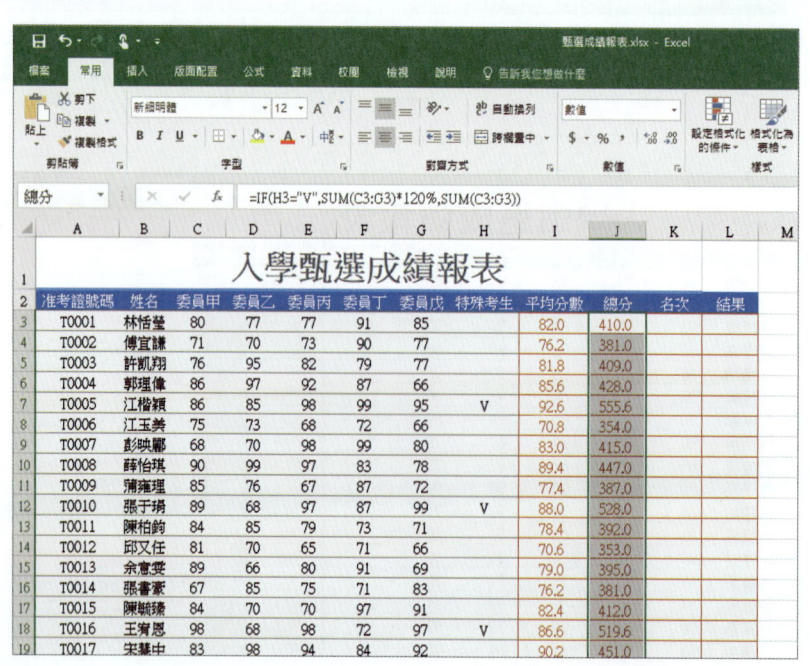

Spreadsheets 電子試算表

題目 3

在 K3:K102 儲存格中，使用 RANK.EQ 函數顯示學生總分的排名。

解題步驟

1 點選 K3 儲存格，輸入函數「=RANK.EQ()」，點按【插入函數】鈕 f_x，開啟「函數引數」對話方塊設定：

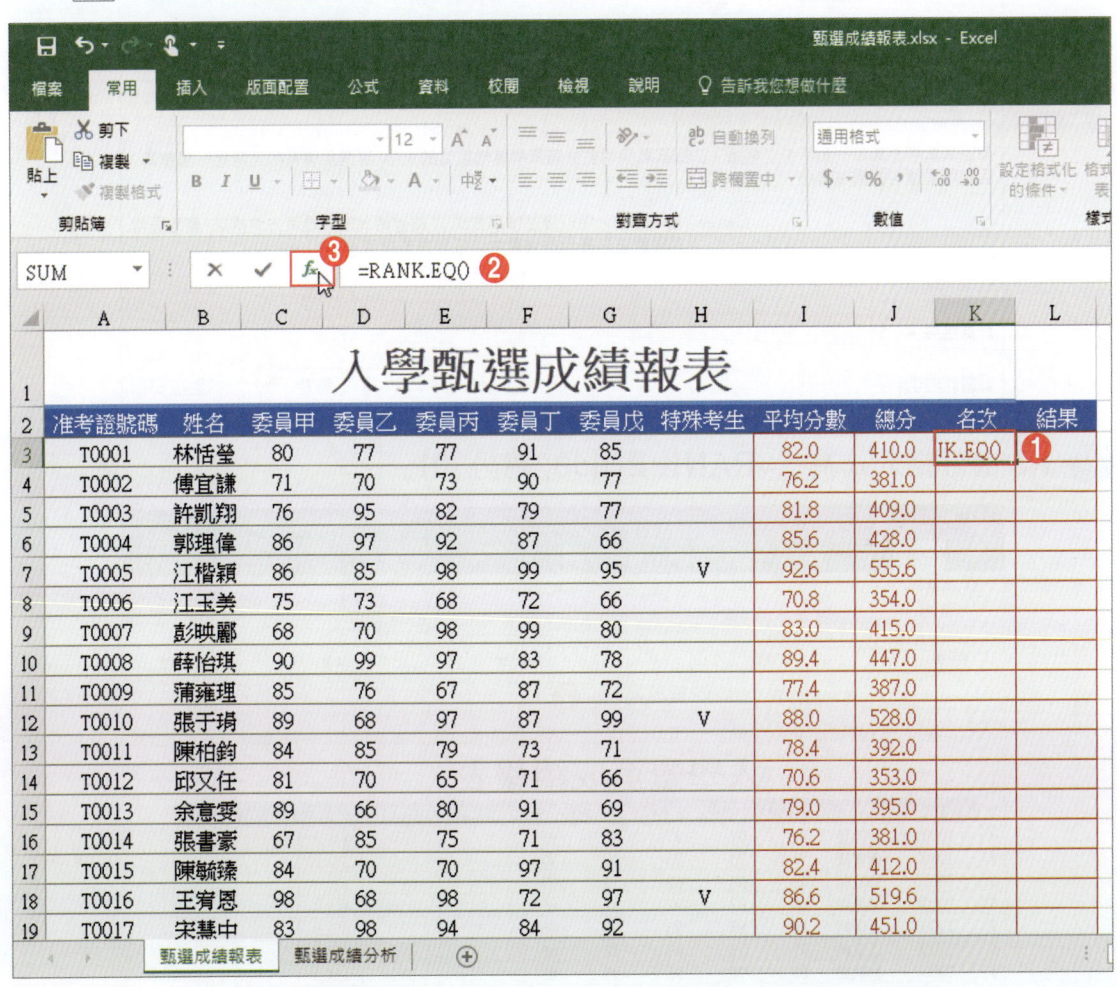

准考證號碼	姓名	委員甲	委員乙	委員丙	委員丁	委員戊	特殊考生	平均分數	總分	名次	結果
T0001	林恬瑩	80	77	77	91	85		82.0	410.0	=RANK.EQ()	
T0002	傅宜謙	71	70	73	90	77		76.2	381.0		
T0003	許凱翔	76	95	82	79	77		81.8	409.0		
T0004	郭理偉	86	97	92	87	66		85.6	428.0		
T0005	江楷穎	86	85	98	99	95	V	92.6	555.6		
T0006	江玉美	75	73	68	72	66		70.8	354.0		
T0007	彭映酈	68	70	98	99	80		83.0	415.0		
T0008	薛怡琪	90	99	97	83	78		89.4	447.0		
T0009	蒲雍理	85	76	67	87	72		77.4	387.0		
T0010	張于琍	89	68	97	87	99	V	88.0	528.0		
T0011	陳柏鈞	84	85	79	73	71		78.4	392.0		
T0012	邱又任	81	70	65	71	66		70.6	353.0		
T0013	余意雯	89	66	80	91	69		79.0	395.0		
T0014	張書豪	67	85	75	71	83		76.2	381.0		
T0015	陳毓臻	84	70	70	97	91		82.4	412.0		
T0016	王宥恩	98	68	98	72	97	V	86.6	519.6		
T0017	宋慧中	83	98	94	84	92		90.2	451.0		

❶ Number：「J3」。

❷ Ref：「總分」。

❸ Order：「0」。

❹ 按【確定】鈕關閉對話方塊。

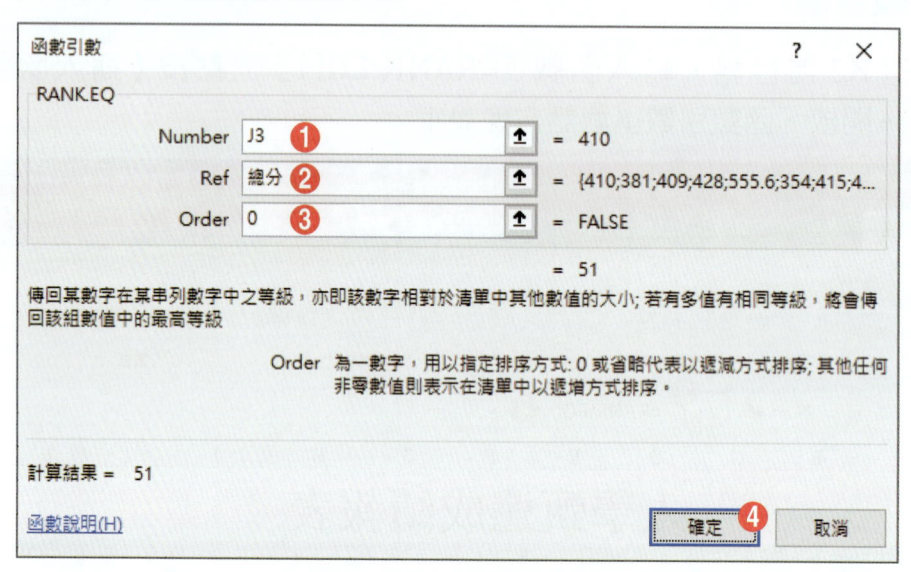

2 K3 儲存格公式為「=RANK.EQ(J3, 總分 ,0)」。

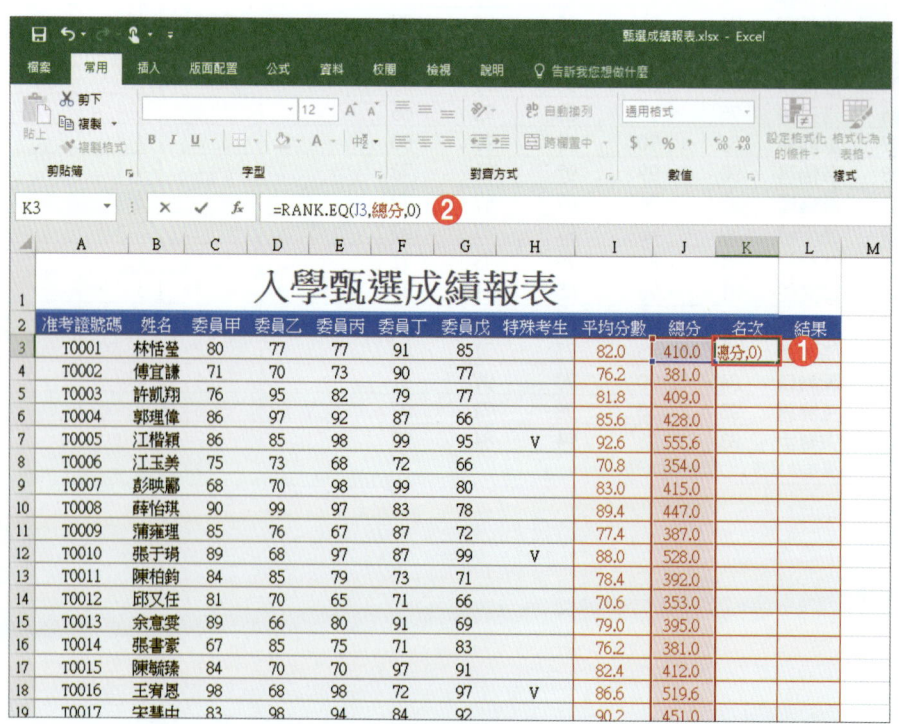

3 快點二下 K3 儲存格右下方填滿控點，填滿公式至 K102 儲存格。

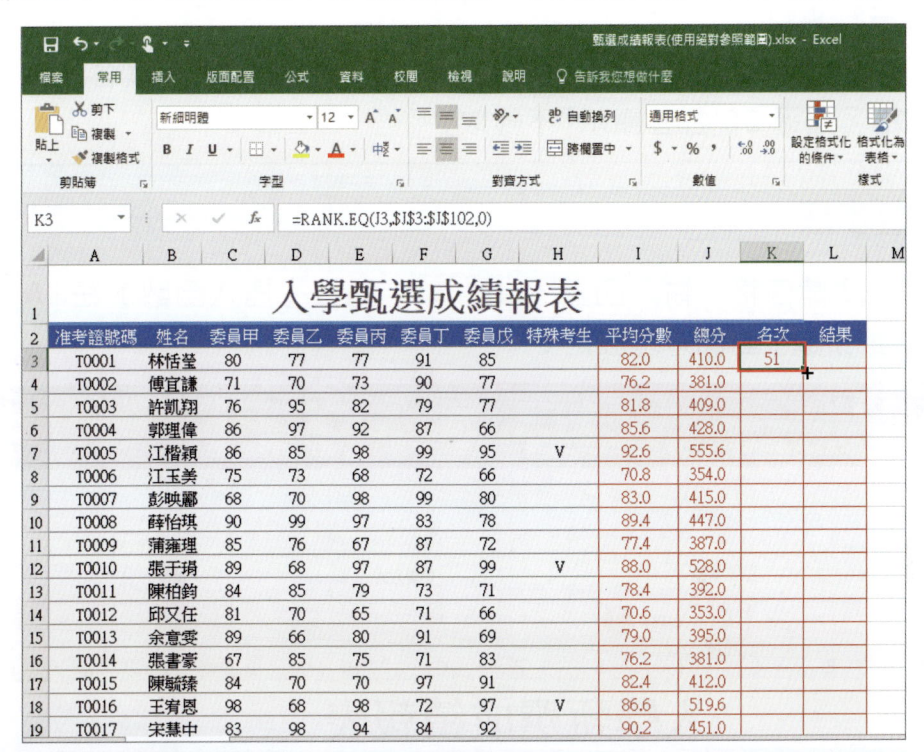

4 完成名次計算。

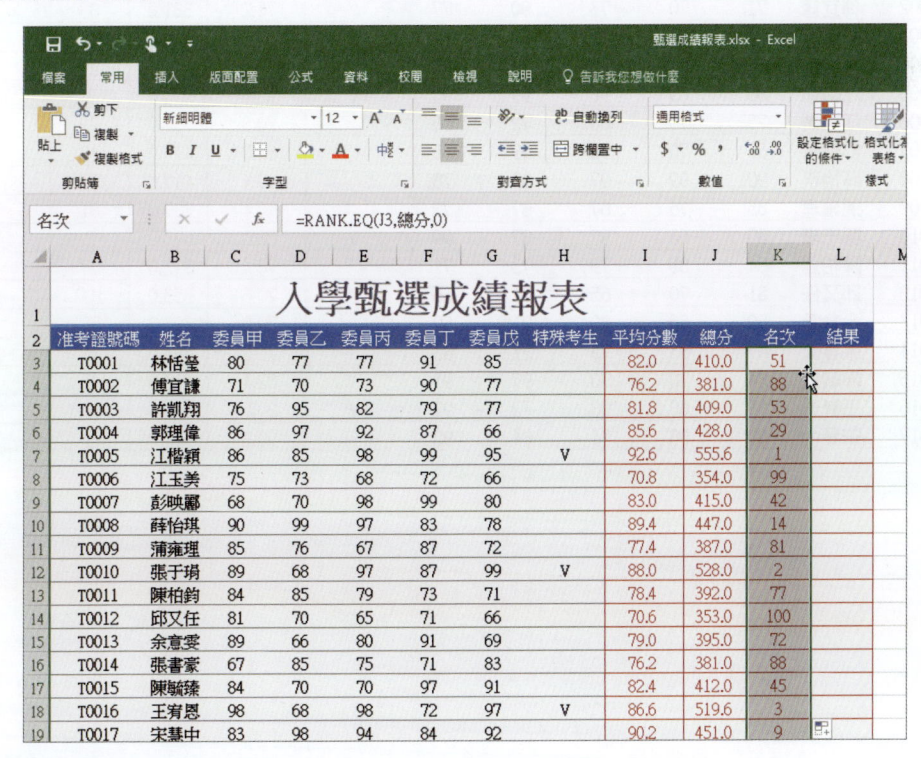

題目 4

在 L3:L102 儲存格中，根據名次欄位，50 名以內（含 50）顯示「錄取」，超過 50 名者顯示「不錄取」。

解題步驟

1. 點選 L3 儲存格，輸入函數「=IF()」，點按【插入函數】鈕 f_x，開啟「函數引數」對話方塊設定：

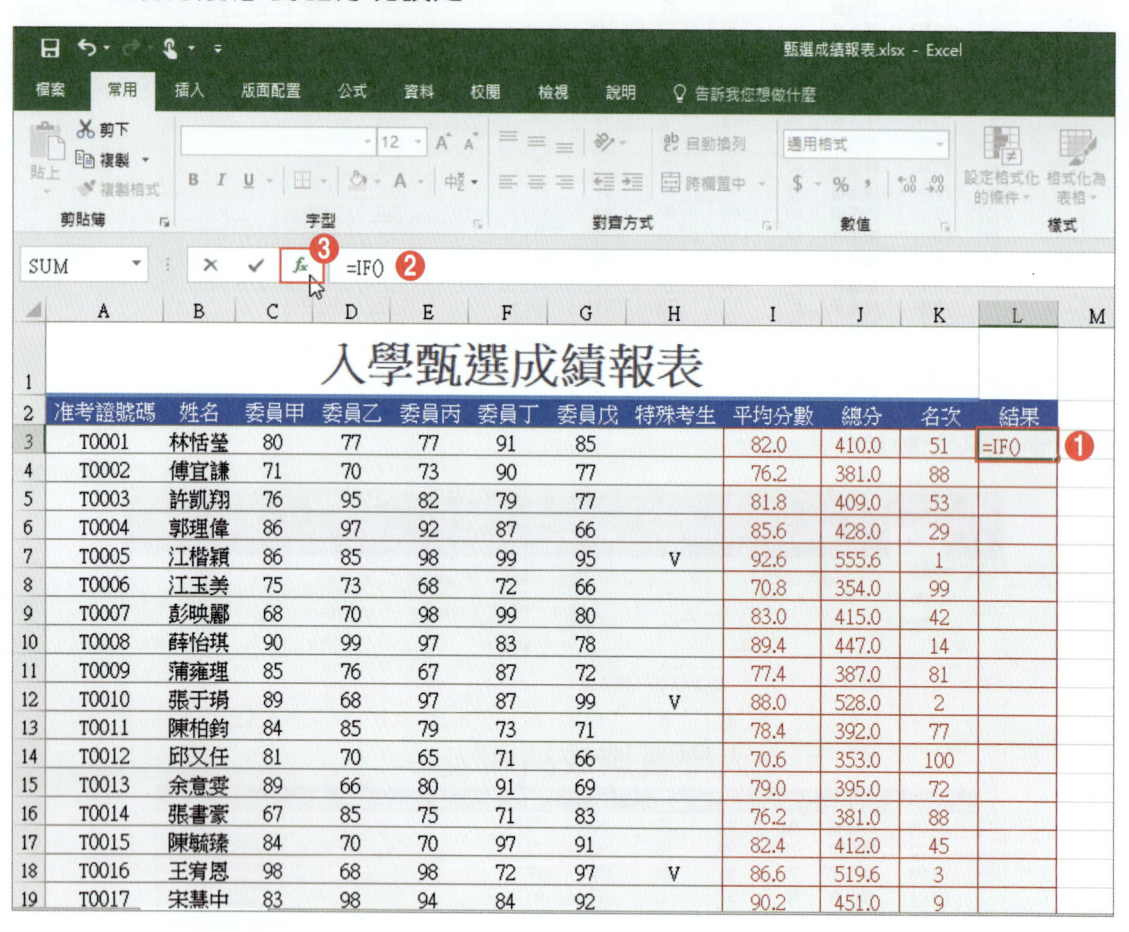

	A	B	C	D	E	F	G	H	I	J	K	L
1					入學甄選成績報表							
2	准考證號碼	姓名	委員甲	委員乙	委員丙	委員丁	委員戊	特殊考生	平均分數	總分	名次	結果
3	T0001	林恬瑩	80	77	77	91	85		82.0	410.0	51	=IF()
4	T0002	傅宜謙	71	70	73	90	77		76.2	381.0	88	
5	T0003	許凱翔	76	95	82	79	77		81.8	409.0	53	
6	T0004	郭理偉	86	97	92	87	66		85.6	428.0	29	
7	T0005	江楷穎	86	85	98	99	95	V	92.6	555.6	1	
8	T0006	江玉美	75	73	68	72	66		70.8	354.0	99	
9	T0007	彭映酈	68	70	98	99	80		83.0	415.0	42	
10	T0008	薛怡琪	90	99	97	83	78		89.4	447.0	14	
11	T0009	蒲雍理	85	76	67	87	72		77.4	387.0	81	
12	T0010	張于玥	89	68	97	87	99	V	88.0	528.0	2	
13	T0011	陳柏鈞	84	85	79	73	71		78.4	392.0	77	
14	T0012	邱又任	81	70	65	71	66		70.6	353.0	100	
15	T0013	余意雯	89	66	80	91	69		79.0	395.0	72	
16	T0014	張書豪	67	85	75	71	83		76.2	381.0	88	
17	T0015	陳毓臻	84	70	70	97	91		82.4	412.0	45	
18	T0016	王宥恩	98	68	98	72	97	V	86.6	519.6	3	
19	T0017	宋慧中	83	98	94	84	92		90.2	451.0	9	

❶ Logical_test：「K3<=50」。

❷ Value_if_true：「" 錄取 "」。

❸ Value_if_false：「" 不錄取 "」。

❹ 按【確定】鈕關閉對話方塊。

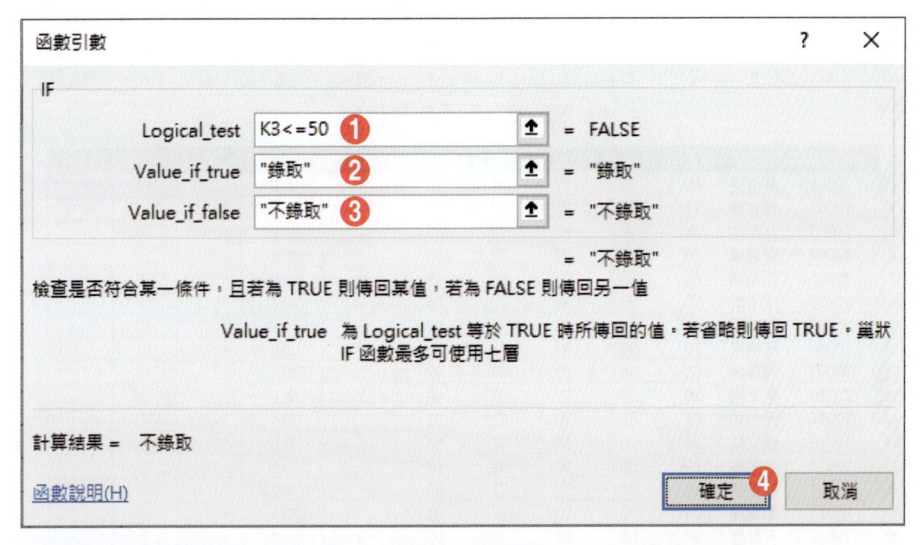

2 L3 儲存格公式為「=IF(K3<=50," 錄取 "," 不錄取 ")」。

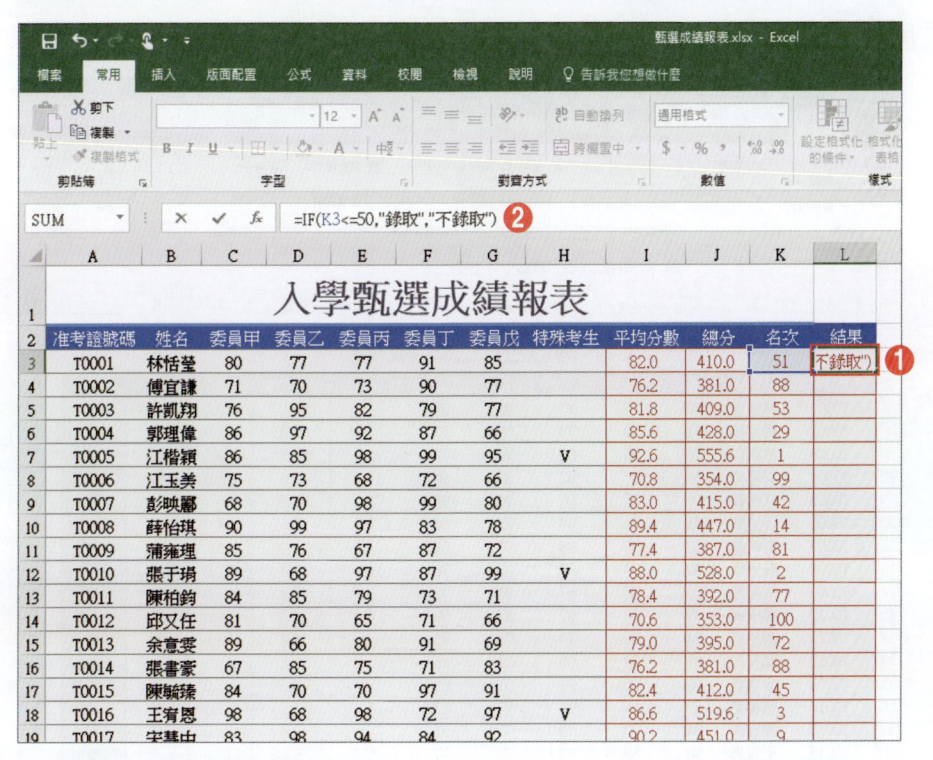

3. 快點二下 L3 儲存格右下方填滿控點，填滿公式至 L102 儲存格。

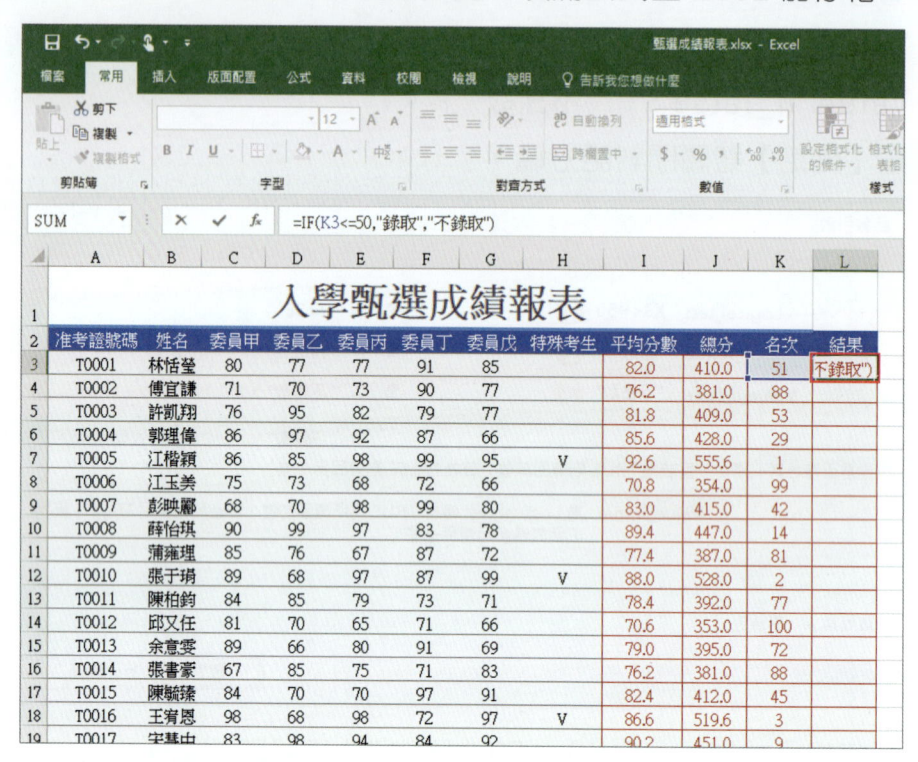

4. 完成結果計算。

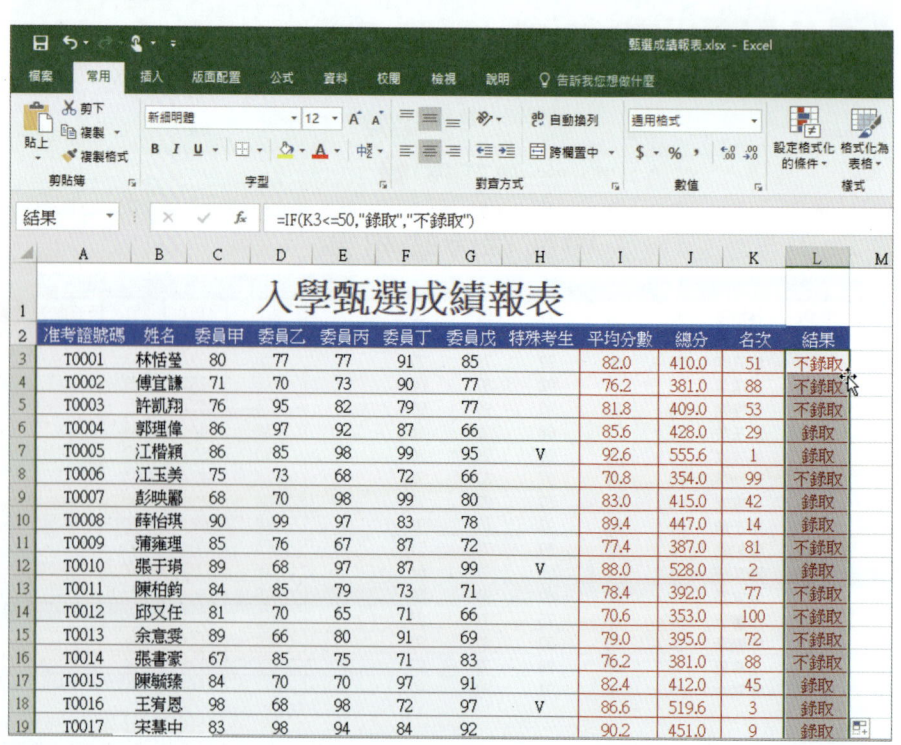

題目 5

在 C2 儲存格中，使用 COUNTIF 函數和「結果」範圍名稱計算不錄取人數。

解題步驟

1. 游標置於「甄選成績分析」工作表 C2 儲存格，輸入函數「=COUNTIF()」，點按【插入函數】鈕 f_x，開啟「函數引數」對話方塊設定：

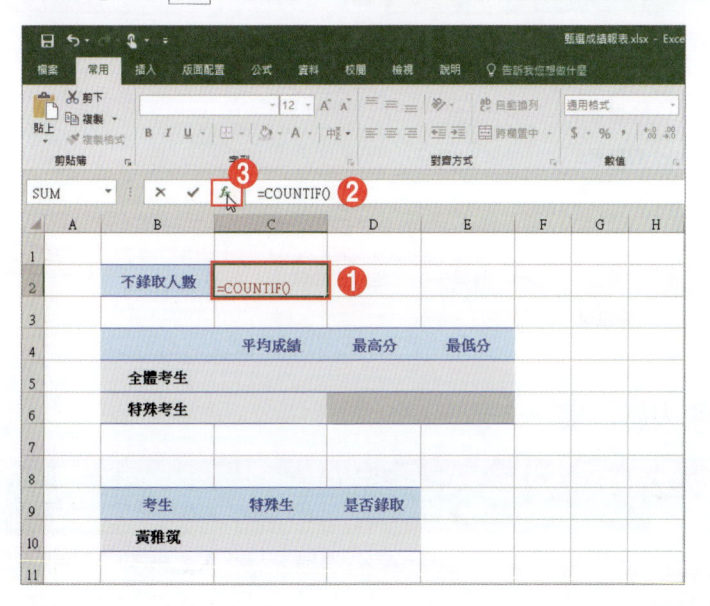

❶ Range：「結果」。

❷ Criteria：「"不錄取"」。

❸ 按【確定】鈕關閉對話方塊。

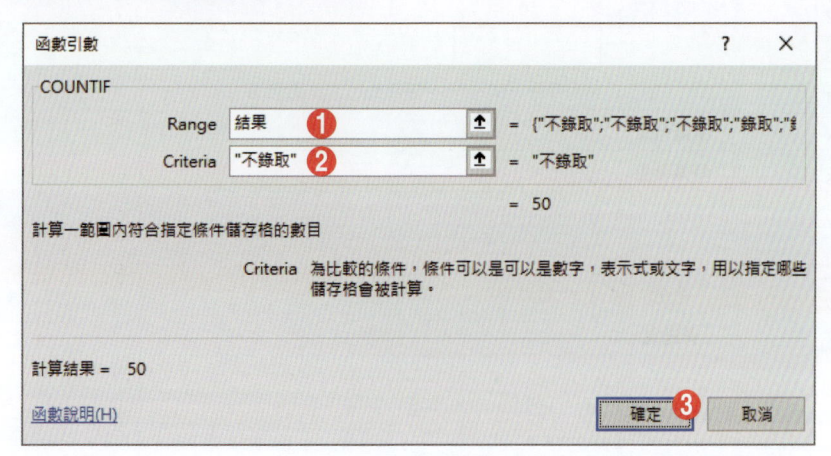

② C2 儲存格公式為「=COUNTIF(結果 ," 不錄取 ")」。

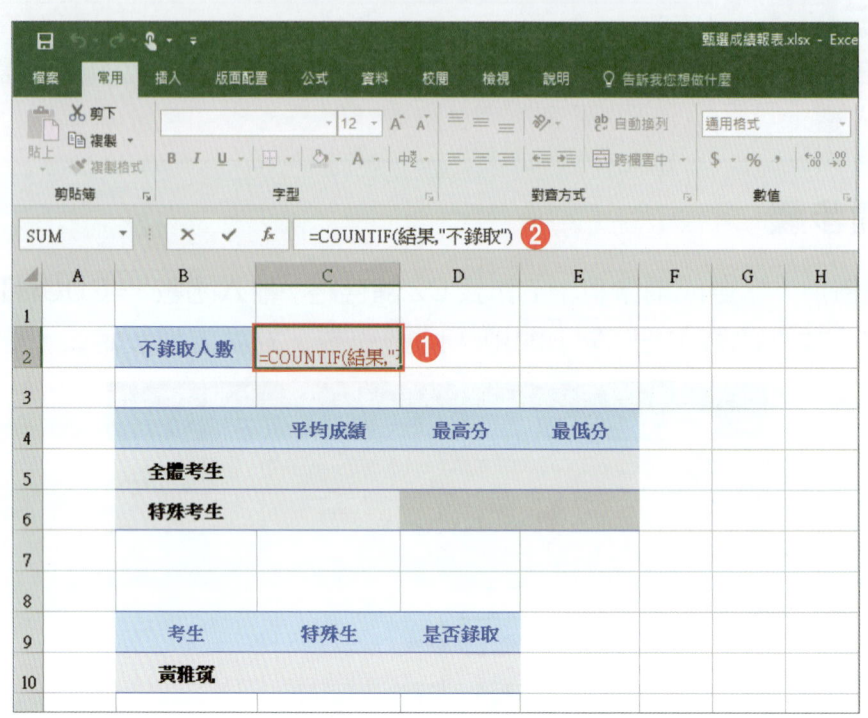

③ 完成不錄取人數計算。

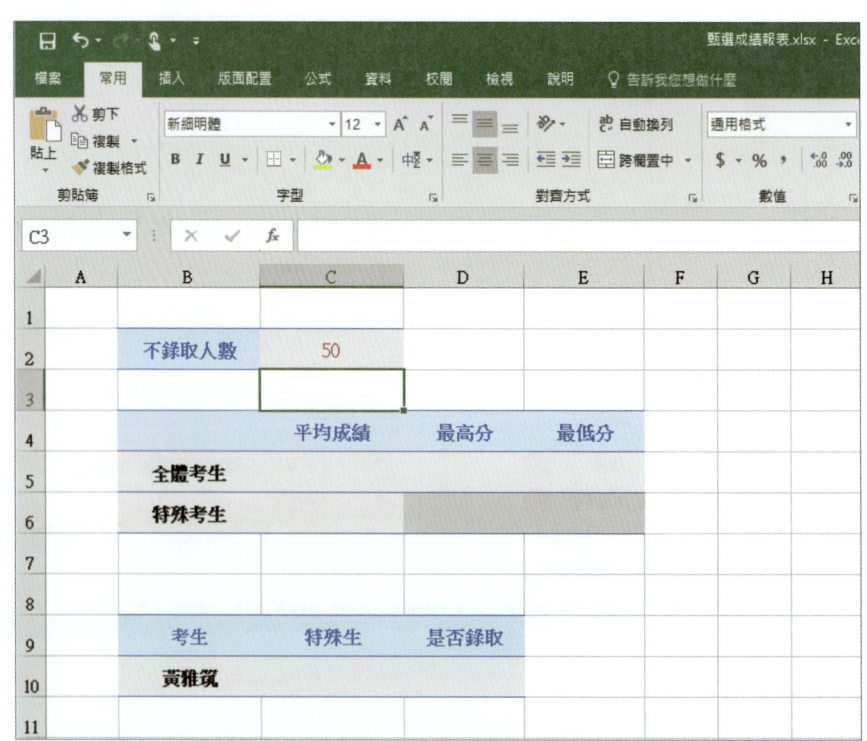

Spreadsheets 電子試算表

註 按 [F3] 功能鍵可以快速彈出「貼上名稱」清單視窗，點選範圍名稱後，按【確定】鈕在公式中插入範圍名稱。

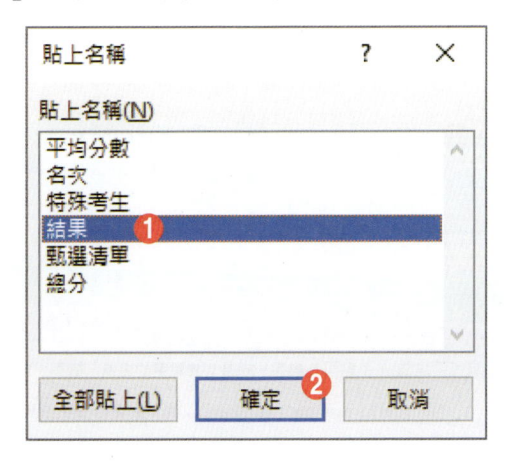

題目 6

在 C5 儲存格中，使用 AVERAGE 函數和「總分」範圍名稱計算全體考生的平均成績，並設定數值為小數位數 1 位。

解題步驟

1. 點選 C5 儲存格，輸入函數「=AVERAGE()」，點按【插入函數】鈕 f_x，開啟「函數引數」對話方塊設定：

S-67

❶ Number1:「總分」。

❷ 按【確定】鈕關閉對話方塊。

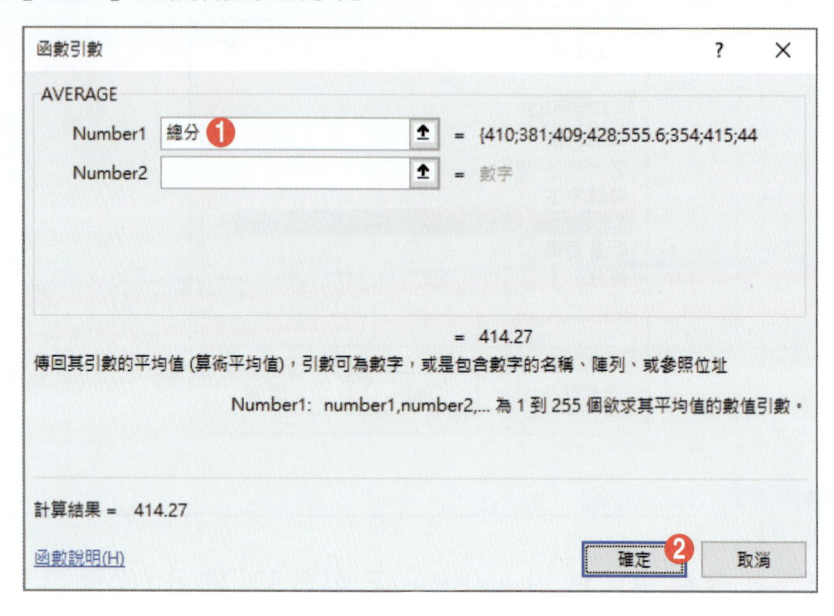

② C5 儲存格公式為「=AVERAGE(總分)」。

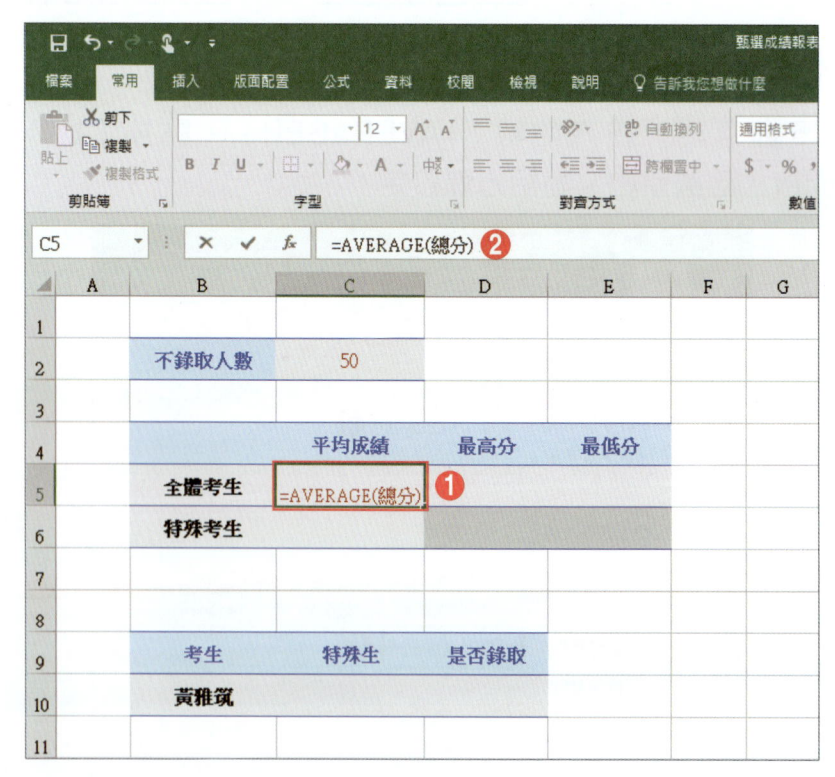

3 按滑鼠右鍵，點選「儲存格格式」項目，開啟「儲存格格式」對話方塊。

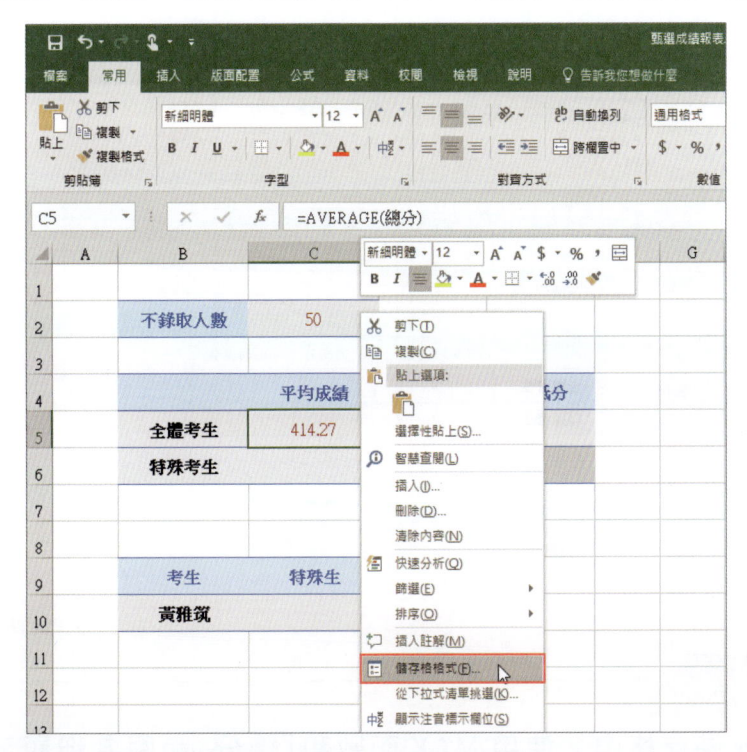

❶ 在 [數值] 頁籤，點選「數值」類別，設定小數位數為「1」。

❷ 按【確定】鈕關閉對話方塊。

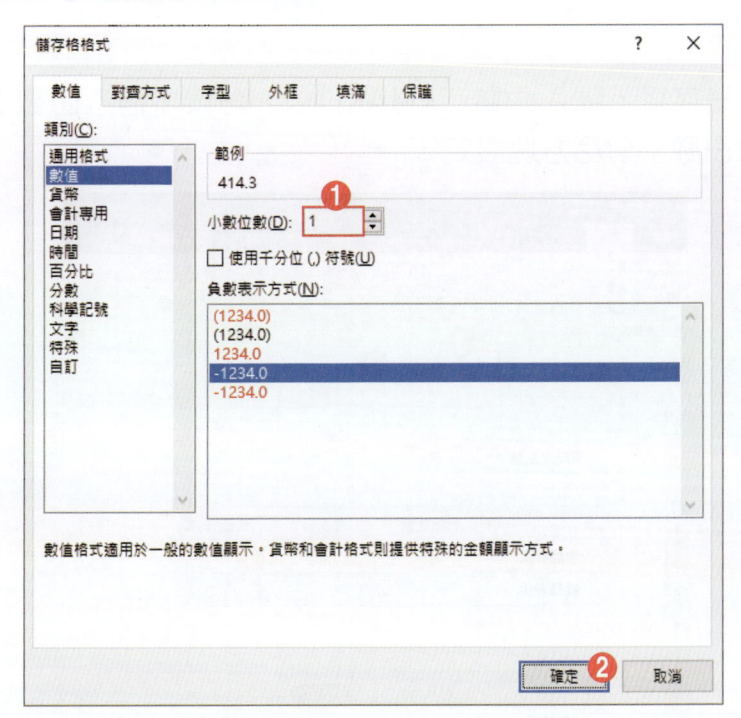

④ 完成平均成績計算。

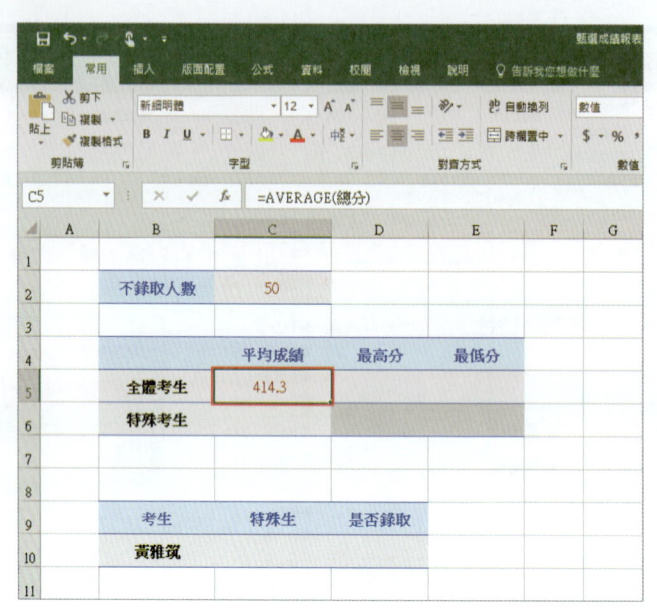

題目 7

在 D5 儲存格中,使用 MAX 函數和「總分」範圍名稱顯示全體考生的最高分,並設定數值為小數位數 1 位。

解題步驟

1. 點選 D5 儲存格,輸入函數「=MAX()」,點按【插入函數】鈕,開啟「函數引數」對話方塊設定:

❶ Number1：「總分」。

❷ 按【確定】鈕關閉對話方塊。

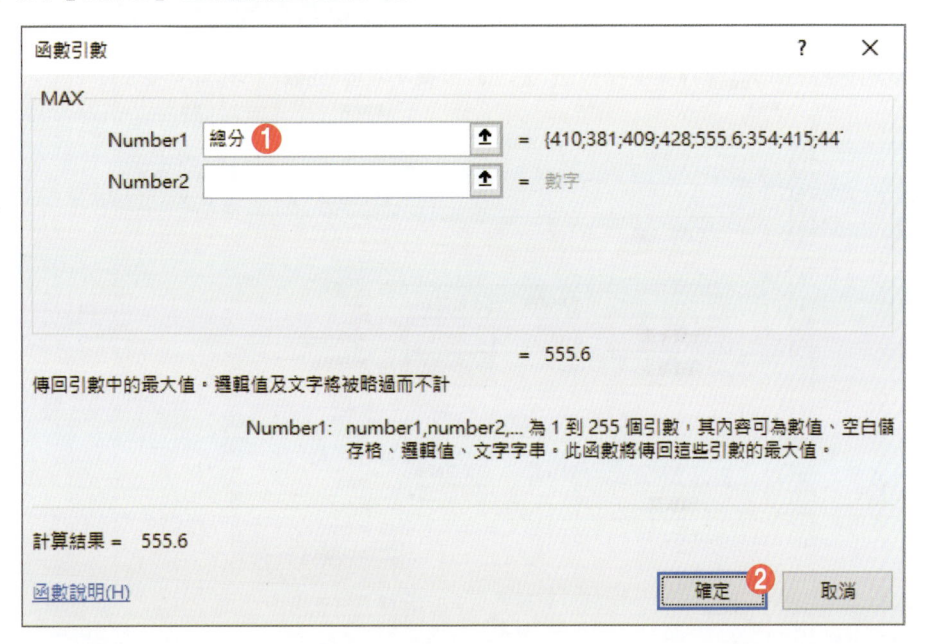

❷ D5 儲存格公式為「=MAX(總分)」。

❸ 按滑鼠右鍵，點選「儲存格格式」項目，開啟「儲存格格式」對話方塊。

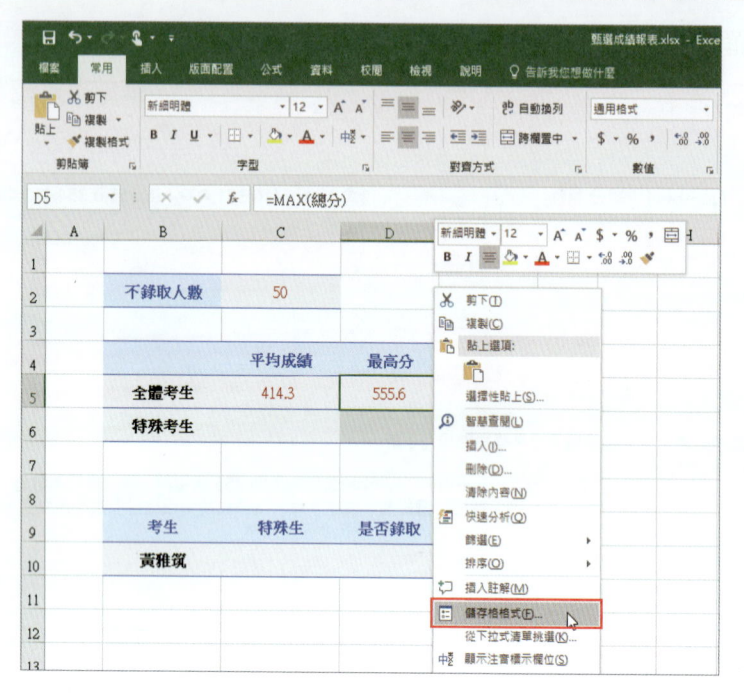

❶ 在 [數值] 頁籤，點選「數值」類別，設定小數位數為「1」。
❷ 按【確定】鈕關閉對話方塊。

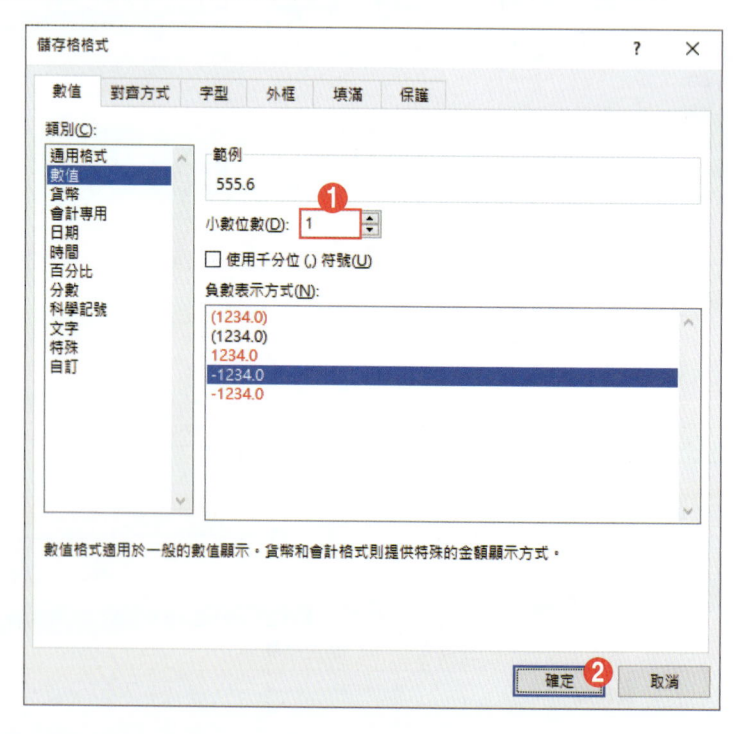

4 完成最高分計算。

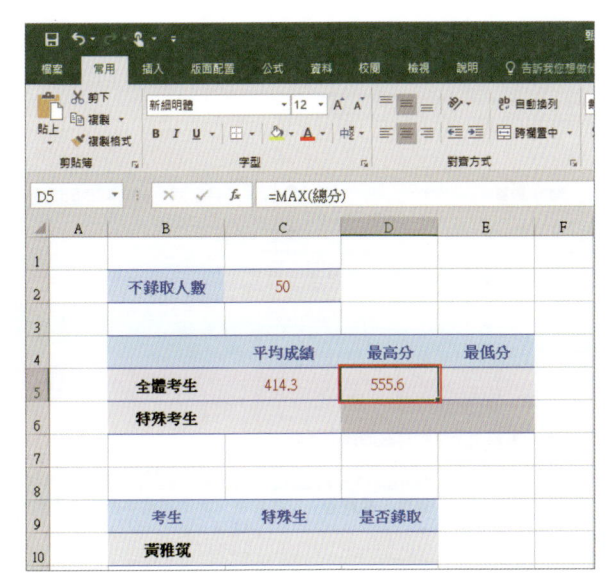

題目 8

在 E5 儲存格中，使用 MIN 函數和「總分」範圍名稱顯示全體考生的最低分，並設定數值為小數位數 1 位。

解題步驟

1 點選 E5 儲存格，輸入函數「=MIN()」，點按【插入函數】鈕 *fx*，開啟「函數引數」對話方塊設定：

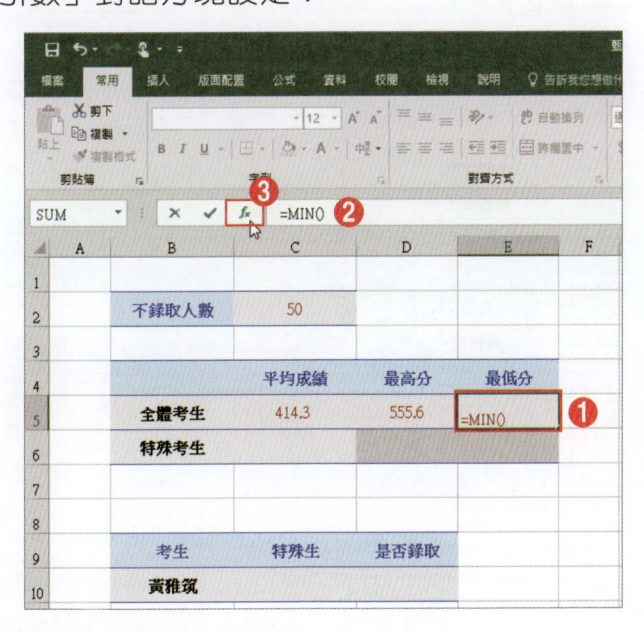

❶ Number1：「總分」。

❷ 按【確定】鈕關閉對話方塊。

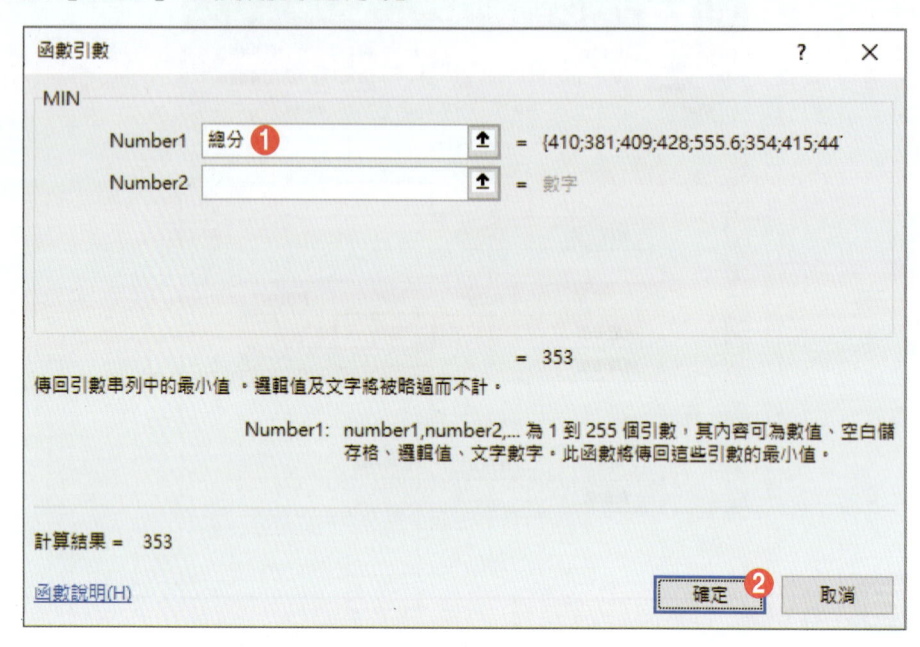

❷ E5 儲存格公式為「=MIN(總分)」。

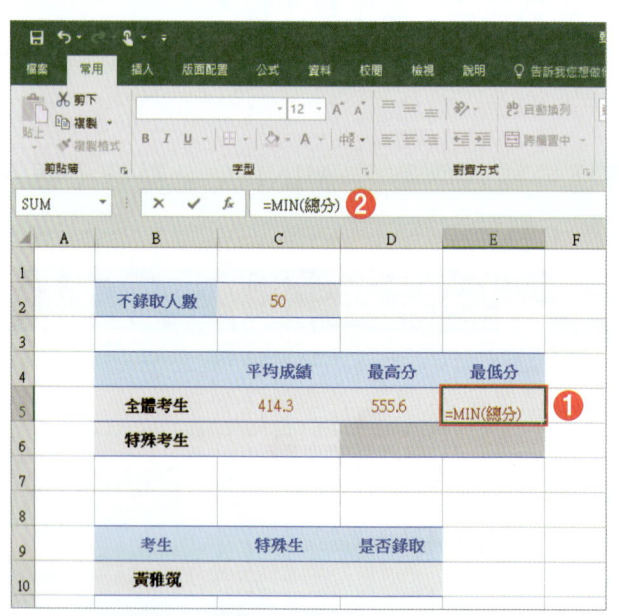

3 按滑鼠右鍵，點選「儲存格格式」項目，開啟「儲存格格式」對話方塊。

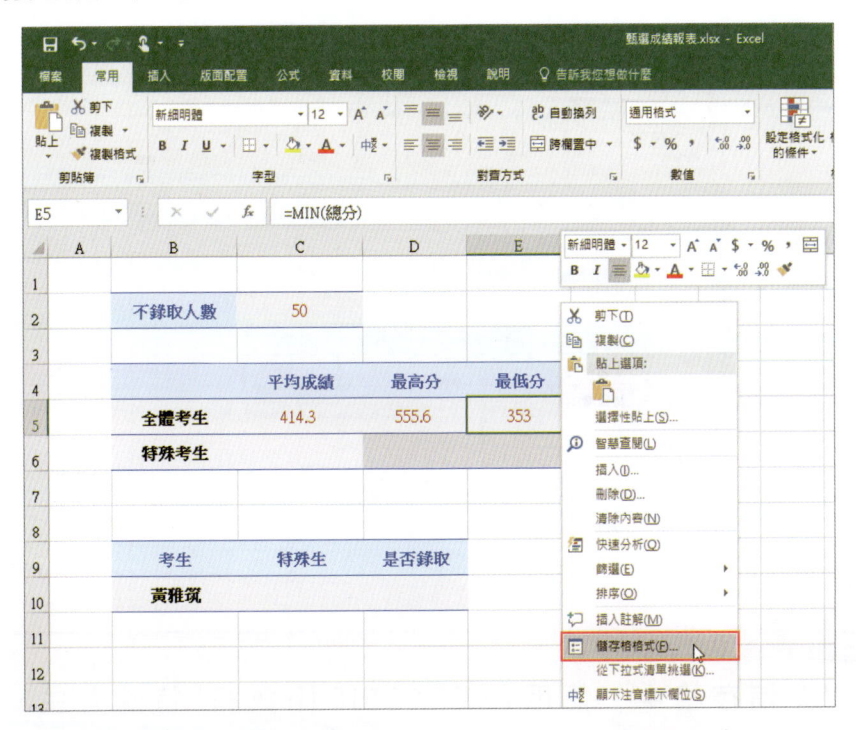

❶ 在 [數值] 頁籤，點選「數值」類別，設定小數位數為「1」。
❷ 按【確定】鈕關閉對話方塊。

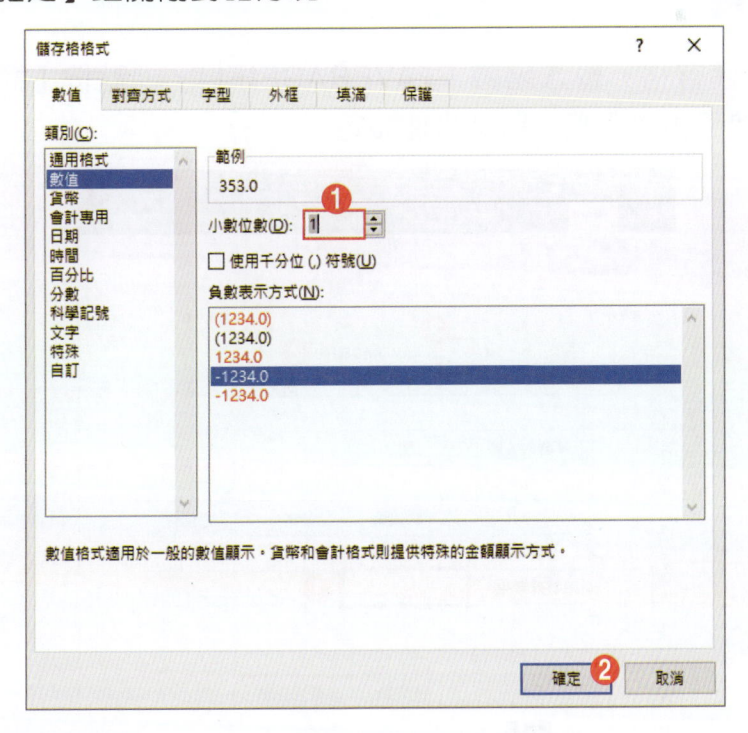

4 完成最低分計算。

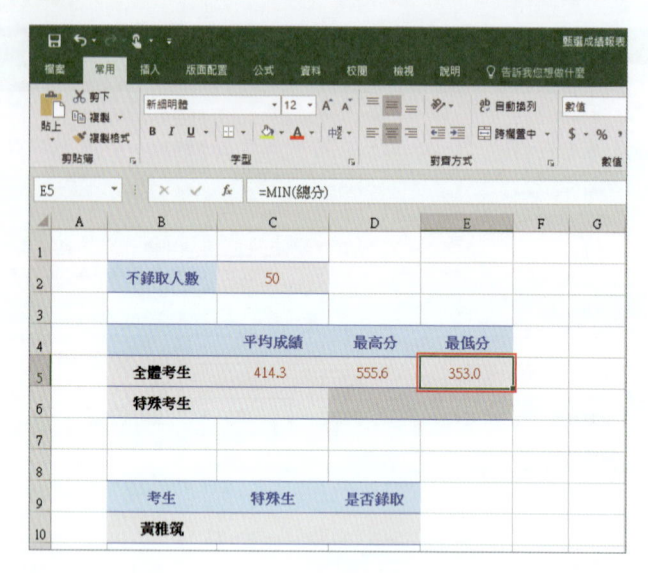

題目 9

在 C6 儲存格中，使用 AVERAGEIF 函數和「特殊考生、總分」範圍名稱計算特殊考生的平均成績，並設定數值為小數位數 1 位。

解題步驟

1 點選 C6 儲存格，輸入函數「=AVERAGEIF()」，點按【插入函數】鈕 f_x，開啟「函數引數」對話方塊設定：

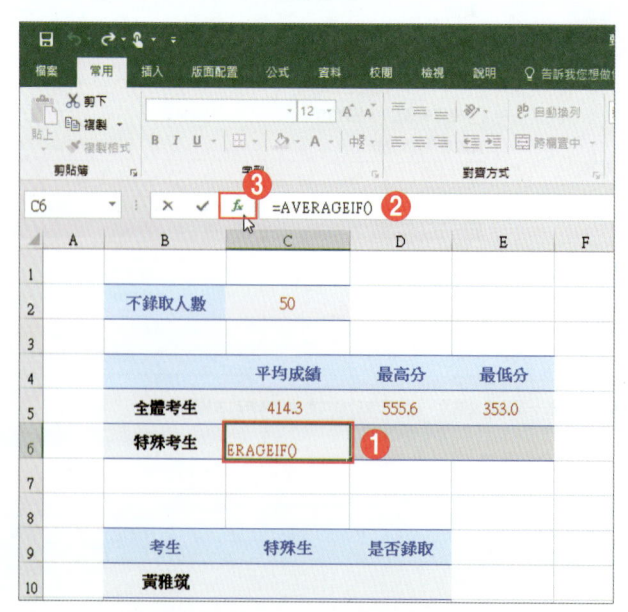

❶ Range：「特殊考生」。

❷ Criteria：「"V"」。

❸ Average_range：「總分」。

❹ 按【確定】鈕關閉對話方塊。

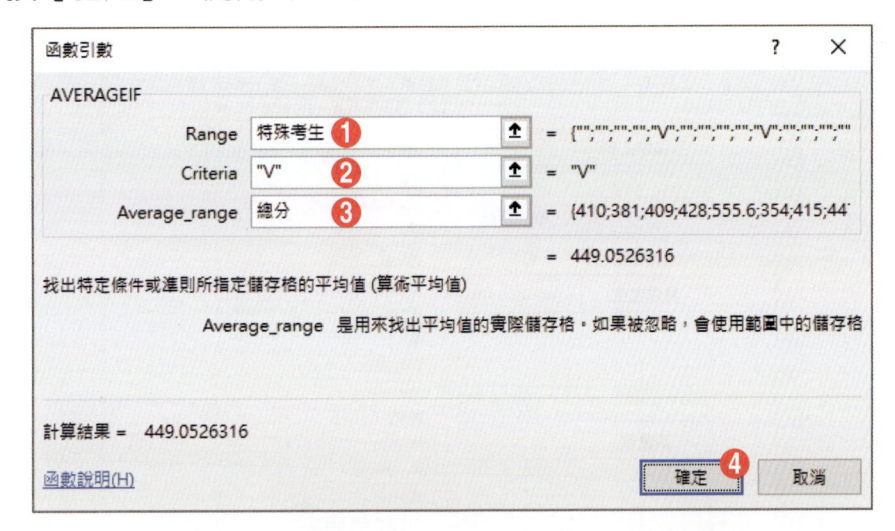

❷ C6 儲存格公式為「=AVERAGEIF(特殊考生,"V",總分)」。

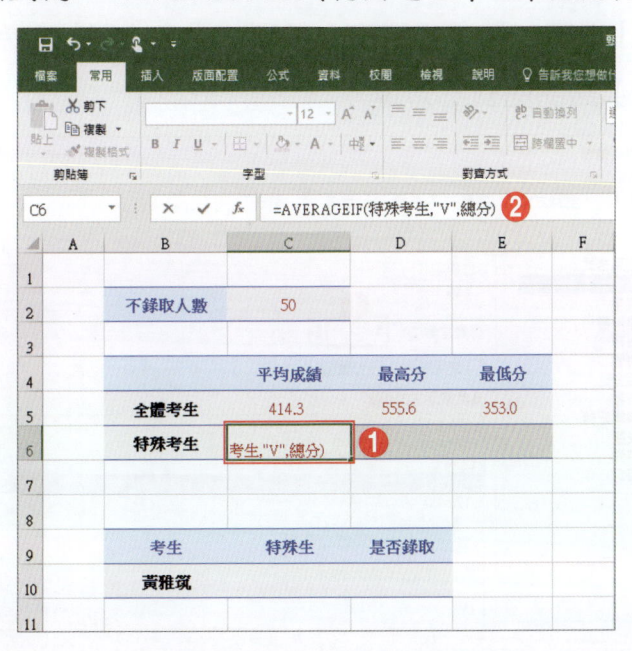

3 按滑鼠右鍵,點選「儲存格格式」項目,開啟「儲存格格式」對話方塊。

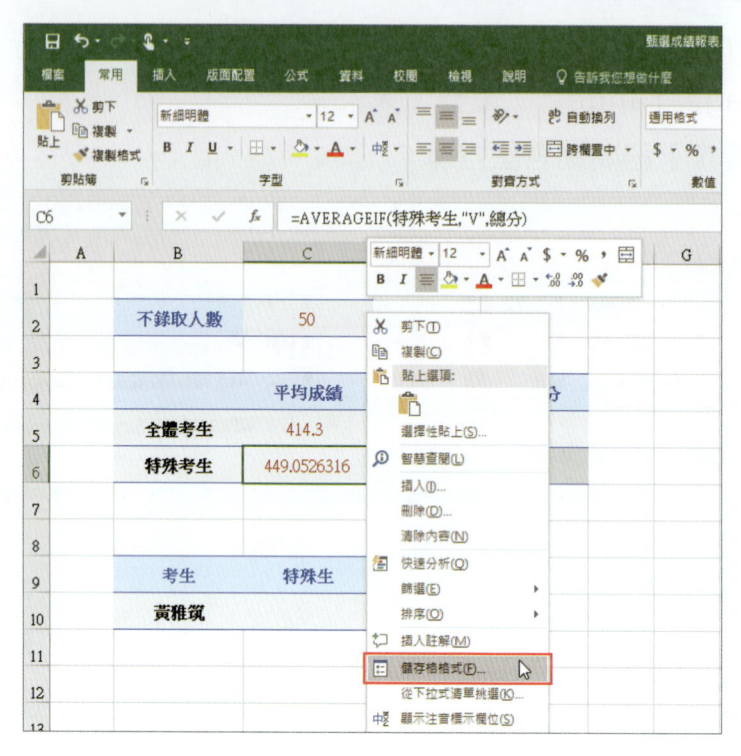

❶ 在 [數值] 頁籤,點選「數值」類別,設定小數位數為「1」。

❷ 按【確定】鈕關閉對話方塊。

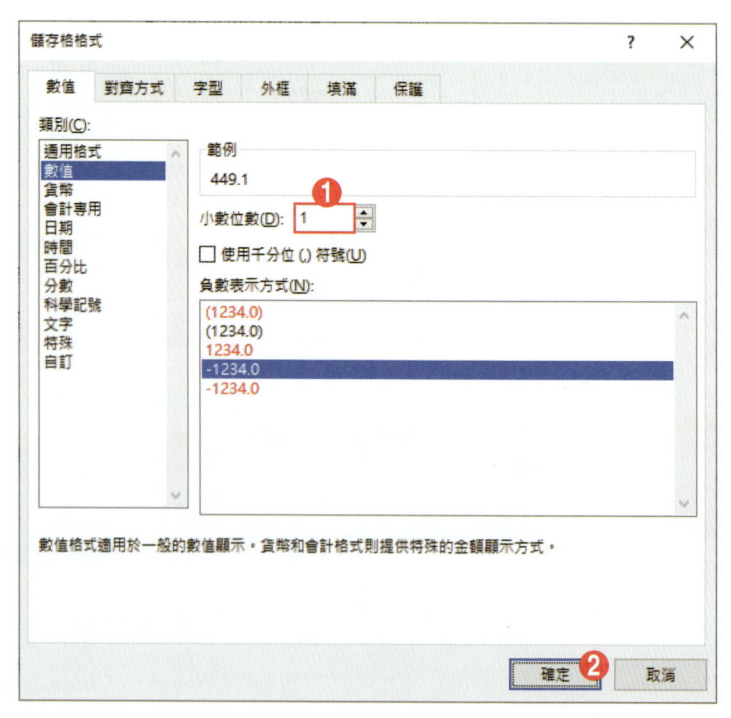

4 完成特殊考生平均成績計算。

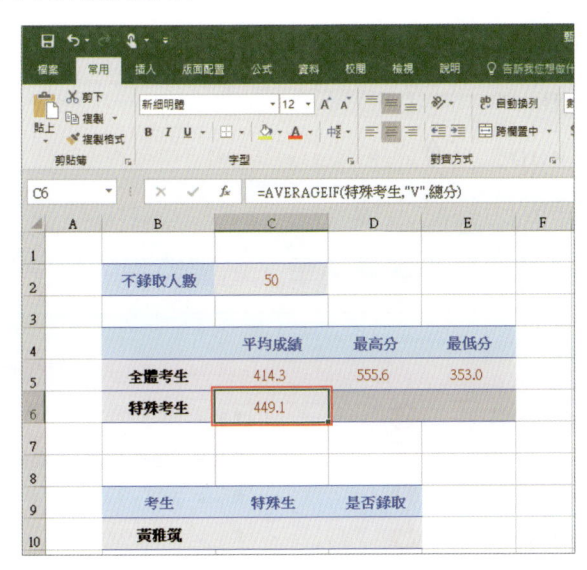

題目 10

在 C10:D10 儲存格中,使用 VLOOKUP 函數和「甄選清單」名稱範圍,查詢學生「黃雅筑」的「特殊考生、結果」欄位內容。

解題步驟

1 點選 C10 儲存格,輸入函數「=VLOOKUP()」,點按【插入函數】鈕 f_x ,開啟「函數引數」對話方塊設定:

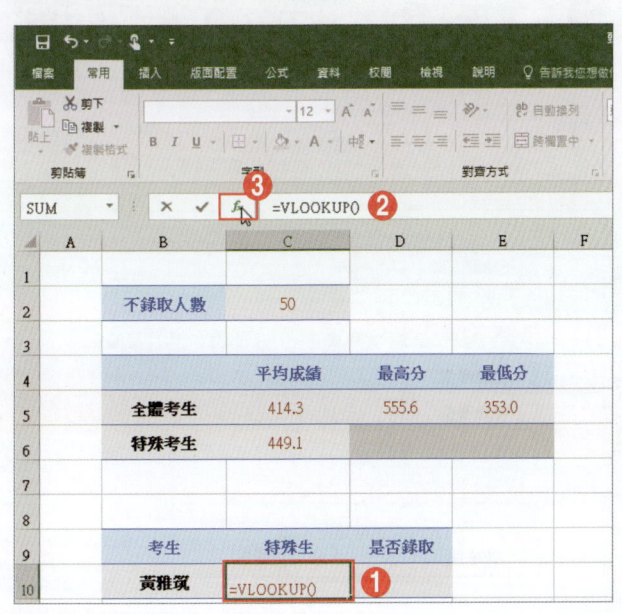

❶ Lookup_value：「B10」。

❷ Table_array：「甄選清單」。

❸ Col_index_num：「7」。

❹ Range_lookup：「0」。

❺ 按【確定】鈕關閉對話方塊。

註 「特殊考生」欄位是「甄選清單」名稱範圍的第 7 欄。

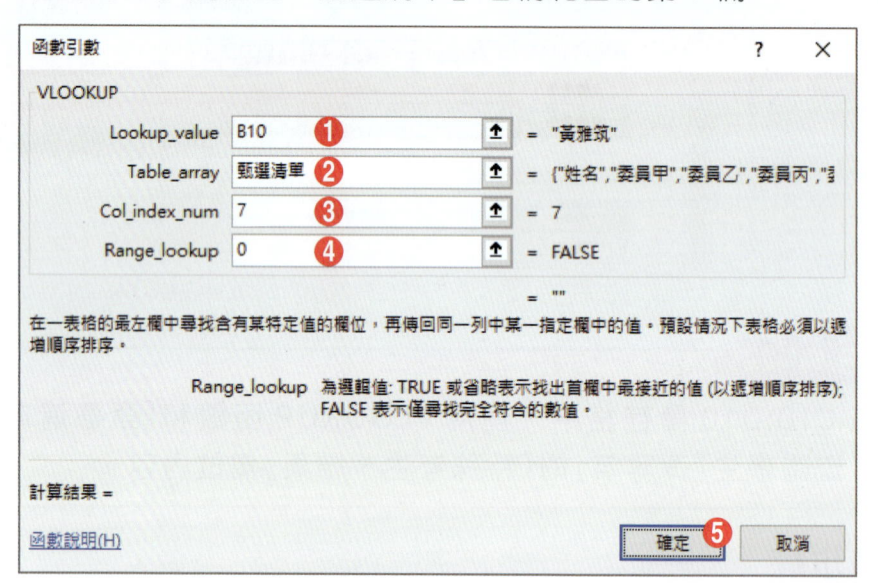

② C10 儲存格公式為「=VLOOKUP(B10, 甄選清單 ,7,0)」。

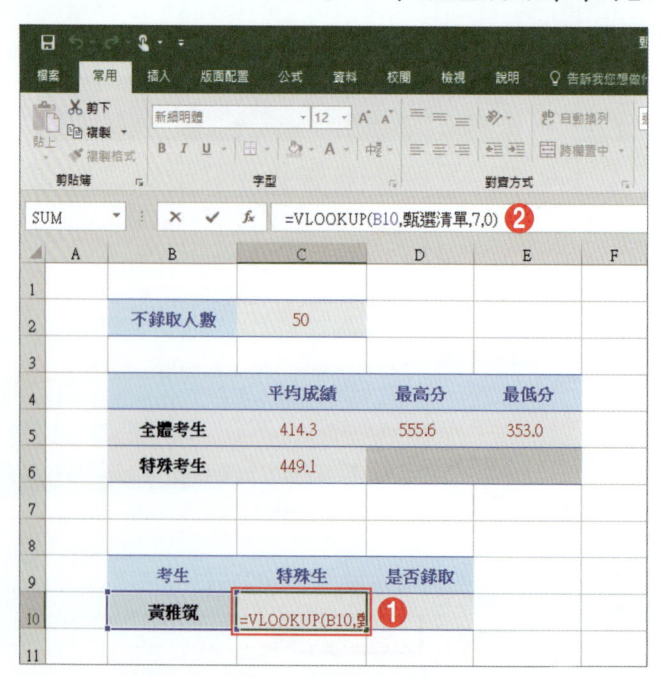

Spreadsheets 電子試算表

❸ 完成學生「黃雅筑」的「特殊考生」欄位內容查詢。

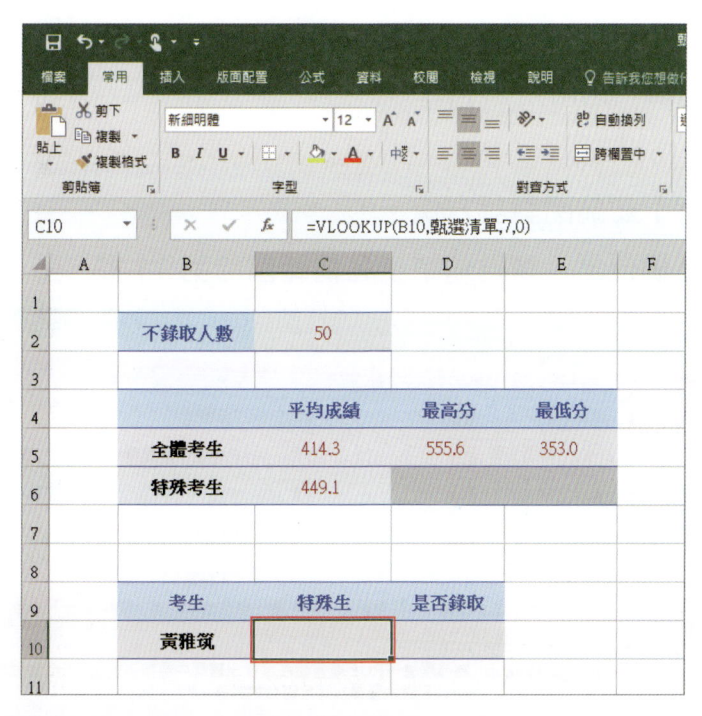

❹ 點選 D10 儲存格，輸入函數「=VLOOKUP()」，點按【插入函數】鈕 f_x，開啟「函數引數」對話方塊設定：

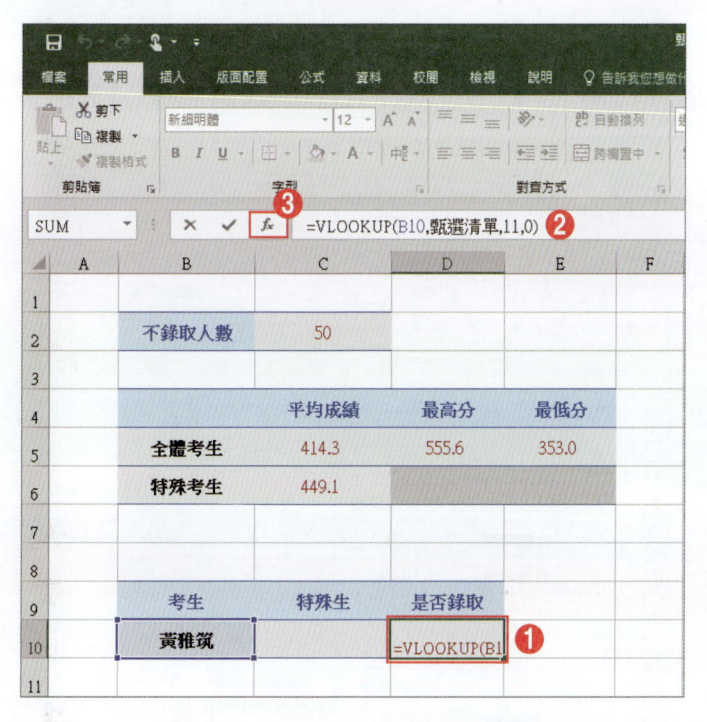

❶ Lookup_value：「B10」。

❷ Table_array：「甄選清單」。

❸ Col_index_num：「11」。

❹ Range_lookup：「0」。

❺ 按【確定】鈕關閉對話方塊。

註 「結果」欄位是「甄選清單」名稱範圍的第 11 欄。

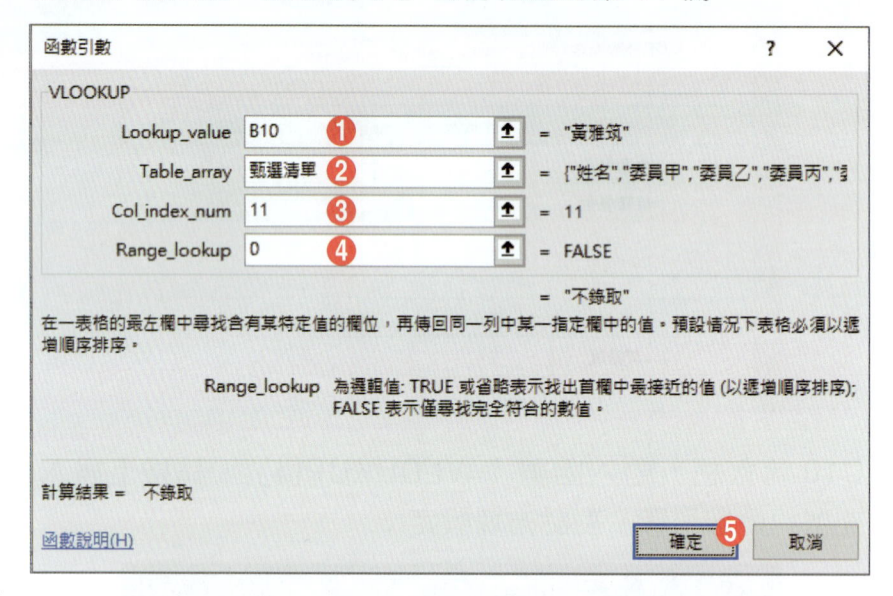

5 D10 儲存格公式為「=VLOOKUP(B10, 甄選清單 ,11,0)」。

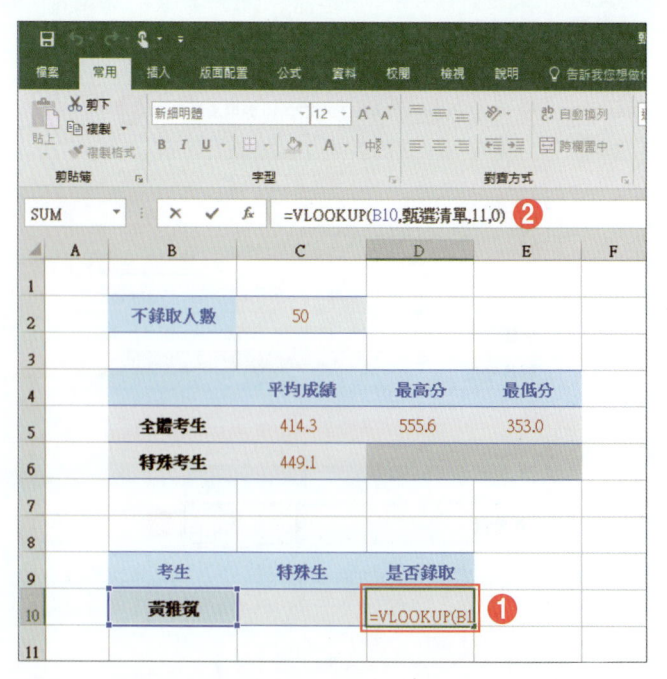

6 完成學生「黃雅筑」的是否錄取「結果」欄位內容查詢。

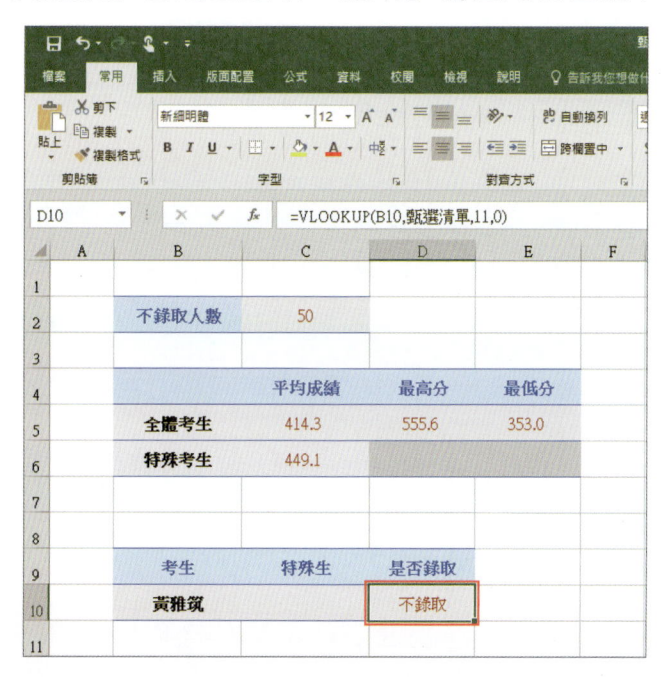

註 「特殊考生」及「結果」分別是「甄選清單」名稱範圍中的第 7 欄及第 11 欄。

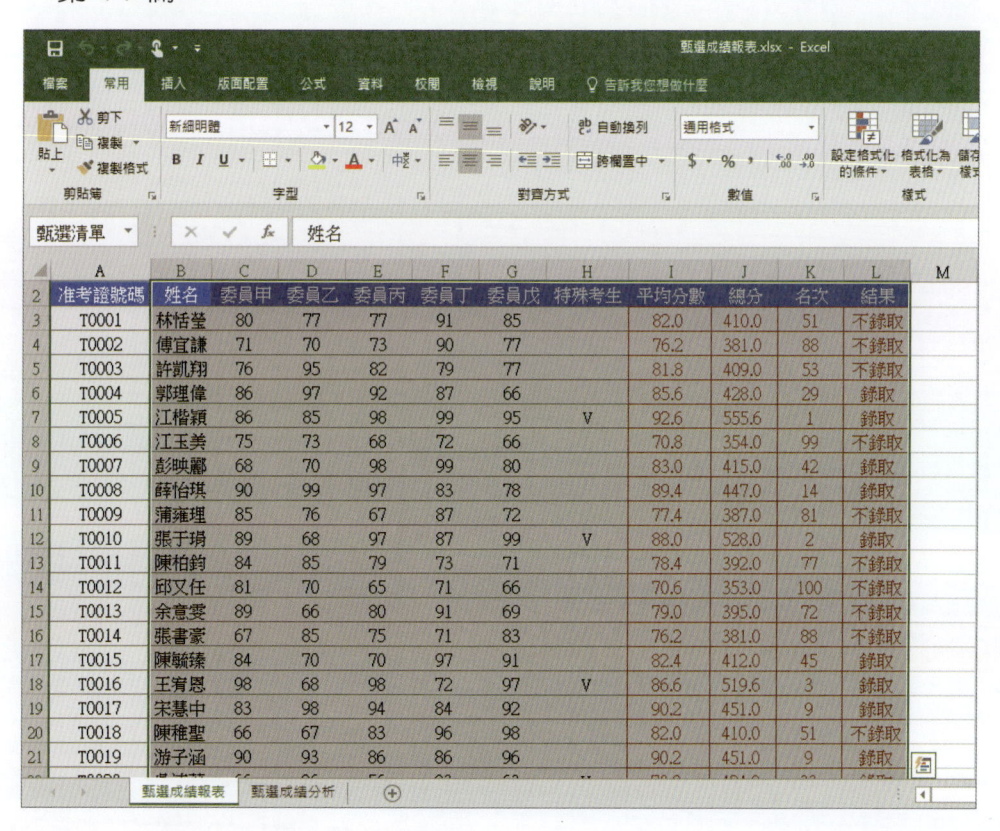

Copilot AI 應用
Copilot in Excel
資料分析 AI 引導員

1. Copilot in Excel 介面導覽與使用
2. 情境解析
3. 進階技巧與限制

Copilot in Excel 是整合於 Excel 的資料分析 AI 引導員，其精隨在於讓使用者以自然語言對話的方式，完成資料整理與分析工作，它能協助建立公式、產生圖表、摘要資料趨勢，甚至進行預測分析。

一　Copilot in Excel 介面導覽與使用

1-1　開啟 Copilot in Excel

欲使用 Excel Copilot，首先請確認登入具有 Copilot 授權的 Microsoft 365 帳戶。

圖 1 ｜ Copilot in Excel 帳戶與授權

其次，將你的 Excel 檔案儲存在 OneDrive 或 SharePoint 等雲端位置，若檔案未上雲，點擊 Copilot 時，Copilot 聊天窗格會彈出自動儲存已關閉，並要求開啟自動儲存的按鈕。

Copilot AI 應用 ─
Copilot in Excel 資料分析 AI 引導員

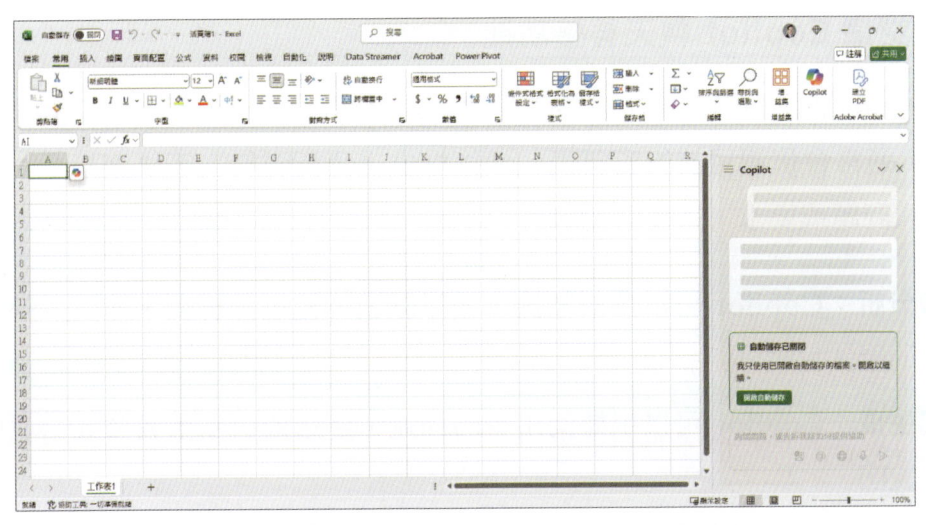

圖 2 ｜使用 Copilot in Excel 須開啟自動儲存

點擊開啟自動儲存，出現如何開啟自動儲存視窗，此時必須選擇組織帳戶的 OneDrive，即看到的 OneDrive 後面有公司名稱，才是正確的位置；如果沒有看到公司名稱，請點選登入，輸入 Microsoft 365 組織帳戶登入。

當再次回到 Excel 時，可以看到 Excel 左上角的自動儲存功能已開啟，右邊出現 Copilot 聊天窗格。

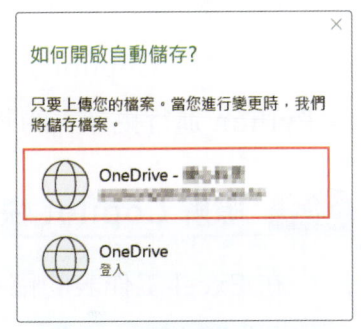

圖 3 ｜須選擇有公司名稱的 OneDrive

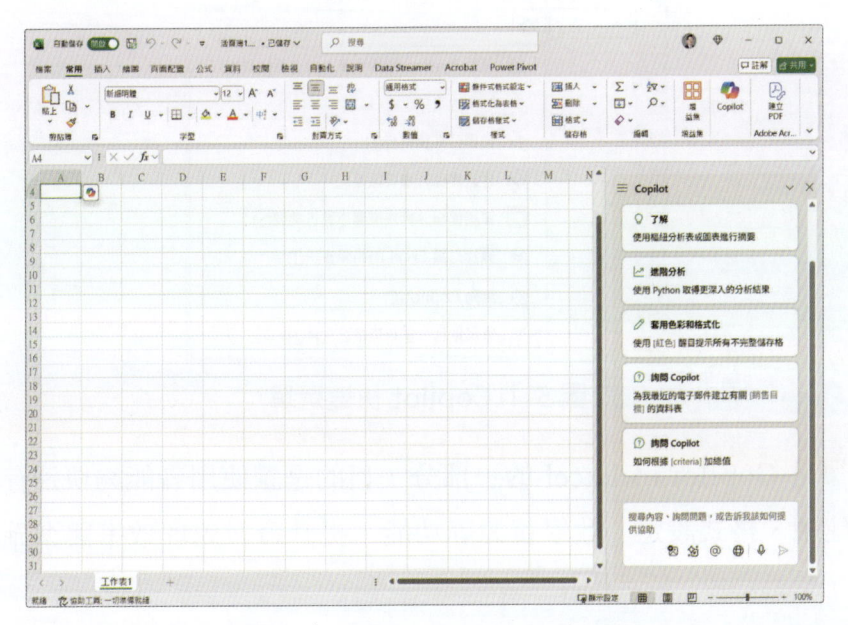

圖 4 ｜Copilot in Excel 介面

S-87

1-2 認識 Copilot 聊天窗格功能

Copilot 聊天窗格開啟後，會看到建議的提示範例和功能選項。例如，Excel Copilot 通常會偵測目前的資料表，然後提供「分析資料」等快速指令，也可以自由輸入問題或要求，主要功能包含：

1. **數據分析**：Copilot 可以分析數據，並以圖表、樞紐分析表、摘要、趨勢或極端值的形式呈現分析結果。
2. **公式生成**：Copilot 可以根據使用者的描述，建議或自動生成公式，並提供公式的說明。
3. **從網頁和組織中獲取數據**：Copilot 可以從網頁或組織的資料庫中提取數據，並將其添加到 Excel 工作表中。
4. **其他功能**：Copilot 還能協助使用者理解公式、管理內容偏好設定，以及使用 Python 進行更深入的數據分析。

1-3 瞭解 Copilot 快速選單

在 Excel 工作表的儲存格上，也能看到 Copilot 圖示，當選取儲存格或進行特定操作時出現，提供一系列與該內容相關的 AI 協助選項。

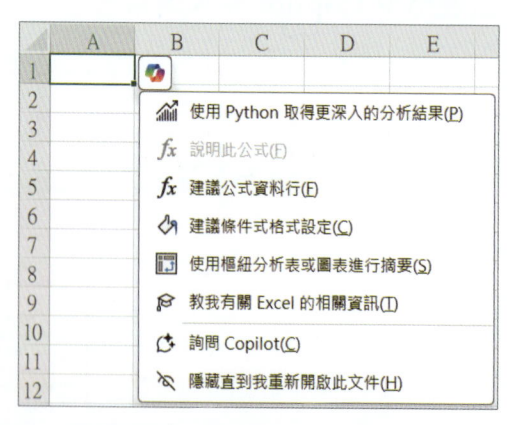

圖 5 ｜ Copilot 快速選單

此選單是 Copilot in Excel 的一部分，目的是讓使用者能夠快速存取智慧分析、公式建議、格式設定、教學資源等功能，提升資料處理效率與準確性，功能包含：

1. **使用 Python 取得更深入的分析結果 (P)**：利用 Python 進行進階資料分析，例如統計運算、視覺化或自訂邏輯，適合需要更高階分析的使用者。
2. **說明此公式 (E)**：解釋目前儲存格中的公式內容與運作方式，幫助使用者理解公式邏輯。
3. **建議公式資料行 (F)**：根據資料內容，自動建議適合的公式欄位，例如加總、平均、計數等。
4. **建議條件式格式設定 (C)**：根據資料趨勢或異常，自動建議條件格式，例如黃色顯示特定數值或變化。
5. **使用樞紐分析表或圖表進行摘要 (S)**：協助使用者快速建立樞紐分析表或圖表，進行資料彙總與視覺化。
6. **教我有關 Excel 的相關資訊 (I)**：提供 Excel 功能與操作的教學資源，適合學習或查詢特定功能。
7. **詢問 Copilot(C)**：開啟與 Copilot 的聊天窗格，可自由提問或請求協助。
8. **隱藏直到我重新開啟此文件 (H)**：暫時隱藏 Copilot 功能選單，直到下次開啟文件時再顯示。

1-4 Copilot in Excel 手刀上手步驟

Step1 ▶ 開啟 Excel 活頁簿：在 Microsoft 365 環境開啟 Excel 檔，例如從 OneDrive 上或透過 Excel 開啟 OneDrive 或 SharePoint 上的 Excel 工作表，開啟後確認左上角自動儲存是開啟狀態，即能與 Copilot 互動。

Step2 ▶ 開啟 Copilot：在功能區中，點擊「Copilot」按鈕，或是在選取的儲存格旁邊點擊 Copilot 圖示，以開啟 Copilot 聊天窗格。

Step3 ▶ 輸入提示：在 Copilot 聊天窗格中，輸入你的提示，例如「建立橫條圖，顯示第 2 季與第 3 季之間的銷售成長。」或選取建議的提示。

Step4 ▶ 檢閱結果：Copilot 會分析你的數據，並根據你的提示提供結果；你可以在聊天窗格中檢閱這些結果，並進行必要的調整。

Step5 ▶ 使用建議公式：如果需要生成公式，Copilot 會提供公式建議，並說明每個公式的運作方式。

二 情境解析

小張，是業務部門的新進業務助理，在學生時代使用過簡單的 Excel 功能，非技術背景出身的他，今天突然被主管交付一份銷售數據分析任務，需對銷售資料進行摘要、找出趨勢並做未來預測。小張對 Excel 的功能不熟悉，幸好公司最近導入 Microsoft 365 Copilot，透過 Copilot in Excel 的幫助，小張猶如身旁多了一位專業數據分析師可以諮詢

接下來，我們將隨著小張的體驗，一步步了解Copilot in Excel的強大功能，如何降低分析門檻，幫助像他這樣的新人快速完成數據分析任務。

註：本範例檔是用來進行 Copilot 操作練習，請忽略資料之真實性，依照提示詞，置換掉欄位名稱後，應用於真實資料進行測試。

2-1 資料摘要與洞察分析

1. 自動分析與摘要生成

面對 Excel 裡的銷售紀錄，欄位包含日期、部門、國家、產品、折扣等級、銷售數量，成本、售價與折扣。

日期	部門	國家	產品	折扣等級	銷售數量	成本	售價	折扣
2024/8/31	大型企業	法國	螢幕	High	663	$ 100	$ 125	$ 12,431
2024/8/31	大型企業	加拿大	螢幕	Medium	567	$ 100	$ 125	$ 6,379
2023/9/30	大型企業	加拿大	螢幕	None	345	$ 100	$ 125	$ -
2024/1/31	大型企業	墨西哥	螢幕	High	1575	$ 100	$ 125	$ 27,563
2023/9/30	大型企業	法國	螢幕	Medium	704	$ 100	$ 125	$ 4,400
2024/1/31	大型企業	德國	螢幕	Medium	807	$ 100	$ 125	$ 5,044
2023/11/30	大型企業	美國	螢幕	High	2438	$ 100	$ 125	$ 45,713
2023/9/30	大型企業	美國	螢幕	Low	663	$ 100	$ 125	$ 829
2024/9/30	大型企業	美國	螢幕	Medium	861	$ 100	$ 125	$ 5,381
2024/1/31	大型企業	加拿大	螢幕	Medium	952	$ 100	$ 125	$ 7,140
2024/4/30	大型企業	墨西哥	筆記型電腦	High	341	$ 63	$ 125	$ 4,263
2023/9/30	大型企業	德國	螢幕	Low	809	$ 100	$ 125	$ 2,023
2024/8/31	大型企業	美國	螢幕	High	1596	$ 100	$ 125	$ 19,950
2024/7/31	大型企業	加拿大	螢幕	Low	923	$ 100	$ 125	$ 1,154
2024/10/31	大型企業	德國	筆記型電腦	High	552	$ 63	$ 125	$ 10,350
2023/11/30	大型企業	加拿大	螢幕	High	1916	$ 100	$ 125	$ 23,950
2023/12/31	大型企業	墨西哥	筆記型電腦	High	554	$ 63	$ 125	$ 7,618
2023/12/31	大型企業	美國	隨身碟	High	579	$ 65	$ 125	$ 7,238
2024/8/31	大型企業	墨西哥	螢幕	Medium	2110	$ 100	$ 125	$ 23,738
2024/8/31	大型企業	德國	螢幕	Medium	2087	$ 100	$ 125	$ 18,261
2024/5/31	大型企業	墨西哥	筆記型電腦	Low	662	$ 63	$ 125	$ 1,655
2023/8/31	大型企業	美國	鍵盤	Low	330	$ 3	$ 125	$ 413
2023/9/30	大型企業	加拿大	滑鼠	None	345	$ 5	$ 125	$ -
2024/9/30	大型企業	加拿大	螢幕	Low	2009	$ 100	$ 125	$ 7,534
2023/8/31	大型企業	墨西哥	隨身碟	High	947	$ 65	$ 125	$ 13,021
2024/5/31	大型企業	美國	筆記型電腦	Low	727	$ 63	$ 125	$ 909

銷售資料

圖 6 ｜ Excel 資料

小張首先想快速掌握整體狀況；點擊 Copilot 聊天室窗，因 Excel 內有資料與資料表，因此，在 Copilot 聊天室窗下方可看到 Copilot 預先產生的提示詞，直接點選【顯示資料深入解析】。

一旦點了 Copilot 預先提供的提示詞，提示詞【顯示資料深入解析】會自動帶入對話框並自動傳送，直到 Copilot 產生回應。此時根據提示詞，Copilot 找到關於日期與折扣的深度解析關係。

圖 7 ｜ 顯示資料深入解析

圖 8 ｜ 折扣的深度解析

在折線圖的下方，Copilot 有更完整的說明：2023/8/31 的折扣為 $245,736，2023/9/30 的折扣為 $533,077。

圖 9 ｜ 折扣深度解析說明

2. 摘要生成的統計圖表

為了更理解 Copilot 說明的全貌，小張點選【新增至新工作表】，此時 Copilot 根據日期與折扣，在 Excel 工作表頁籤立刻新增工作表 1，並自動產生日期與折扣的樞紐分析表與折線圖。

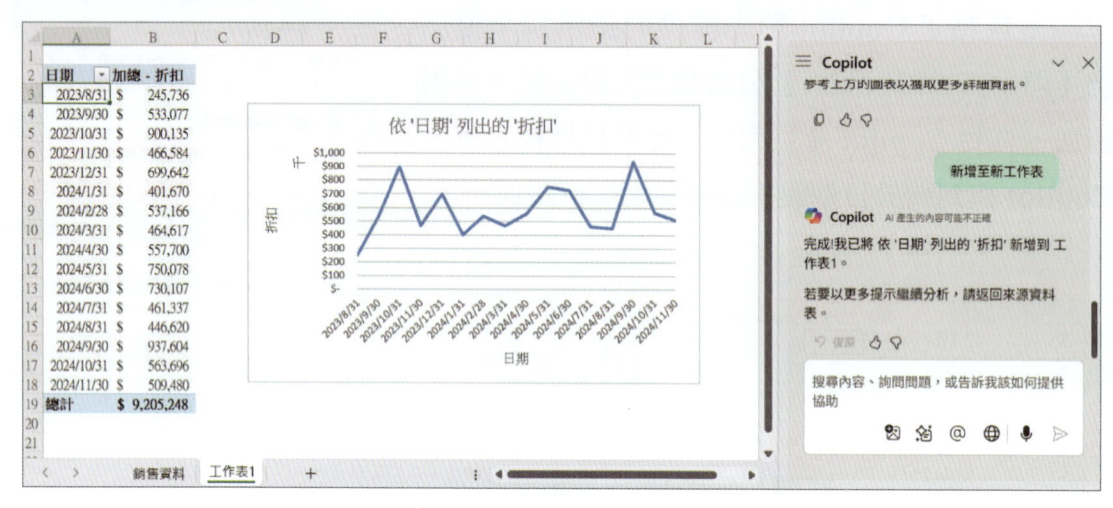

圖 10｜折扣折線圖新增至新工作表

此時小張從樞紐分析表與折線圖瞭解到，原來 2023/8/31、2023/9/30，只是兩個月的資料，而這份資料的內容也僅只是每月月底的資料。但從折線圖可以看到，有兩個折扣的高峰，小張想再進一步探究，於是回到銷售資料頁籤，看到 Copilot 更新了預設提示詞，於是點選【我可以查看另一個深入解析嗎？】

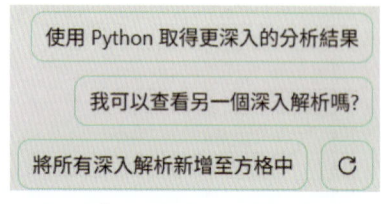

圖 11｜查看另一個深入解析

此時 Copilot 傳回部門售價橫條圖，小張心理想，這應該是直接將售價依照各部門進行累計，透過新增至工作表，果然驗證了小張的想法。

圖 12｜部門售價

S-92

3. 找出趨勢與異常值

小張想想，部門售價進行累計的意義不大，常理判斷應該要對數量與售價進行計算比較合理且有意義，但在此之前，小張想再看看 Copilot 預設還有哪些提示詞可用，於是點選預設提示詞右邊的【重新整理】，剛好出現【我的資料中是否有任何異常值】，於是直接點選這個提示詞。

此時，Copilot 顯示，墨西哥在 2023/10/31 有極端值，並透過折線圖表示。

再次點選【新增至新工作表】，小張看到墨西哥的折扣狀態，同時，Copilot 也提供篩選功能，可以查看與比較其他國家。

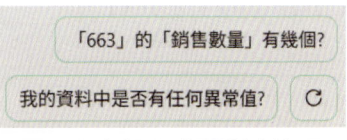

圖 13 ｜提示詞重新整理

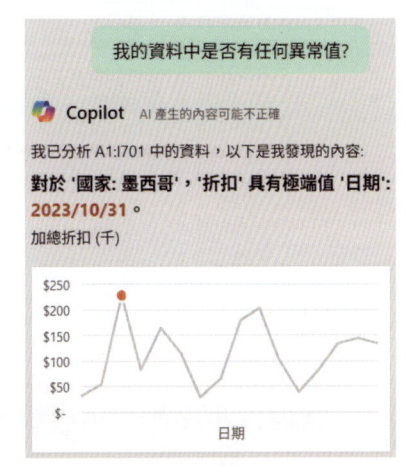

圖 14 ｜我的資料中是否有異常值

圖 15 ｜墨西哥折扣極端值

再點選美國，看到美國的極端值也在 2023/10/31 日，但加拿大的極端值，就不在 2023/10/31 了。

圖 16 ｜ 美國折扣極端值

透過這些操作，小張對 Excel Copilot 的提示詞，以及從提示詞生成的說明結果，能產生新的樞紐分析表與樞紐分析圖，有一定的認識與使用概念，但距離主管的期望還有一段距離，勢必要新增更多欄位，補足目前資料統計上的不足。

2-2 新增計算欄位與公式解析

與 Copilot 經過一番互動後，小張決定深入一些具體分析，比如應該要有營業額、利潤，能夠對折扣、成本等再進一步分析，或對產品再進行歸類，以得到更精準地分析。

1. 新增營業額與公式解析

- **Copilot 提示詞：**

> 在表格中新增一欄「營業額」，計算公式為銷售數量 * 售價

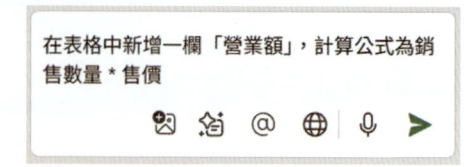

圖 17 ｜ Copilot 新增營業額提示詞

- **Copilot 解析**：Copilot 會在聊天室窗中顯示計算公式與意義，點選【顯示說明】能獲得更完整的公式說明。

- **Copilot 完成動作**：在說明的下方會顯示此欄位將插入 Excel 的哪一欄，如圖顯示將插入在 J 欄，以及計算的欄位名稱營業額與數值計算的結果，如售價 125、數量 663 的交易，銷售額應為 125×663 = 82875。在欄位的下方點選【插入欄】，Copilot 就將「銷售額」插入 Excel 試算表的 J 欄裡。

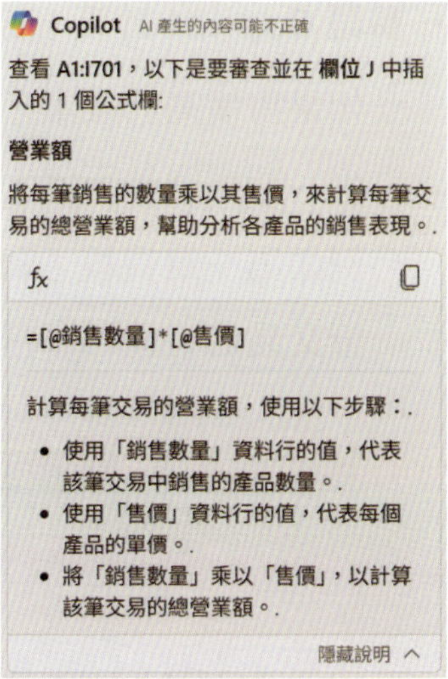

圖 18 ｜ Copilot 營業額公式與意義說明

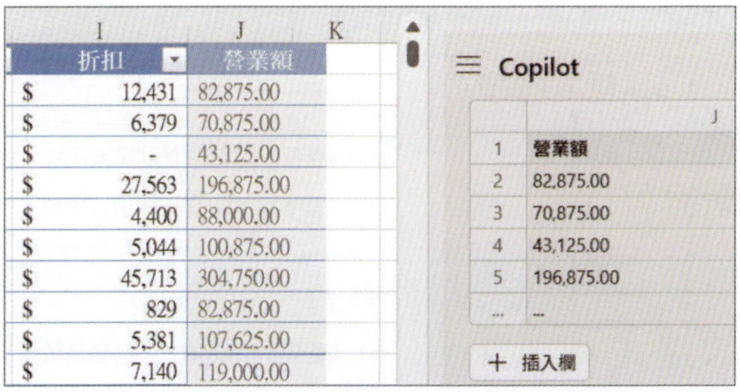

圖 19 ｜ 新增一欄營業額

　　如此，小張透過 Copilot 完成了第一個欄位計算，並從 Copilot 的說明理解計算背後的公式與意義。

2. 新增利潤與自然語言詢問

　　由於小張對利潤的計算公式不是很確定，因此，打算直接讓 Copilot 自動依據提示詞來計算利潤，自己再核對公式是否正確。

- **Copilot 提示詞**：

新增利潤欄位

- **Copilot 解析**：計算每筆交易的利潤，方法是將售價減去成本後乘以銷售數量，再扣除折扣，提供對銷售績效的深入了解，Excel 利潤欄位的公式 =([@ 售價]-[@ 成本])*[@ 銷售數量]-[@ 折扣]。

- **Copilot 完成動作**：點選插入欄，即能將「利潤」新增至 K 欄。

- **驗證 Copilot 計算**：檢查幾筆資料確認利潤合理。
  - 如果售價高於成本，理論上利潤 =（售價 - 成本）* 數量 - 折扣。如果折扣很小，利潤應為正值；若折扣巨大，利潤可能減少甚至為負。
  - 例如第一筆資料，利潤 4143.75 為正值，表示即使給出了 12431 的折扣，該筆交易仍有盈利。

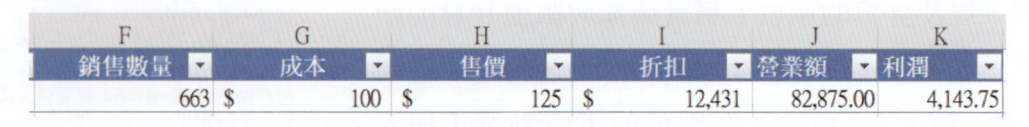

F	G	H	I	J	K
銷售數量	成本	售價	折扣	營業額	利潤
663	$100	$125	12,431	82,875.00	4,143.75

圖 20 ｜驗證 Copilot 計算

若發現某筆利潤為負（虧損），表示折扣過高或售價低於成本，這可能需要關注。

小張核對完計算資料的正確性後，發現只需口述計算需求，Copilot 就自動寫好了 Excel 公式，完全不必自己鍵入上述公式或 Excel=（H2 - G1）* F2 - I2 之類的表達式。更厲害的是，也可以改變用自然語言描述想要計算的內容，Copilot 都能建議適當的函數或運算，這對不熟悉函數語法的人相當友好，大幅降低使用公式的門檻。

若是透過自然語言詢問的方式，Copilot 只會回應公式與計算步驟，就不包含插入欄的功能。

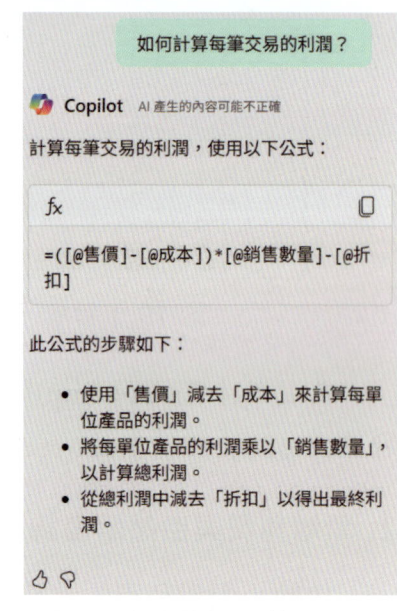

圖 21 ｜自然語言詢問 Copilot 計算公式

3. 新增折扣百分比與套用格式

經過上面兩個新增欄位的結果，小張想再增加一個折扣百分比的欄位，同時希望計算的結果直接套上百分比格式，不需要再手動設定。

- **Copilot 提示詞**：

新增一欄「折扣 %」= 折扣 ÷（售價 * 銷售數量），並將結果設為百分比格式

- **Copilot 解析**：Copilot 將公式轉換為 Excel 公式格式，=[@ 折扣]/([@ 售價]*[@ 銷售數量])，點選下圖右邊的【複製】符號，可複製公式。

圖 22 ｜複製 Copilot 公式

將複製的公式貼在儲存格時，在 Excel 的運算式視窗可以看到公式的內容，以及被圈選到的計算欄位。

圖 23 ｜公式貼在儲存格中

Copilot 除了解說下列計算步驟外，最後根據提示詞的需求加上百分比格式的設定。

- 使用「折扣」資料行的值作為分子。
- 使用「售價」資料行的值乘以「銷售數量」資料行的值作為分母，計算總售價。
- 將分子除以分母，得出折扣占總售價的比例。
- 結果以百分比格式顯示，精確到小數點後兩位。

- **Copilot 完成動作**：點選插入欄，將「折扣 %」新增至 L 欄。

- **驗證 Copilot 計算**：瀏覽「折扣 %」欄，多數值應落在合理範圍（例如 Low 等級折扣可能只有幾 %、High 等級折扣可能達 15-20% 以上，None 則應為 0%）。若發現非 0% 卻標示為 0% 或超過 100% 的異常值，可能是計算或資料輸入有誤，需要調整。

透過 Copilot 的逐步講解，小張豁然開朗。由此可見，Copilot 不僅能寫公式，還能教使用者看懂公式，成為學習 Excel 函數的得力助手。

2-3 資料表操作

透過 Copilot 新增營業額、利潤與折扣 % 等，更有意義的資料後，小張想對整個資料表進行另一層解讀，包含篩選高折扣的交易、凸顯高營業額的資料，以及排序利潤。

1. 篩選高折扣交易

使用篩選功能找出折扣等級為 High 的交易紀錄，能針對所有大折扣的訂單進行集中分析，如檢視對銷量和利潤的影響。

- **Copilot 提示詞**：

  篩選表格，只顯示「折扣等級」等於 High 的交易

- **Copilot 解析**：Copilot 回應所收到的提示詞內容，等待按下【套用】。

- **Copilot 完成動作**：按下【套用】後，Copilot 將自動勾選篩選條件，隱藏非 High 的交易，表中將只看到折扣等級為 High 的那些資料行。

圖 24 ｜ Copilot 篩選表格

- **驗證 Copilot 動作**：檢查資料是否只留下折扣等級為 High 的資料。

若要清除篩選，可在 Copilot 下提示：清除所有篩選，按下套用即清除篩選。

2. 排序銷售數量辨別極端值

將資料按照銷售數量排序，以找出銷量最大的訂單和最小的訂單，有助於辨別極端值，例如超大訂單或幾乎可以忽略的小訂單。

- **Copilot 提示詞**：

  依據「銷售數量」欄將資料從大到小排序

- **Copilot 解析**：Copilot 回應所收到的提示詞內容，對表格銷售中的「銷售數量」欄套用自訂排序。

- **Copilot 完成動作**：按下【套用】後，Copilot 會對資料進行排序操作，排序完成後，資料表最上方的列將是銷售數量最高的交易紀錄。

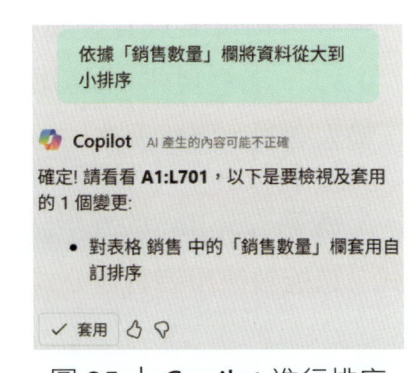

圖 25 ｜ Copilot 進行排序

3. 凸顯高銷量紀錄與條件格式

小張希望能在數百筆資料中，將銷售數量最高的前 20 筆交易標示出，便於日後重新檢視資料時，能直接看到銷售數量最高的資料，其與營業額、利潤的關係。

- **Copilot 提示詞**：

  > 將銷售數量最高的前 20 筆交易以醒目底色標出

- **Copilot 解析**：Copilot 回應所收到的提示詞內容，告知要套用的條件與格式設定規則，以及填滿色彩與字型色彩的顏色。

- **Copilot 完成動作**：按下【套用】，Copilot 會添加一個「前 20 個項目」的條件格式規則，令表格中銷售數量排名前 20 筆的變成醒目的淺黃背景色。

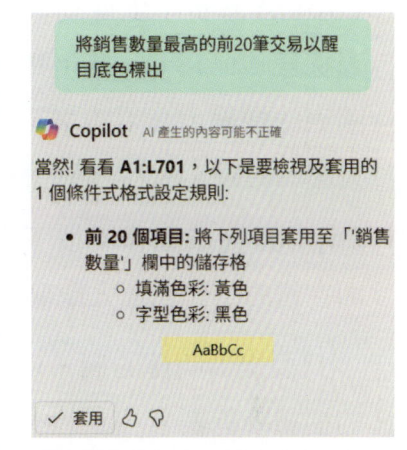

圖 26 ｜ Copilot 醒目提示

- **驗證 Copilot 動作**：由於上一個動作已經進行銷售數量排序，所以前 20 筆資料的銷售數量會被套用格式。

完成這幾個提示詞後，小張明白如果找不到或不知道 Excel 的功能，可以透過自然語言的方式，讓 Copilot 來代替操作。

2-4 建立樞紐、資料視覺化與圖表生成

小張對銷售進行一番整理與探索後，知道【資料深入解析】後能自動生成視覺圖表，但小張覺得這些圖表受限於資料深度解析的見解，無法滿足自身需求，於是欲嘗試使用 Copilot，根據指定的欄位與數值來生成更有意義的資料表與視覺圖表。

1. 建立產品與國家矩陣

小張想做一個產品、國家與利潤的分析表，由於對於樞紐分析表的製作尚不熟悉，於是借助 Copilot 來達成。

- **Copilot 提示詞**：

> 建立樞紐分析表：列為產品，欄為國家，值為利潤

- **Copilot 解析**：依據列、欄的位置生成樞紐分析表樣貌，但在 Copilot 聊天窗格中只能看到統計圖表的樣貌，必須新增至新工作表後，才能看到完整的結果。
- **Copilot 完成動作**：按下【新增至新工作表】，即在新的工作表插入此樞紐分析表。

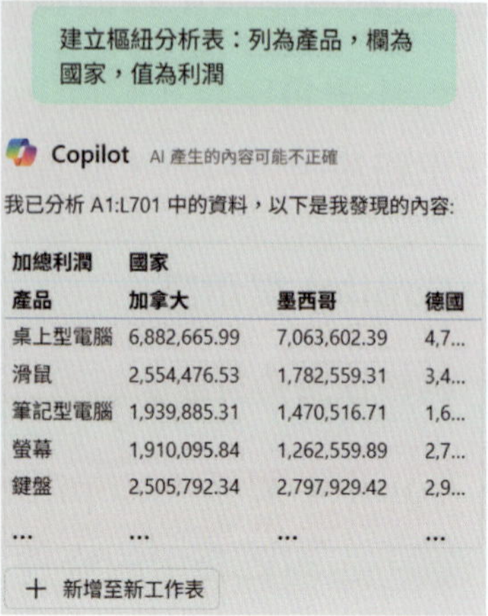

圖 27 ｜建立樞紐分析表提示詞

只要提供明確的欄、列與值資訊，就能做出正確的樞紐分析表。

加總 - 利潤	國家					
產品	加拿大	法國	美國	墨西哥	德國	總計
桌上型電腦	6,882,665.99	4,987,398.06	6,336,964.77	7,063,602.39	4,744,405.74	30,015,036.95
筆記型電腦	1,939,885.31	1,970,496.09	1,521,568.64	1,470,516.71	1,674,618.77	8,577,085.52
滑鼠	2,554,476.53	3,370,972.37	3,486,064.30	1,782,559.31	3,425,739.37	14,619,811.88
螢幕	1,910,095.84	2,596,884.24	2,093,222.00	1,262,559.89	2,790,064.00	10,652,825.97
隨身碟	1,547,802.38	1,705,028.13	1,694,814.91	1,404,369.39	1,757,057.76	8,109,072.56
鍵盤	2,505,792.34	3,321,153.90	1,762,385.55	2,797,929.42	2,987,508.68	13,374,769.89
總計	17,340,718.39	17,951,932.78	16,895,020.17	15,781,537.11	17,379,394.32	85,348,602.76

圖 28 ｜生成樞紐分析表

統計圖表新增至新工作表完成後，若想做更多提示分析，可點選【返回資料】返回資料工作表，當然，直接點選資料所在的工作表也可以回到原來的資料。

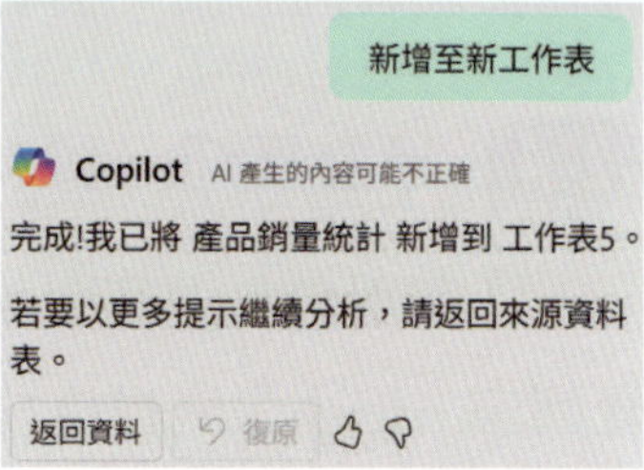

圖 29 ｜返回資料

2. 建立產品銷量直條圖

有了樞紐分析表的經驗，對於第一個統計圖表，小張想快速繪製橫條圖比較「螢幕」、「筆記型電腦」、「桌上型電腦」、「鍵盤」、「滑鼠」、「隨身碟」等產品的銷量，對此小張有四個條件：

(1) 資料欄位是產品與銷售數量
(2) 使用橫條圖
(3) 統計表要依照銷售數量由大到小排序
(4) 圖表標題直接命名為產品銷量統計

以上條件希望 Copilot 生成的統計圖表能夠滿足需求，將這些資訊都寫入提示詞，明確的告知 Copilot。

- **Copilot 提示詞：**

  > 建立以產品與銷售數量為值的橫條圖，並依照銷售數量由大到小排序，並將圖表標題命名為產品銷量統計

- **Copilot 解析**：Copilot 自動彙總銷售數量，並將銷售數量改以（千）為單位來呈現，同時依照指令進行排序。

- **Copilot 完成動作**：按下【新增至新工作表】後，可看到樞紐分析表與樞紐分析圖一併產生完成，統計圖表依照銷量由大到小排序，同時圖表標題也正確顯示產品銷量統計。

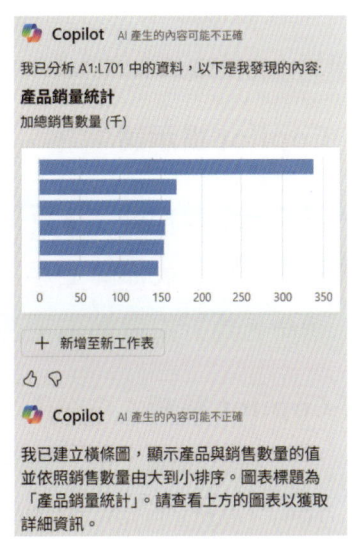

圖 30 ｜ Copilot 解析產品銷量統計提示詞

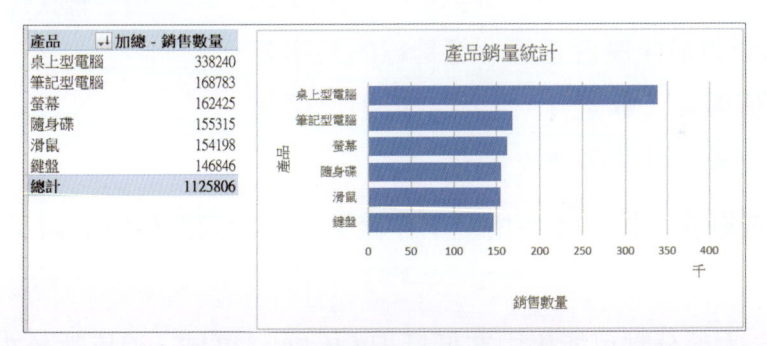

圖 31 ｜ Copilot 完成統計圖表

此時小張想在橫條圖上加上資料標籤，所以下了提示詞：請在橫條圖上加數值標籤。Copilot 答覆無法做到，並告知詳細的操作步驟，小張照著做，但發現 Copilot 的說明與 Excel 實際的功能名稱仍有差異，好在小張依循這些提點，完成了資料標籤的設定，希望未來 Copilot 能越來越精準。

圖 32 ｜ Copilot 無法顯示數值標籤並回應

3. 折扣與銷量相關性散佈圖

直觀假設上，折扣越高，理論上銷售數量可能增加。因此，小張想透過散佈圖加上趨勢線觀察兩者的相關方向及強度。

- **Copilot 提示詞**：

> 建立一個散佈圖，以折扣 % 為 X 軸、銷售數量為 Y 軸，並在散佈圖上添加線性趨勢線，將圖表標題命名為折扣與銷量散佈圖

- **Copilot 解析**：Copilot 會插入一張散佈圖，每筆交易成為圖上的一個點1。X 軸從 0% 到約 15-20%（因為 High 折扣多在 15% 左右），Y 軸從 0 延伸到數千（銷售數量可能高達 3000 以上）。預期整體來說，X 軸大的點（高折扣）在 Y 軸也傾向較高的位置，顯示某種正相關趨勢。Copilot 將為資料點套畫最佳擬合直線，趨勢線的斜率若為正且 R^2 值較高（靠近 1），表示折扣比例與銷售數量有正相關且關聯度較強。

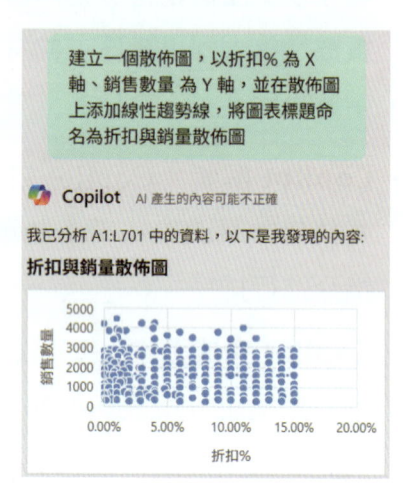

圖 33｜折扣與銷量散佈圖提示詞

- **Copilot 完成動作**：按下【新增至工作表】後，看到散佈圖與趨勢線的關係。在散佈圖上
  - **集中區域**：大部分點可能集中在低折扣（0-5%）區域，銷售數量在數百以內，這代表許多一般訂單。
  - **突出點**：一些點位於高折扣（15% 左右）且銷量上千附近，例如折扣 15%、銷量 2000+ 的點，代表大型高折扣交易。
  - **趨勢**：趨勢線理論應大致向右上傾斜，但以此案例看到確為一條平現，散佈點在低折扣也有大的交易數量，高折扣也有低交易數，所以，這份資料內容是需要再重新檢視的！

- **離群值**：在散佈圖中，若有明顯偏離趨勢的點是值得注意的，例如，有沒有低折扣卻異常高銷量的點？若有，那筆交易值得注意（可能憑藉其他因素促成大單）。本範例的每月資料過於平均，建議使用真實資料依此方法進行測試。

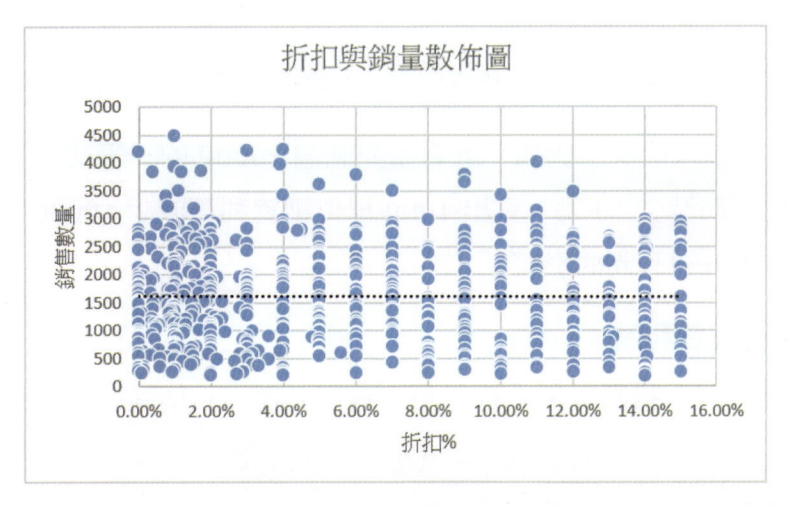

圖 34｜折扣與銷量散佈圖

2-5 成本變動假設分析

既然 Copilot 能夠過提示詞生成統計圖表或產生指引，小張想透過 Copilot 來進行成本變動情境分析與銷售預測。

小張想如果能夠透過 What-if 假設分析，如果成本上升 10%，對利潤的影響以及售價應如何調整？

1. 新增「調整後成本」欄

在資料表中插入一個新欄位，計算每筆交易在成本提高 10% 後的單位成本。例如，如果原成本為 100，調整後成本則為 110。

- **Copilot 提示詞**：

> 在表格新增「調整後成本」欄位，公式 = 原成本 * 1.1

Copilot 會在每行計算出調整後成本值。例如，原本成本 65 的隨身碟調整後變為 71.51；成本 100 的螢幕變為 110，以此類推。

2. 新增「新利潤」欄

　　插入另一欄「新利潤」，按照調整後成本重新計算利潤。公式為：新利潤 = 銷售數量 *（售價－調整後成本）－折扣。

- **Copilot 提示詞：**

> 新增「新利潤」欄位，公式 = 銷售數量 *（售價－調整後成本）－折扣

　　Copilot 將填入此欄。例如，針對原先利潤 10000 的一筆交易，如果成本提高導致每單位利潤減少 10 元，賣出 1000 單位則總利潤減少 10000，計算結果將直接反映成本上升對利潤的影響。

3. 比較原利潤與新利潤

　　現在表格中有「利潤」和「新利潤」兩欄。插入一個輔助欄「利潤變化」計算差異：

- **Copilot 提示詞：**

> 新增「利潤變化」欄 = 新利潤－利潤

　　這欄應該大多為負值（因成本上升導致利潤下降），個別可能為 0（如果售價剛好也上漲或銷售數量為 0 的情況）。

4. 篩選 / 排序分析影響

　　可以透過篩選「利潤變化」最小的幾筆，找出受影響最大的交易：

- **Copilot 提示詞：**

> 將利潤變化欄按升冪排序

　　排序之後頂端的是利潤下降最多的交易。例如，銷量極大的訂單在成本上升後，利潤絕對下降值也最大，反之，銷量小的訂單影響不大。

利潤	折扣%	調整後成本	新利潤	利潤變化
29,930	10.00%	286.00	-47,888	-77,818
246,178	2.00%	286.00	169,062	-77,116
188,378	7.00%	286.00	113,602	-74,776
267,561	2.00%	275.00	195,636	-71,925
247,500	0.00%	286.00	176,000	-71,500
116,604	3.00%	275.00	45,504	-71,100

圖 35 ｜步驟 1-4 的欄位與升冪排序

5. 彙總總體影響

利用樞紐或直接公式計算全部交易利潤總和與新利潤總和，以量化整體影響：

- **Copilot 提示詞：**

> 計算原總利潤和新總利潤，求兩者差額

Copilot 或會以 SUM 函數計算兩欄總和並作差。如右圖原總利潤約 8,500 萬，新總利潤 8,000 萬，差額 -500 萬，表示成本 +10% 導致整體利潤減少 500 萬。

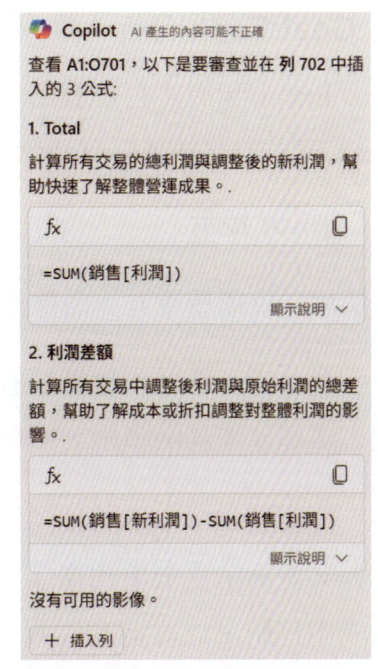

圖 36 ｜總利潤與新利潤提示詞

圖 37 ｜插入列後置於表格下方

6. Goal Seek 分析（選擇性）

Excel 另有「目標搜尋」功能，可讓我們試反推某條件。例如，可用 Goal Seek 算：若要維持原有利潤，單價需提高多少。這可請 Copilot 啟用：

- **Copilot 提示：**

> 使用「目標搜尋」，調整售價使得新利潤總和等於原利潤總和

Copilot 將進入目標搜尋的對話，計算出需要多少售價漲幅才能抵消成本提升。這部分屬高階應用，可自行探索。

小張透過 Copilot 快速模擬成本變動對利潤的衝擊，結果可能顯示：成本上升對某些高銷量低毛利產品打擊較大。若預期成本提高，可以考慮適度調價或改善成本控制，以維持利潤水準。Copilot 協助在幾分鐘內完成了需要繁瑣公式的模擬分析，極大提高了效率。

2-6 使用 Python 進行進階分析

小張看到 Excel Copilot 整合 Python，決定來試試進階的統計圖表。

1. 開啟 Python 分析功能

在 Excel 的儲存格上，可以看到 Copilot 圖示，點選 Copilot 打開選單，第一個選項功能即【使用 Python 取得更深入的分析結果】。

圖 38 ｜使用 Python 取得更深入的分析

點選使用 Python 取得更深入的分析結果，即轉換成提示詞送給 Copilot；而在 Copilot 工作窗格的預設提示詞，也能見到使用 Python 取得更深入的分析結果，點選預設提示詞也能達到同樣的效果。當提示詞完成，點選下方的【開始】，進入 Python 分析模式。

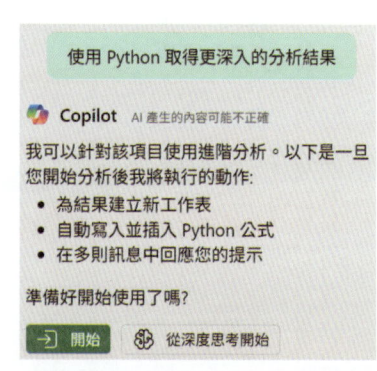

圖 39 ｜開始使用 Python

點擊開始即跳至新的分析工作表，進入進階分析模式，Python 讀取所有的資料範圍，並將資料預覽呈現在 Excel 上，等待後續的提示詞。

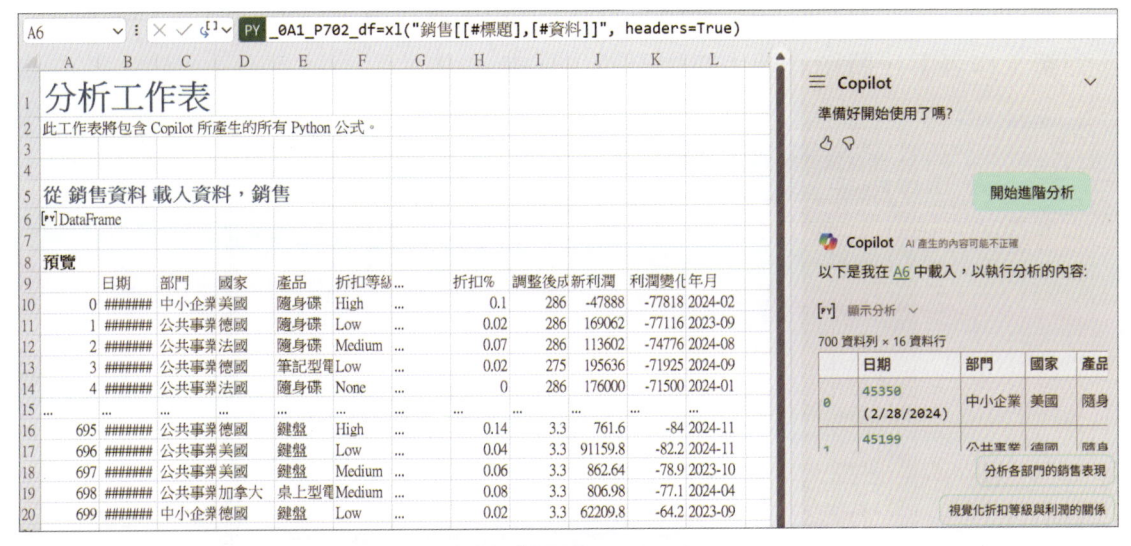

圖 40 ｜開始進階分析

2. 使用 Python 生成趨勢圖並自我檢查

在 Copilot 同樣也會列出相關的提示詞，可直接點選提示詞來分析。

- **Copilot 提示詞：**

  分析銷售數量的趨勢和季節性變化

- **Copilot 解析**：Copilot 根據提示詞進行時間序列分析，點選【顯示分析】可以看到統計圖表的 Python Code。在此案例中，Copilot 告知季節性分解失敗，因為數據不足以進行完整的季節性分析（需要至少 24 個月的觀測值）。同時自動嘗試其他方法，例如繪製銷售數量的趨勢圖，或進行簡單的月度平均分析以探索季節性模式。

圖 41 ｜銷售趨勢與 Python Code

- **Copilot 完成動作**：Python 進行自我檢查後，去掉季節性變化的部分，生成銷售數量趨勢圖；而 Python 的統計圖表在提示詞完成的同時，就會自動將統計圖表插入預先設定好的儲存格位置，如 A24 儲存格，也可以點選【新增結果到新工作表】，將統計圖表新增至新工作表。

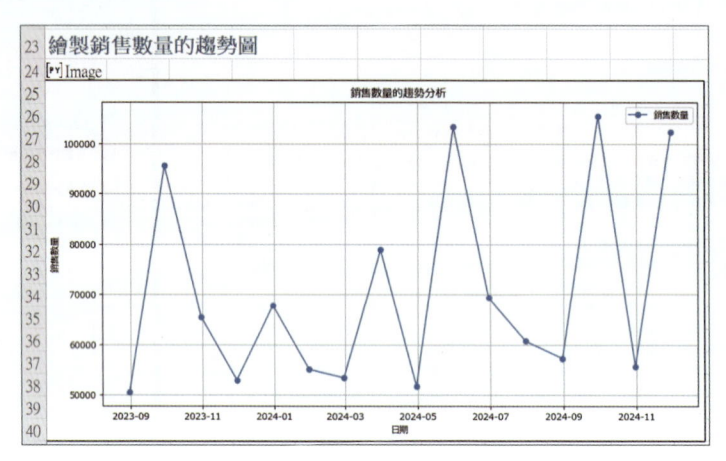

圖 42 ｜分析銷售數量的趨勢和季節變化

3. 使用 Python 預測

- **Copilot 提示詞**：

> 預測未來三個月的銷售趨勢

- **Copilot 解析**：需要使用時間序列模型來預測未來三個月的銷售趨勢。將基於現有的月度銷售數量數據進行建模和預測，並繪製未來三個月的預測結果。
- **Copilot 完成動作**：使用移動平均之結果

圖 43 ｜預測未來三個月銷售趨勢

- **Copilot 提示詞：**

預測 2024/11 後半年從 2024/12 至 2025/5 的銷售數量,並將預測的結果整合成銷售數量預測分析

- **Copilot 解析**:需要使用時間序列模型來預測 2024 年 12 月至 2025 年 5 月的銷售數量,並將預測結果與歷史銷售數據整合,繪製銷售數量預測分析圖。將基於現有的月度銷售數量數據進行建模和預測。

- **Copilot 完成動作:**

圖 44 ｜預測未來半年銷售趨勢

透過 Python 畫出後,小張又試了幾個提示詞:

範例一:

繪製一張顯示"折扣等級"與"利潤"分佈的提琴圖(violin plot)

範例二:

請用 Python 畫出銷售額的直方圖分布

在 Excel Copilot 的協助下,小張將生成的樞紐分析表與統計圖表整合後,提交給主管,順利完成任務。

三 進階技巧與限制

經歷了從資料整理、分析、圖表可視化到預測模擬、Python 深度挖掘的一連串操作，讓我們總結使用 Copilot in Excel 的進階技巧與需注意的限制，以便在實際應用時更為順利：

3-1 使用技巧

1. 確保資料格式適當

如前所述，Copilot 目前只能分析 Excel 表格格式的資料範圍，使用前請先將原始資料轉換為表格（選取資料 > 插入表格），並確認檔案已儲存在 OneDrive / SharePoint 雲端。

否則 Copilot 可能無法讀取內容或功能會受限。另外，請使用者登入正確的企業或學校帳號並持有 Copilot 授權。若 Copilot 圖示為灰色，通常與檔案位置或帳戶授權有關，需要先排除這些問題

2. 中文支持與語言

Microsoft 365 Copilot 最初支援英文等幾種語言，近期也已支援中文在內的更多語言。

使用繁體中文提問通常能得到正確回應，但如遇特殊技術詞彙，嘗試改用英文可能更精確。請注意 Copilot 對繁簡中文沒有區別對待，但建議介面欄位名稱與提問用語一致（例如欄位是「營業額」就用此詞）。若 Copilot 回覆語言不對，也可明確指定回答語言。

3. 設計有效提示

和 Copilot 互動時，提示詞的清晰度很重要。

儘量描述明確你要的結果，包括分析維度、範圍及表達形式。例如：「列出各產品前三高的銷售月份」比「哪裡賣得最好？」更具體明瞭。若初次提問結果不符合期望，可以根據回覆逐步追問或調整措辭。Copilot 會記憶上下文，因此

可一步步細化要求，例如先要總覽、再要求某部分詳情。對複雜任務，也能將問題拆成多個小問題逐一詢問。

4. 善用 Copilot 建議與範例

Copilot 面板內建的提示範例和分析後建議，是很好的參考。

當不知道從何問起時，可以點選這些建議項目，引導出有價值的資訊。比如按下「分析」後，Copilot 可能建議下一步「生成樞紐分析表」或「比較不同區間表現」，這些都是它發現資料特性後給出的專業建議。不妨試試，常有意想不到的收穫。

5. 理解 Copilot 的限制

雖然 Excel Copilot 功能強大，但仍有一些限制需注意。例如，根據目前 Microsoft 文件，Copilot 最多處理約 200 萬個儲存格的資料表，若資料量過大可能無法載入或速度變慢。

對於特別大的表格，某些操作（如公式建議、篩選排序）可能需要較長時間才能完成

3-2 常見問題

此外，Copilot 偶爾可能無法理解非常複雜的指令，這時建議換種說法或簡化問題。最後，Copilot 雖聰明但並非 100% 正確無誤——在資料分析領域，它可能出現所謂「AI 幻覺」（指 AI 模型生成不正確或虛構資訊），比如錯誤地歸納原因或忽略某些異常。因此，人仍需在循證基礎上審慎判讀 Copilot 提供的結果。

- **常見問題與排除**：若 Copilot 回覆「無法取得答案」或產生錯誤，多半是輸入問題不佳或資料不完整導致。可嘗試：確認欄位名稱無誤、避免一次詢問多個不同主題、或檢查是否有空白欄讓 Copilot 混淆。在使用 Python 模式時，如果生成的程式報錯，Copilot 通常會自動修正語法或模型並重試。

若仍有問題，可以要求它「解釋錯誤訊息」並協助更正。整體而言，耐心地與 Copilot 溝通幾輪，通常能克服初步的障礙。

- **實用建議與最佳實務**：使用 Excel Copilot 有幾項最佳實踐值得遵循：
  - **資料先整理**：在讓 Copilot 處理前，盡量補全缺失值、修正異常值與統一單位格式，乾淨的資料能使 AI 分析更精準可靠。
  - **逐步驗證**：拿到 Copilot 結果後，可抽樣幾筆在原資料中核對，尤其是公式計算類結果，確保沒有邏輯謬誤再大範圍應用。
  - **結合領域知識**：AI 找出的相關性不一定意味真正因果。將 Copilot 的發現和你熟悉的業務背景結合，才能做出正確解讀。例如前述公共事業大額訂單，懂得組織運作的人才能判斷這可能是年度預算花費所致，而不只是數字異常。
  - **保密與審慎**：切記企業或校方數據的機敏性，在使用 Copilot 分享或導入外部資料時遵守安全規範。Copilot 不會將你的企業資料用於訓練，但對產出的摘要仍應謹慎對外發布，畢竟其中蘊含組織的商業資訊。
  - **持續學習**：Microsoft 365 Copilot 平臺在持續演進，建議定期關注官方更新或論壇。

多試用各種提示和新功能（如 Agents 分析員），會挖掘出更多使用訣竅。習慣之後，不僅提高分析效率，更能培養對數據的敏銳度，可謂一舉兩得。

透過本章的情境故事，我們看到一位對 Excel 和資料分析不甚熟悉的新人，在 Microsoft 365 Copilot（Excel）的協助下，完成了從資料探索、關鍵指標計算、圖表製作到深入預測分析的整套任務。他幾乎以對話的方式就調動了 Excel 強大的分析和計算功能，大幅降低技術門檻，同時保有對結果的掌控力。

Copilot in Excel 彷彿讓每個人都配備一名貼身的資料分析指引員——它能快速找出趨勢洞察，解答你的疑問，執行你的想法，還能引領你發現不曾注意的細節。對企業員工而言，這意味著更明智和高效的日常決策；對學校師生而言，則意味著更低門檻的資料素養培養和研究分析實踐，讓資料分析不再是高深的學問了！

WIA 職場智能應用國際認證
Presentations 商業簡報
Using Microsoft® PowerPoint®

領域範疇 1 投影片編修與母片設計

- 題組 1　ODF 介紹

領域範疇 2 多媒體簡報設計與應用

- 題組 1　太陽系

領域範疇 3 投影片放映與輸出

- 題組 1　七言絕句

領域範疇 **1**

投影片編修與母片設計

題組 1　ODF 介紹

題號	題目要求	頁碼
1	從第 2 張投影片開始，使用從大綱插入投影片，以「ODF.txt」內容新增簡報檔。	P-06
2	使用重複使用投影片的功能，在第 3 張投影片後方插入「檔案處理.pptx」的所有投影片。（注意：不使用來源格式）	P-07
3	編輯「標題及物件」版面配置，變更「母片標題樣式」圖案為「矩形：圓角」，套用「色彩外框－灰色，輔色 3」圖案樣式及「圖樣填滿：白色；深色右斜對角線；陰影」文字藝術師樣式；字型為「微軟正黑體」、大小 44pt。	P-09
4	編輯「標題及物件」版面配置，設定「母片文字樣式」字型為「微軟正黑體」、大小 24pt、行距 1.5 倍行高；第一層母片文字樣式的項目符號使用「webdings」字型中字元代碼「52」的符號，色彩為「紫色」。	P-12
5	使用「internet.jpg」圖檔做為「標題投影片」版面配置母片背景圖案，並以「新聞紙」材質做為「標題及物件」版面配置母片背景。	P-16
6	在「標題及物件」版面配置母片，插入「icon.png」圖檔，等比調整圖片的高度為 3 公分，色彩重新著色「淺灰，背景色彩 2 淺色」，對齊投影片右下角，並移至最下層。	P-19
7	將第 1 張投影片套用「標題投影片」版面配置；其餘投影片皆套用「標題及物件」版面配置。除標題投影片外，新增投影片編號。	P-22
8	變更第 1 張投影片標題圖案為「波浪」，圖案樣式「色彩填滿－藍色, 輔色 5」，圖案外框為「白色, 背景 1」，對齊文字設定為「置中」，字型為「微軟正黑體」。	P-24
9	第 3 張投影片插入「ODF.png」圖檔，等比調整圖片寬度為 18 公分，位置距左上角水平 4 公分、垂直 12.5 公分，套用「飛入」進入動畫效果，「接續前動畫」，期間 1.75 秒。	P-27
10	將投影片 2~5 張的項目文字新增「蹺蹺板」強調動畫效果，期間為 1 秒，效果選項設定「依段落」顯示。	P-30

參考答案

ODF檔案介紹

何謂ODF檔案

▸ ODF檔案是基於XML檔案格式規範，應用於使用者常用的文書處理、試算表、簡報等電子文件而設置。ODF具格式開放、跨平台、跨應用程式的特性，適於長久保存並可避免版本升級衝突，目前多政府單位及企業公開宣誓改用ODF做為正式文件交換與儲存標準。

參考答案

常見的開放格式

- ODT：編輯文字的文件(Text)
- ODS：編輯表格的文件(Spreadsheets)
- ODP：編輯簡報的文件(Presentations)
- ODG：編輯繪圖的文件(Graphics)

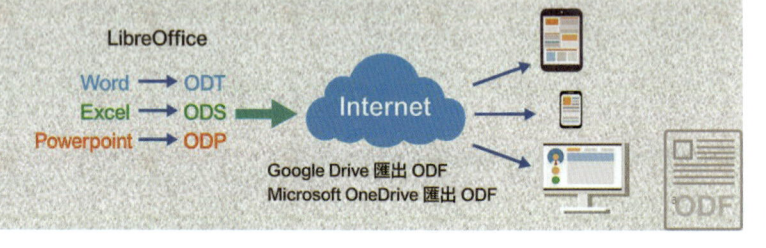

LibreOffice
Word → ODT
Excel → ODS
Powerpoint → ODP
Internet
Google Drive 匯出 ODF
Microsoft OneDrive 匯出 ODF

產生ODF檔案

- 目前需付費使用的Microsoft Word、Excel、PowerPoint等編輯程式也都能讀取或儲存ODF格式的檔案，免費使用的Libre Office相關應用程式也都支援ODF格式。
- 將各種檔案儲存成PDF檔格式，也是一種ODF檔案。Google Drive和Microsoft OneDrive等雲端硬碟也都支援ODF格式的匯入和匯出功能。

參考答案

政府要求

▸ 請貴校鼓勵學研計畫相關文件優先以ODF文件格式製作、學校行政作業以ODF文件格式流通、教師以可製作標準ODF文件格式之軟體,作為教育應用工具,教師在職訓練納入ODF文件格式等推動。

題目 1

從第 2 張投影片開始,使用從大綱插入投影片,以「ODF.txt」內容新增簡報檔。

解題步驟

1 游標置於第 1 張投影片下方,點擊 [常用] 索引標籤 [投影片] 功能群組 [新投影片] 選單的「從大綱插入投影片」項目。

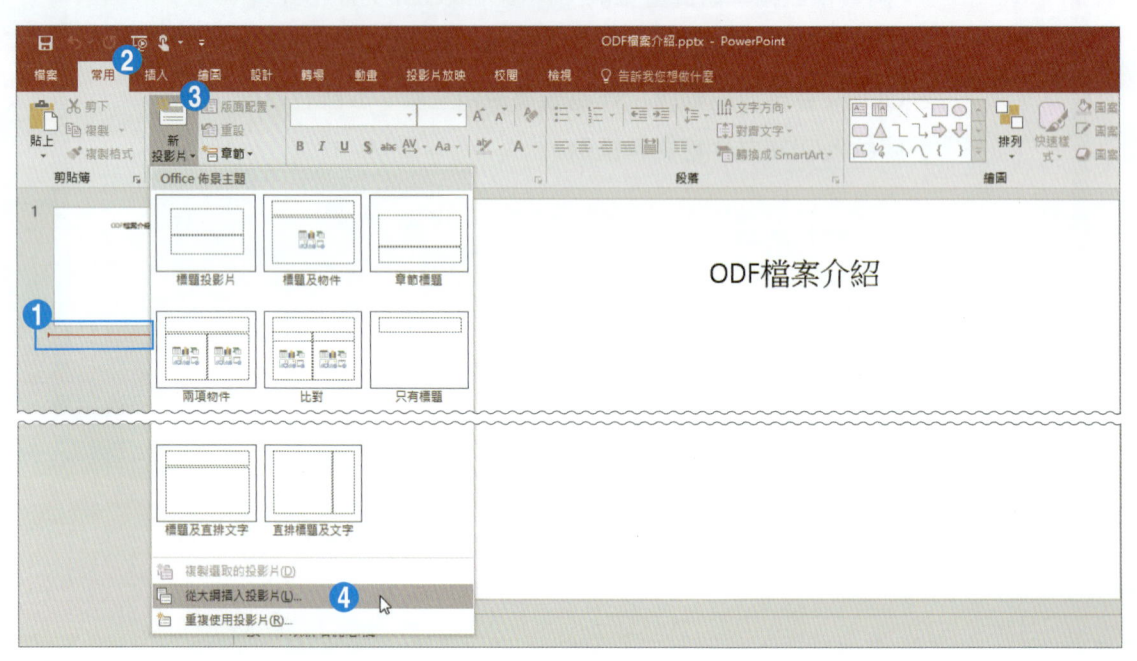

2 開啟「插入大綱」對話方塊,選取資料夾的「ODF.txt」檔,按【插入】鈕。

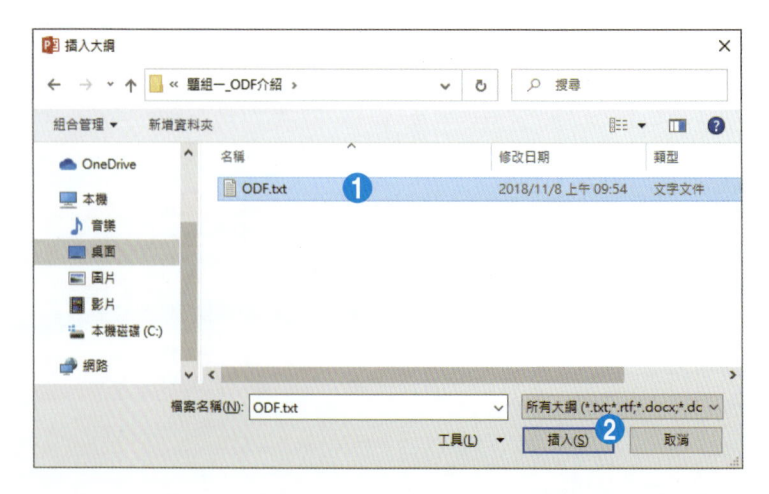

題目 2

使用重複使用投影片的功能,在第 3 張投影片後方插入「檔案處理.pptx」的所有投影片。(注意:不使用來源格式)

解題步驟

1. 游標置於第 3 張投影片後方,點擊 [常用] 索引標籤 [投影片] 功能群組 [新投影片] 選單的「重複使用投影片」項目。

2. 在 [重複使用投影片] 工作窗格中按【瀏覽】按鈕選單中的「瀏覽檔案」項目。

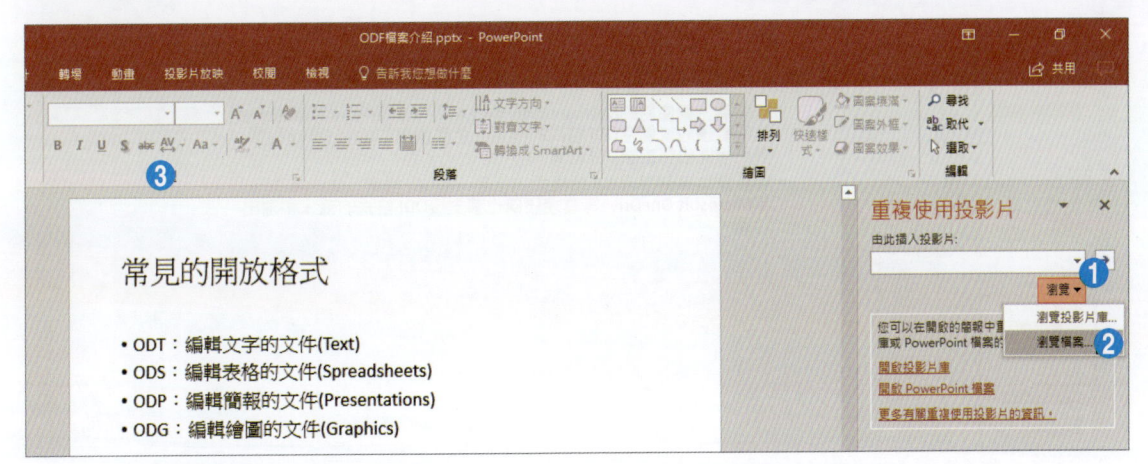

3. 開啟「瀏覽」對話方塊，選取資料夾的「檔案處理.ppt」檔，按【開啟】鈕。

4. 在不勾選「保留來源格式設定」核取方塊的狀態下，由右側投影片清單的第 1 張投影片按滑鼠右鍵，點選「插入所有投影片」。

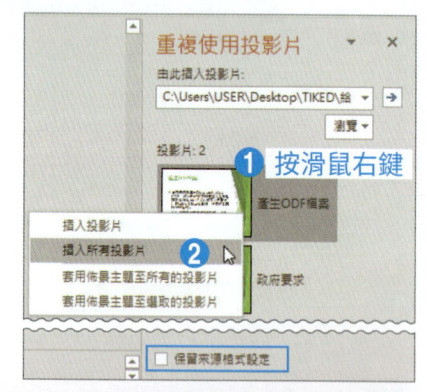

5. 完成結果圖。

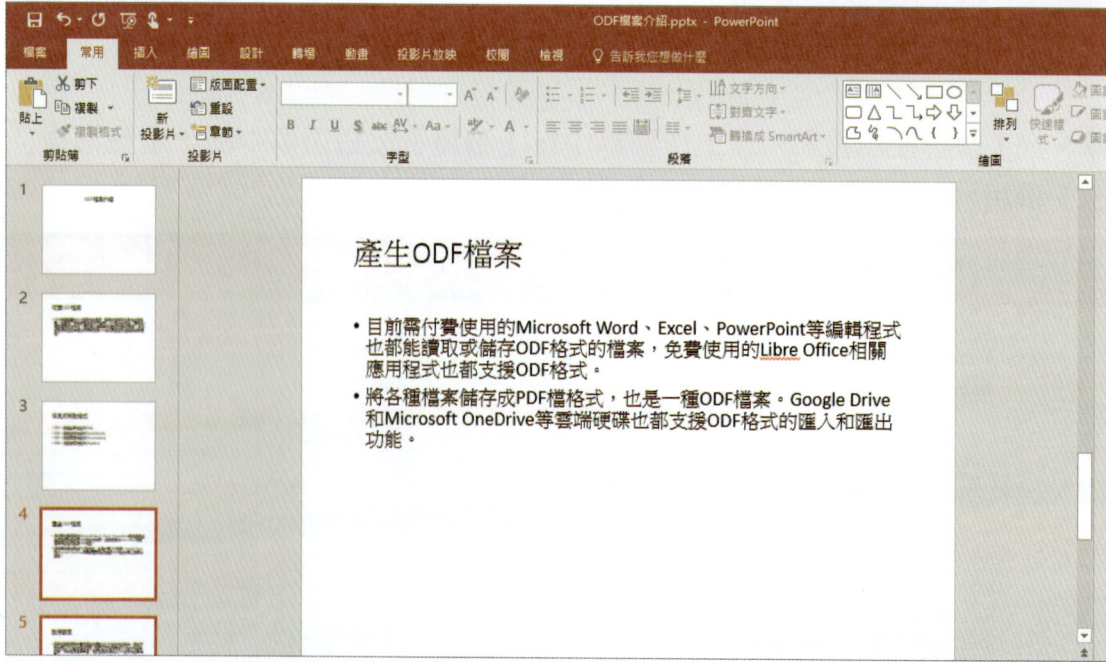

題目 3

編輯「標題及物件」版面配置，變更「母片標題樣式」圖案為「矩形：圓角」，套用「色彩外框 – 灰色, 輔色 3」圖案樣式及「圖樣填滿：白色；深色右斜對角線； 陰影」文字藝術師樣式；字型為「微軟正黑體」、大小 44pt。

解題步驟

1 點擊 [檢視] 索引標籤 [母片檢視] 功能群組的【投影片母片】鈕，進入投影片母片檢視模式。

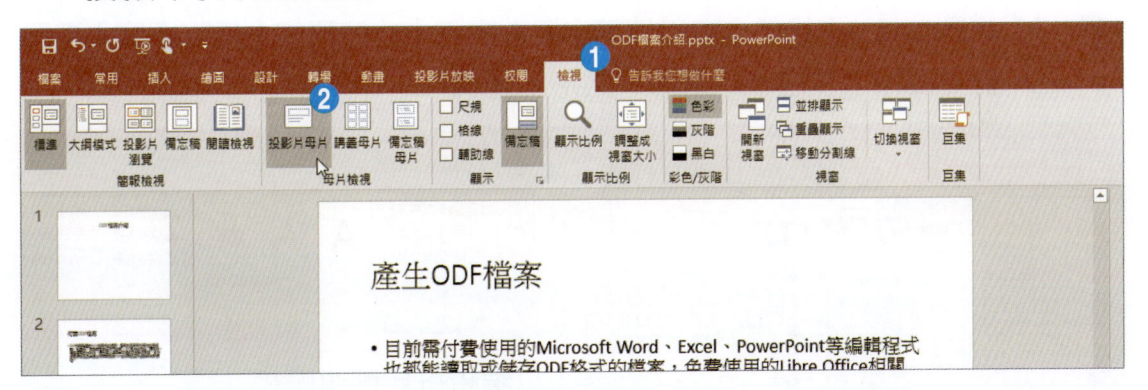

2 點選「標題及物件」版面配置。

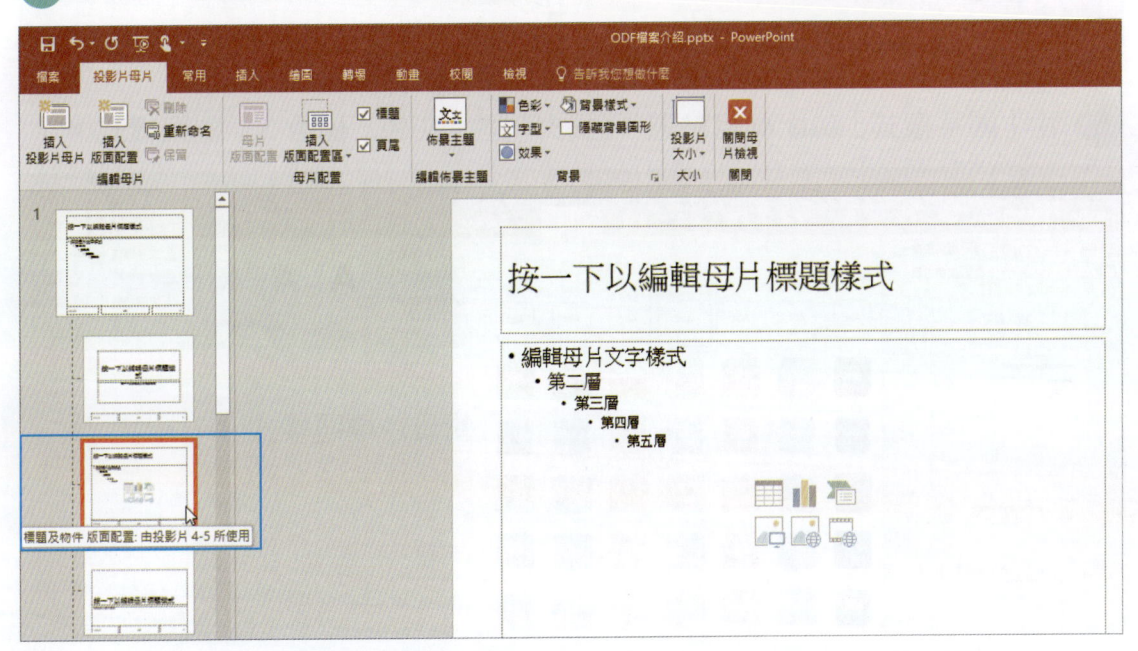

3 ▶ 點選「母片標題樣式」圖案框。

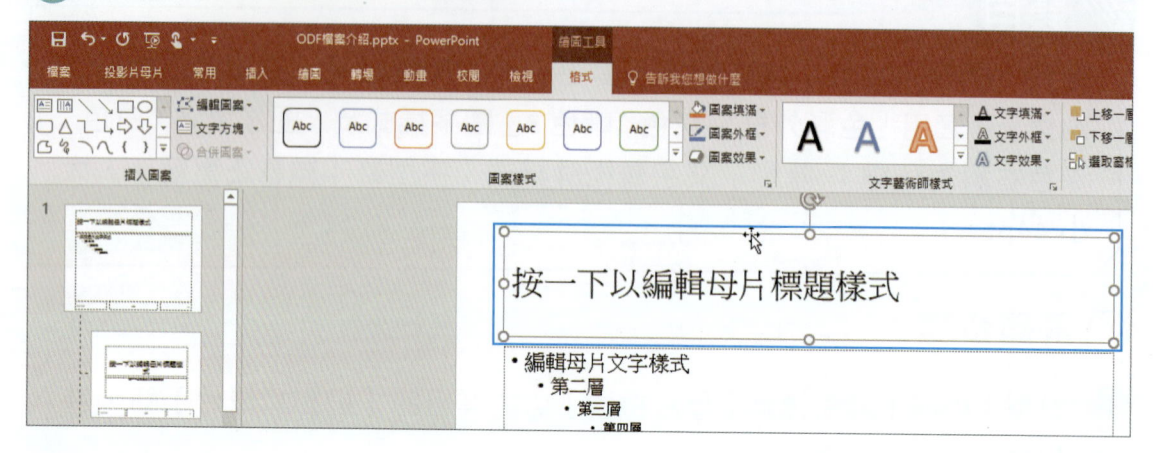

4 ▶ 由 [繪圖工具]/[格式] 索引標籤 [插入圖案] 功能群組 [編輯圖案] 選單的 [變更圖案] 子選單，選擇「矩形：圓角」。

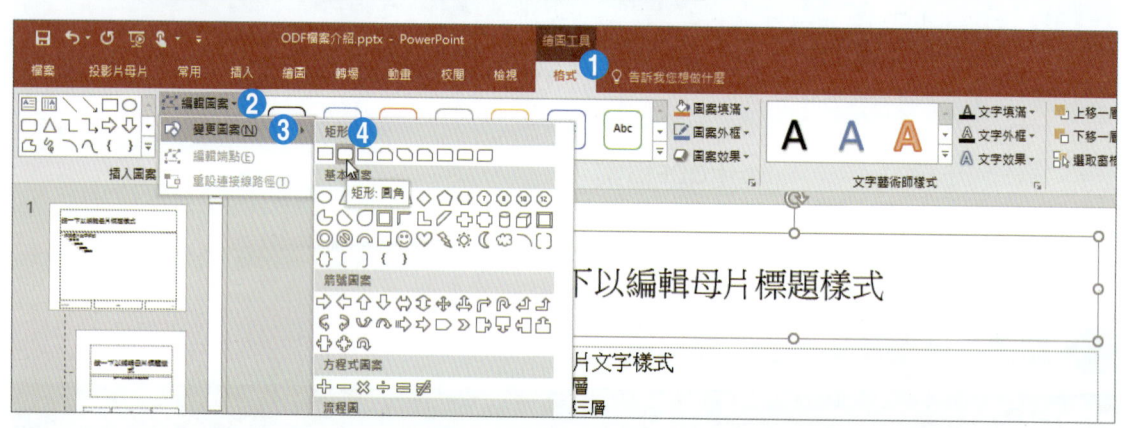

5 ▶ 由 [圖案樣式] 功能群組點選「色彩外框 - 灰色, 輔色 3」圖案樣式。

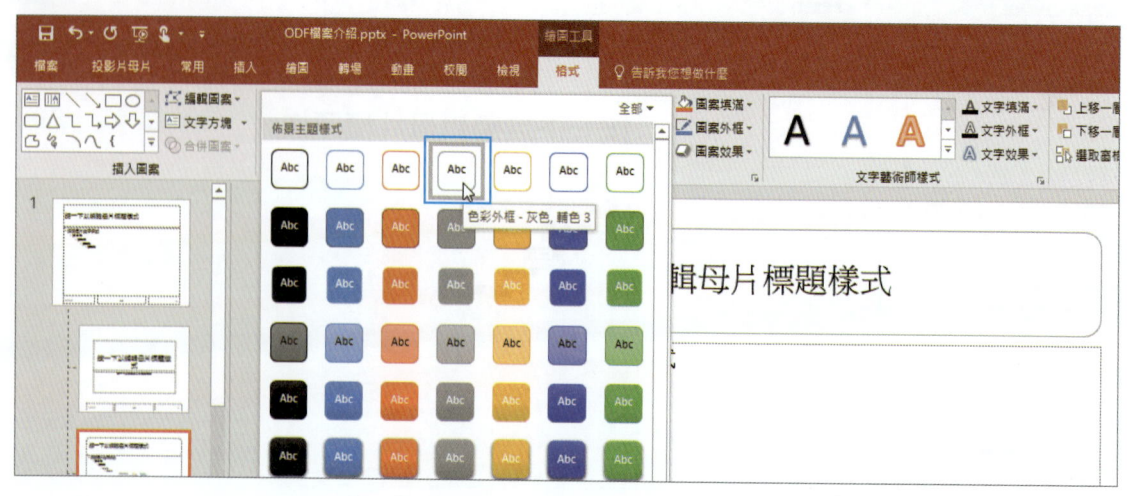

6 再由 [文字藝術師樣式] 功能群組點選「圖樣填滿：白色；深色右斜對角線；陰影」文字藝術師樣式。

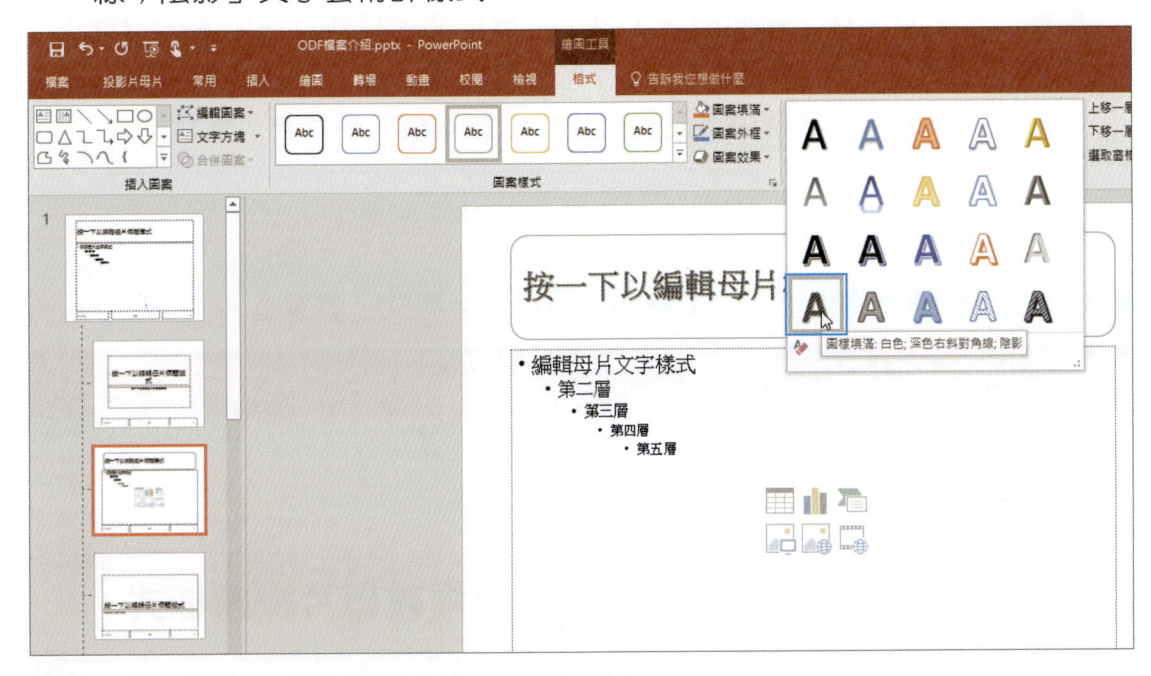

7 並由 [常用] 索引標籤 [字型] 功能群組，設定字型為「微軟正黑體」，字型大小為「44」pt。

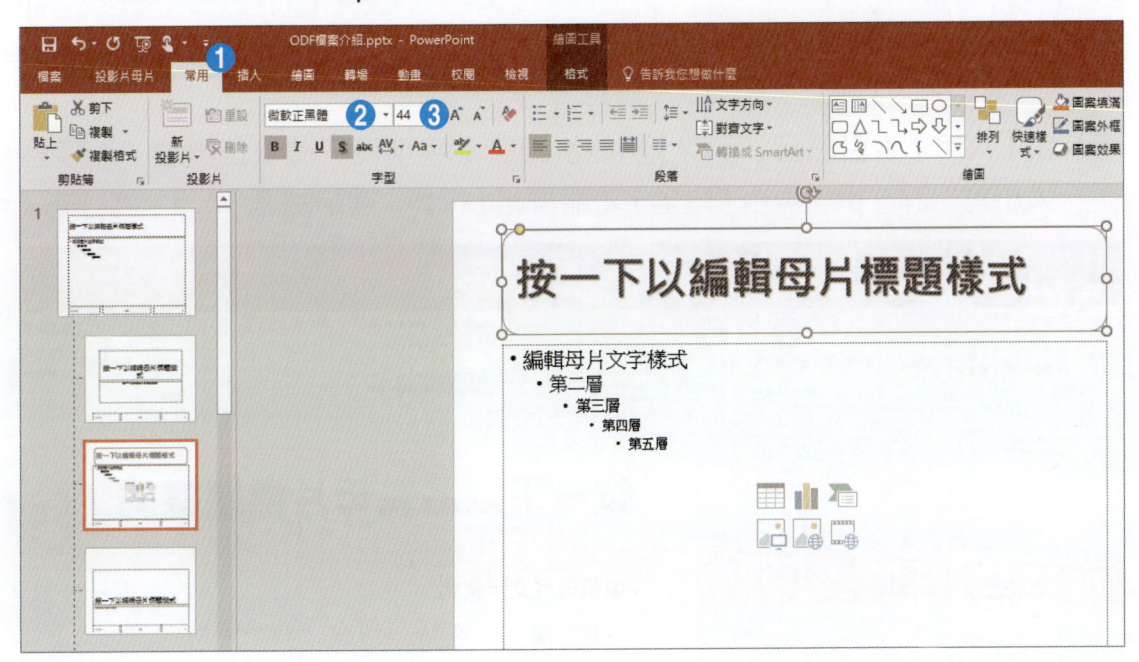

P-11

題目 4

編輯「標題及物件」版面配置，設定「母片文字樣式」字型為「微軟正黑體」、大小 24pt、行距 1.5 倍行高；第一層母片文字樣式的項目符號使用「webdings」字型中字元代碼「52」的符號，色彩為「紫色」。

解題步驟

1. 點選「標題及物件」版面配置的「母片文字樣式」圖案框。

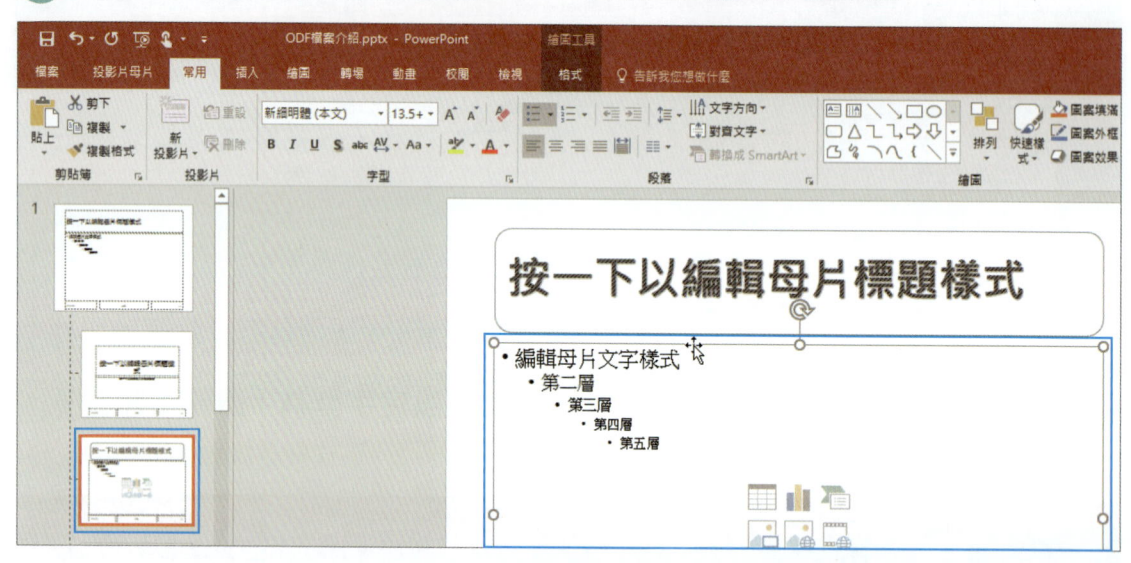

2. 由 [常用] 索引標籤 [字型] 功能群組設定字型為「微軟正黑體」，字型大小為「24」pt，再由 [段落] 功能群組 [行距] 選單點選「1.5」倍行高。

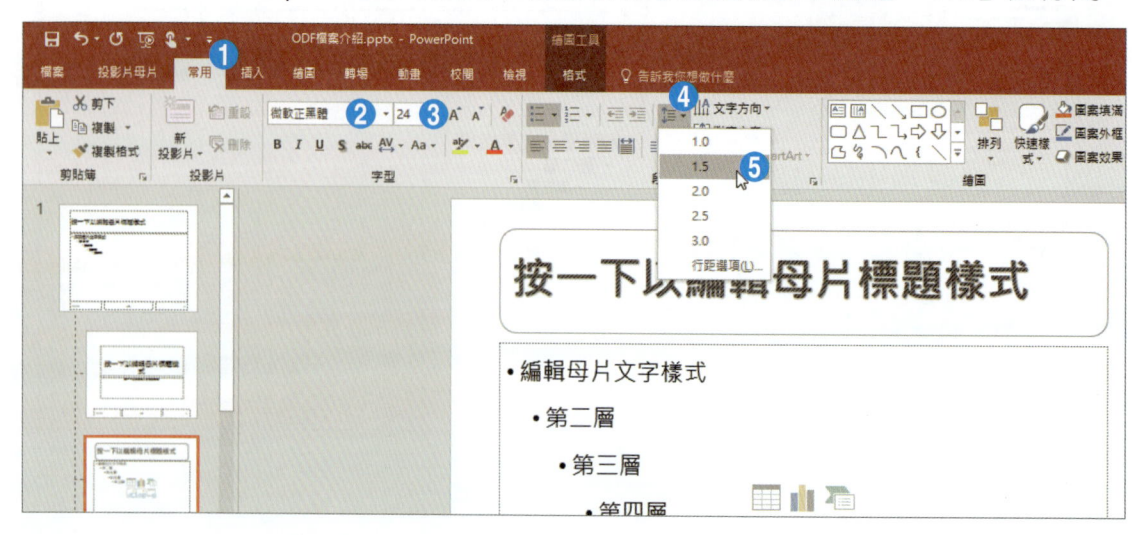

P-12

3 游標置於「母片文字樣式」圖案項目文字的第一層。

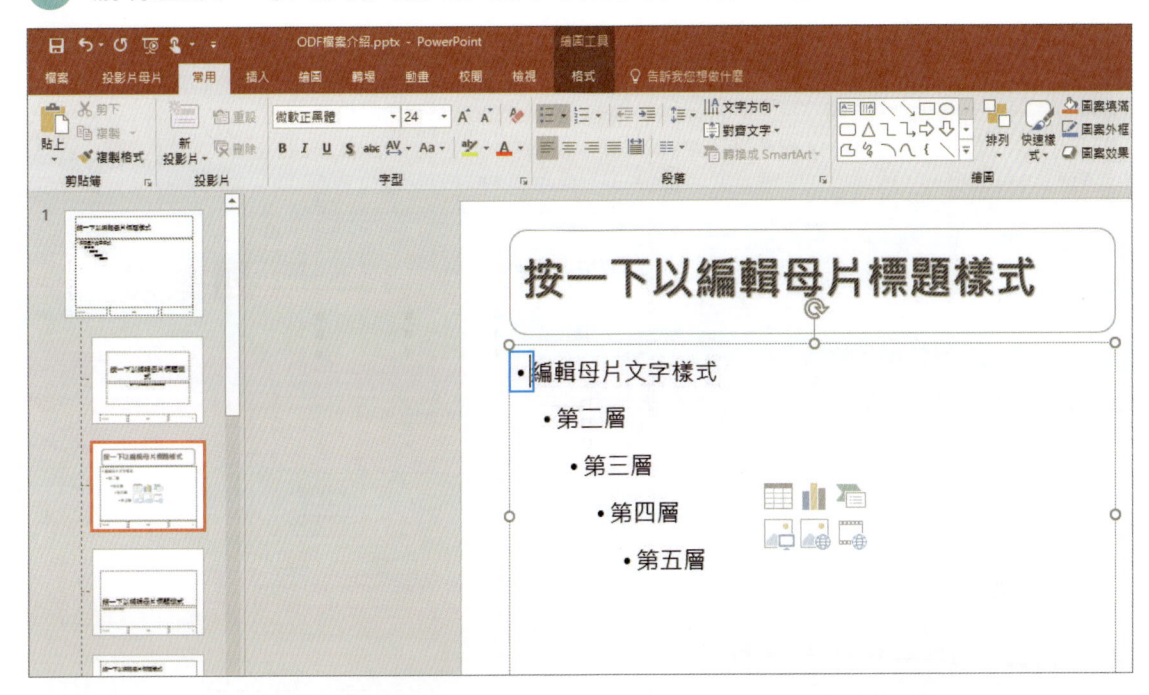

4 點選 [常用] 索引標籤 [段落] 功能群組 [項目符號] 選單的「項目符號及編號」項目。

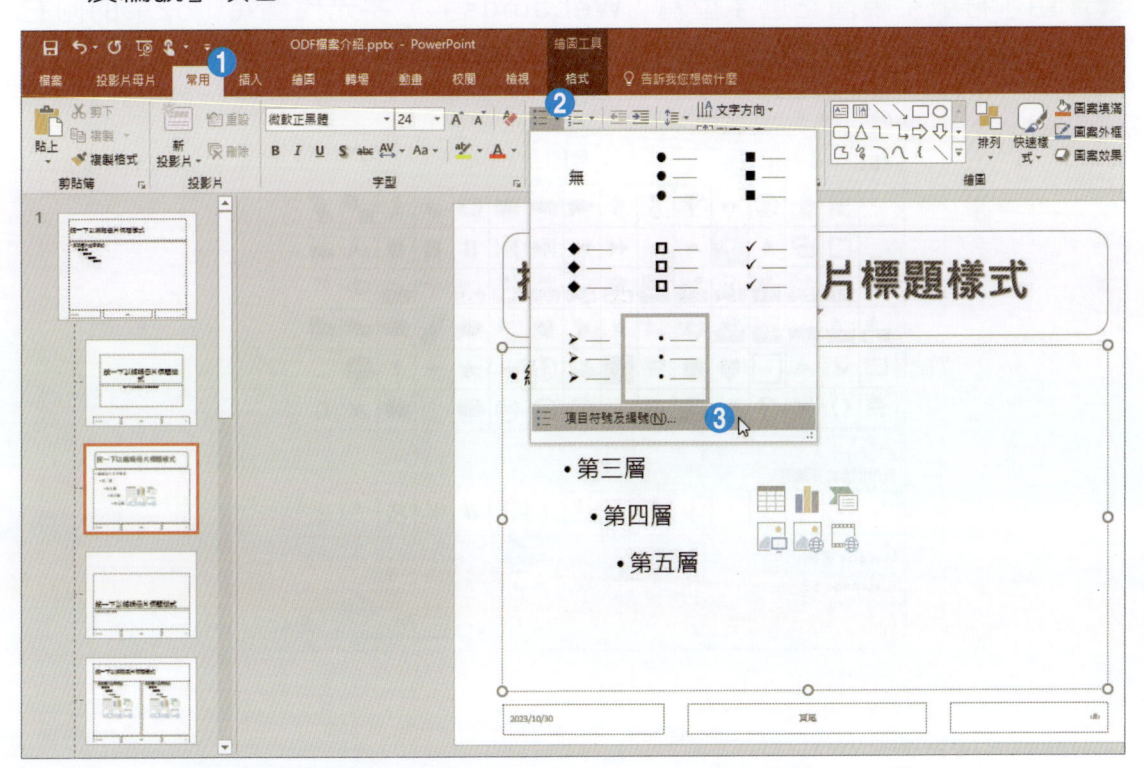

P-13

5 開啟「項目符號及編號」對話方塊,點擊【自訂】鈕。

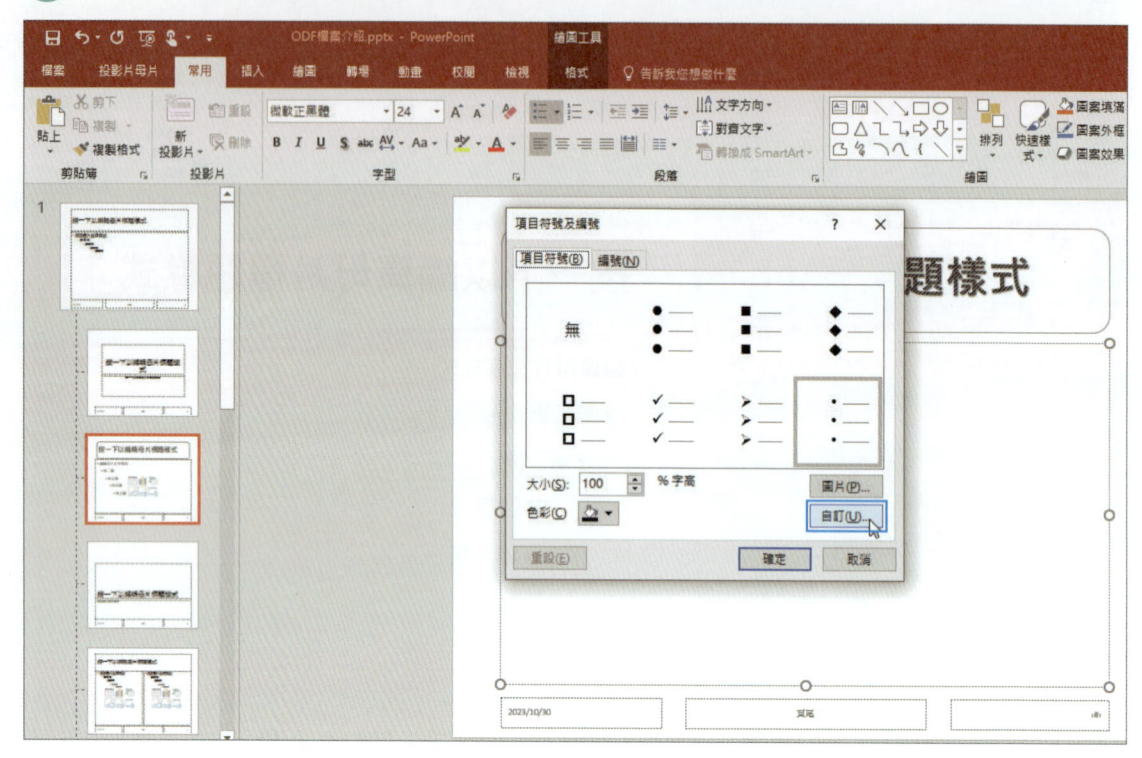

6 由「符號」視窗點選字型為「Webdings」,字元代碼為「52」的向右三角形符號,按【確定】鈕返回「項目符號及編號」對話方塊。

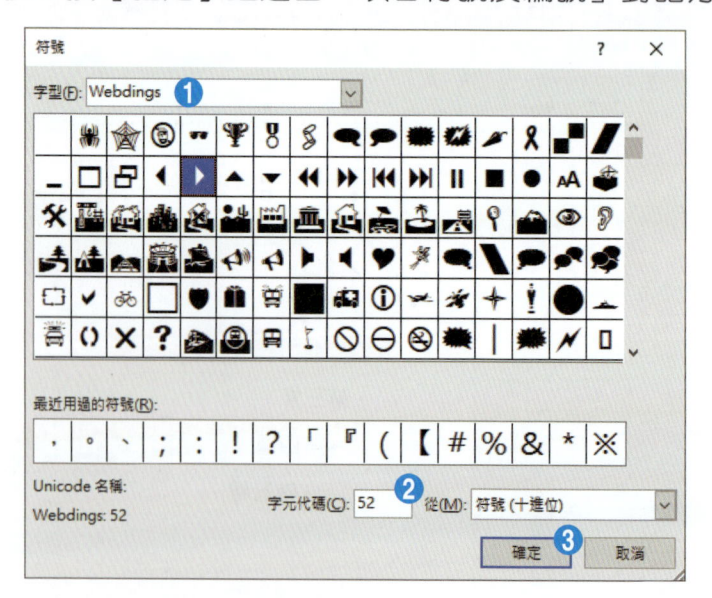

7 點選色彩為「紫色」，按【確定】鈕關閉對話方塊。

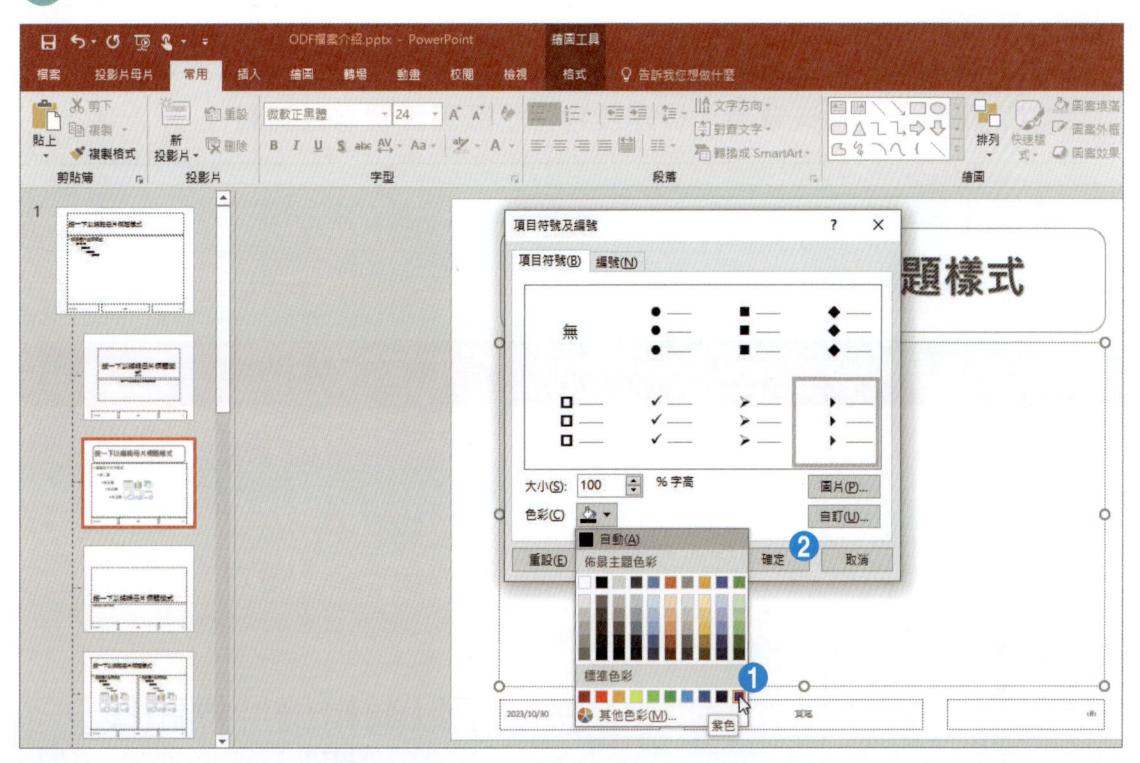

8 完成第一層項目符號設定。

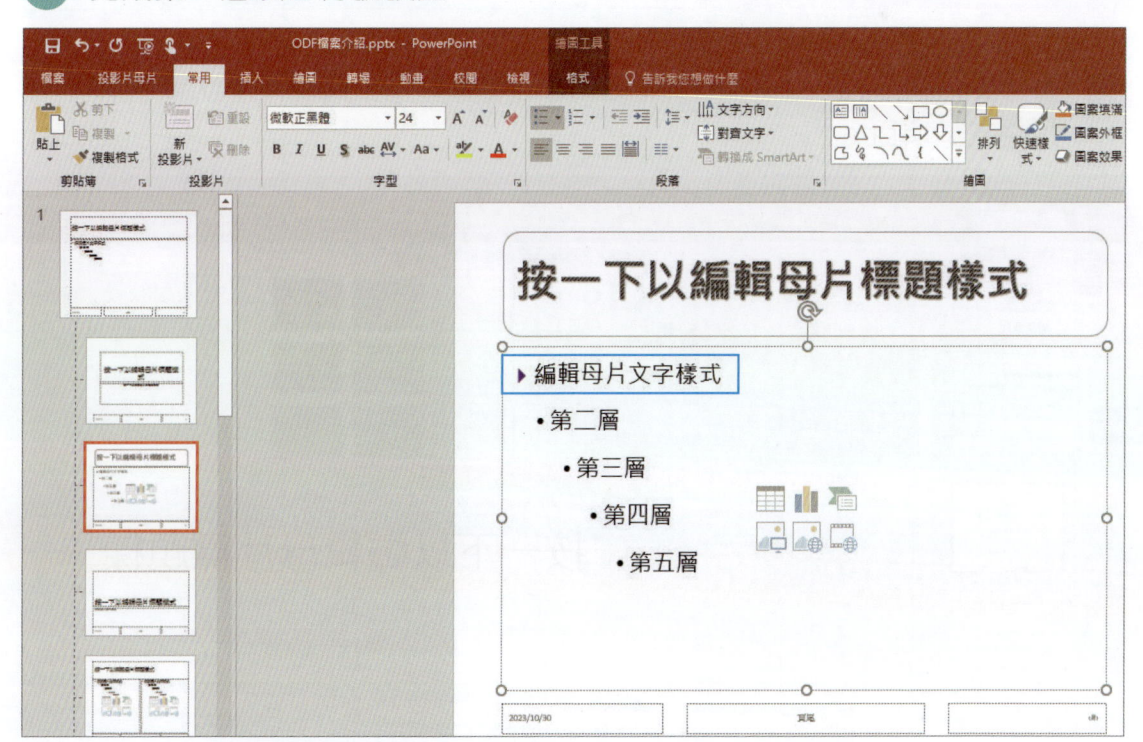

題目 5

使用「internet.jpg」圖檔做為「標題投影片」版面配置母片背景圖案，並以「新聞紙」材質做為「標題及物件」版面配置母片背景。

解題步驟

1. 點選「標題投影片」版面配置。

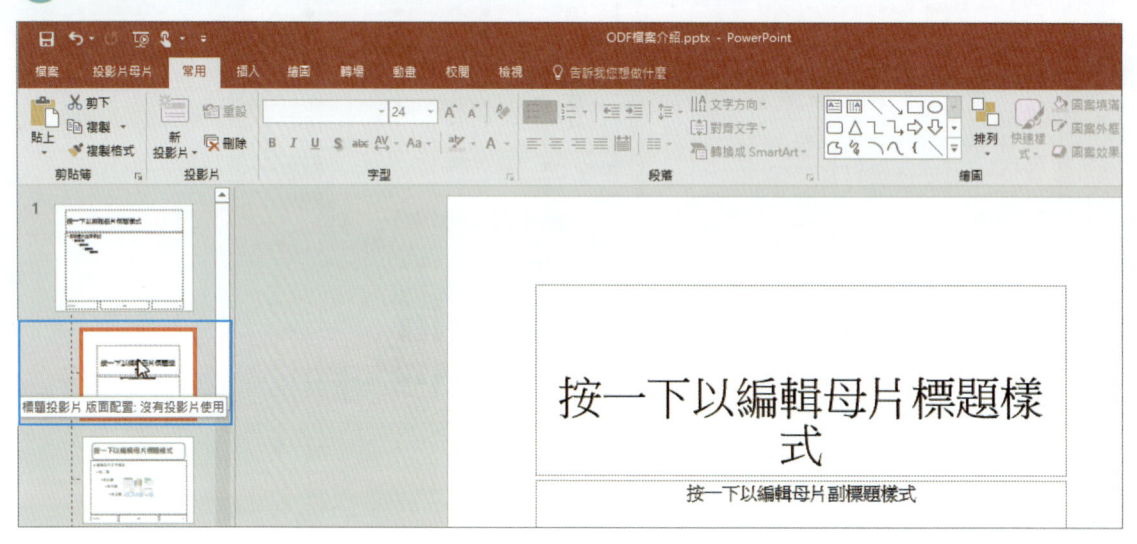

2. 點選 [投影片母片] 索引標籤 [背景] 功能群組 [背景樣式] 選單的「背景格式」項目。

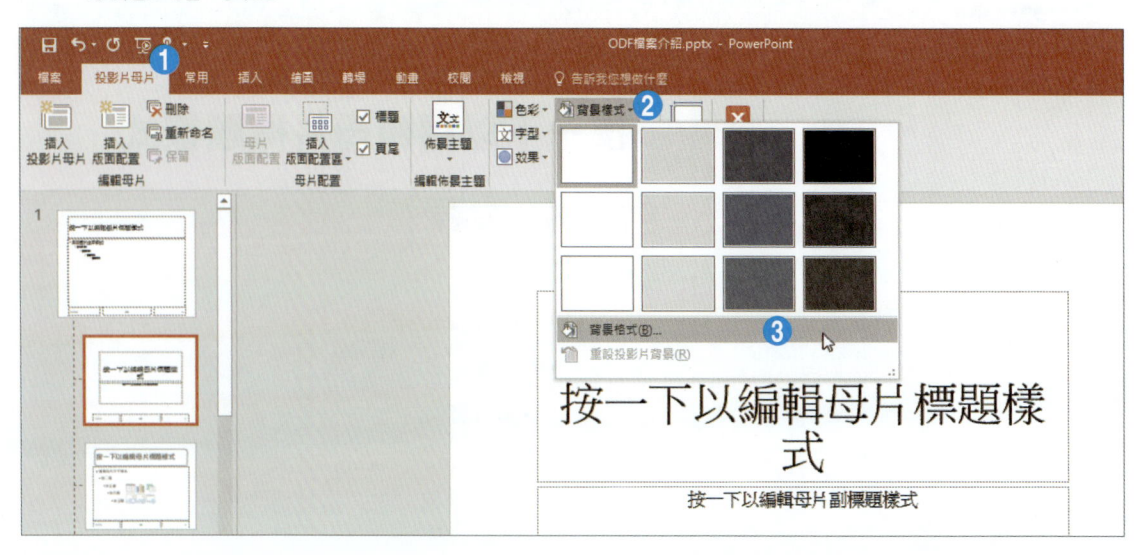

3. 在開啟的【背景格式】工作窗格中點選「圖片或材質填滿」選項鈕,再點擊插入來源下方的【檔案】鈕。

4. 由開啟的「插入圖片」對話方塊,點選資料夾中「internet.jpg」圖檔,插【插入】鈕。

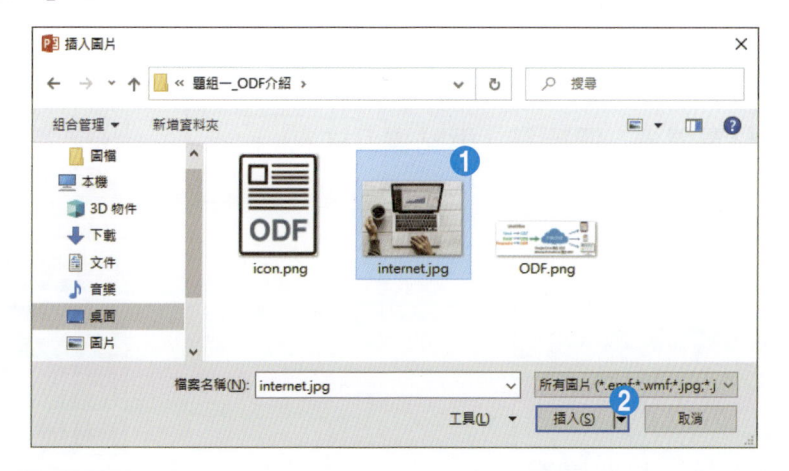

5. 完成「標題投影片」版面配置背景設定。

6 點選「標題及物件」版面配置。

7 在開啟的 [背景格式] 工作窗格中點選「圖片或材質填滿」選項鈕，再點選「材質」選單。

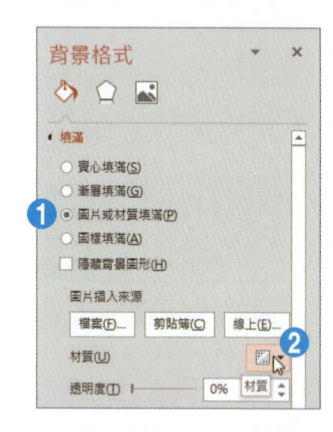

8 點選「新聞紙」材質圖案。

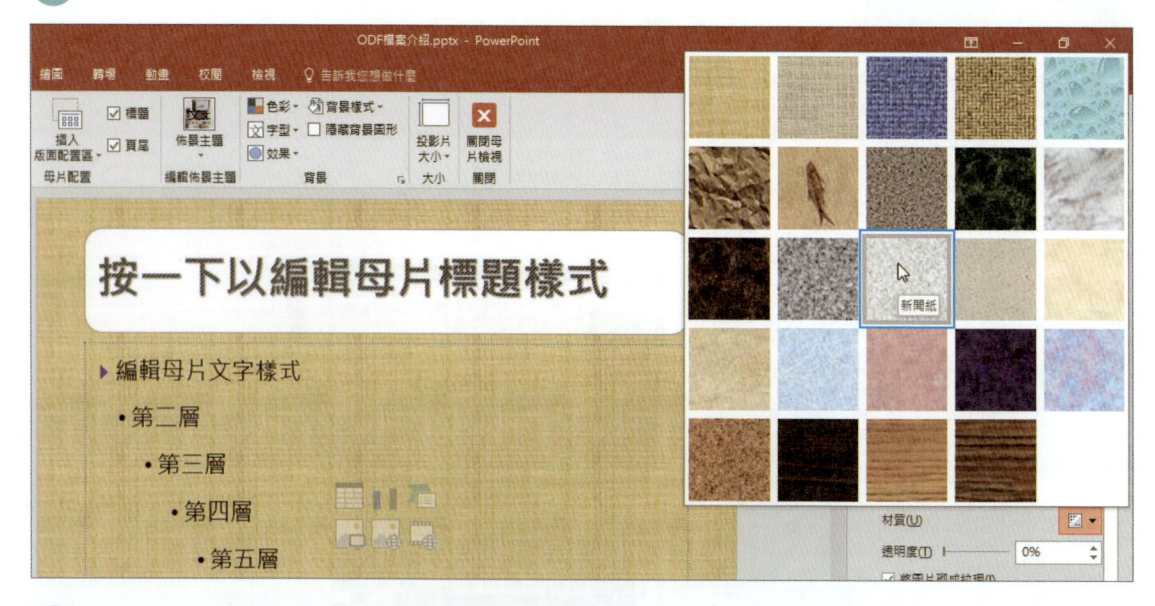

9 完成「標題及物件」版面配置背景設定。

Presentations 商業簡報

題目 6

在「標題及物件」版面配置母片，插入「icon.png」圖檔，等比調整圖片的高度為 3 公分，色彩重新著色「淺灰, 背景色彩 2 淺色」，對齊投影片右下角，並移至最下層。

解題步驟

1. 在「標題及物件」版面配置選取的狀態下，點擊 [插入] 索引標籤 [影像] 功能群組的【圖片】鈕。

2. 開啟 [插入圖片] 對話方塊，選取資料夾的「icon.png」圖案，按【插入】鈕。

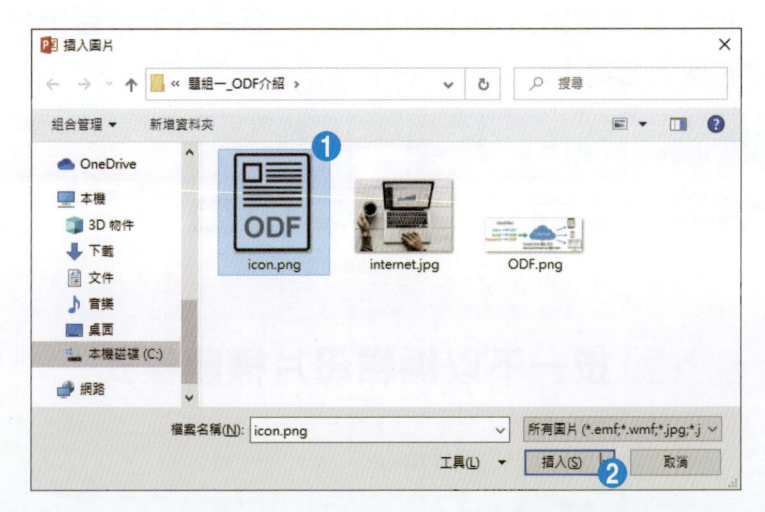

3. 由 [圖片工具]/[格式] 索引標籤 [大小] 功能群組設定圖片的高度為「3公分」。

P-19

4 選擇 [調整] 功能群組 [色彩] 選單中 [重新著色] 樣式中的「淺灰，背景色彩 2 淺色」。

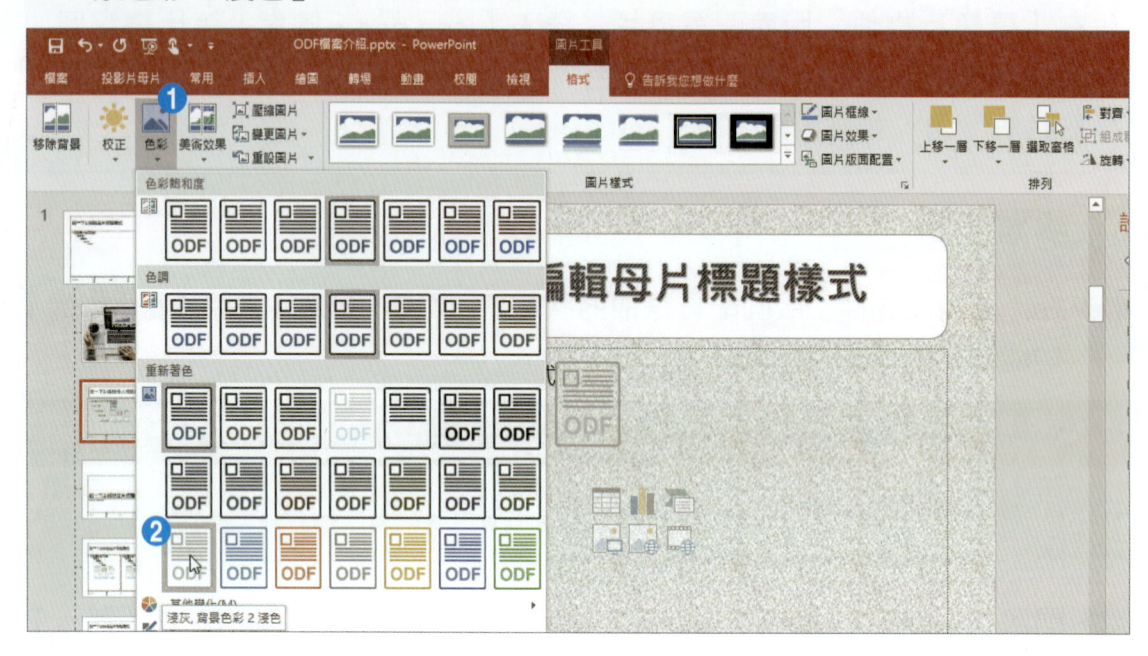

5 按住圖片拖曳對齊投影片右下角 (提示：圖片右下方會出現垂直及水平紅色虛線對齊參考線)。

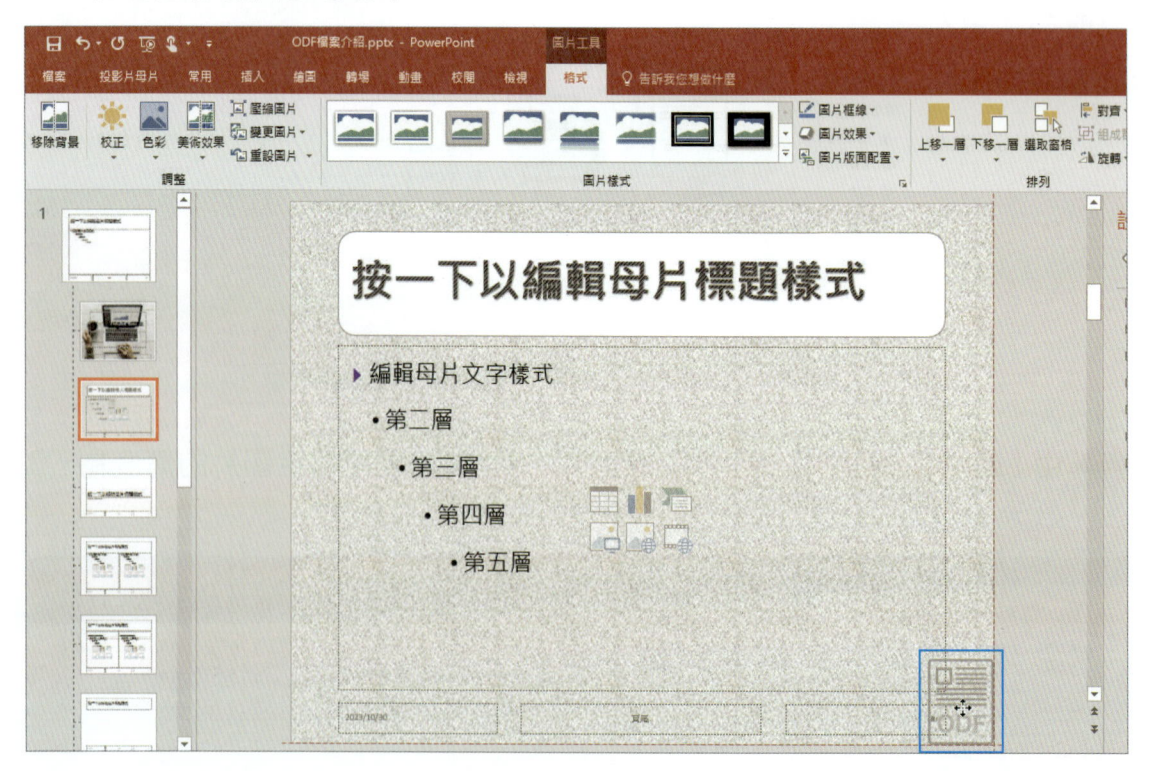

6 按滑鼠右鍵，點選「移到最下層」。

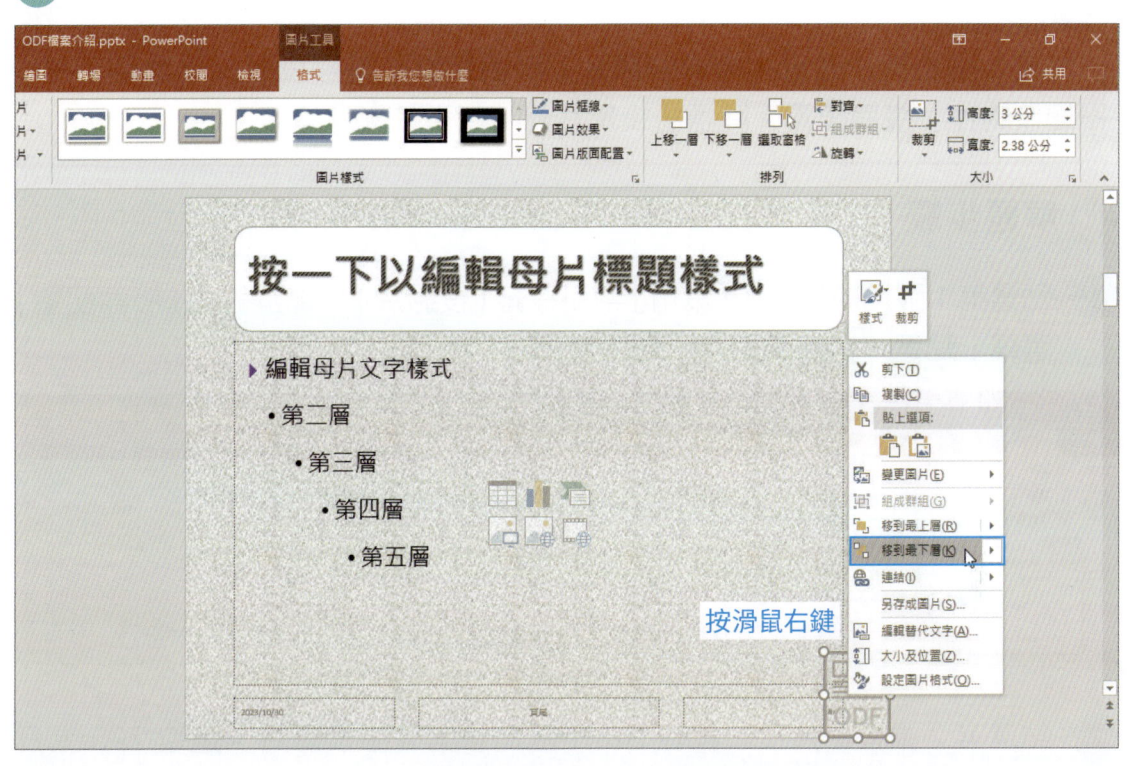

7 點擊 [投影片母片] 索引標籤 [關閉] 功能群組的【關閉母片檢視】鈕返回投影片檢視模式。

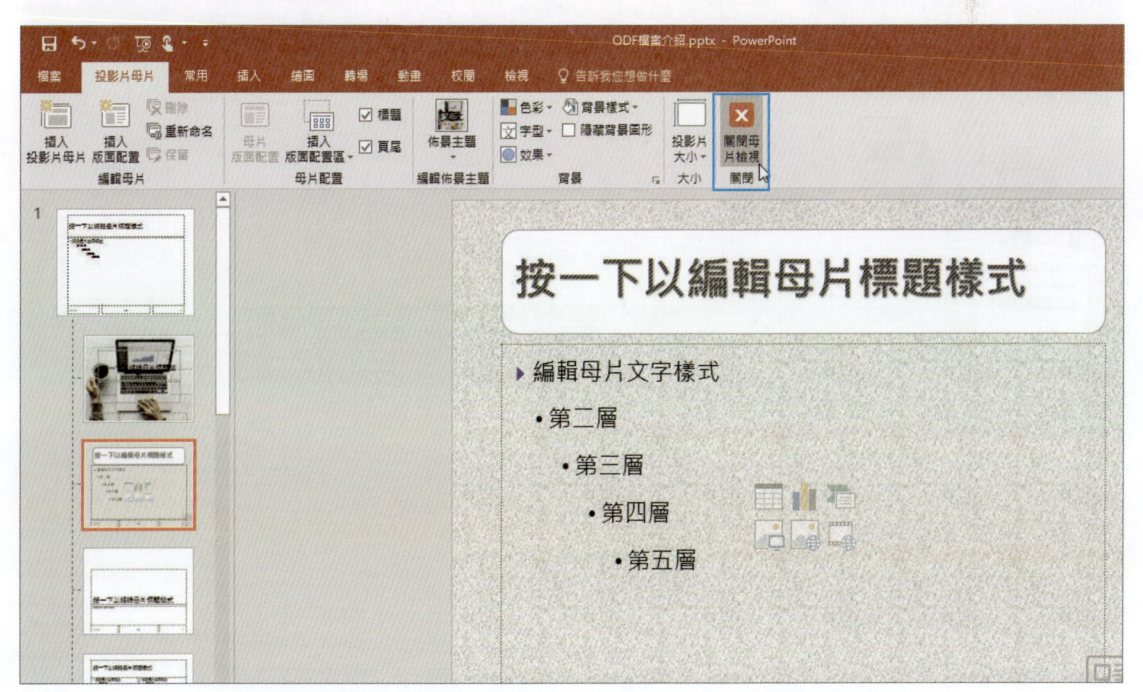

P-21

題目 7

將第 1 張投影片套用「標題投影片」版面配置；其餘投影片皆套用「標題及物件」版面配置。除標題投影片外，新增投影片編號。

解題步驟

1. 點選第 1 張投影片，由 [常用] 索引標籤 [投影片] 功能群組的 [版面配置] 選單，點選「標題投影片」版面配置。

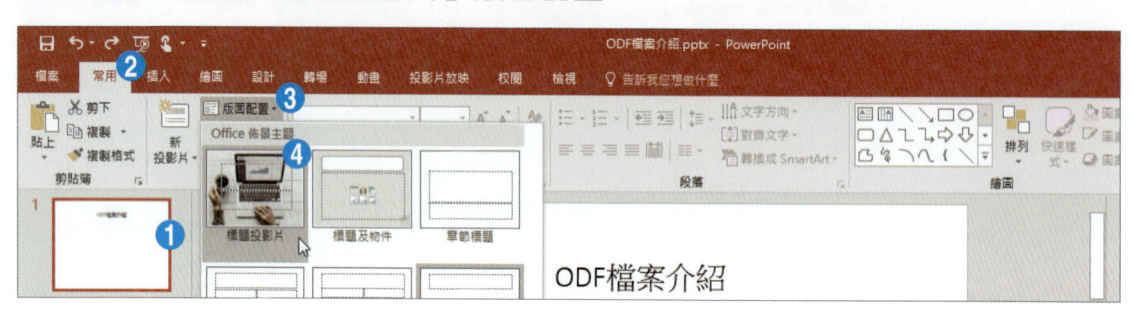

2. 點選第 2 張投影片後，按住 Shift 鍵點擊第 5 張投影片，選取 2~5 張投影片，由 [常用] 索引標籤 [投影片] 功能群組的 [版面配置] 選單，點選「標題及物件」版面配置。

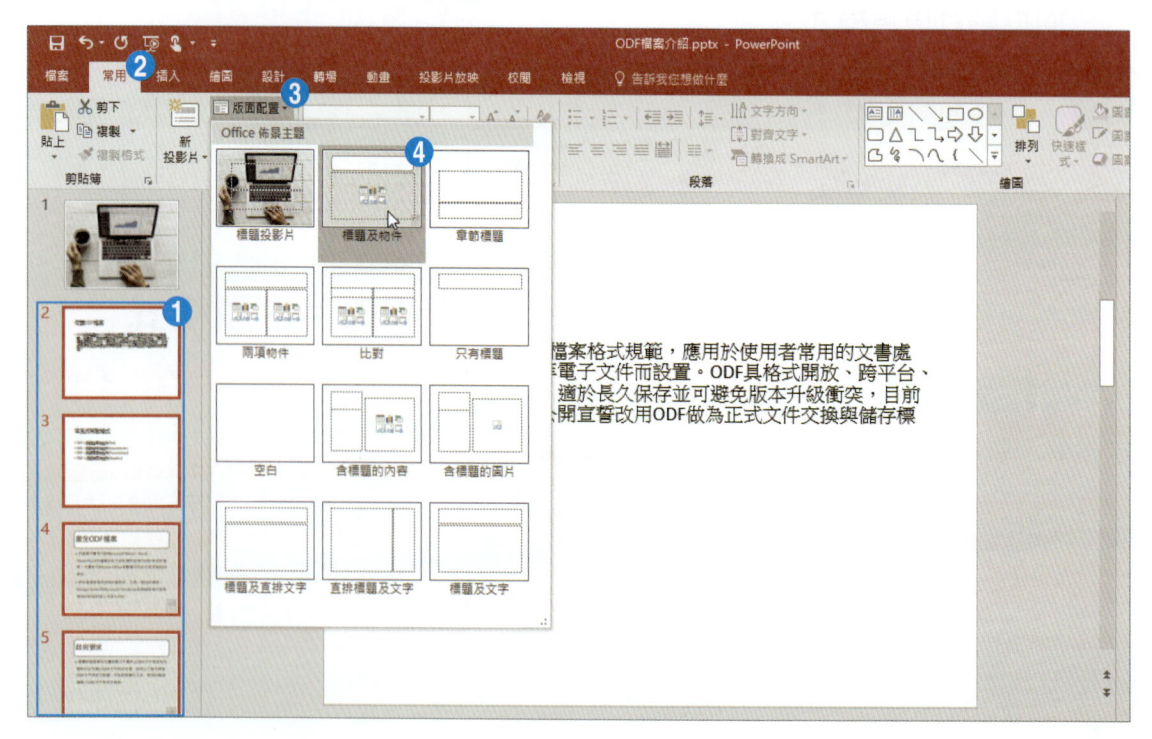

3 點選 [插入] 索引標籤 [文字] 功能群組的【插入投影片編號】鈕。

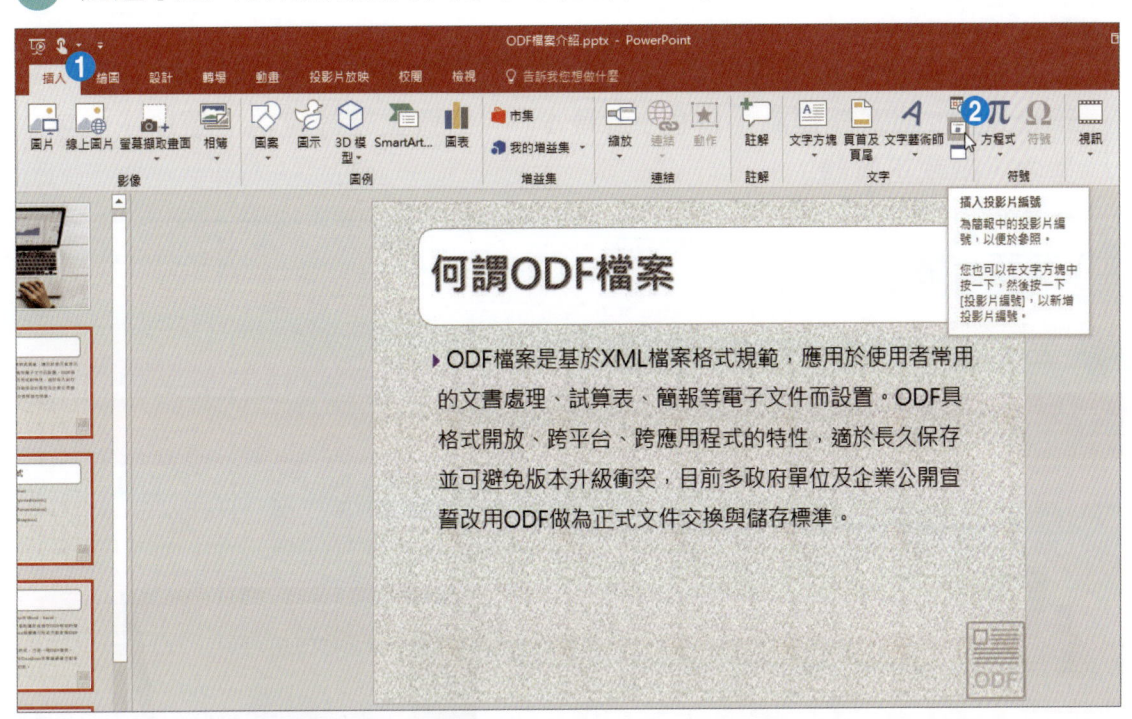

4 開啟 [頁首及頁尾] 對話方塊，勾選「投影片編號」及「標題投影片中不顯示」核取方塊，按【全部套用】鈕。

題目 8

變更第 1 張投影片標題圖案為「波浪」,圖案樣式「色彩填滿 – 藍色,輔色 5」,圖案外框為「白色, 背景 1」,對齊文字設定為「置中」,字型為「微軟正黑體」。

解題步驟

1. 點選第 1 張投影片的標題圖案框。

2. 由 [繪圖工具]/[格式] 索引標籤 [插入圖案] 功能群組 [編輯圖案] 選單的 [變更圖案] 子選單,選擇「波浪」圖案。

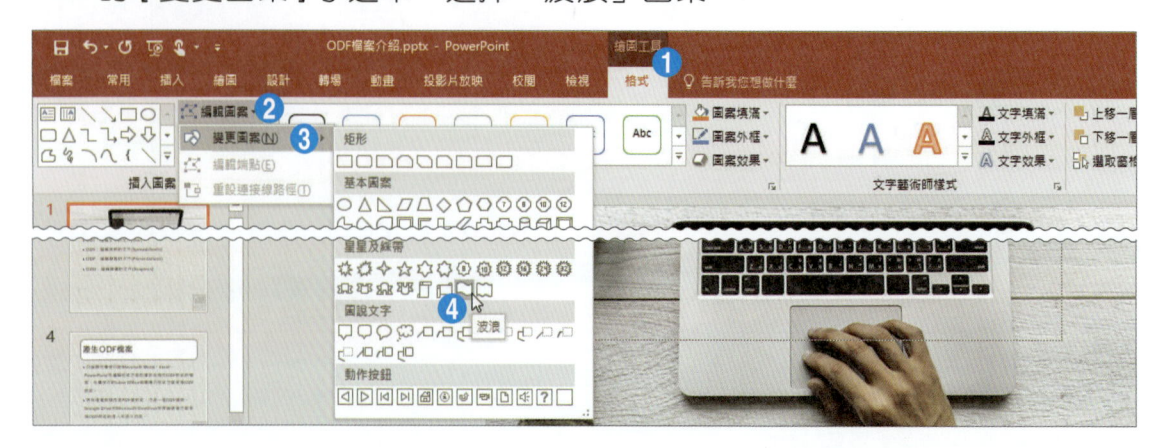

3 由 [圖案樣式] 功能群組點選「色彩填滿 – 藍色, 輔色 5」圖案樣式。

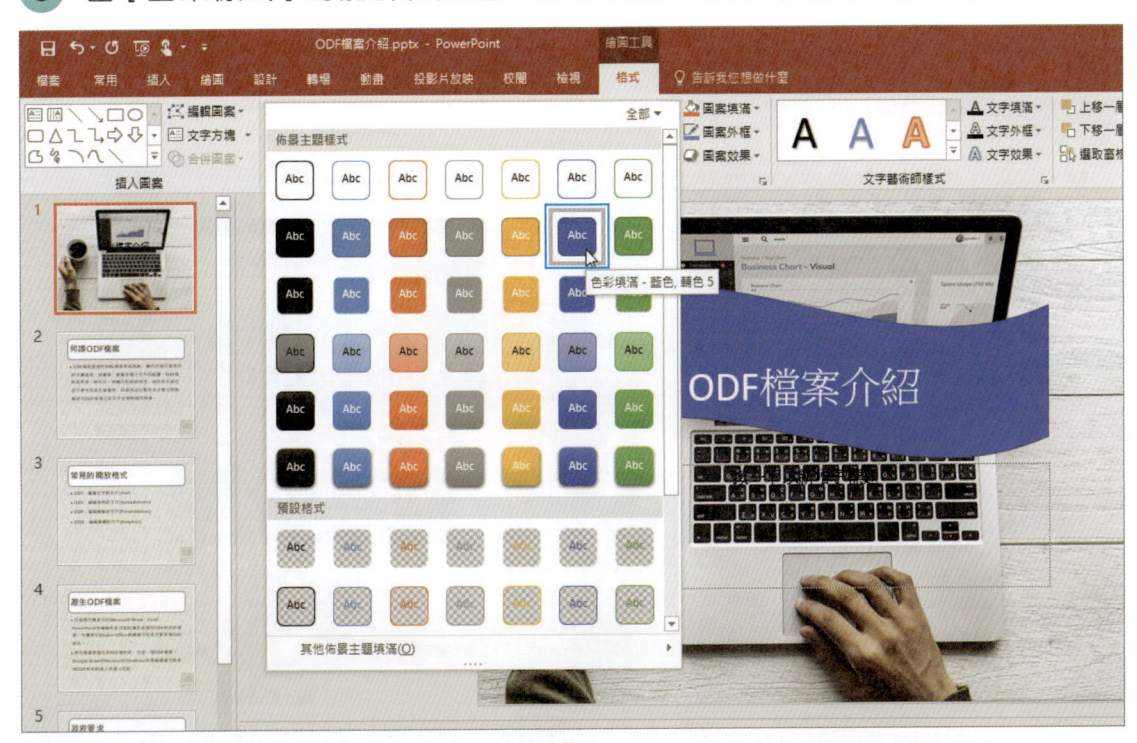

4 點選 [圖案外框] 選單中的「白色, 背景 1」。

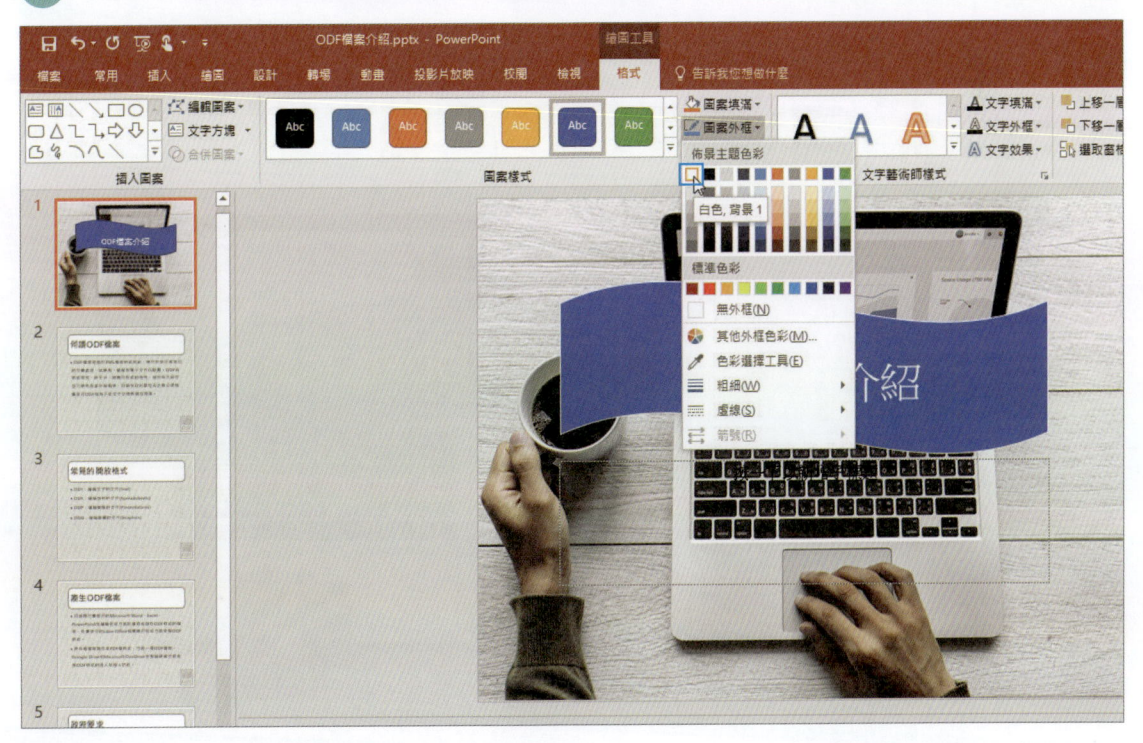

5 點選 [常用] 索引標籤 [段落] 功能群組的 [對齊文字] 選單的「中」。

6 變更 [字型] 功能群組的字型為「微軟正黑體」。

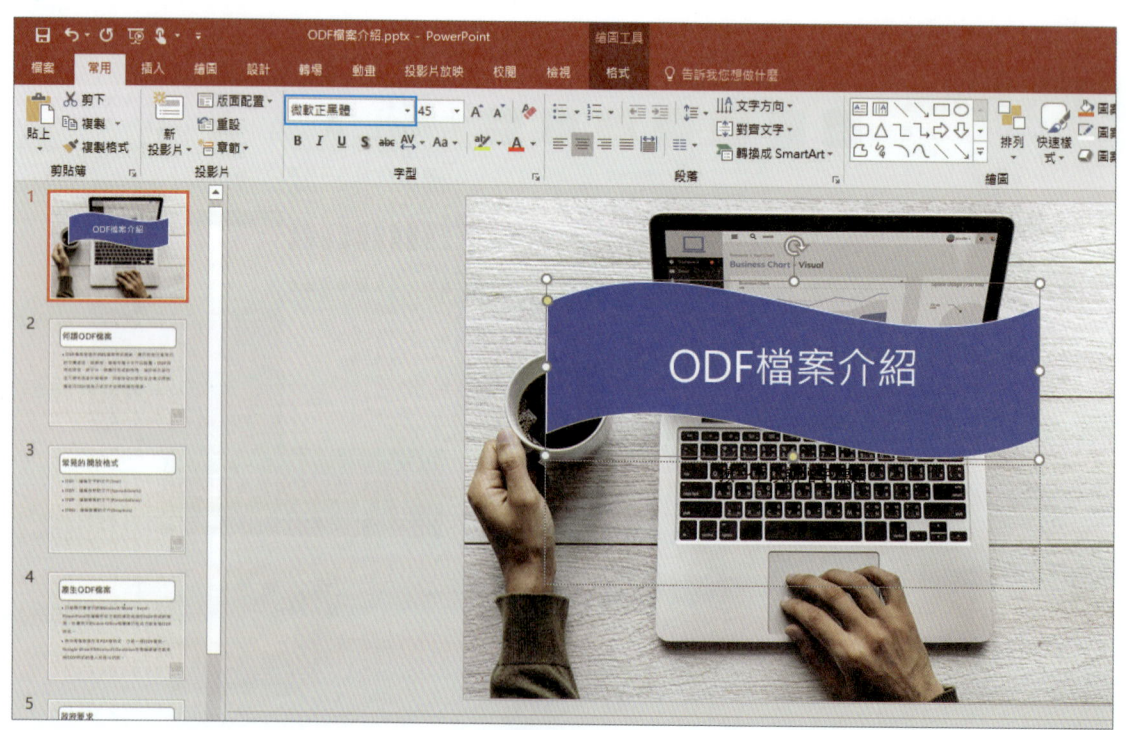

Presentations 商業簡報

題目 9

第 3 張投影片插入「ODF.png」圖檔，等比調整圖片寬度為 18 公分，位置距左上角水平 4 公分、垂直 12.5 公分，套用「飛入」進入動畫效果，「接續前動畫」，期間 1.75 秒。

解題步驟

1 選取第 3 張投影片，點擊 [插入] 索引標籤 [影像] 功能群組的【圖片】鈕。

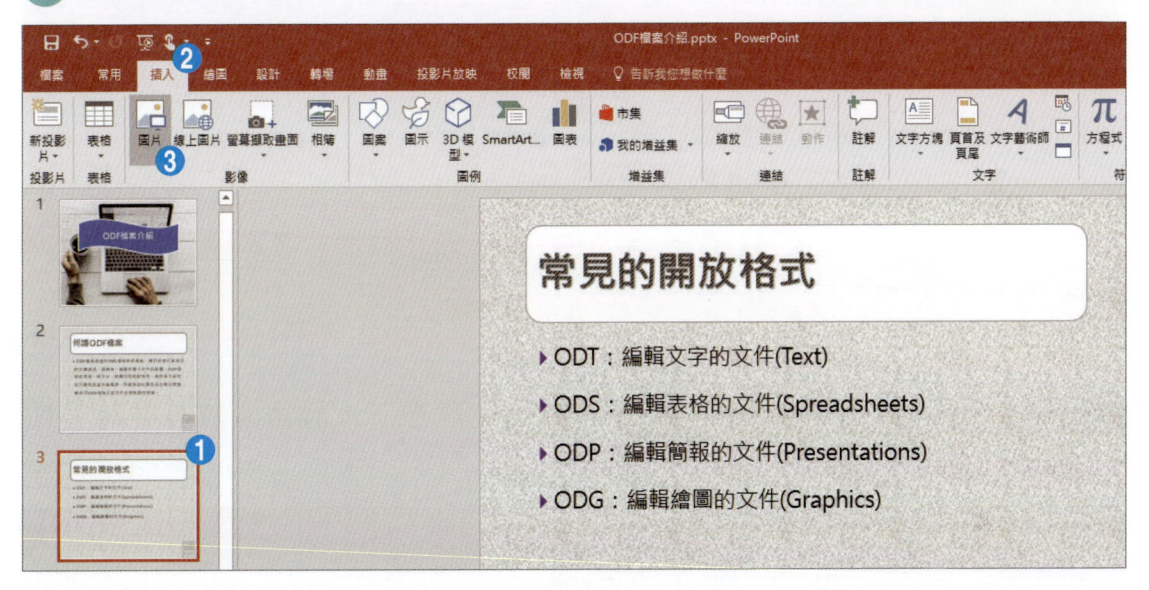

2 開啟 [插入圖片] 對話方塊，選取資料夾的「ODF.png」圖檔，按【插入】鈕。

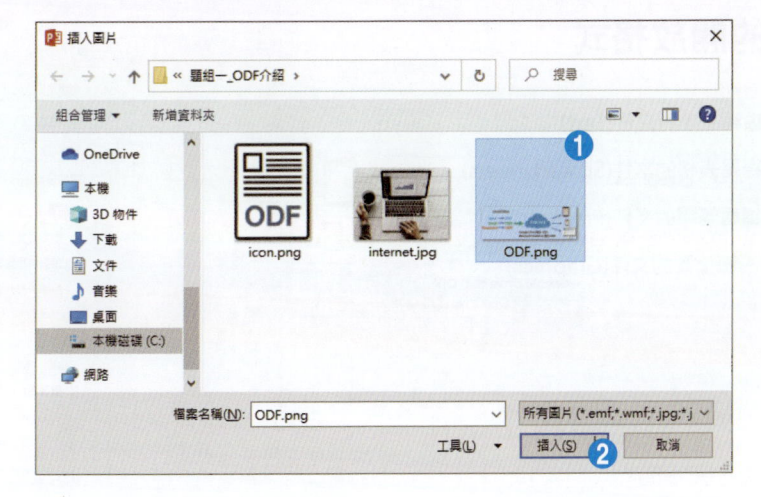

3. 點擊 [圖片工具]/[格式] 索引標籤 [大小] 功能群組右下方 ⬚ 標記，開啟 [設定圖片格式] 工作窗格。

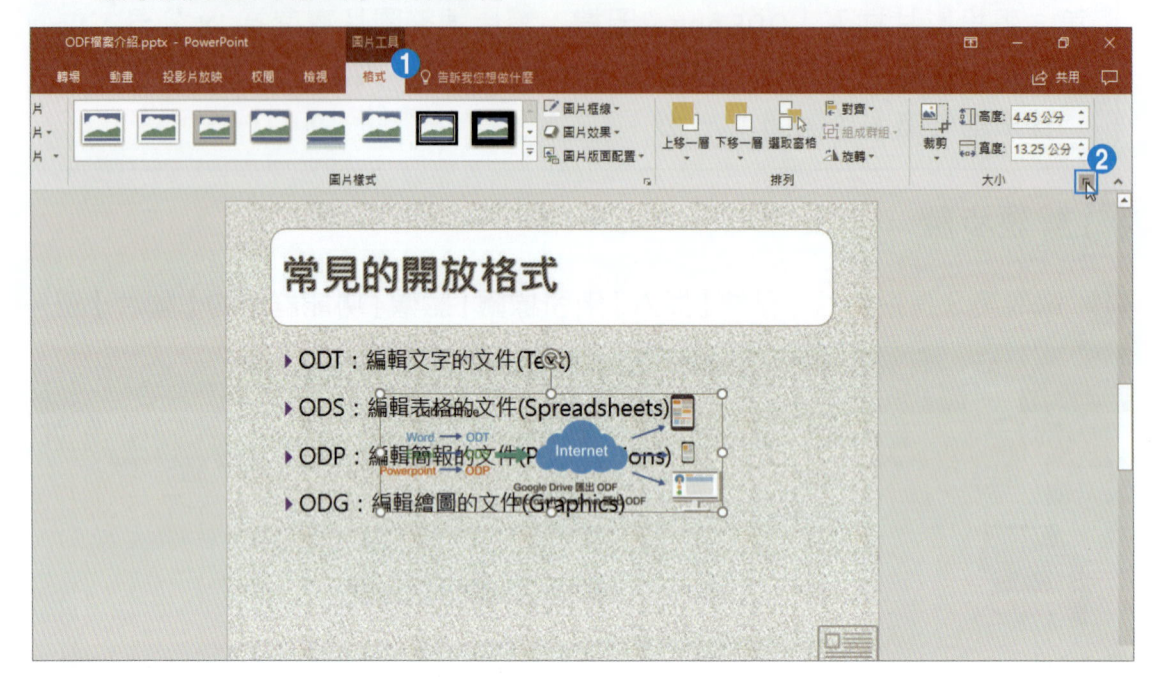

4. 在工作窗格 [大小] 類別，鎖定長寬比的狀態下，設定圖片寬度為「18 公分」。

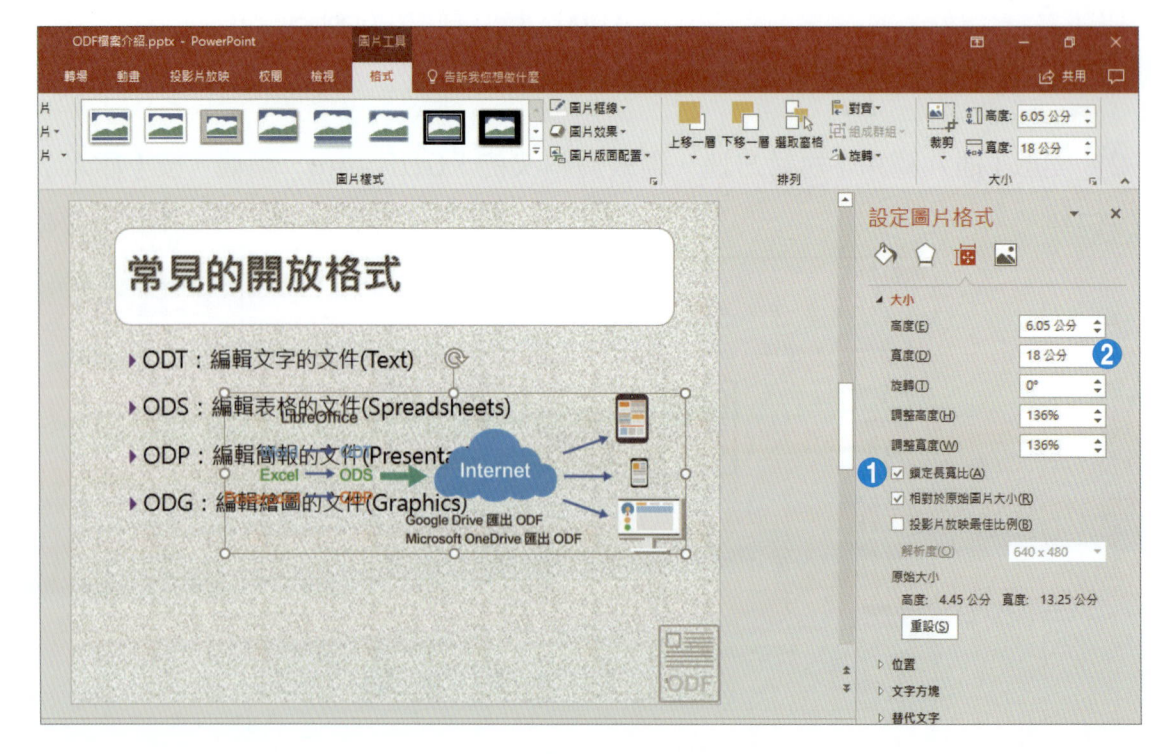

5. 展開 [位置] 類別，設定圖片位置距左上角水平「4 公分」、垂直「12.5 公分」。

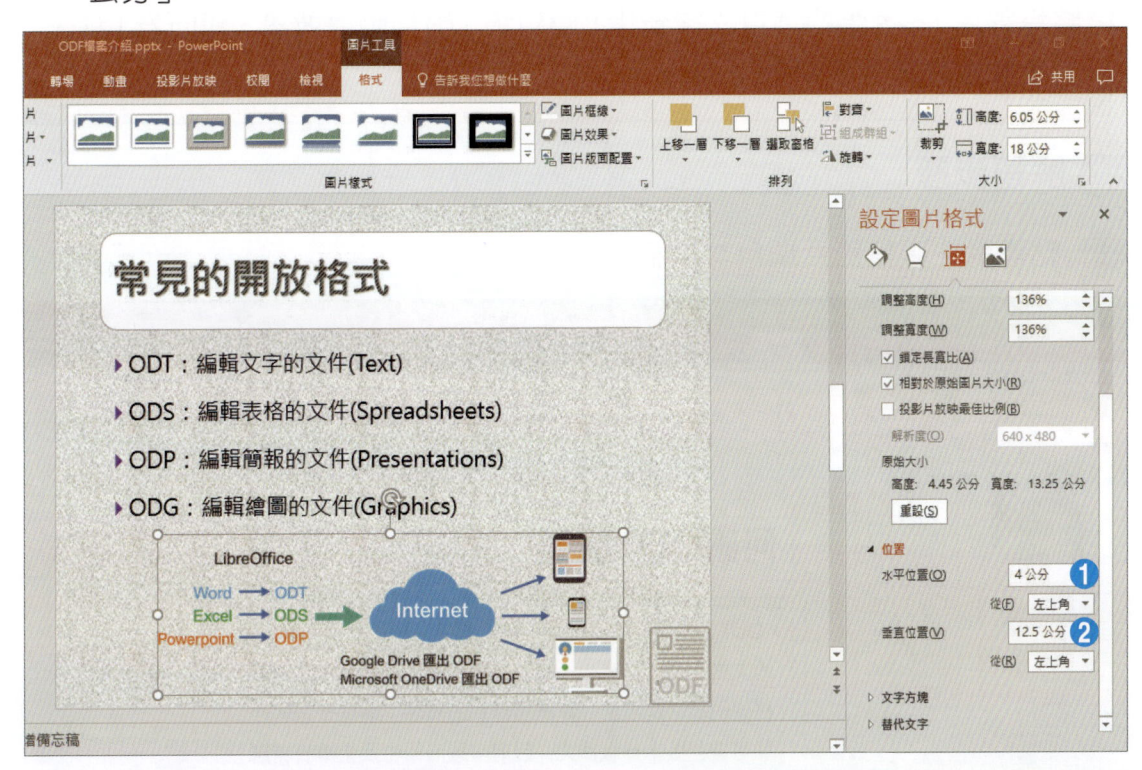

6. 由 [動畫] 索引標籤 [動畫] 功能群組，點選套用「飛入」進入動畫效果。

7. [動畫] 索引標籤 [預存時間] 功能群組，選取 [開始] 為「接續前動畫」，[期間] 為「01.75」秒。

題目 10

將投影片 2～5 張的項目文字新增「蹺蹺板」強調動畫效果，期間為 1 秒，效果選項設定「依段落」顯示。

解題步驟

1 點選第 2 張投影片項目文字框。

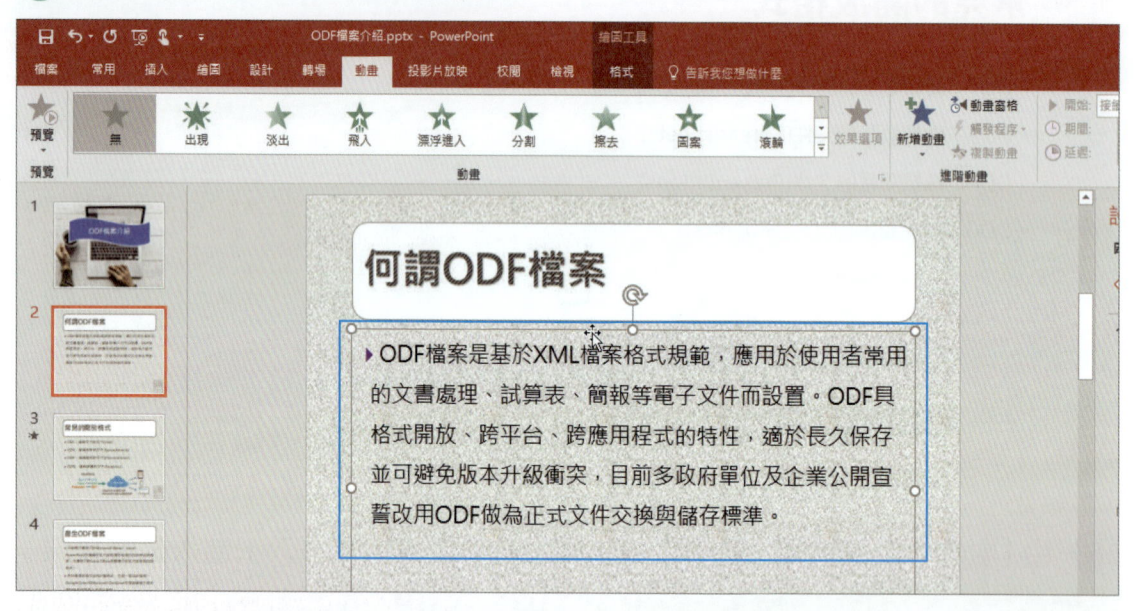

2 由 [動畫] 索引標籤 [動畫] 功能群組，點選套用「蹺蹺板」強調動畫。

③ 點選[效果選項]選單的「依段落」項目,並設定[預存時間]功能群組的[期間]為「01.00」秒。

④ 快點二下[進階動畫]功能群組的【複製動畫】鈕。

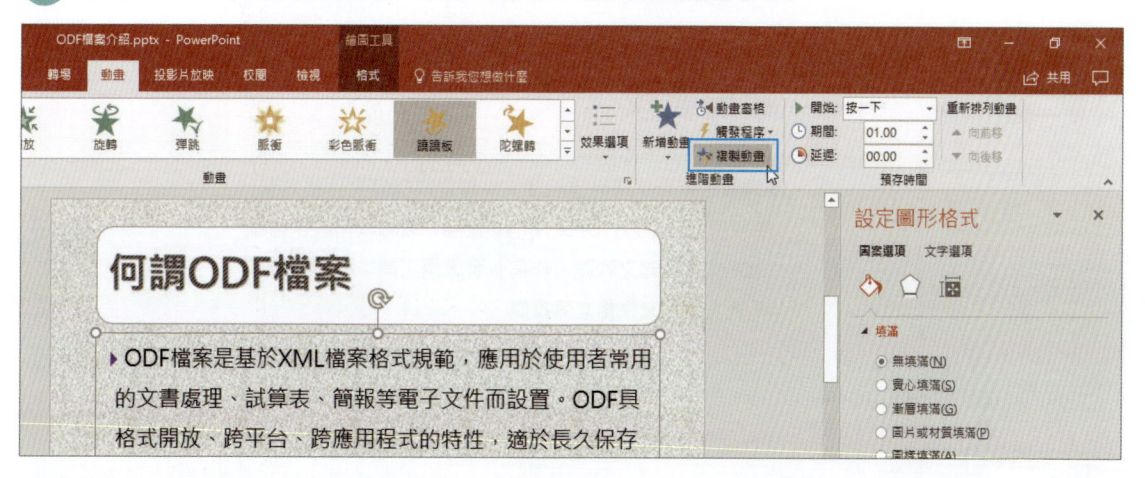

⑤ 分別移到第 3~5 張投影片的項目文字,點一下滑鼠左鍵。

P-31

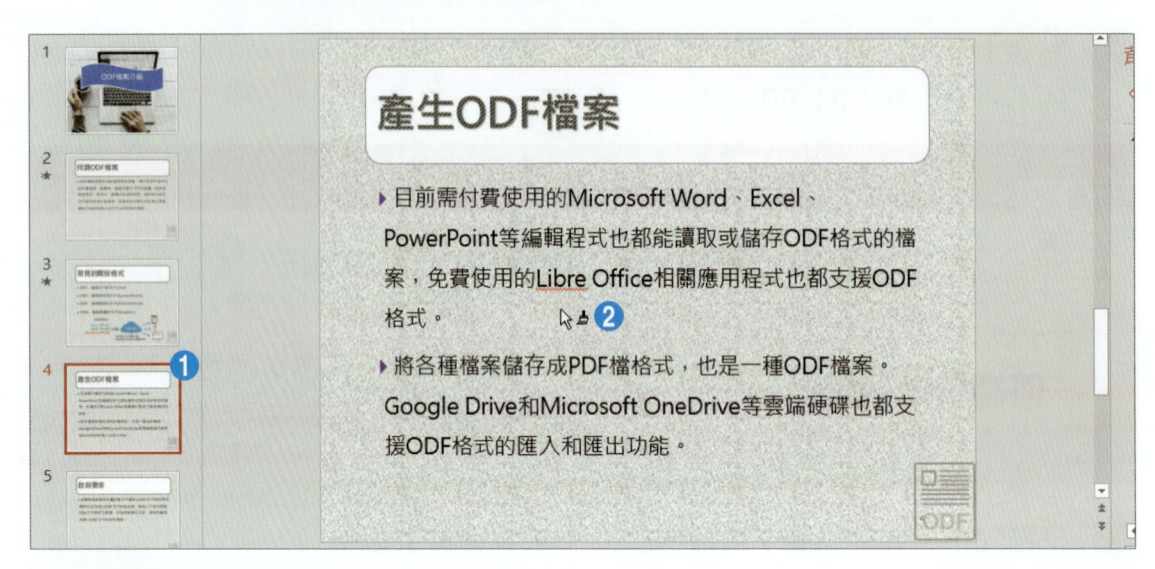

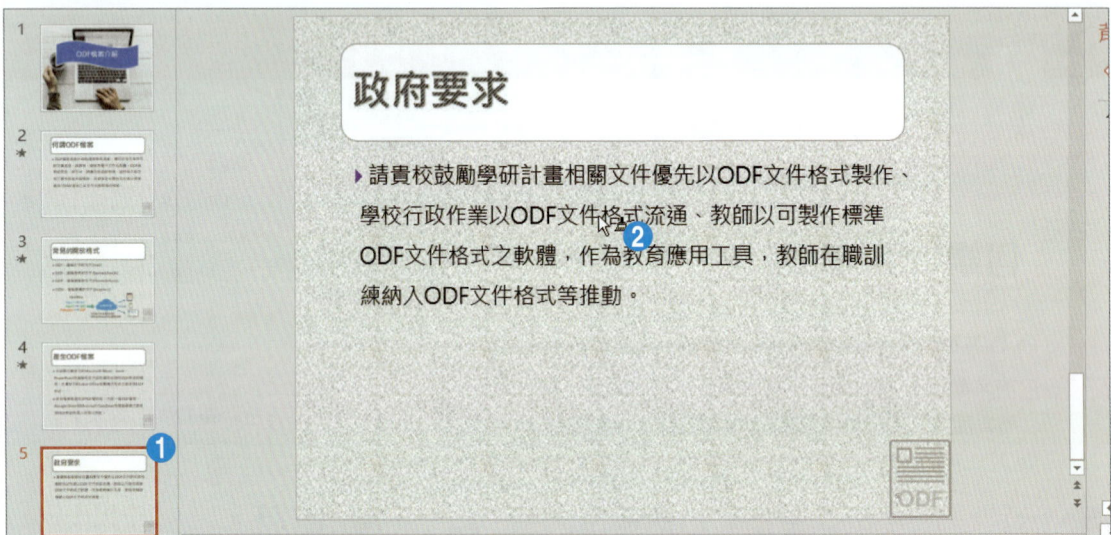

6 再點一次【複製動畫】鈕,取消複製動畫功能。

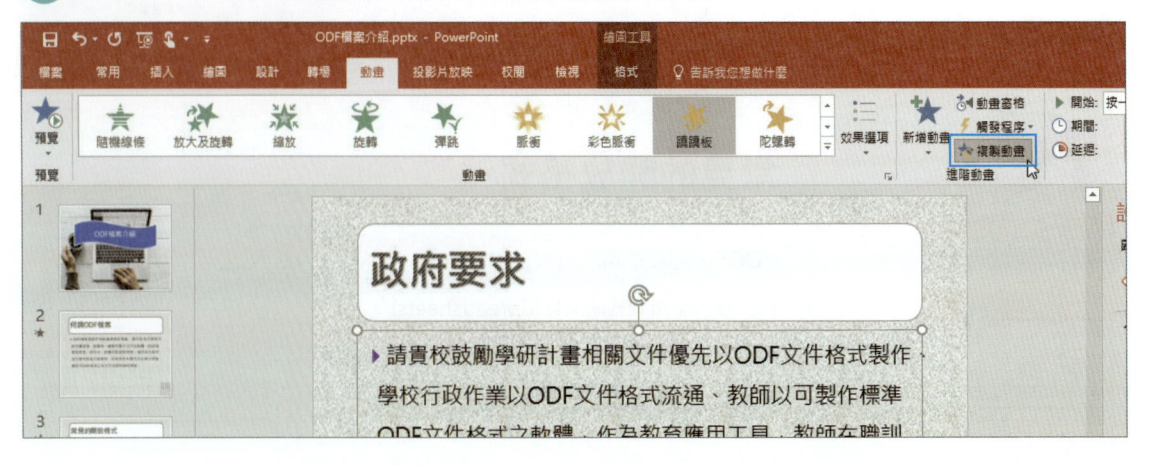

P-32

領域範疇 2

多媒體簡報設計與應用

題組 1 太陽系

題號	題目要求	頁碼
1	在第 1 張投影片插入「Seven_Twenty.mp3」音效檔，設定「自動」播放、「跨投影片播放」，並勾選「放映時隱藏」，音量為「中」。	P-39
2	變更第 1 張投影片的標題文字，套用「漸層填滿：金色，輔色 4; 外框：金色，輔色 4」文字藝術師樣式。	P-40
3	將第 3 張投影片中的 SmartArt 物件轉換為「星形循環圖」樣式，並設定 SmartArt 物件的色彩為「彩色 - 輔色」。	P-41
4	將第 4 張投影片中的圖片套用「繪圖筆刷」美術效果及「置中陰影矩形」圖片樣式。	P-43
5	將第 4 張投影片中的圖片剪裁為「橢圓」圖形。	P-44
6	在第 5 張投影片中插入「sun.wmv」視訊，大小設寬高皆為 70%(鎖定長寬比)，水平位置置中對齊，垂直位置距左上角 9 公分。	P-45
7	剪裁第 5 張投影片中的視訊開始時間為「00:00.7」秒、結束時間為「00:12」秒，淡出時間「02:00」，設定「循環播放，直到停止」。	P-48
8	將第 5 張投影片視訊的影像圖形設為「六邊形」，並套用「預設格式 7」視訊效果，並以「moon.jpg」圖檔做為海報畫面。	P-49
9	在第 6 張投影片插入「返回」動作按鈕，設定按一下滑鼠則跳到上一張投影片，播放聲音「推入」，大小寬高皆為 3 公分，按鈕貼齊投影片右下角。	P-52
10	在第 7 張投影片插入基本圖案「太陽」，長、寬各為 2.5 公分，填滿色彩為「紅色」，圖案外框設定「無外框」，水平位置為左上角 10 公分，垂直位置為左上角 1 公分。	P-54

參考答案

太陽系

資料來源
https://www.cwb.gov.tw/V7/knowledge/encyclopedia/as_all.htm

太陽系

太陽系是以太陽為中心，其主要成員在2006年國際天文聯合會之決議將它們分成行星（Planet）、矮行星（Dwarf Planet）及太陽系小天體（Small Solar-System Bodies）3類。

參考答案

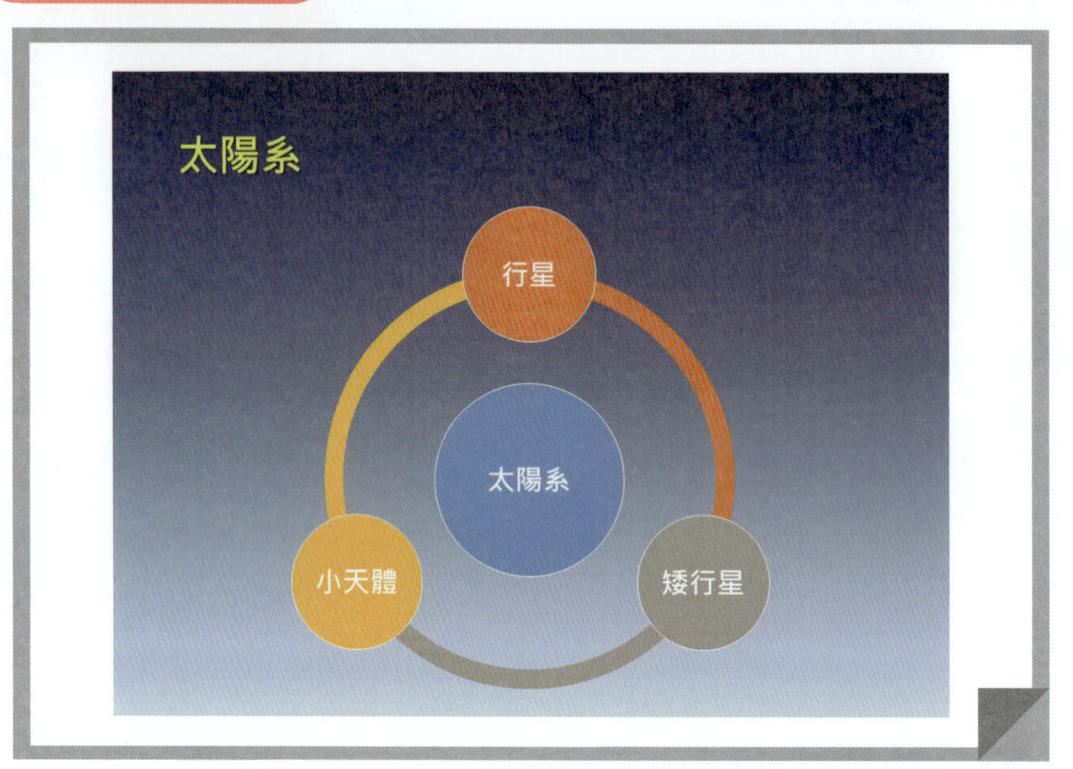

太陽系

- 行星
- 矮行星
- 小天體

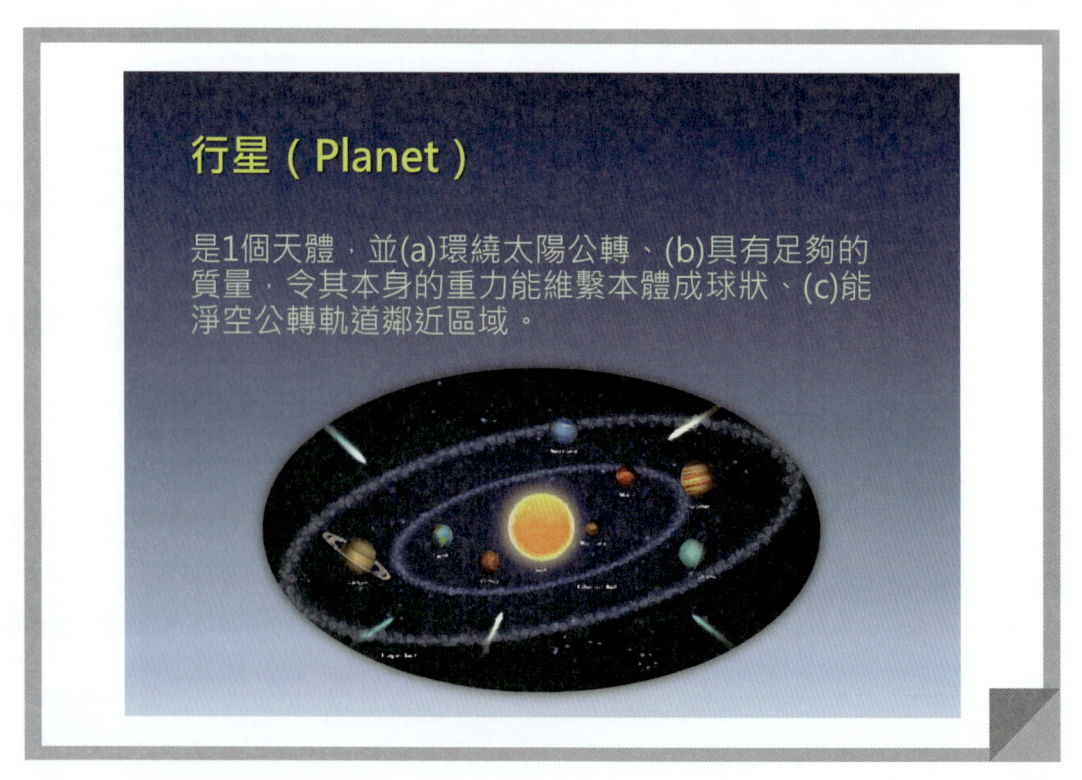

行星 (Planet)

是1個天體,並(a)環繞太陽公轉、(b)具有足夠的質量,令其本身的重力能維繫本體成球狀、(c)能淨空公轉軌道鄰近區域。

參考答案

矮行星（Dwarf Planet）

是1個天體，並(a)環繞太陽公轉、(b)具有足夠的質量，令其本身的重力能維繫本體成球狀、(c)無法淨空公轉軌道鄰近區域、(d)不是衛星。

太陽系小天體（Small Solar-System Bodies）

所有其他環繞太陽公轉的小天體，除了衛星之外其餘均稱為太陽系小天體。

參考答案

太陽系的星體

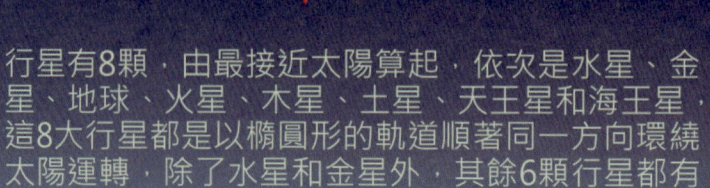

行星有8顆，由最接近太陽算起，依次是水星、金星、地球、火星、木星、土星、天王星和海王星，這8大行星都是以橢圓形的軌道順著同一方向環繞太陽運轉，除了水星和金星外，其餘6顆行星都有各自的衛星環繞，而這些衛星也是以橢圓形的軌道，順著同一方向繞著各自的行星運轉。

至於矮行星目前列名有5顆，分別為穀神星、冥王星、Eris、Makemake及Haumea。太陽系小天體則是穀神星以外的其他小行星、彗星及海王星外天體等。此外，太陽系還擁有無數的流星體以及氣體微粒等。

題目 1

在第 1 張投影片插入「Seven_Twenty.mp3」音效檔,設定「自動」播放、「跨投影片播放」,並勾選「放映時隱藏」,音量為「中」。

解題步驟

1. 點選第 1 張投影片,執行 [插入] 索引標籤 [媒體] 功能群組 [音訊] 選單中「我個人電腦上的音訊」。

2. 開啟「插入音訊」對話方塊,點選資料夾的「Seven_Twenty.mp3」音訊檔,按【插入】鈕。

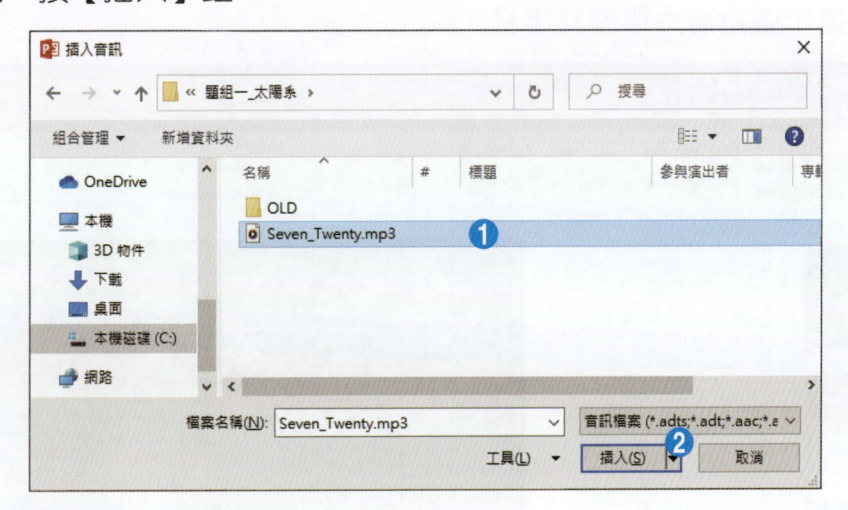

3 由 [音訊工具]/[播放] 索引標籤 [音訊選項] 功能群組設定 [開始] 為「自動」，勾選「跨投影片播放」及「放映時隱藏」核取方塊，並選擇 [音量] 為「中」。

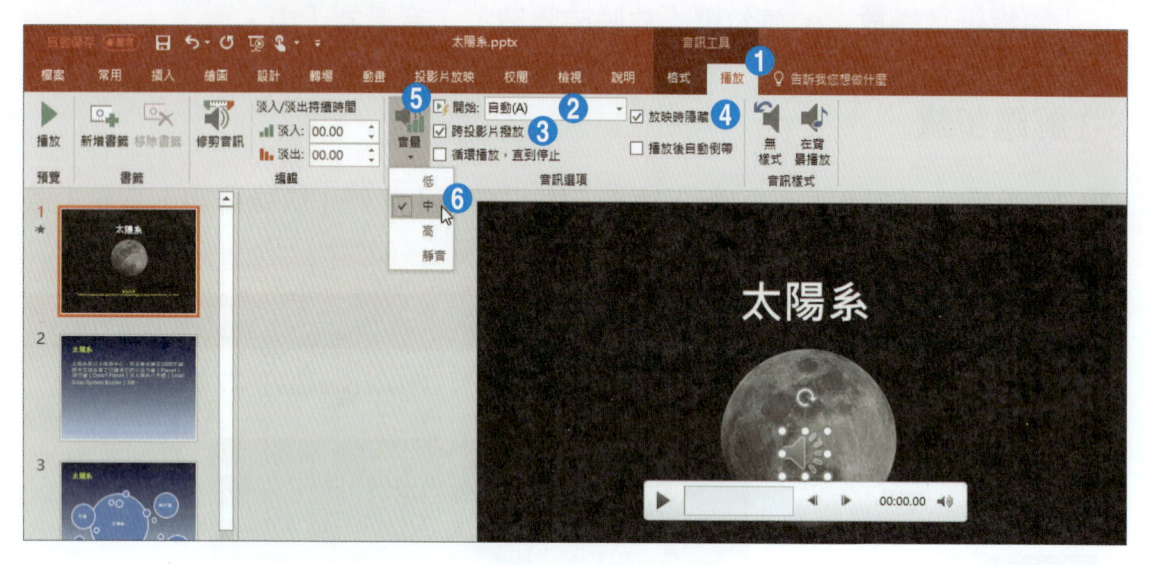

題目 2

變更第 1 張投影片的標題文字，套用「漸層填滿：金色，輔色 4; 外框：金色，輔色 4」文字藝術師樣式。

解題步驟

1 點選第 1 張投影片標題文字框。

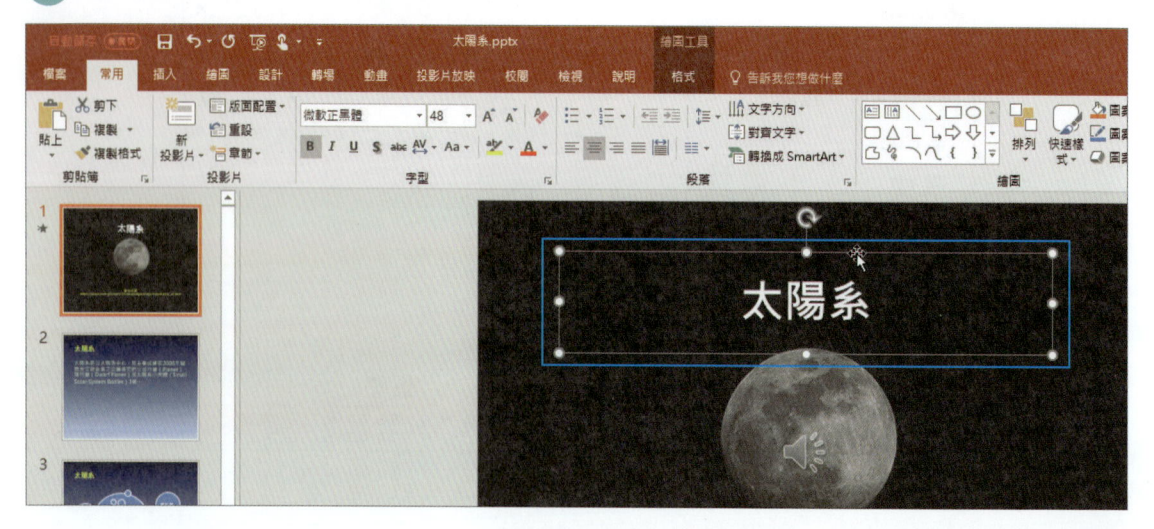

2 由 [繪圖工具]/[格式] 索引標籤 [文字藝術師] 功能群組，點選套用「漸層填滿：金色，輔色 4; 外框：金色，輔色 4」文字藝術師樣式。

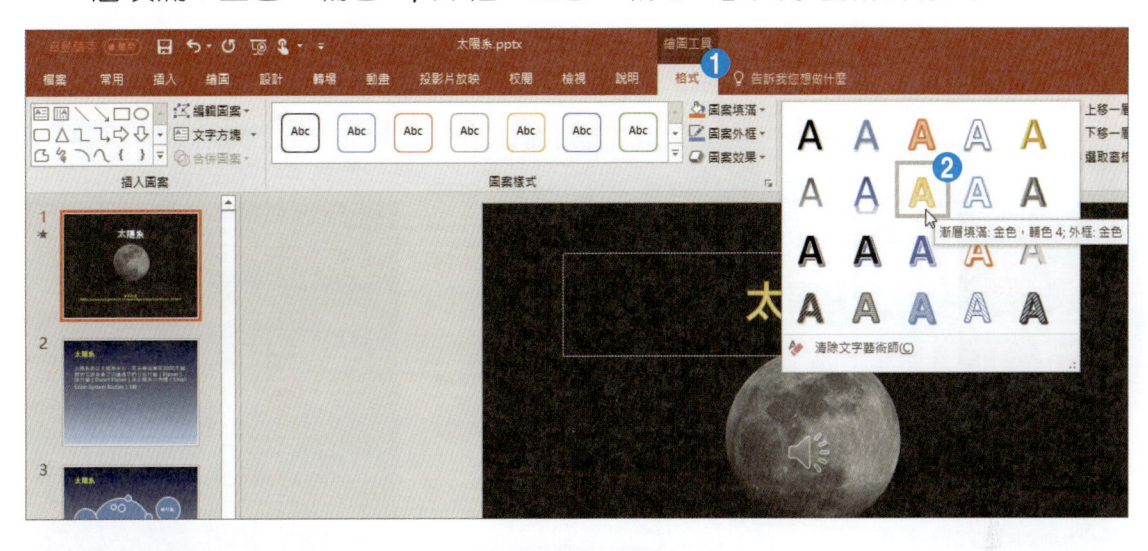

題目 3

將第 3 張投影片中的 SmartArt 物件轉換為「星形循環圖」樣式，並設定 SmartArt 物件的色彩為「彩色 - 輔色」。

解題步驟

1 點選第 3 張投影片 SmartArt 物件框。

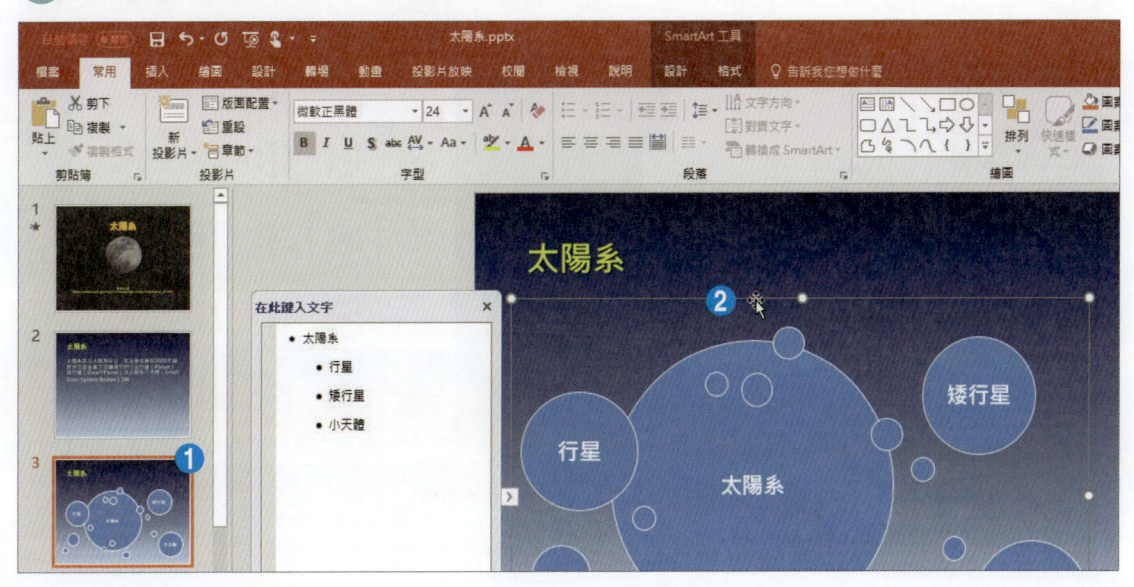

2 由 [SmartArt 工具]/[設計] 索引標籤 [版面配置] 功能群組變更為「星形循環圖」樣式。

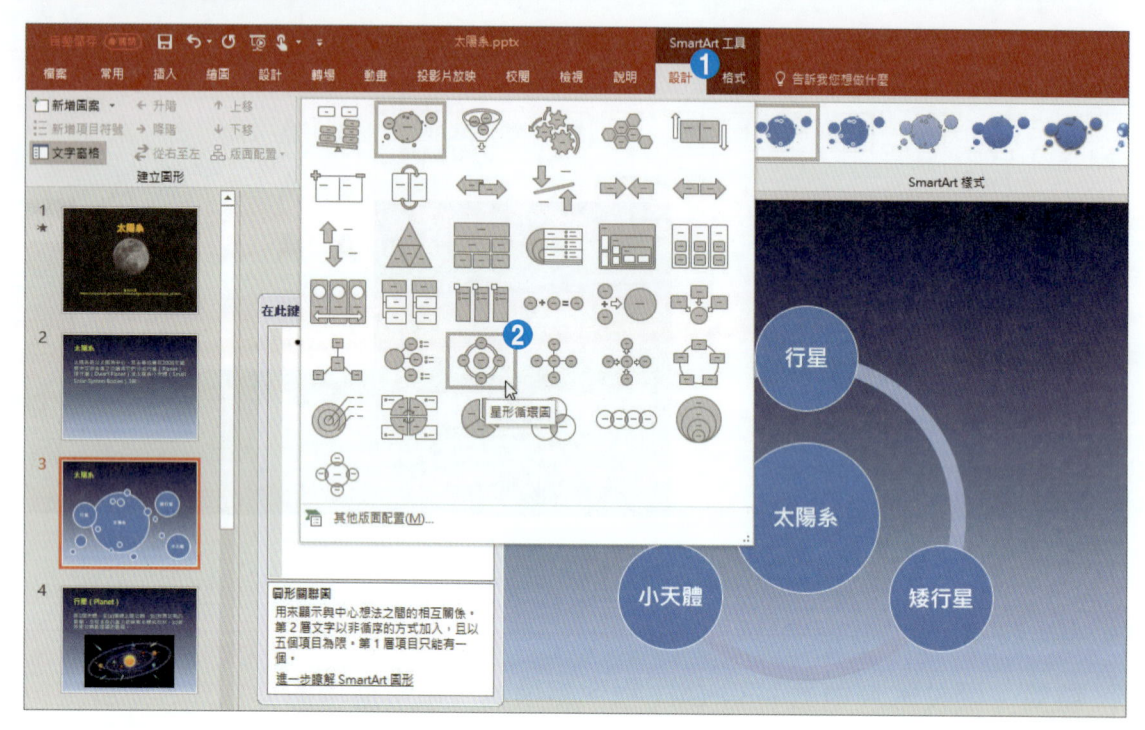

3 由 [SmartArt 樣式] 功能群組選擇 [變更色彩] 選單中「彩色－輔色」。

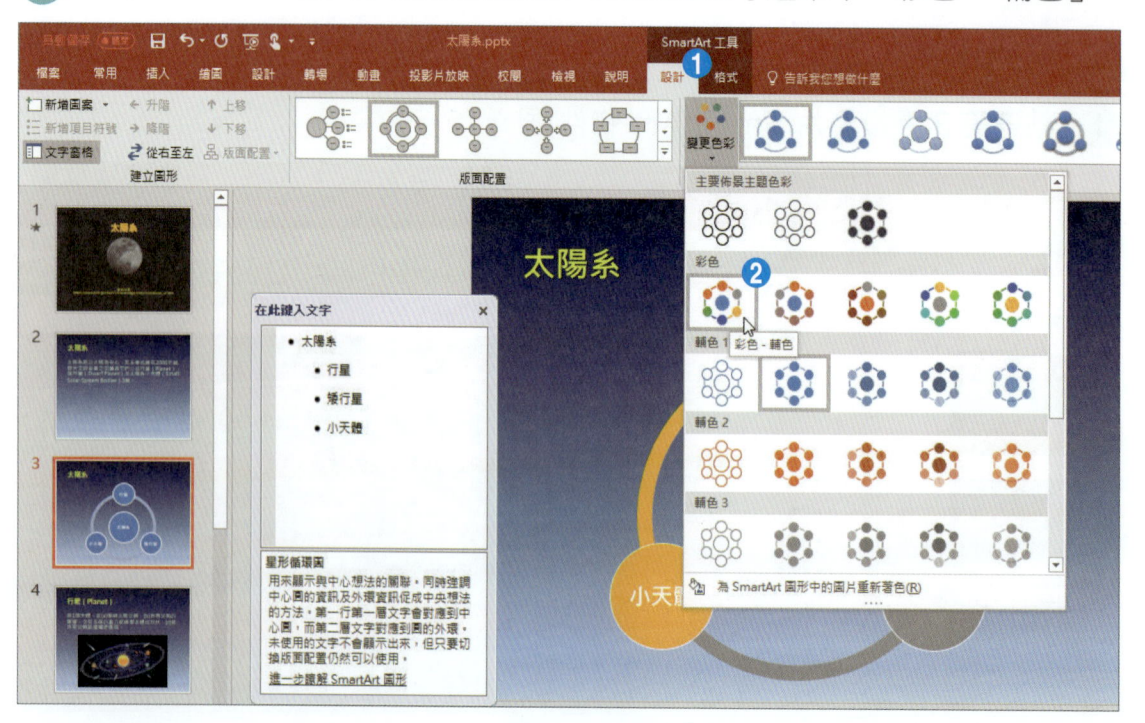

Presentations 商業簡報

題目 4

將第 4 張投影片中的圖片套用「繪圖筆刷」美術效果及「置中陰影矩形」圖片樣式。

解題步驟

1. 點選第 4 張投影片中圖片。

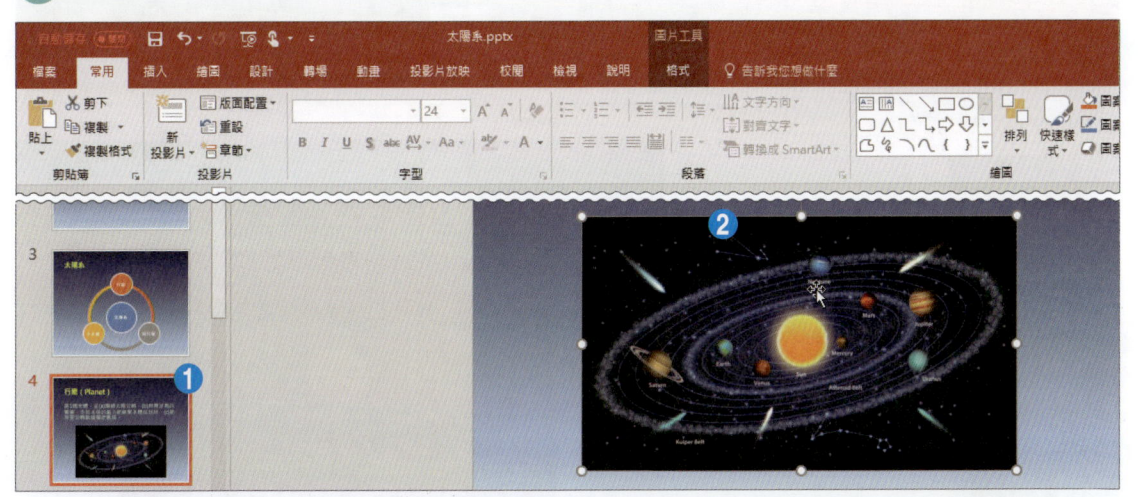

2. 套用 [圖片工具]/[格式] 索引標籤 [調整] 功能群組中 [美術效果] 選單中「繪圖筆刷」美術效果。

3. 再由 [圖片樣式] 功能群組點選套用「置中陰影矩形」圖片樣式。

P-43

題目 5

將第 4 張投影片中的圖片剪裁為「橢圓」圖形。

解題步驟

1 點選第 4 張投影片中圖片。

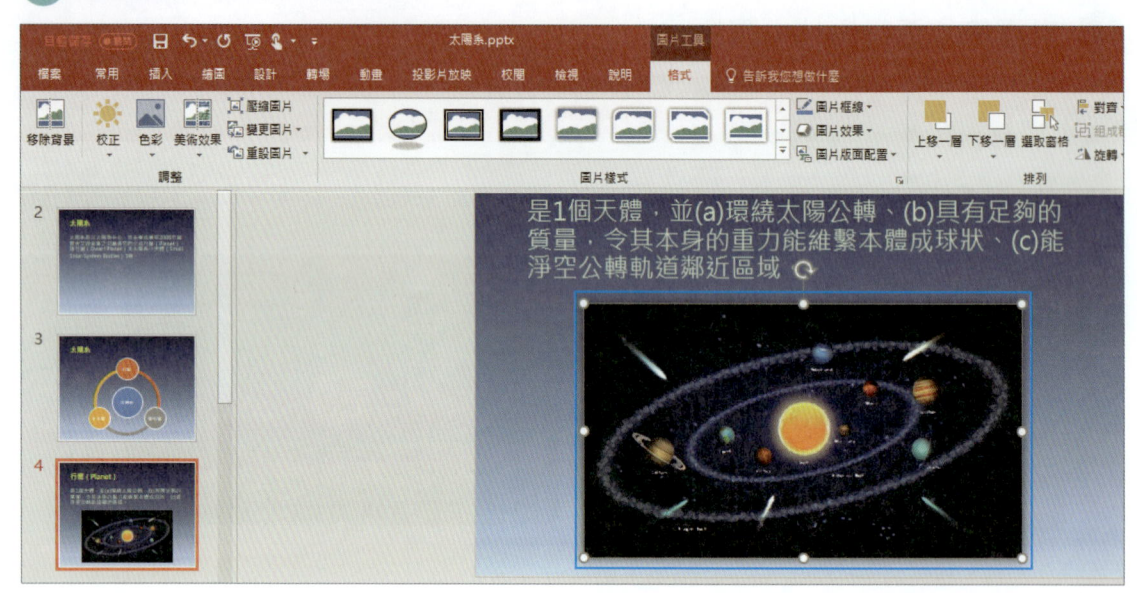

2 由 [圖片工具]/[格式] 索引標籤 [大小] 功能群組 [裁剪] 選單，點選 [裁剪成圖形] 子選單的「橢圓」圖形。

P-44

Presentations 商業簡報

題目 6

在第 5 張投影片中插入「sun.wmv」視訊，大小設寬高皆為 70%(鎖定長寬比)，水平位置置中對齊，垂直位置距左上角 9 公分。

解題步驟

1. 點選第 5 張投影片，執行 [插入] 索引標籤 [媒體] 功能群組 [視訊] 選單中「我個人電腦上的視訊」。

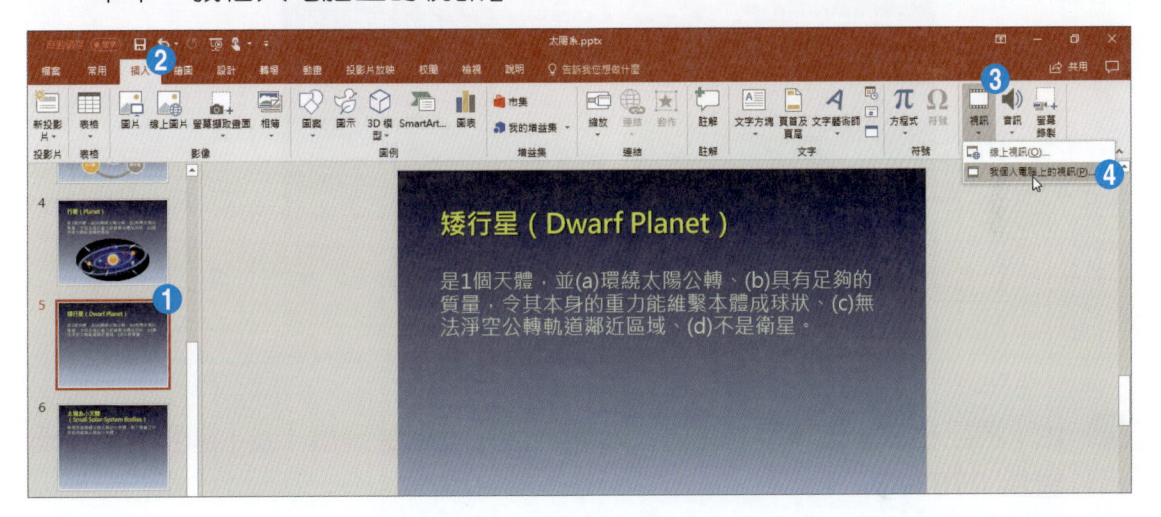

2. 開啟「插入視訊」對話方塊，點選資料夾的「sun.wmv」視訊檔，按【插入】鈕。

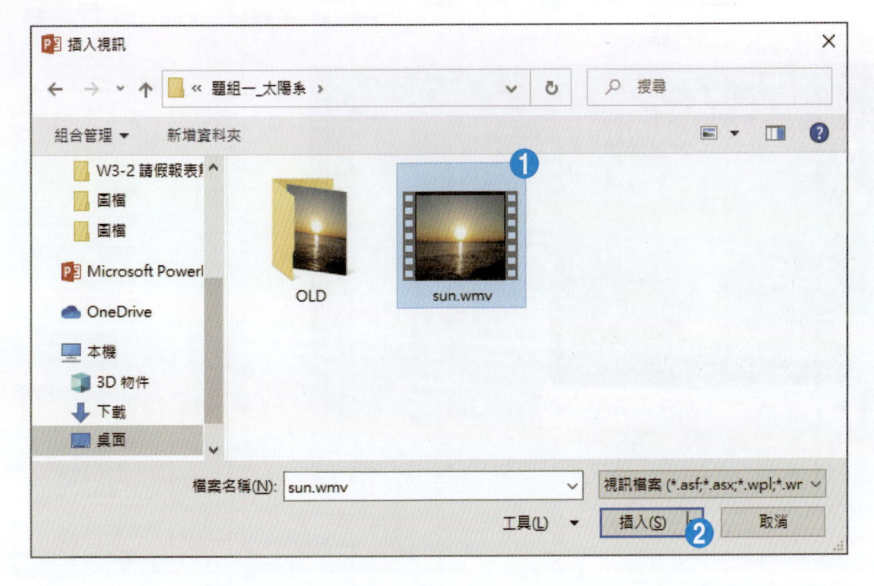

P-45

3. 點擊 [視訊工具]/[格式] 索引標籤 [大小] 功能群組右下方標記，開啟 [視訊格式] 工作窗格。

4. 由 [視訊格式] 工作窗格 [大小] 類別設定 [調整高度] 及 [調整寬度] 值皆為「70%」。

5 再由 [位置] 類別設定 [垂直位置] 位於左上角「9 公分」。

6 由 [排列] 功能群組的 [對齊] 選單，點選「水平置中」。

題目 7

剪裁第 5 張投影片中的視訊開始時間為「00:00.7」秒、結束時間為「00:12」秒，淡出時間「02:00」，設定「循環播放，直到停止」。

解題步驟

1. 點選第 5 張投影片的視訊，點擊 [視訊工具]/[播放] 索引標籤 [編輯] 功能群組的【修剪視訊】鈕。

2. 開啟「剪輯視訊」對話方塊，設定開始時間為「00:00.700」，結束時間為「00:12」，按【確定】鈕關閉對話方塊。

③ 再由 [編輯] 功能群組設定 [淡出] 時間為「02.00」，並勾選 [視訊選項] 功能群組的「循環播放，直到停止」核取方塊。

題目 8

將第 5 張投影片視訊的影像圖形設為「六邊形」，並套用「預設格式 7」視訊效果，並以「moon.jpg」圖檔做為海報畫面。

解題步驟

① 點選第 5 張投影片視訊。

2. 由 [視訊工具]/[格式] 索引標籤 [視訊樣式] 功能群組的 [影像圖形] 選單，點選設為「六邊形」。

3. 再由 [視訊效果] 選單套用 [預設格式] 子選單中的「預設格式 7」視訊效果。

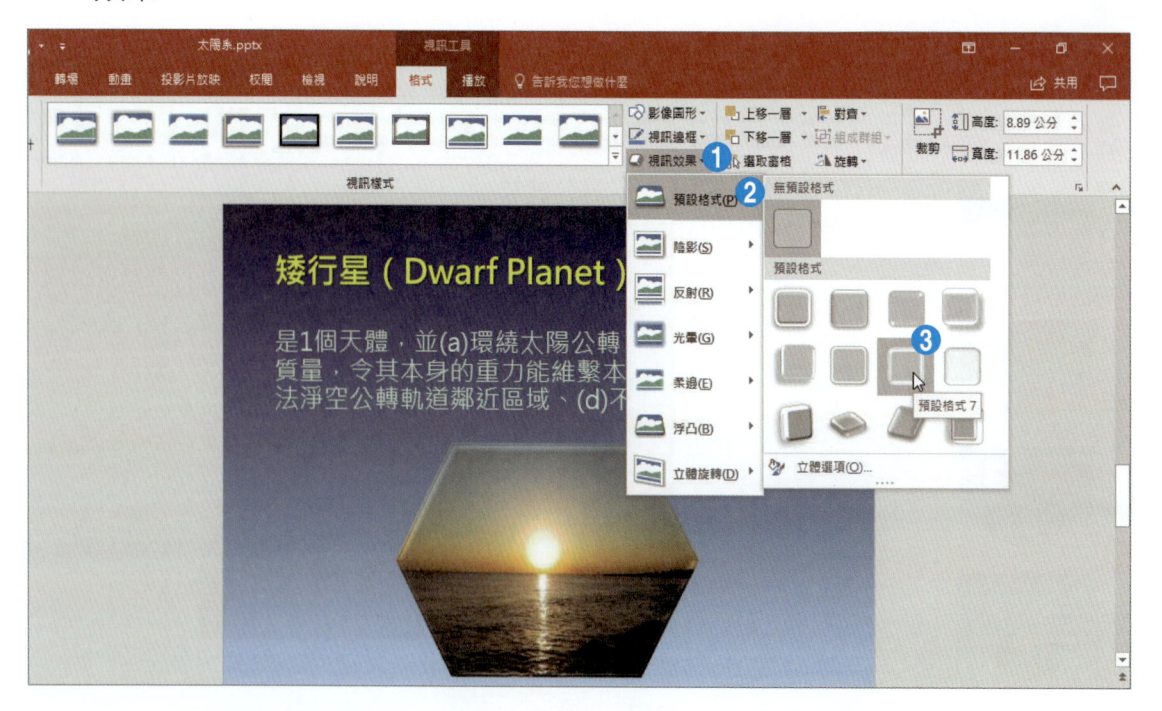

Presentations 商業簡報

4 點選 [調整] 功能群組中 [海報畫面] 選單的「影像來自檔案」。

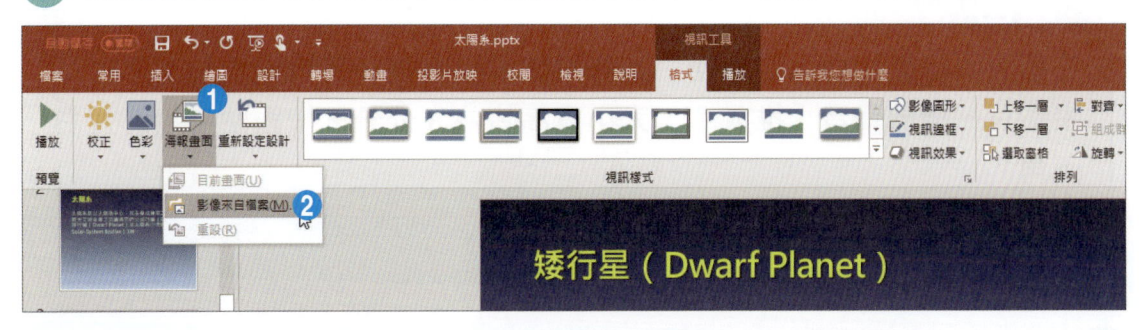

5 開啟「插入圖片」對話方塊，點選資料夾的「moon.jpg」圖檔，按【插入】鈕。

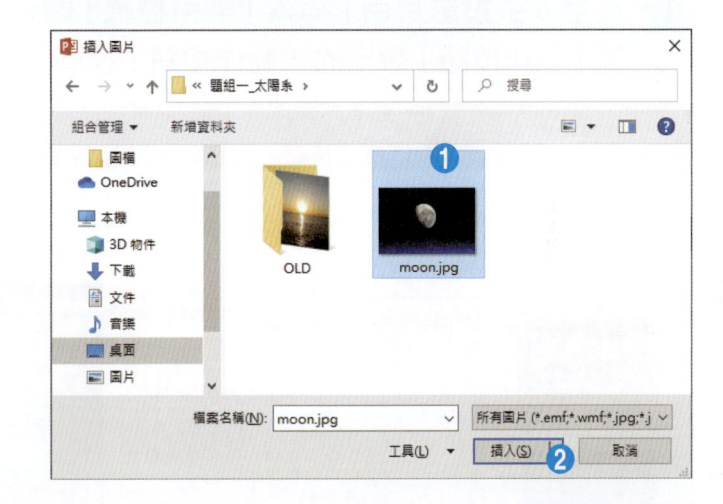

6 完成海報圖文框設定。

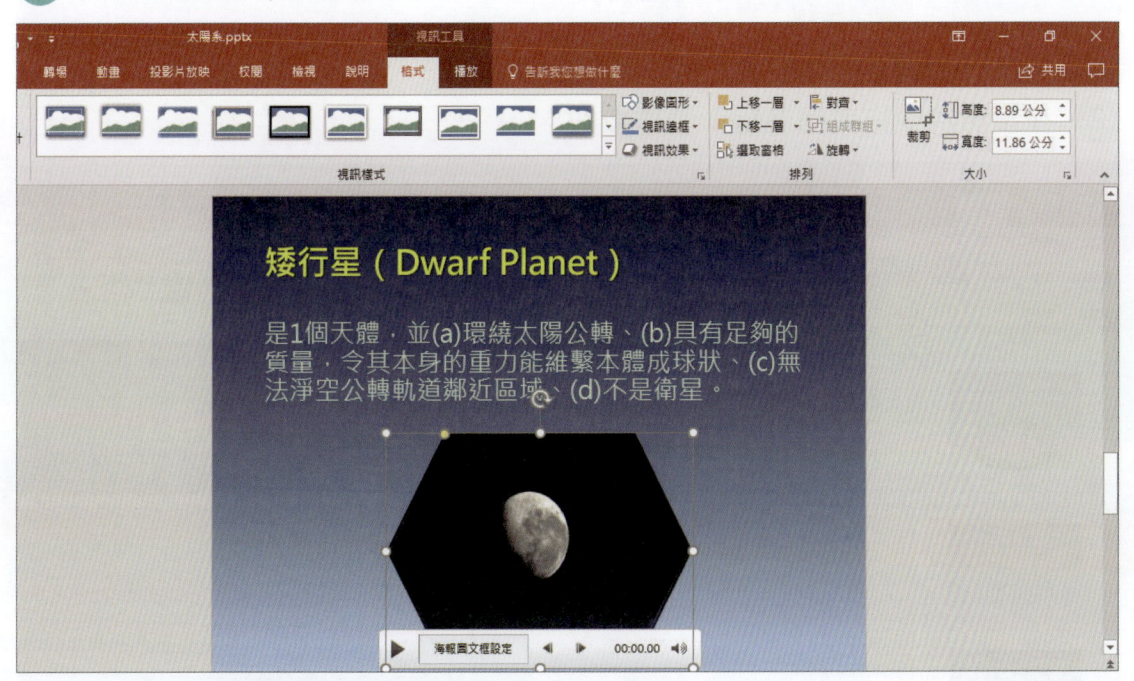

P-51

題目 9

在第 6 張投影片插入「返回」動作按鈕，設定按一下滑鼠則跳到上一張投影片，播放聲音「推入」，大小寬高皆為 3 公分，按鈕貼齊投影片右下角。

解題步驟

1. 在第 6 張投影片由 [插入] 索引標籤 [圖例] 功能群組，點選 [圖案] 選單 [動作按鈕] 類別的「動作按鈕：返回」動作按鈕。

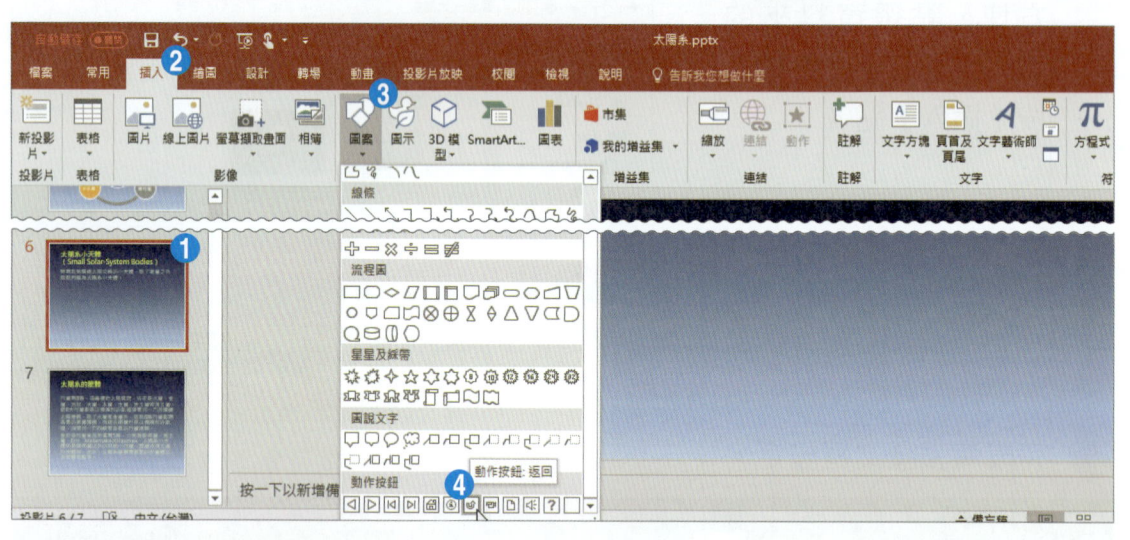

2. 在投影片中拖曳繪製矩形動作按鈕。

Presentations 商業簡報

3. 放開滑鼠後彈出「動作設定」對話方塊,在「按一下滑鼠」頁籤中設定:

- 按滑鼠時的動作跳到「上一張投影片」。
- 勾選「播放聲音」核取方塊後,選擇「推入」音效。
- 按【確定】鈕關閉對話方塊。

4. 由 [繪圖工具]/[格式] 索引標籤 [大小] 功能群組設定圖案高度及寬度皆為「3 公分」。

5. 以滑鼠拖曳對齊投影片右下角。

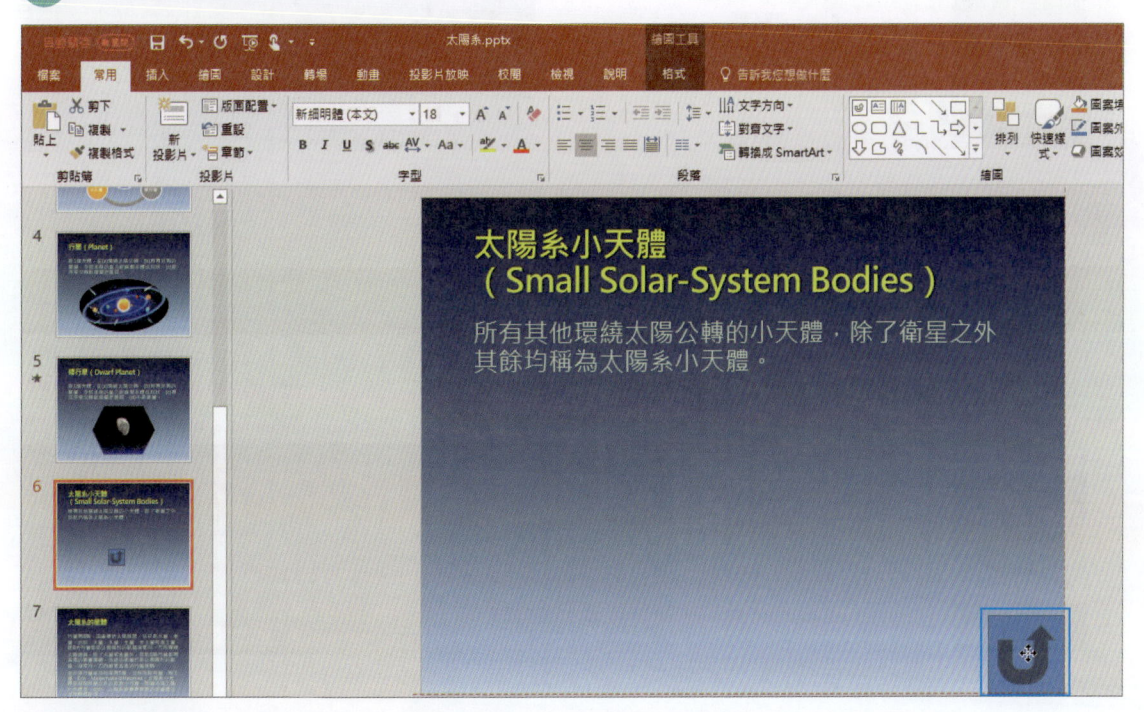

P-53

題目 10

在第 7 張投影片插入基本圖案「太陽」，長、寬各為 2.5 公分，填滿色彩為「紅色」，圖案外框設定「無外框」，水平位置為左上角 10 公分，垂直位置為左上角 1 公分。

解題步驟

1. 在第 7 張投影片由 [插入] 索引標籤 [圖例] 功能群組，點選 [圖案] 選單 [基本圖案] 類別的「太陽」圖案。

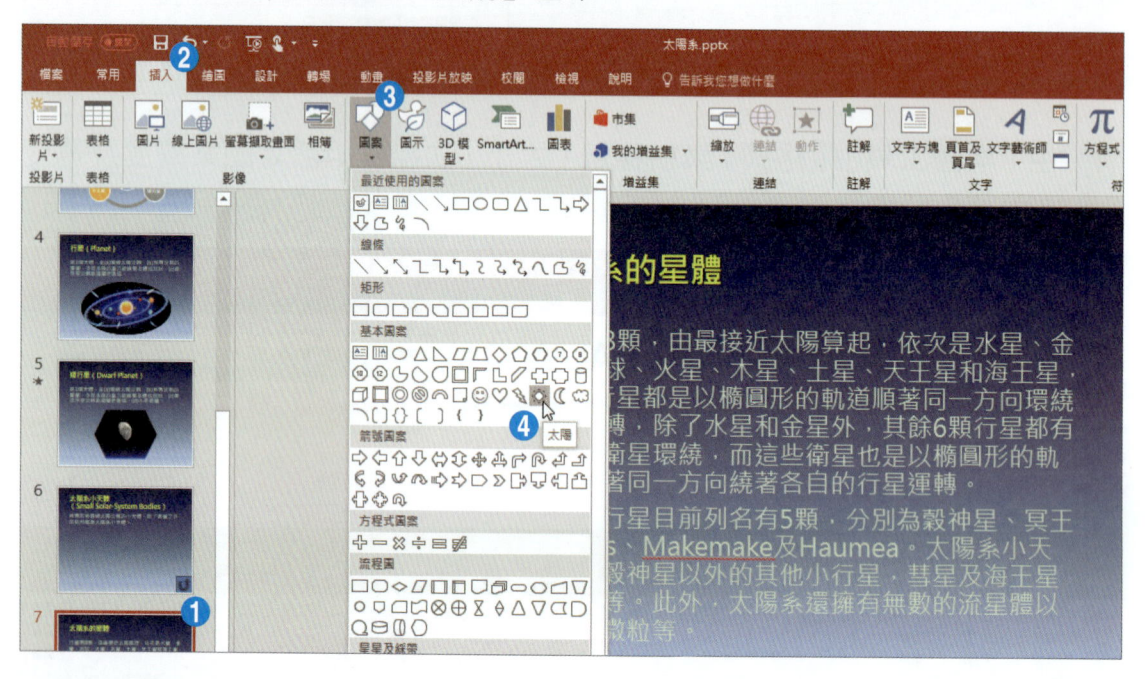

2. 在投影片中拖曳繪製太陽圖案。

3. 由 [繪圖工具]/[格式] 索引標籤 [大小] 功能群組設定圖案高度及寬度皆為「2.5 公分」。

4. 點選 [圖案樣式] 功能群組 [圖案填滿] 選單的「紅色」。

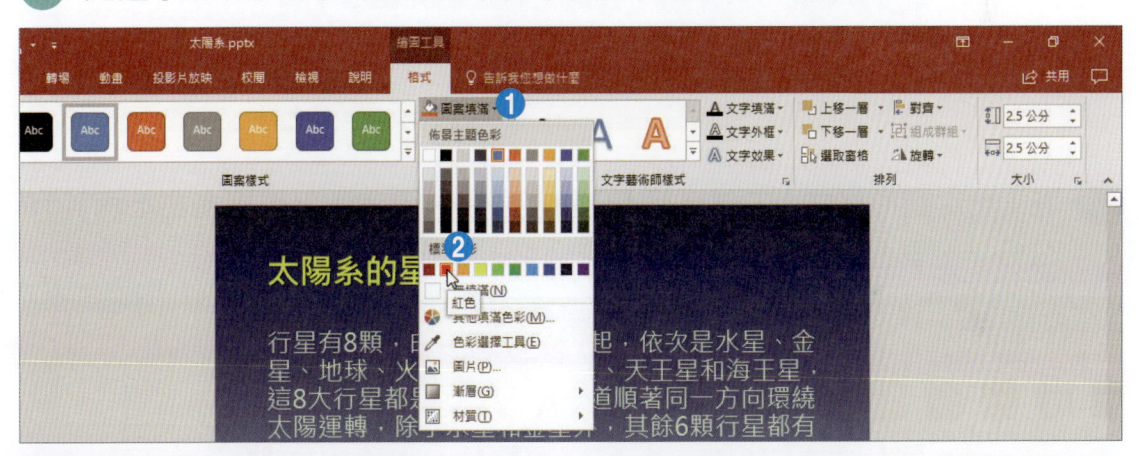

5. 點選 [圖案樣式] 功能群組 [圖案外框] 選單的「無外框」。

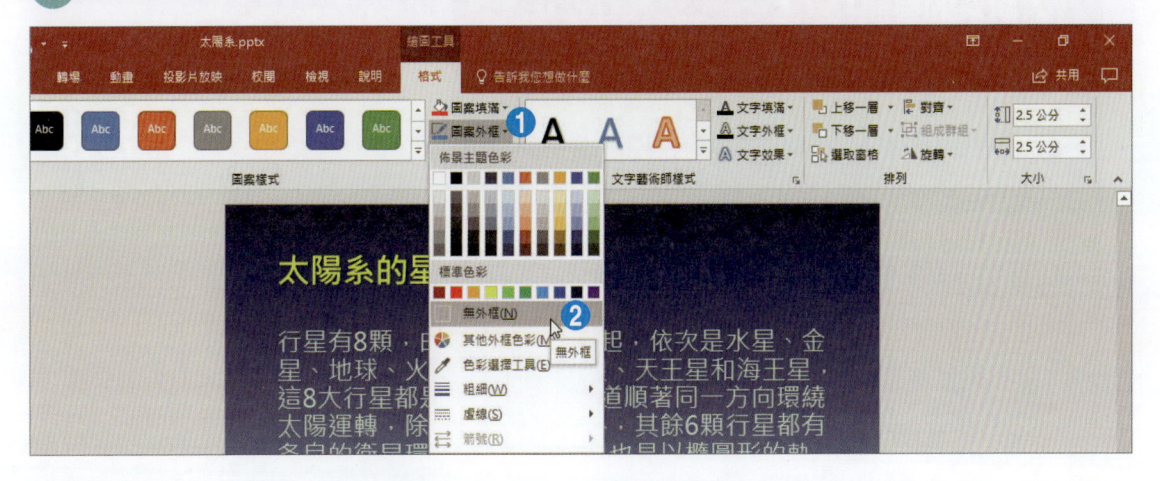

P-55

6 點擊 [大小] 功能群組右下方 標記，開啟 [設定圖形格式] 工作窗格。

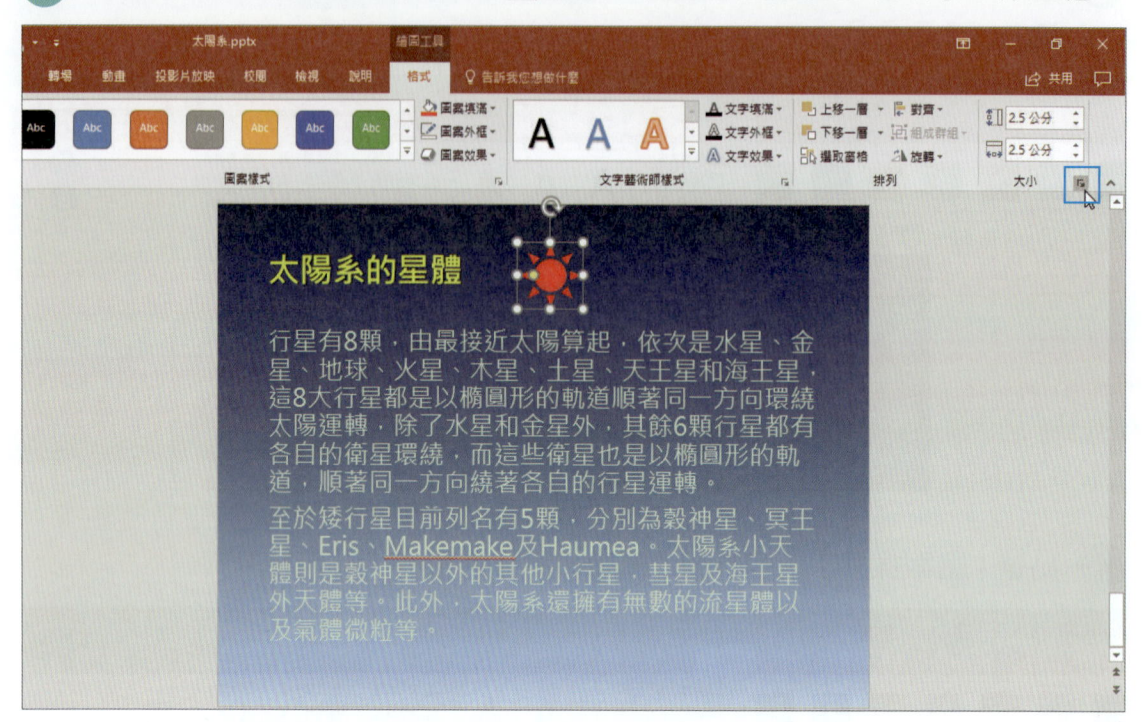

7 在 [設定圖形格式] 工作窗格 [位置] 類別，設定水平位置為左上角「10 公分」，垂直位置為左上角「1 公分」。

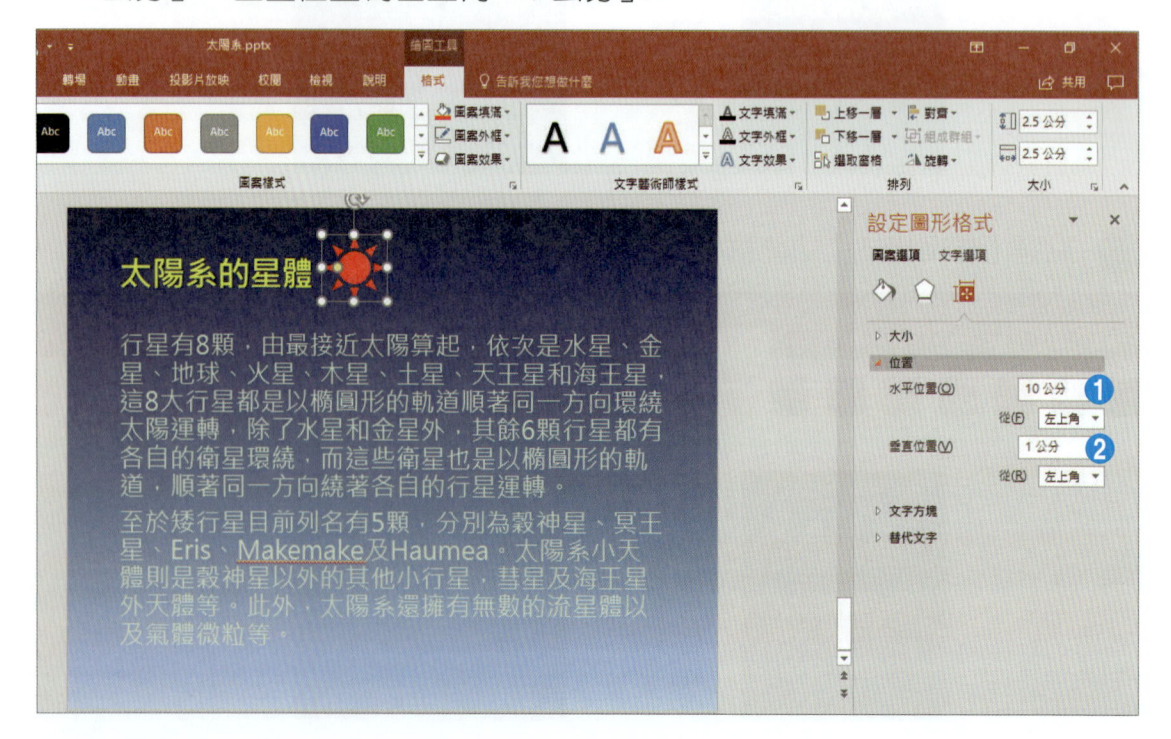

領域範疇 3

投影片放映與輸出

題組 1　七言絕句

題號	題目要求	頁碼
1	將簡報套用「絲縷」佈景主題，並使用「黃橙色」佈景主題色彩。	P-65
2	設定所有投影片轉場效果為「圖案」，「菱形」效果，並設定「微風」音效。	P-66
3	取消第 3～5 張投影片的按滑鼠換頁功能。	P-67
4	分別在第 3～5 張投影片設定，按一下「回首頁」圓角矩形時，則跳到「第一張投影片」，並將圓角矩形的文字設為工具提示文字。	P-68
5	分別在第 9～11 張投影片中繪製一寬高皆為 2 公分的「移至首頁」動作按鈕，僅滑鼠移過時返回「第一張投影片」，並設定「爆炸」音效。位置距左上角水平 12 公分、垂直 15 公分。	P-71
6	隱藏第 5～7 張投影片。	P-74
7	設定投影片放映類型為「觀眾自行瀏覽 (視窗)」。	P-75
8	以「絕妙好詩」名稱自訂投影片放映，其中包括第 2、3、5、8、9、10 張投影片。	P-76
9	在第 9 張投影片插入註解，內容為「絕妙好詩」。	P-78
10	在第 11 張投影片新增日期及時間，格式例如「2022 年 8 月 29 日」。	P-79

領域範疇 3
題組 1

參考答案

七言絕句

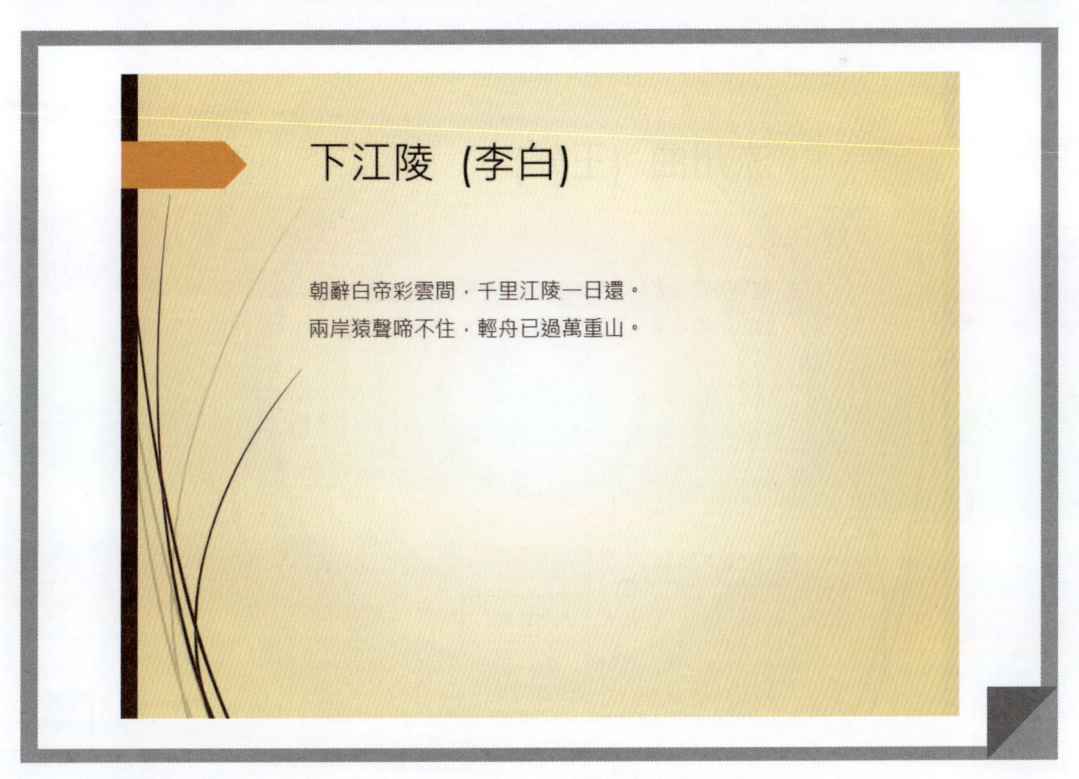

下江陵 (李白)

朝辭白帝彩雲間,千里江陵一日還。
兩岸猿聲啼不住,輕舟已過萬重山。

參考答案

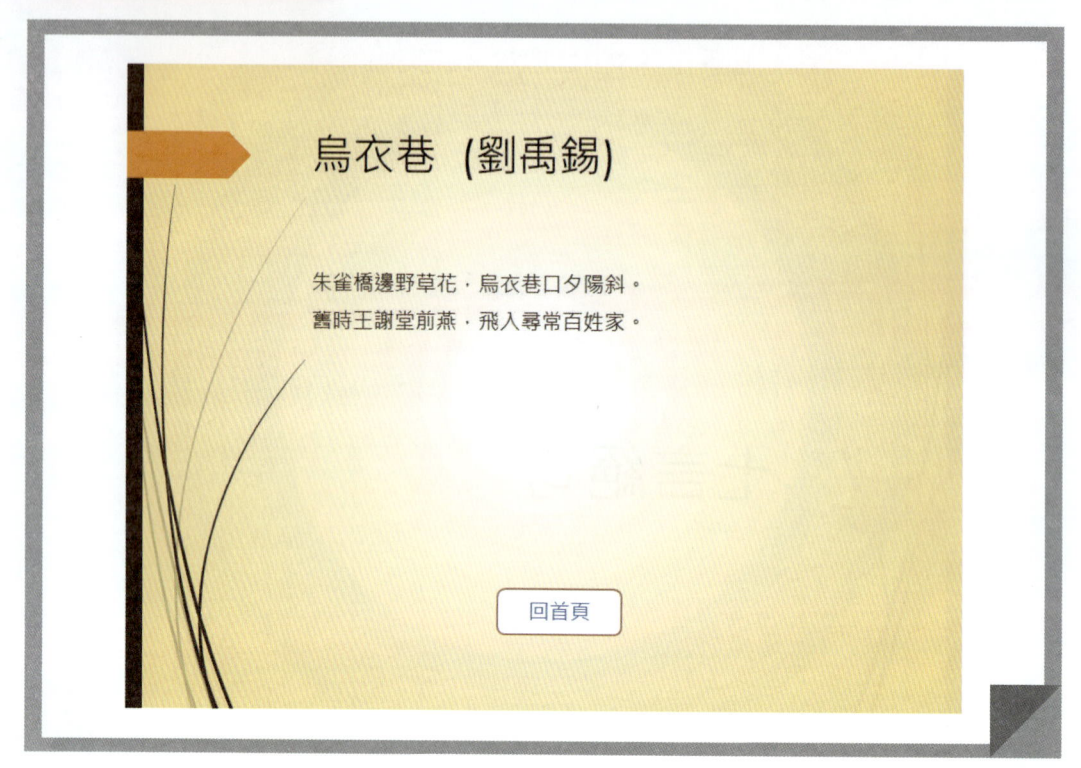

烏衣巷 (劉禹錫)

朱雀橋邊野草花，烏衣巷口夕陽斜。
舊時王謝堂前燕，飛入尋常百姓家。

回首頁

涼州曲 (王翰)

葡萄美酒夜光杯，欲飲琵琶馬上催。
醉臥沙場君莫笑，古來征戰幾人回。

回首頁

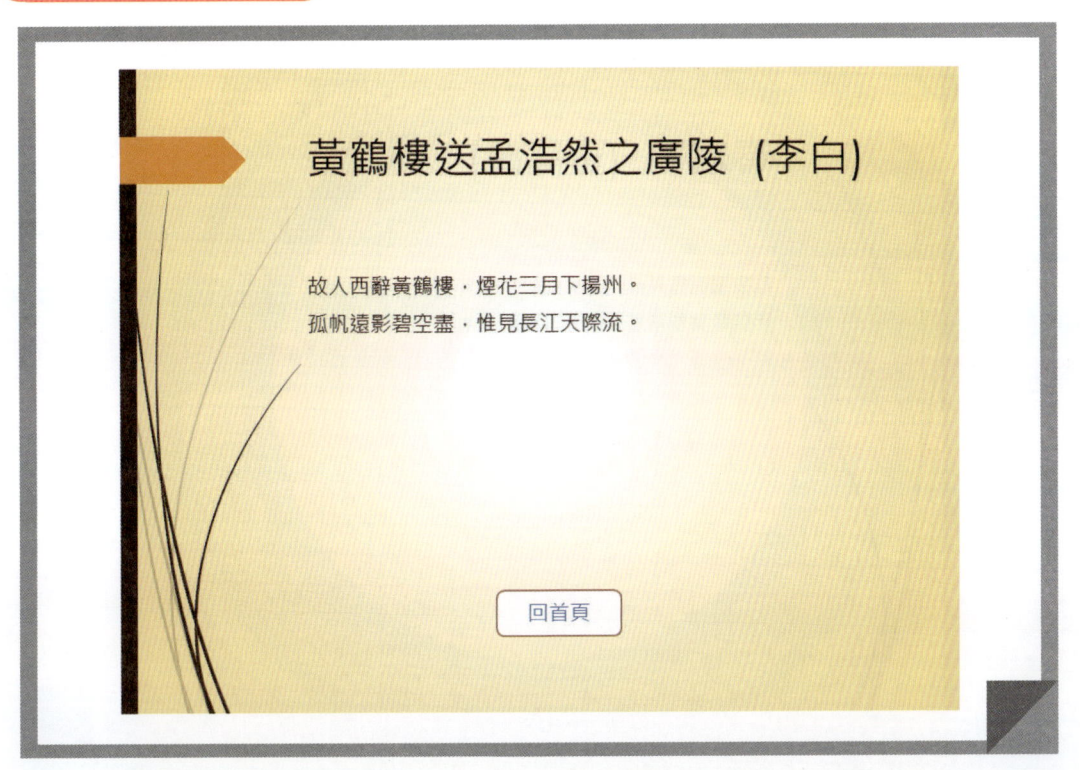

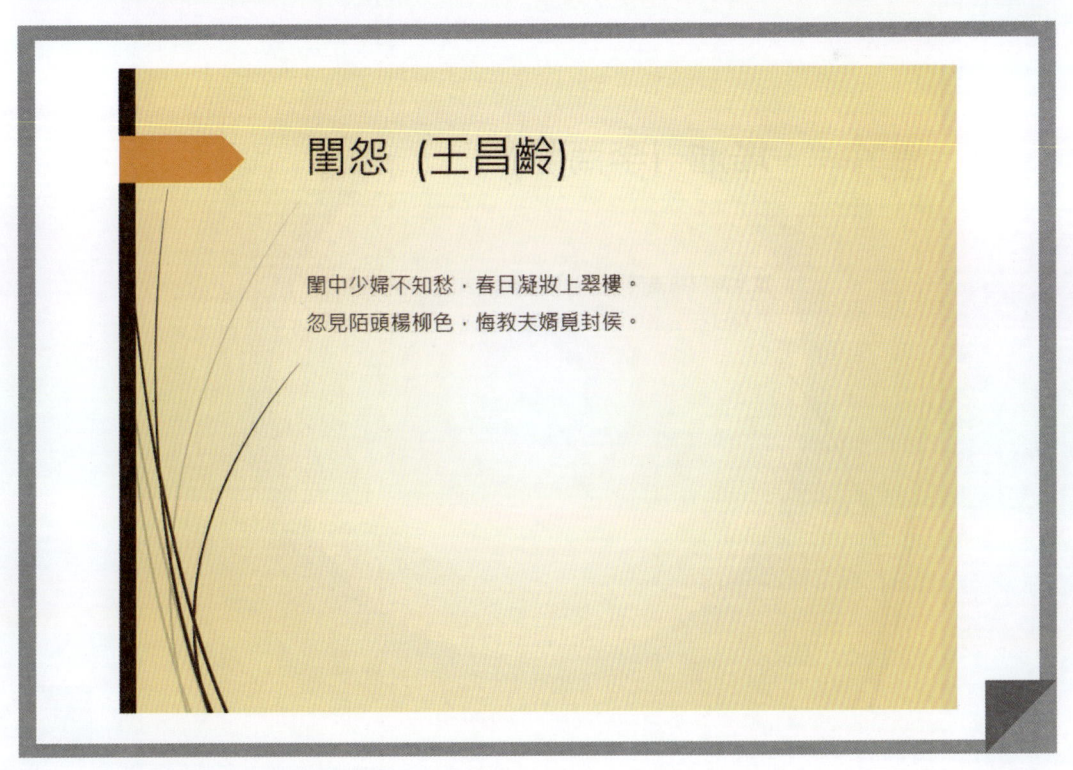

參考答案

黃鶴樓送孟浩然之廣陵 (李白)

故人西辭黃鶴樓,煙花三月下揚州。
孤帆遠影碧空盡,惟見長江天際流。

回首頁

閨怨 (王昌齡)

閨中少婦不知愁,春日凝妝上翠樓。
忽見陌頭楊柳色,悔教夫婿覓封侯。

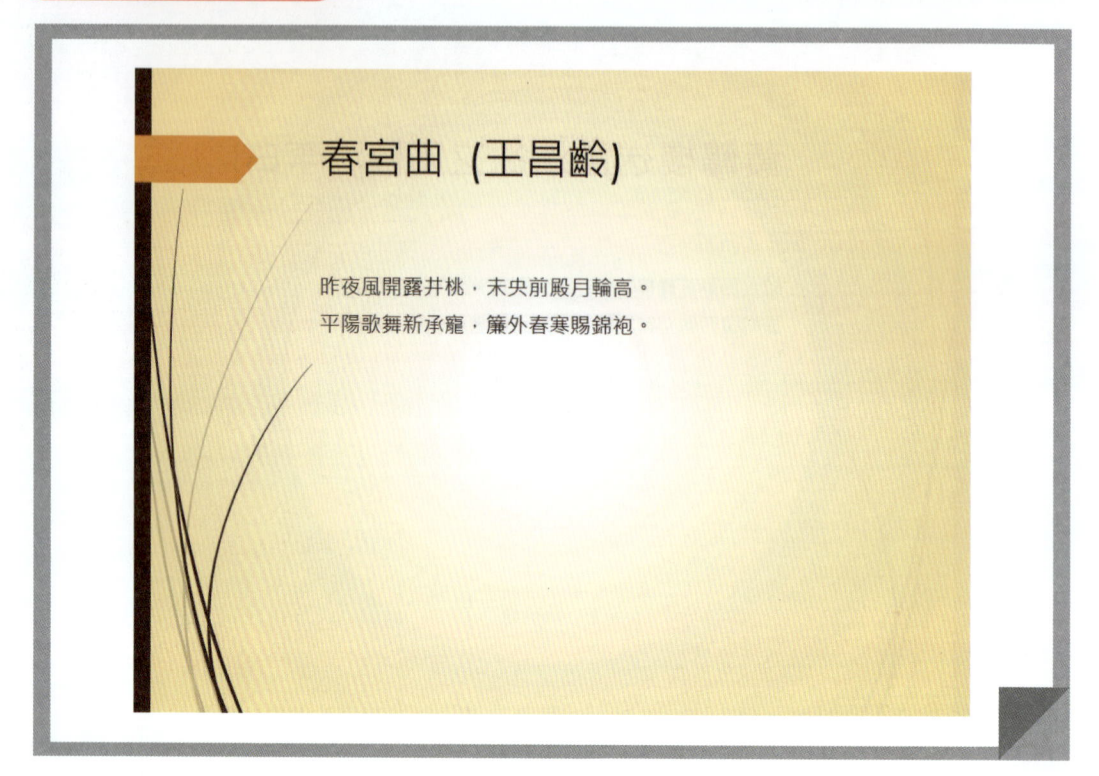

參考答案

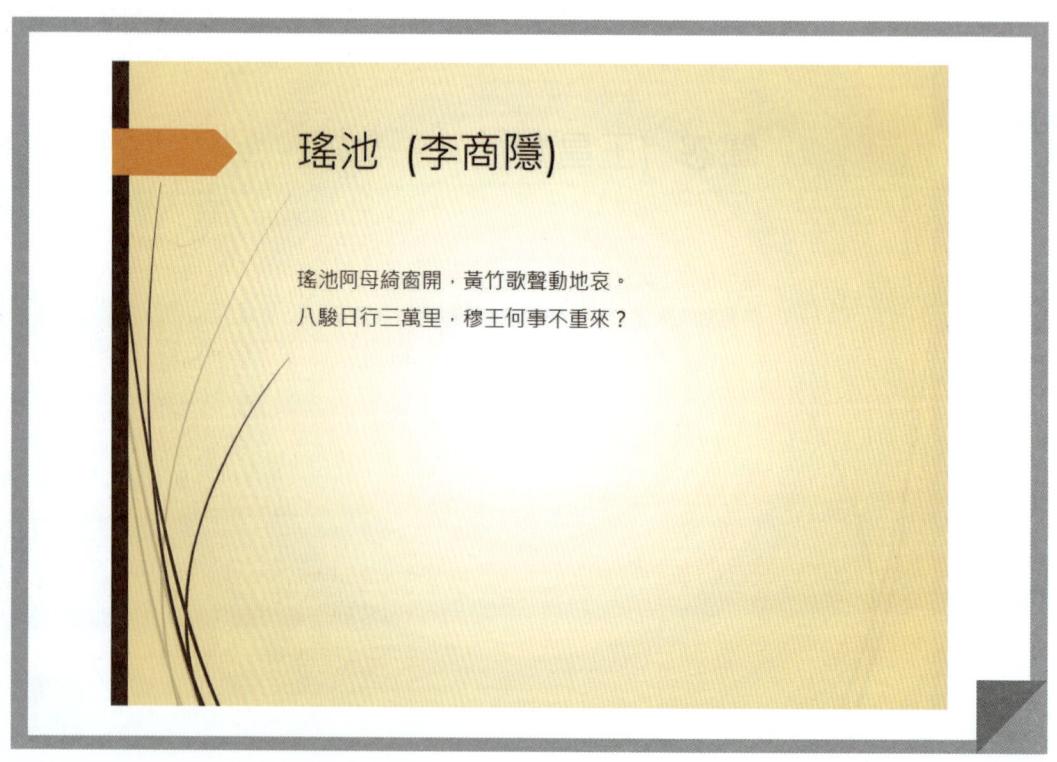

春宮曲 (王昌齡)

昨夜風開露井桃，未央前殿月輪高。
平陽歌舞新承寵，簾外春寒賜錦袍。

瑤池 (李商隱)

瑤池阿母綺窗開，黃竹歌聲動地哀。
八駿日行三萬里，穆王何事不重來？

參考答案

赤壁 (杜牧)

折戟沈沙鐵未消,自將磨洗認前朝。
東風不與周郎便,銅雀春深鎖二喬。

寄人 (張泌)

別夢依依到謝家,小廊迴合曲闌斜。
多情只有春庭月,猶為離人照落花。

參考答案

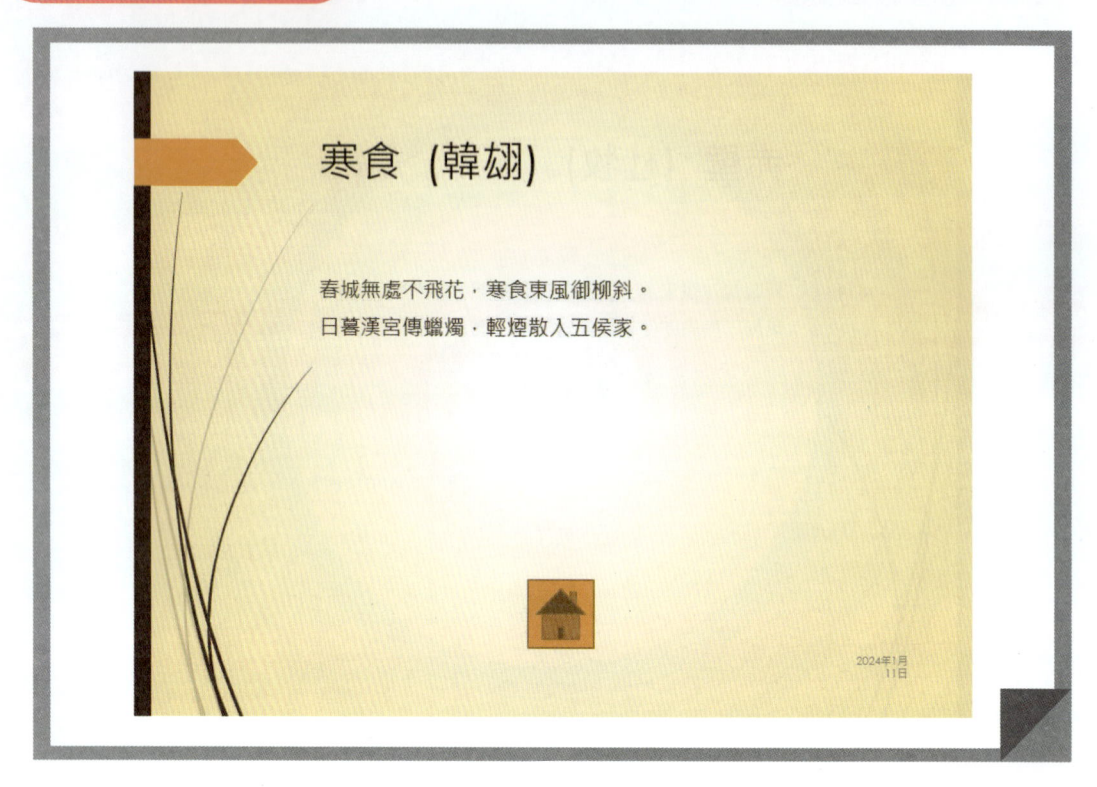

寒食 (韓翃)

春城無處不飛花，寒食東風御柳斜。
日暮漢宮傳蠟燭，輕煙散入五侯家。

2024年1月11日

Presentations 商業簡報

題目 1

將簡報套用「絲縷」佈景主題，並使用「黃橙色」佈景主題色彩。

解題步驟

1 點選 [設計] 索引標籤 [佈景主題] 功能群組的「絲縷」佈景主題樣式。

2 由 [變化] 功能群組點選 [色彩] 清單中「黃橙色」佈景主題色彩。

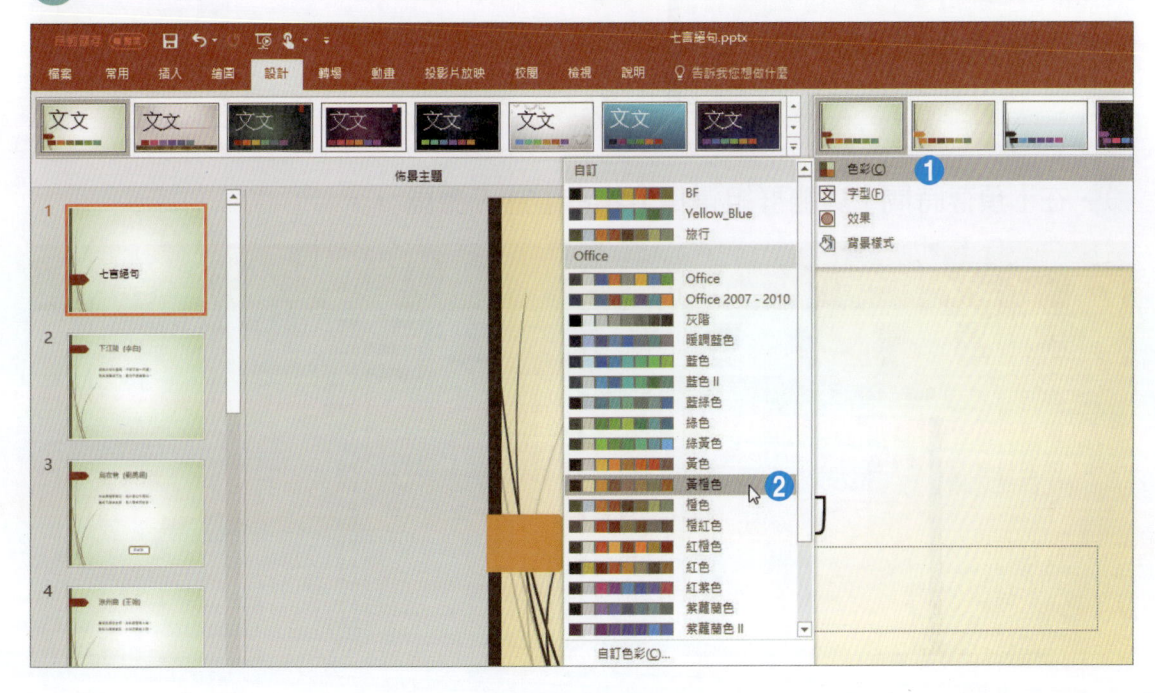

領域範疇 3 題組 1

P-65

題目 2

設定所有投影片轉場效果為「圖案」,「菱形」效果,並設定「微風」音效。

解題步驟

1 點選 [轉場] 索引標籤 [切換到此投影片] 功能群組中「圖案」轉場效果。

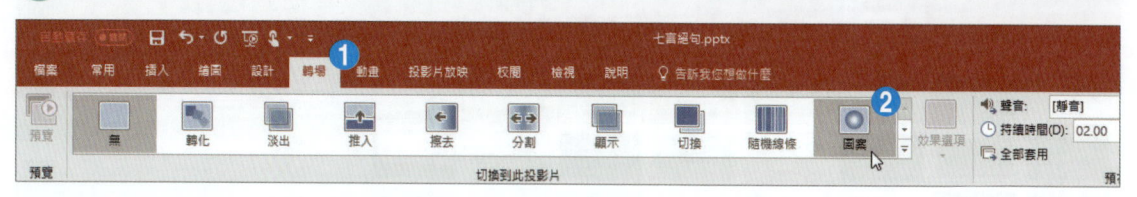

2 由 [效果選項] 清單點選「菱形」。

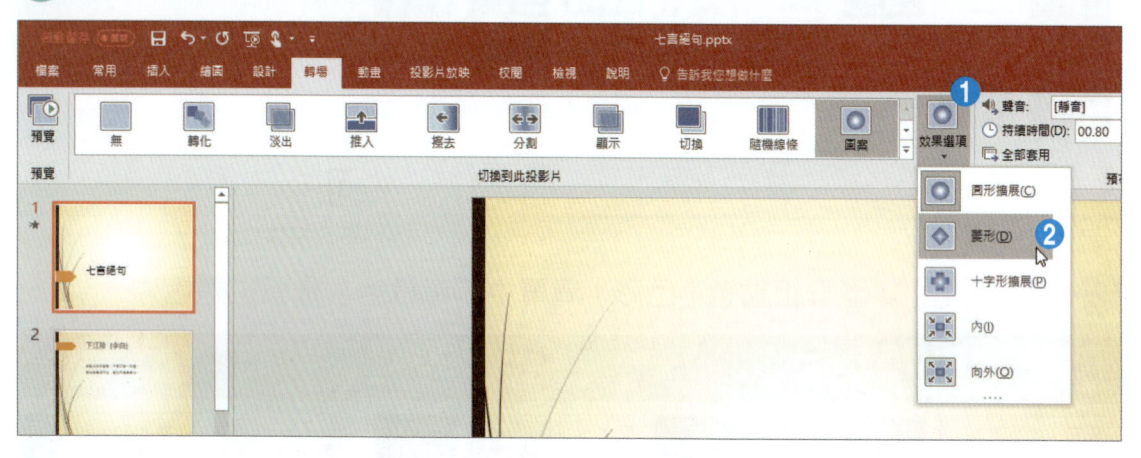

3 在 [預存時間] 功能群組選擇 [聲音] 為「微風」。

P-66

領域範疇 3 題組 1

④ 點擊【全部套用】鈕。

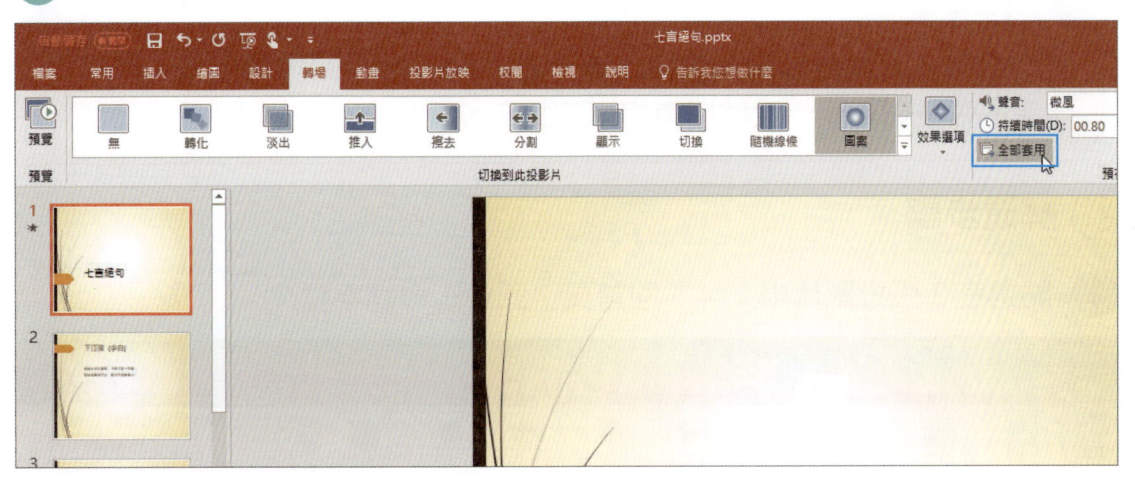

題目 3

取消第 3～5 張投影片的按滑鼠換頁功能。

解題步驟

① 點選第 3 張投影片後，按住 Shift 鍵不放，點擊第 5 張投影片，選取第 3~5 張投影片，在 [轉場] 索引標籤 [預存時間] 功能群組，[投影片換頁] 項目取消勾選 [滑鼠按下時] 核取方塊。

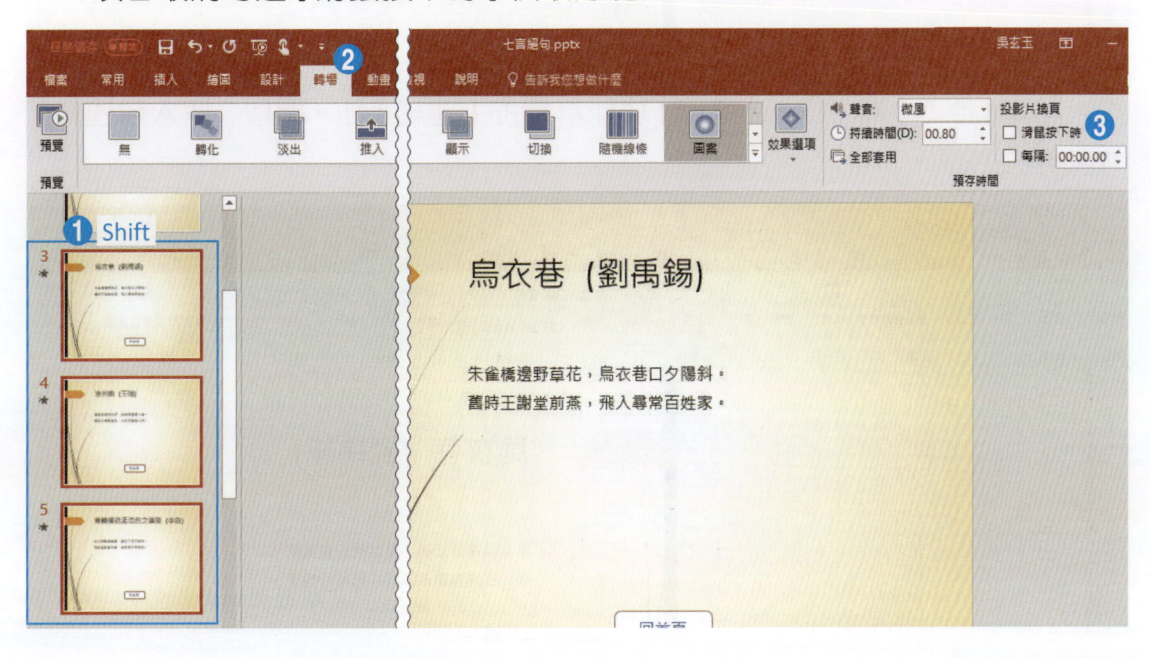

題目 4

分別在第 3～5 張投影片設定,按一下「回首頁」圓角矩形時,則跳到「第一張投影片」,並將圓角矩形的文字設為工具提示文字。

解題步驟

1 點選第 3 張投影片中文字「回首頁」圓角矩形圖案框。

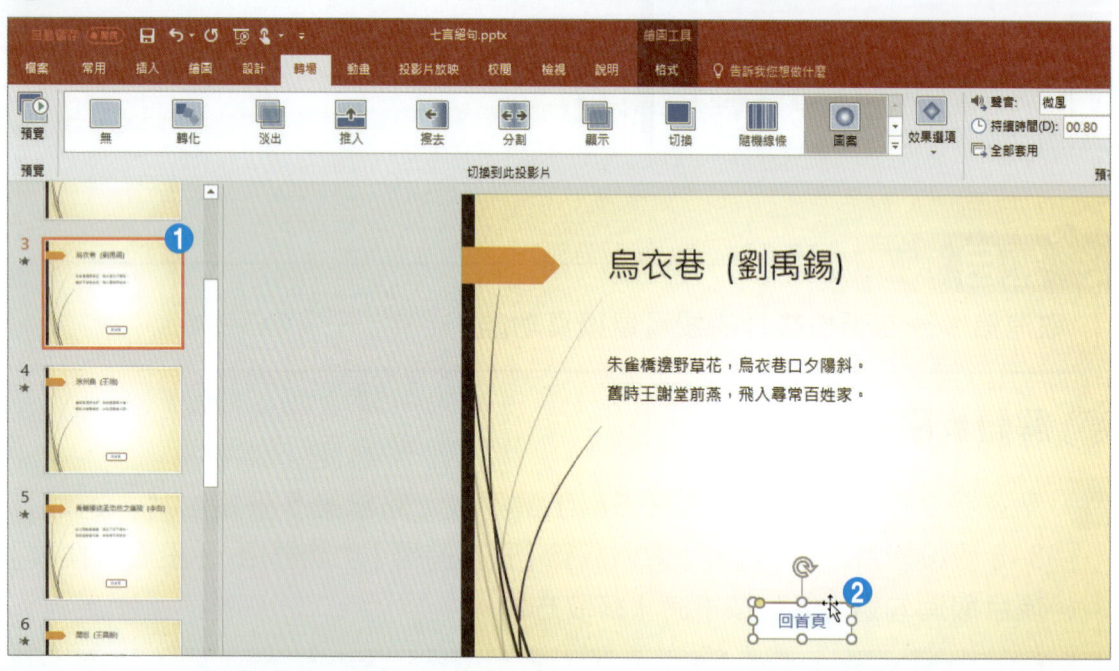

2 點擊 [插入] 索引標籤 [連結] 功能群組的【連結】鈕,開啟「插入超連結」對話方塊。

P-68

Presentations 商業簡報

3. 點選【連結至】清單中「這份文件中的位置」，選擇文件中位置為「第一張投影片」。

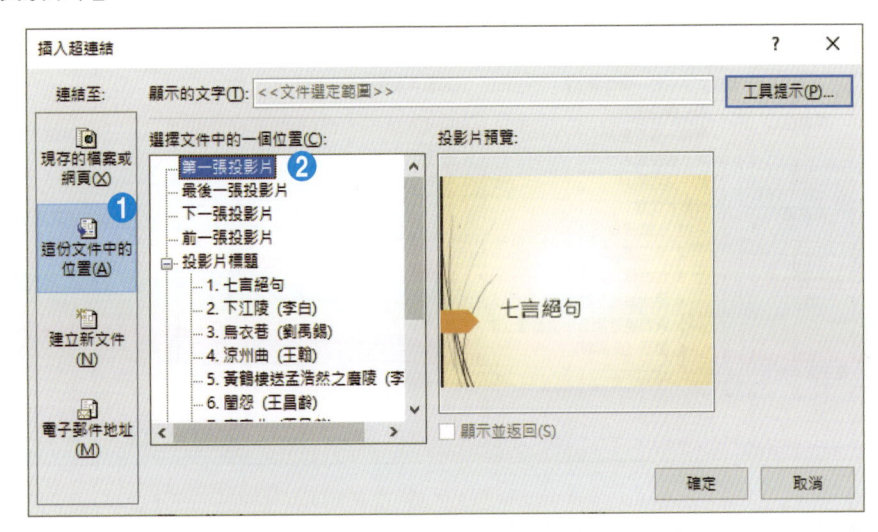

4. 點擊【工具提示】鈕。

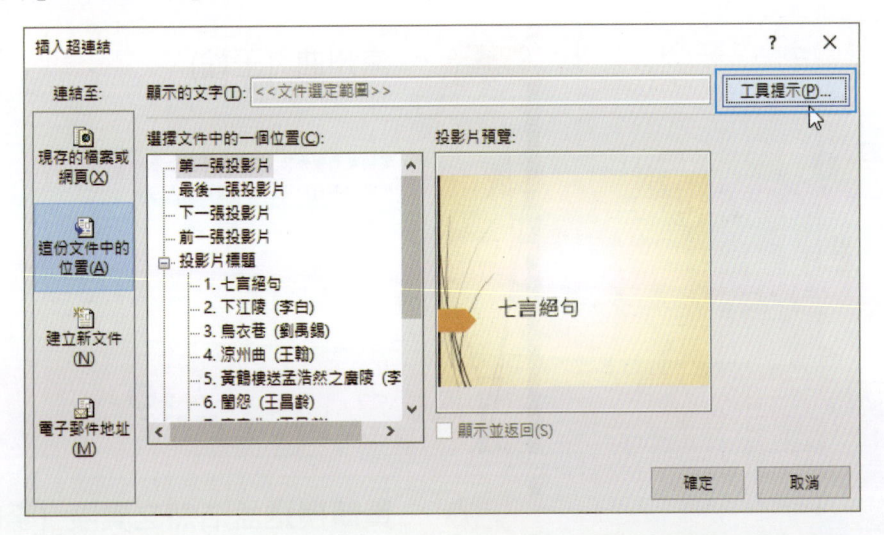

5. 輸入工具提示文字「回首頁」，按【確定】鈕。

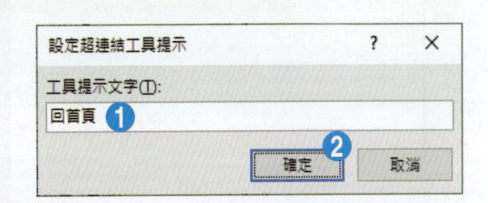

P-69

6 返回「插入超連結」對話方塊，按【確定】鈕關閉對話方塊。

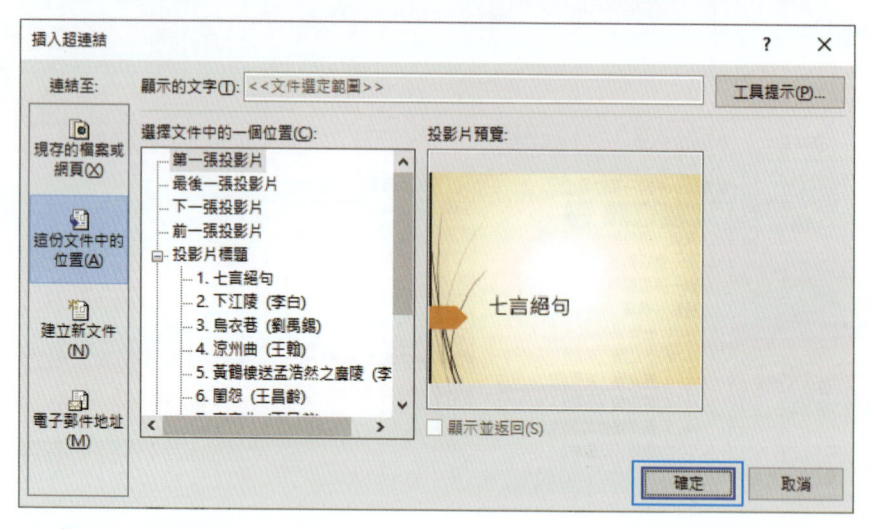

7 依序點選第 4 張及第 5 張投影片中文字「回首頁」圓角矩形圖案框，重複開啟「插入超連結」對話方塊，完成連結設定。

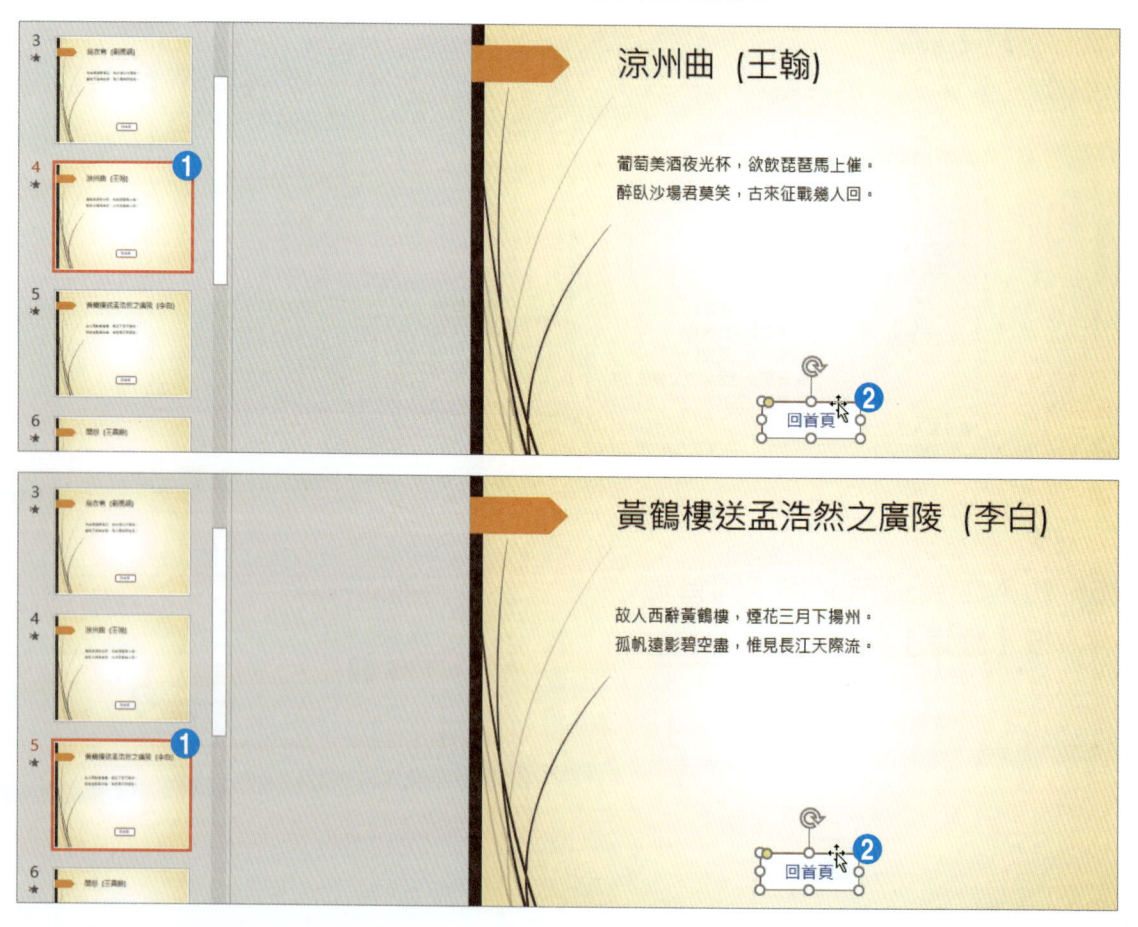

P-70

Presentations 商業簡報

題目 5

分別在第 9～11 張投影片中繪製一寬高皆為 2 公分的「移至首頁」動作按鈕，僅滑鼠移過時返回「第一張投影片」，並設定「爆炸」音效。位置距左上角水平 12 公分、垂直 15 公分。

解題步驟

1. 點選第 9 張投影片，由 [插入] 索引標籤 [圖例] 功能群組 [圖案] 選單，點選 [動作按鈕] 類別中的「動作按鈕：移至首頁」。

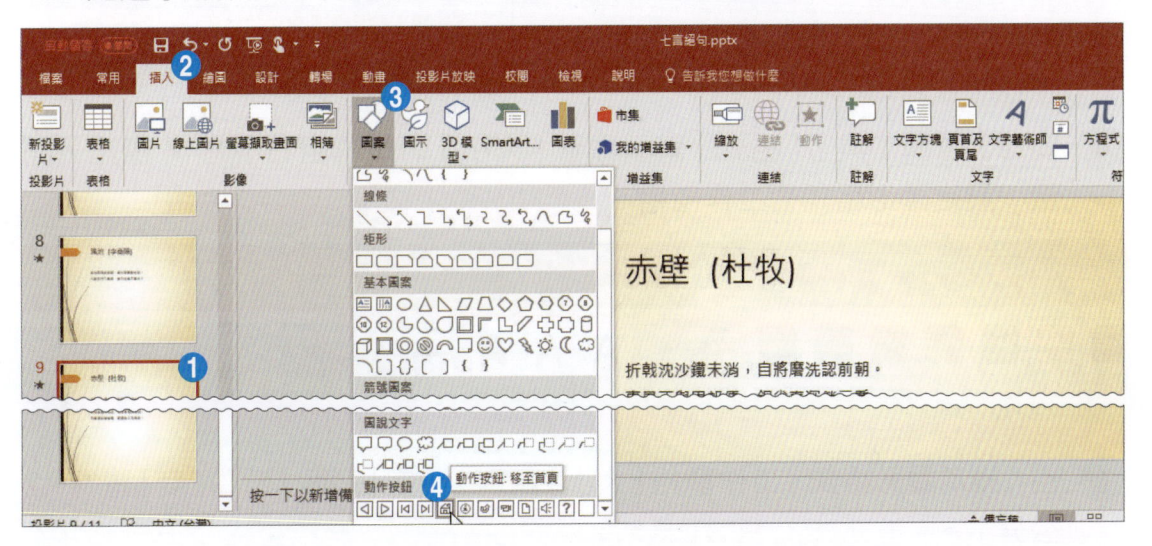

2. 在投影片中拖曳滑鼠繪製動作按鈕矩形框。

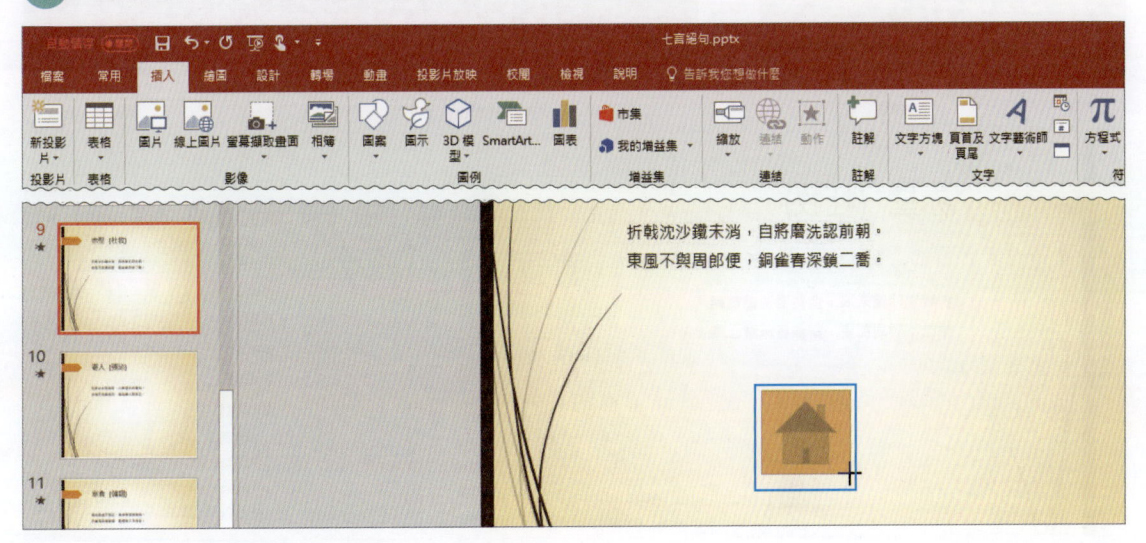

P-71

3. 放開滑鼠左鍵後，由彈出「動作設定」對話方塊的「滑鼠移過」頁籤，設定跳到「第一張投影片」，勾選「播放聲音」核取方塊，選擇「爆炸」音效後，按【確定】鈕關閉對話方塊。

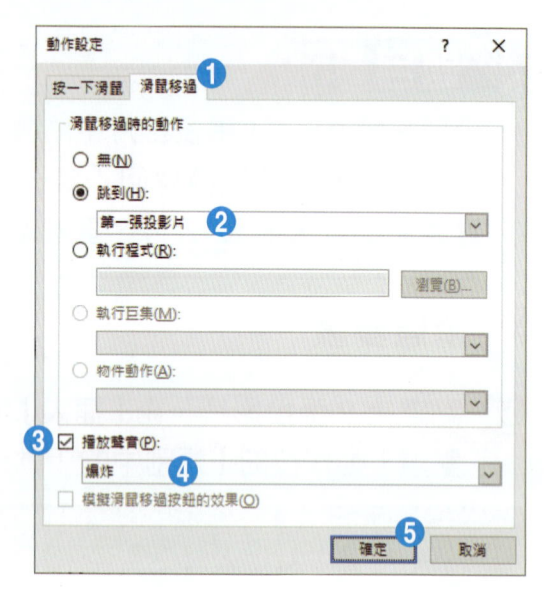

4. 點擊 [繪圖工具]/[格式] 索引標籤 [大小] 功能群組右下方 標記，開啟「設定圖形格式」工作窗格。

5. 由「設定圖形格式」工作窗格 [大小] 類別，設定 [高度] 及 [寬度] 皆為「2公分」。

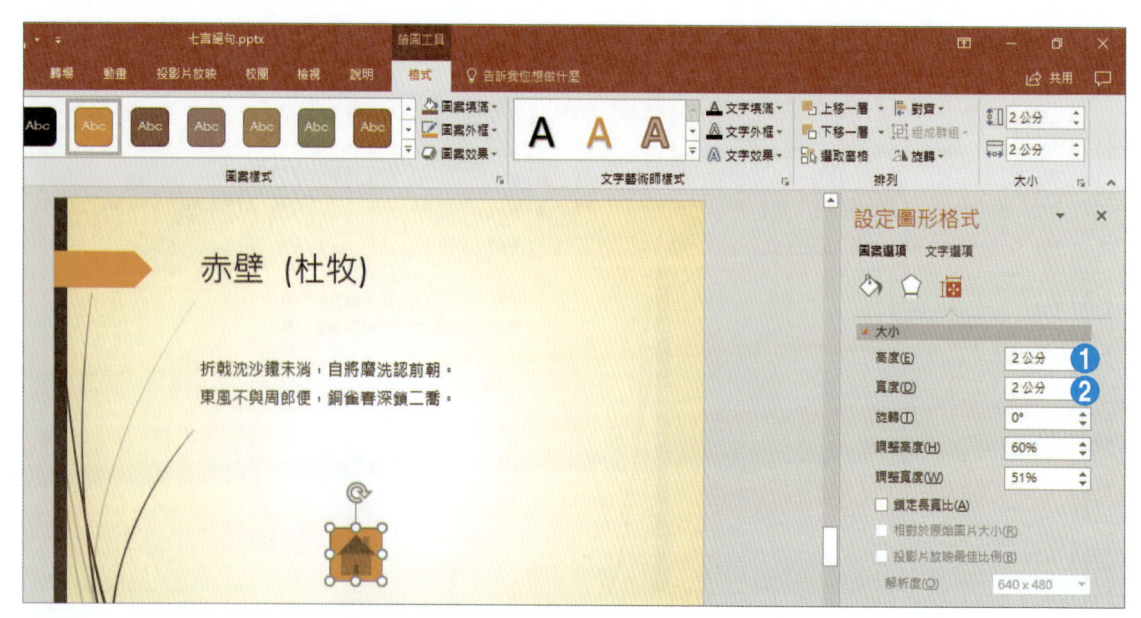

6 [位置] 類別設定 [水平位置] 距左上角「12 公分」，[垂直位置] 距左方角「15 公分」。

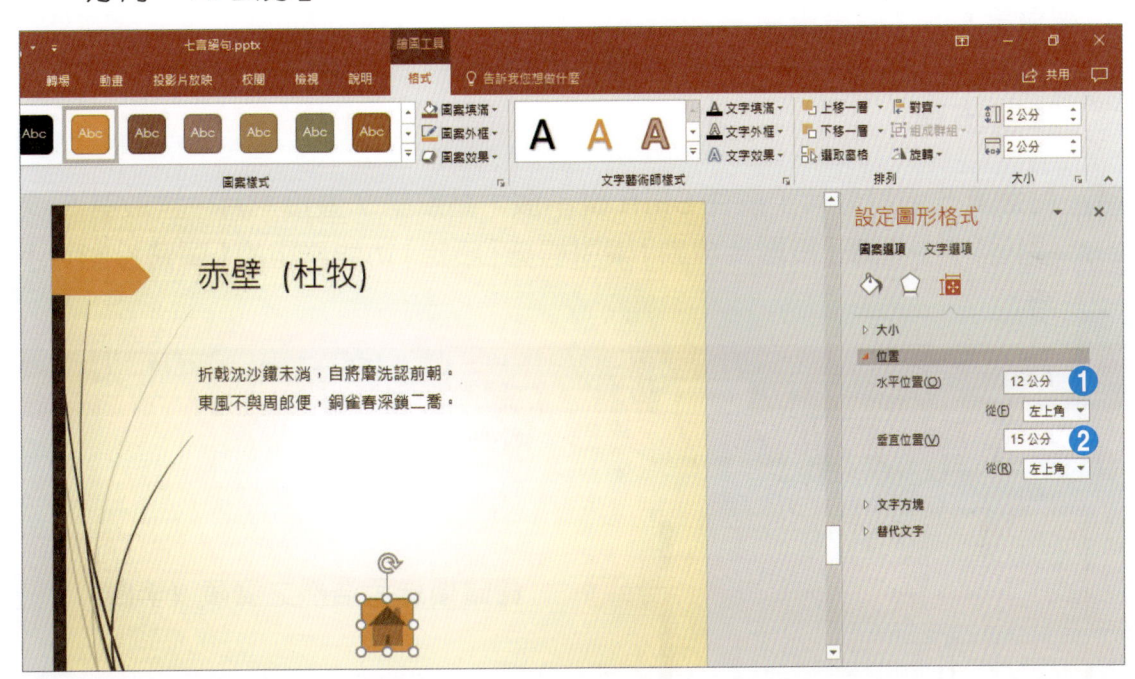

7 按 Ctrl+C 複製第 9 張投影片中動作按鈕，再依序選取第 10 張及第 11 張投影片，按 Ctrl+V 貼上動作按鈕。

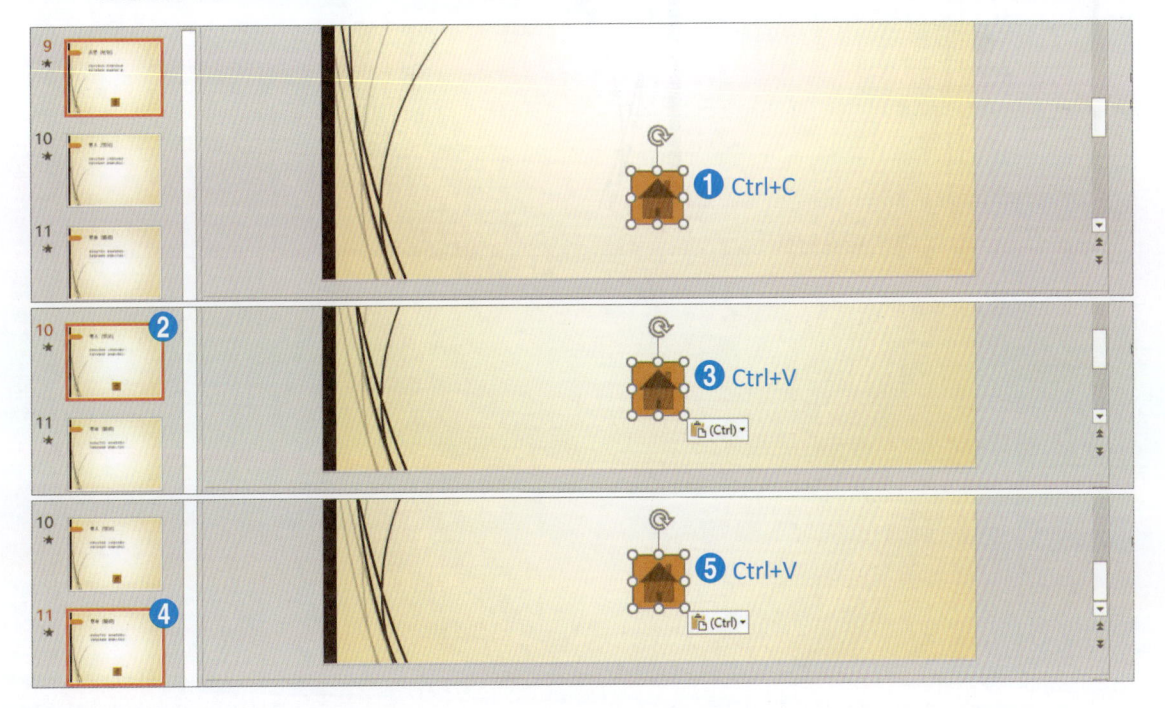

題目 6

隱藏第 5～7 張投影片。

解題步驟

1. 點選第 5 張投影片，按住 Shift 鍵不放，點擊第 7 張投影片，選取第 5~7 張投影片，點擊 [投影片放映] 索引標籤 [設定] 功能群組的【隱藏投影片】鈕。

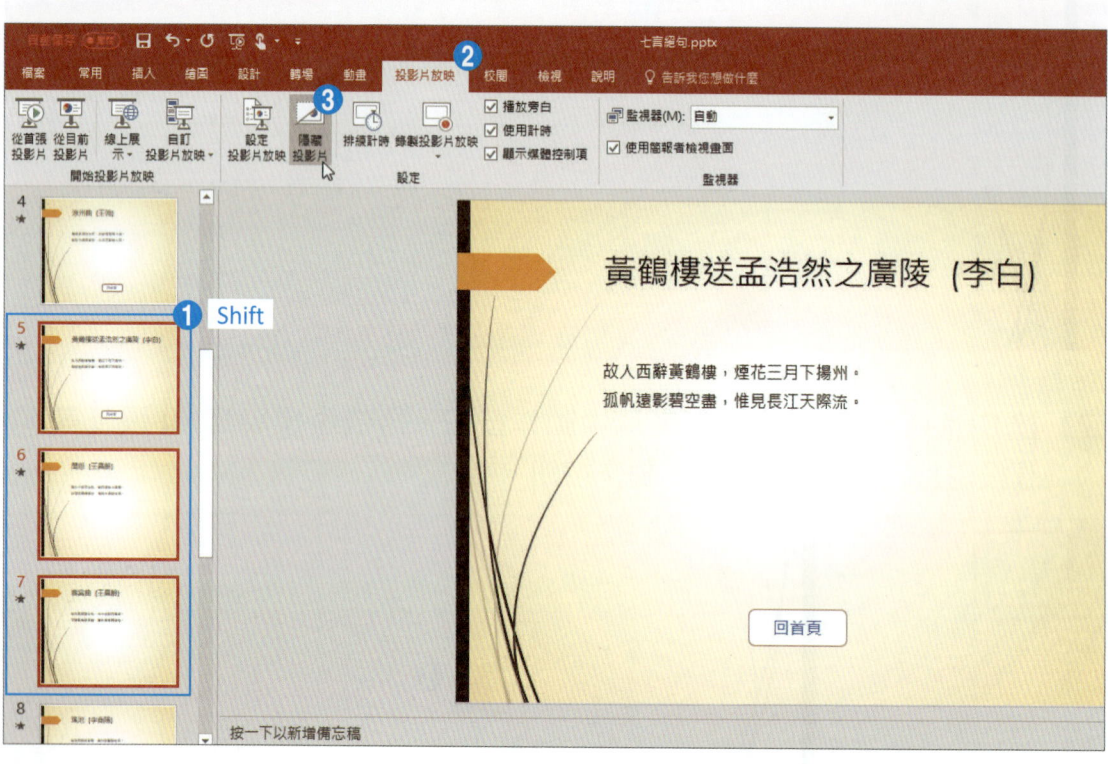

題目 7

設定投影片放映類型為「觀眾自行瀏覽 (視窗)」。

解題步驟

1 點擊 [投影片放映] 索引標籤 [設定] 功能群組的【設定投影片放映】鈕，開啟「設定放映方式」對話方塊。

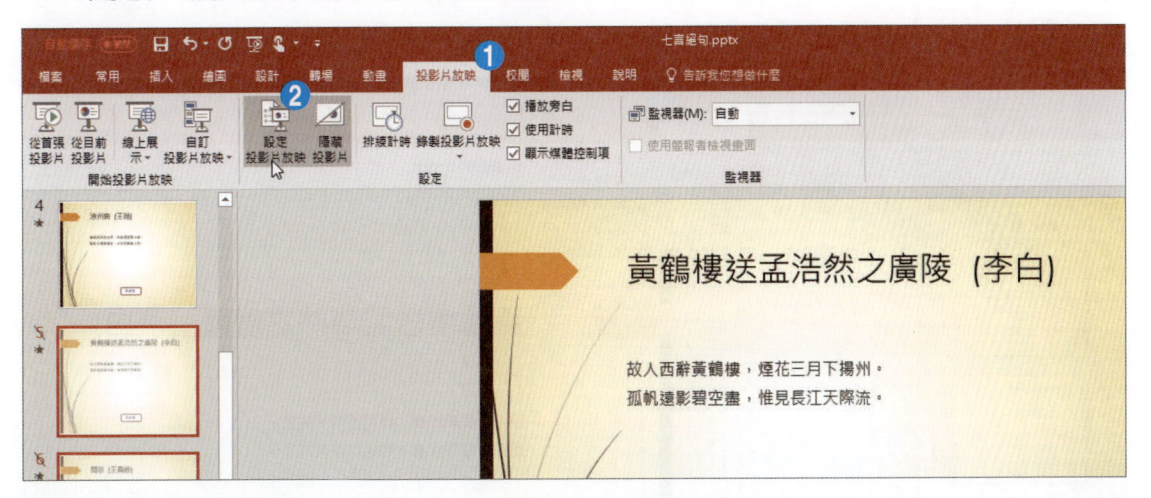

2 點選 [放映類型] 群組框的「觀眾自行瀏覽 (視窗)」選項鈕，按【確定】鈕關閉對話方塊。

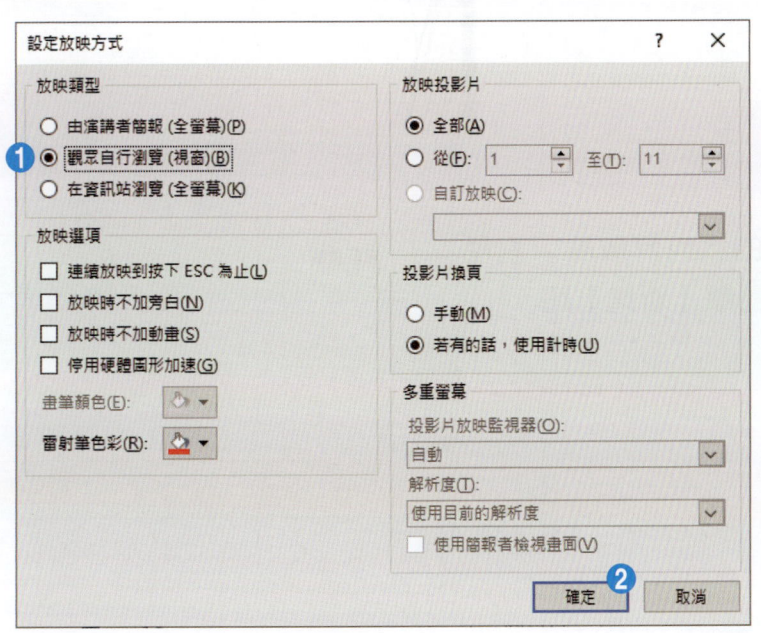

題目 8

以「絕妙好詩」名稱自訂投影片放映，其中包括第 2、3、5、8、9、10 張投影片。

解題步驟

1 由 [投影片放映] 索引標籤 [開始投影片放映] 功能群組，點選 [自訂投影片放映] 選單的「自訂放映」項目。

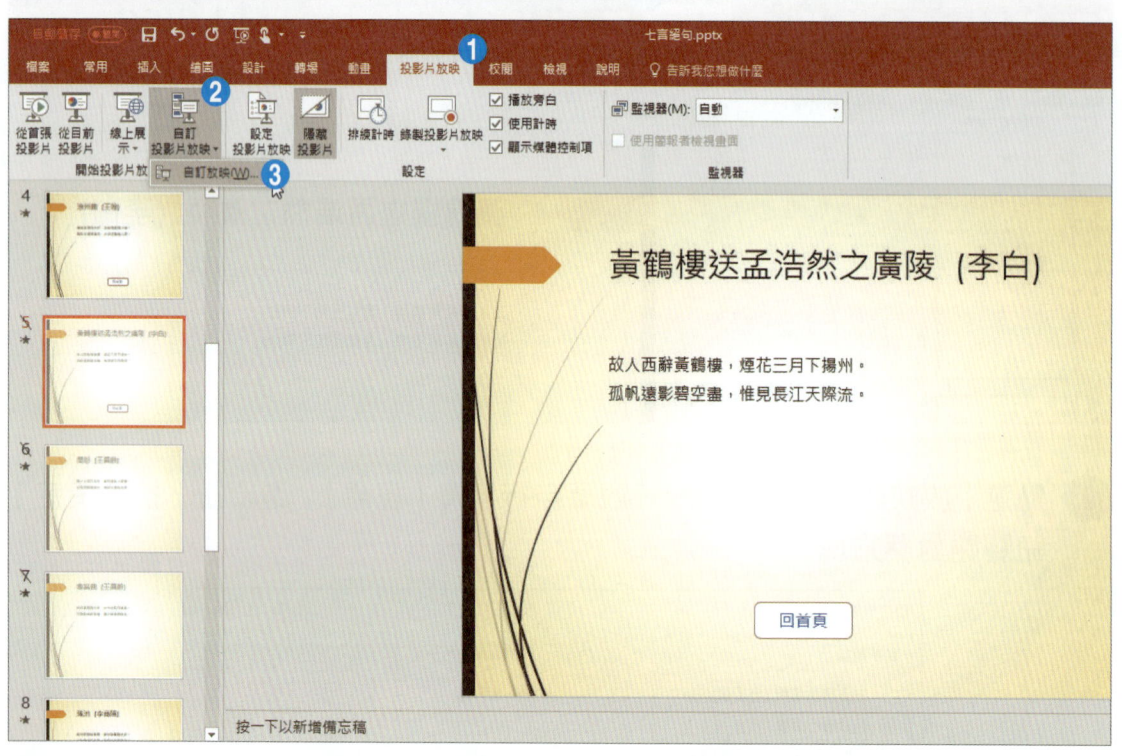

2 在開啟的「自訂放映」對話方塊，點擊【新增】鈕。

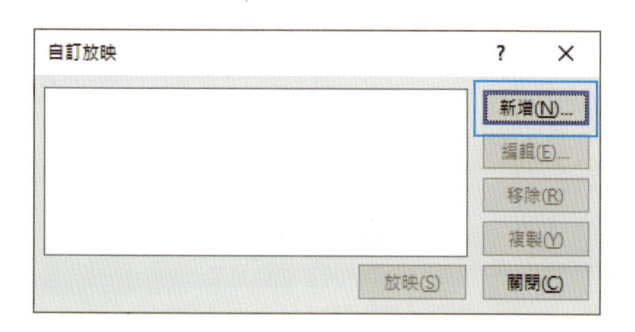

3. 開啟「定義自訂放映」對話方塊設定：
   - 輸入投影片放映名稱「絕妙好詩」。
   - 勾選簡報中第 2、3、5、8、9、10 張投影片。
   - 按【新增】鈕。

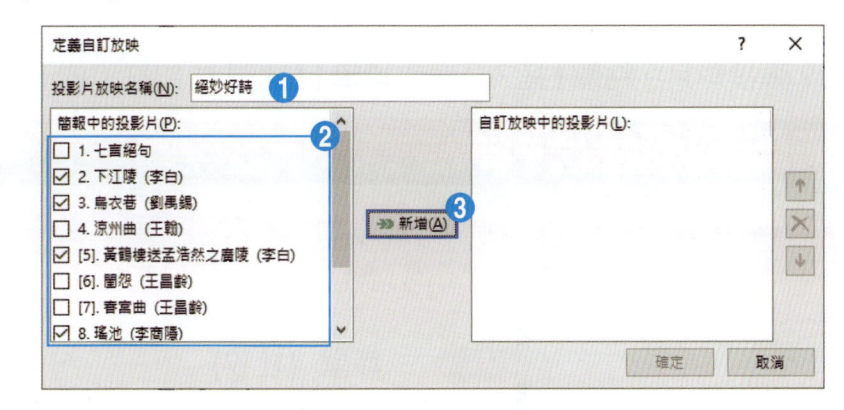

   - 按【確定】鈕關閉「定義自訂放映」對話方塊。

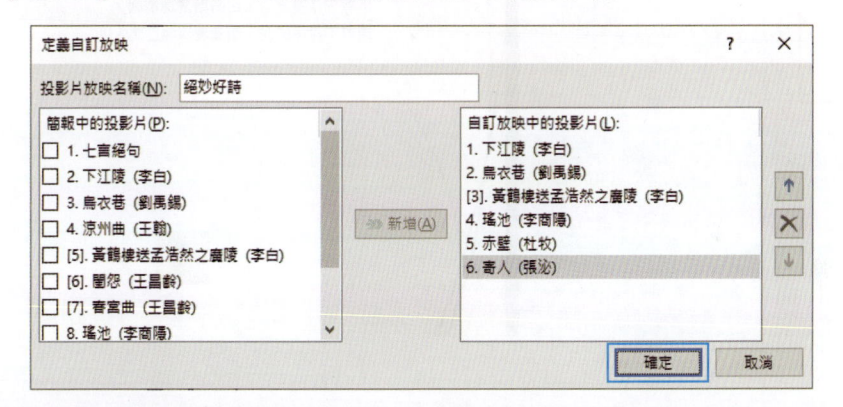

4. 返回「自訂放映」對話方塊，按【關閉】鈕。

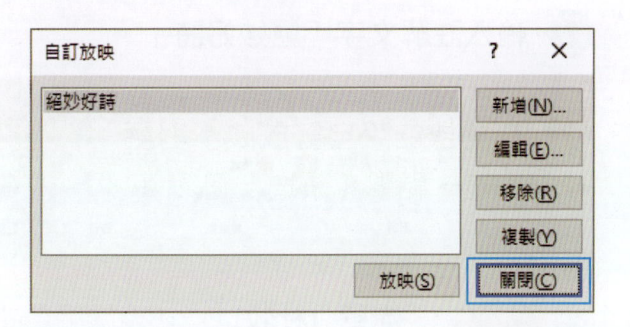

題目 9

在第 9 張投影片插入註解，內容為「絕妙好詩」。

解題步驟

1 點選第 9 張投影片，點擊 [插入] 索引標籤 [註解] 功能群組的【註解】鈕。

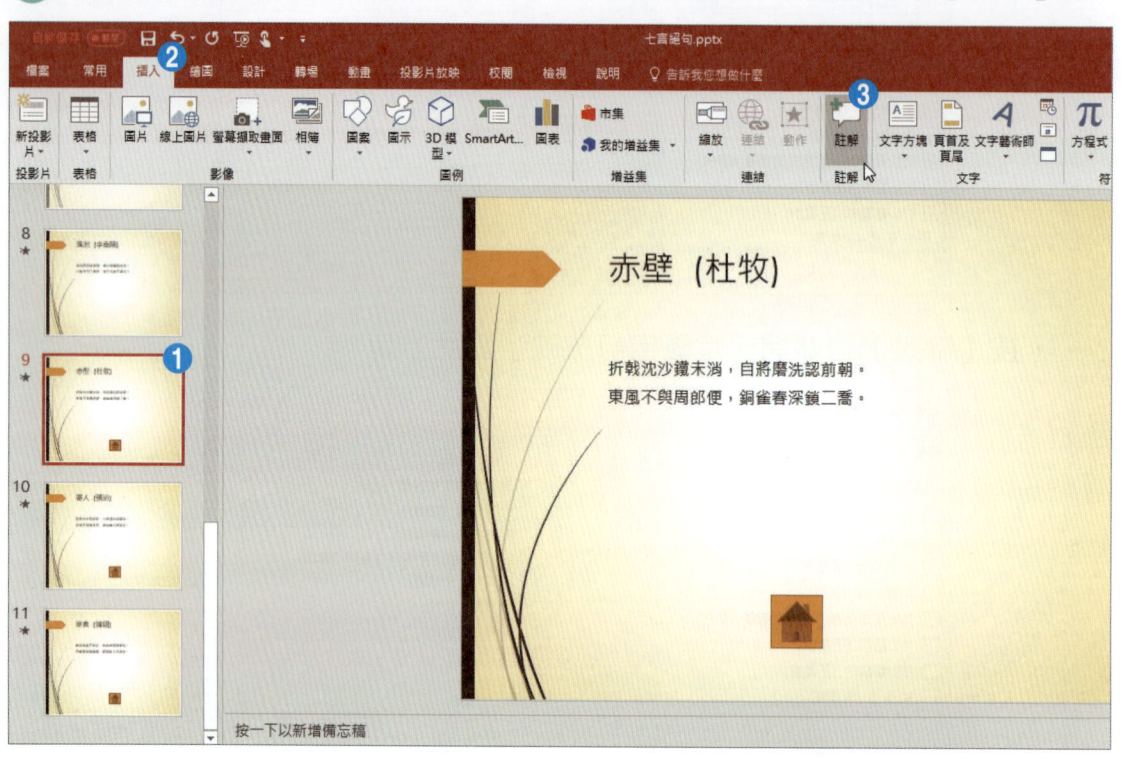

2 輸入註解文字「絕妙好詩」。

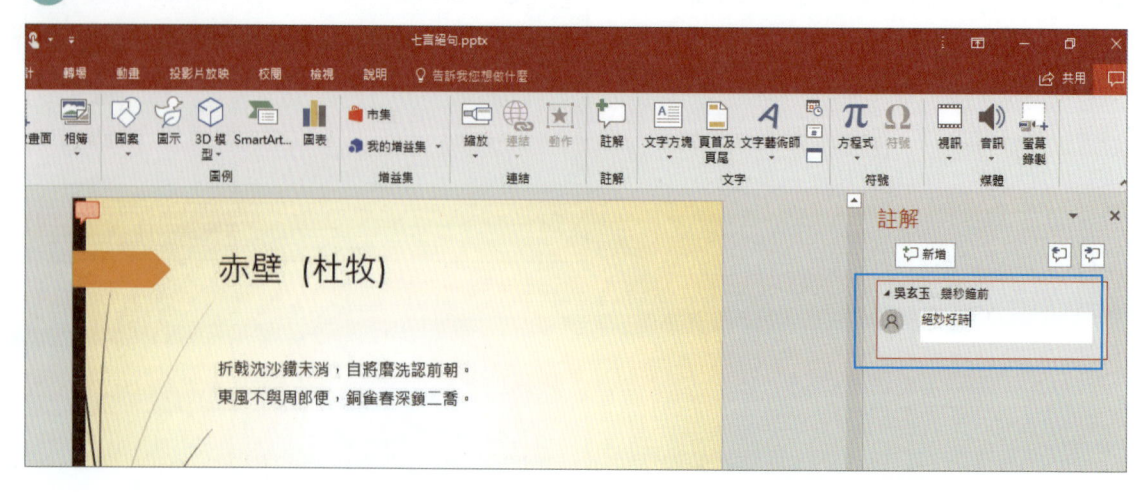

題目 10

在第 11 張投影片新增日期及時間,格式例如「2022 年 8 月 29 日」。

解題步驟

1. 點選第 11 張投影片,點擊 [插入] 索引標籤 [文字] 功能群組的【日期及時間】鈕,開啟「頁首及頁尾」對話方塊。

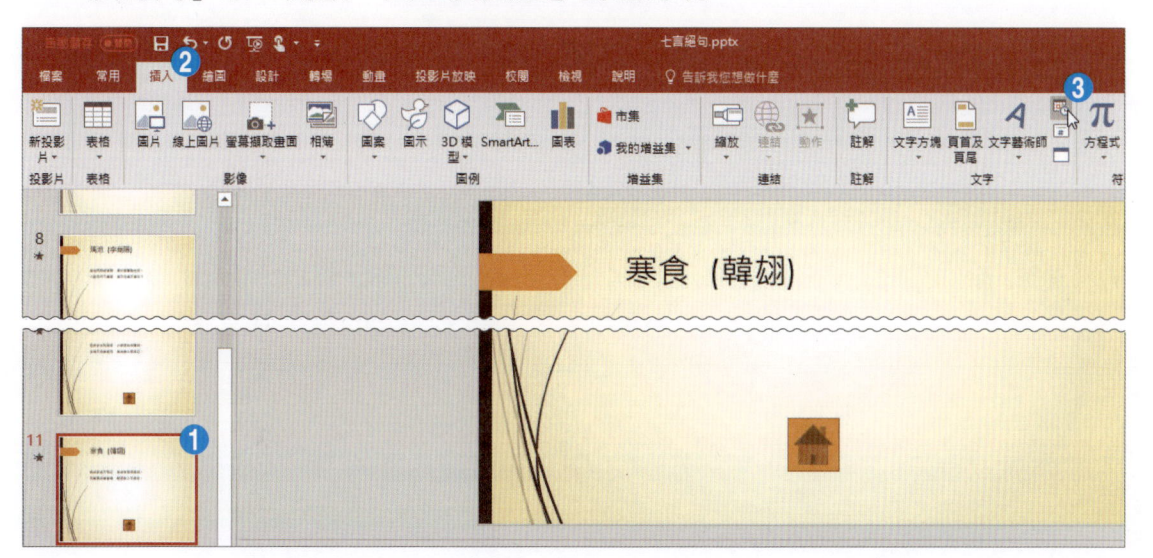

2. 勾選「日期及時間」核取方塊,點選「自動更新」選項鈕下方日期格式為「2023 年 11 月 6 日」(註:顯示日期為當日日期),按【套用】鈕。

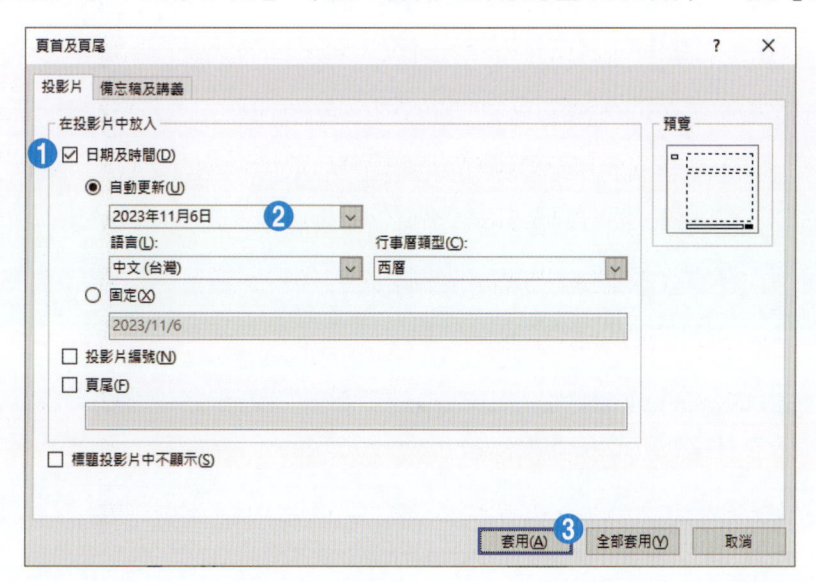

P-79

Copilot AI 應用
Copilot in PowerPoint
簡報創作 AI 幫手

1. Copilot in PowerPoint 介面導覽與使用
2. 情境解析
3. 進階技巧與限制

Copilot in PowerPoint 是內嵌於 PowerPoint 的 AI 助理，可協助使用者以對話方式建立和編輯簡報。它能根據你的提示，自動生成大綱和投影片內容，甚至內嵌圖片、美化版面和撰寫講者備忘。對於不熟悉簡報設計或時間緊迫的人，它就像一位隨侍旁側的簡報幫手，大幅降低製作精美投影片的門檻不論是從頭開始做簡報，或從現有文件摘要重點，Copilot 都能提供有力協助。

一 Copilot in PowerPoint 介面導覽與使用

1-1 開啟 Copilot in PowerPoint

欲使用 PowerPoint Copilot，首先請確認登入具有 Copilot 授權的 Microsoft 365 帳戶。

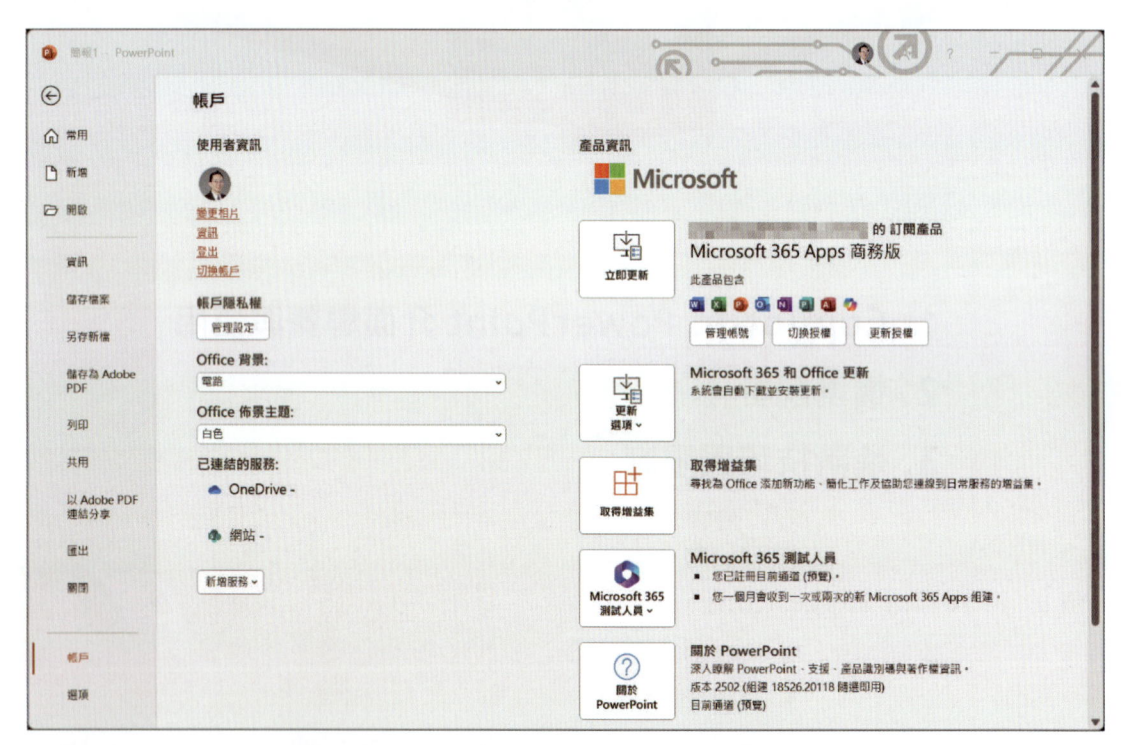

圖 1 ｜ Microsoft 365 帳戶與 Copilot 整合

其次，在【以連結的服務】，登入 OneDrive 與 SharePoint 等雲端服務，若檔案未上雲，儲存檔案時，PowerPoint 彈出儲存此檔案的位置，就能直接選取商務用 OneDrive 的位置來儲存。

1-2 認識 Copilot 功能

在 PowerPoint 開啟應用後，於功能區的常用標籤上可以找到 Copilot 按鈕圖示。若該按鈕顯示為灰色不可點（停用狀態），必須先確認已擁有 Copilot 授權的帳戶登入，並且將目前簡報檔案儲存到 OneDrive 或 SharePoint 雲端。

圖 2｜PowerPoint Copilot 聊天窗格與介面

1-3 認識 PowerPoint Copilot 功能選單

Copilot 的版面配置以左右分區：左半部在投影片首頁的左上角，根據你當前的簡報情況提供建議提示（Prompt suggestions）。當是空白簡報時，會有「建立簡報」、「使用檔案建立簡報」以及「詢問 Copilot」三個選項，如果是已有內容的簡報，則會變更為

圖 3｜簡報有內容時 Copilot 建議提示不同

「以新的簡報取代」、「以來自檔案的簡報取代」及「摘要此簡報」等選項；若點選「詢問 Copilot」則會打開 Copilot 聊天窗格。

1. 常用的 Copilot 功能

- **建立簡報**：從零開始生成簡報大綱和投影片內容，只需描述簡報主題或提供一段簡短說明，Copilot 即可根據提示自動起草包含多張投影片的初稿。

- **使用檔案建立簡報**：讓 Copilot 參考現有文件來製作簡報。可以在提示中附加一份 Word；若透過 Copilot 聊天窗格，可以選擇更多的檔案內容，包含 PDF、TXT、Excel、會議、電子郵件的內容；Copilot 將根據該檔案內容提取重點製作投影片。例如選擇「從檔案建立簡報」並附上報告檔，Copilot 便會讀取報告自動生成簡報內容。

- **編輯內容**：在簡報製作過程中，也可以針對現有投影片提出修改要求，如「將第 5 張投影片總結重點再濃縮一些」或「重寫這頁的措辭使語氣更正式」，Copilot 會理解你的指令並即時修改投影片文字。

- **設計工具**：Microsoft 365 專屬的設計工具現已與 Copilot 整合，Copilot 能夠在考量簡報內容的同時，提供版面配置和配色風格的設計靈感。具備 Copilot 授權的使用者，在點選 PowerPoint 功能區的「設計工具」時，會同時看到傳統 Designer 建議與 Copilot 根據提示詞內容產生新的圖片。

- **詢問 Copilot**：Copilot 不僅能生成簡報，也能理解現有投影片的內容，讓你對簡報進行提問交談。例如，可以問「第 10 張投影片的重點是什麼？」或「這份簡報哪幾頁提到了市場分析？」Copilot 將迅速回應相關資訊，幫助你理解簡報或準備講稿。此外，也可以要求它對整份簡報做摘要、翻譯或提出問題。

2. 互動操作方式

使用 Copilot 時，就像與助理聊天一般。輸入的提示詞可以是指令（讓它執行某些動作，如生成簡報、添加圖片）或詢問（讓它回報資訊，如簡報摘要、內容解釋）。Copilot 支援語音輸入：點擊麥克風圖示即可開啟語音辨識，這對行動不便者是很好的輔助。

二 情境解析

上午九點,剛進辦公室坐下的科技公司企劃專員小婷,收到了主管交付的一項緊急任務:明天上午管理層要探討「智能家電市場分析與策略」。主管並沒有交代太多的細節,只希望小婷能在中午前,生出一份簡報,讓主管得以以此簡報為基礎,加入公司的資料與數據再進行深度解析。這個主題涉及近年智能家庭設備的趨勢和公司產品策略,小婷對這主題非常陌生,所幸公司已經為企劃部開通 Microsoft 365 Copilot 帳戶,所以小婷決定善用 PowerPoint Copilot 這位簡報創作的 AI 幫手,來快速完成簡報製作。接下來就讓我們跟隨小婷的腳步,看看 PowerPoint Copilot 如何在幾分鐘內協助她構思、生成、編輯和美化一份專業簡報。

2-1 起草簡報與生成內容

小婷首先嘗試讓 Copilot 從零開始起草簡報。

1. 點擊 Copilot 面板中的【建立簡報】選項。

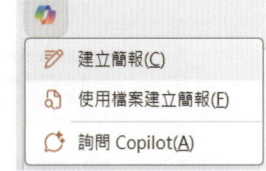

圖 4 ︱建立簡報

2. 在【使用 Copilot 建立簡報】提示框,輸入提示詞後按下右下角的【傳送】:

- **Copilot 提示詞**:

> 請針對台灣智能家電市場分析與策略製作一份簡報,包含市場現況、趨勢與未來規劃,而公司目前大力投資於機器人、掃地機器人與掃拖機器人,也請針對此部分進行見解解析與說明。

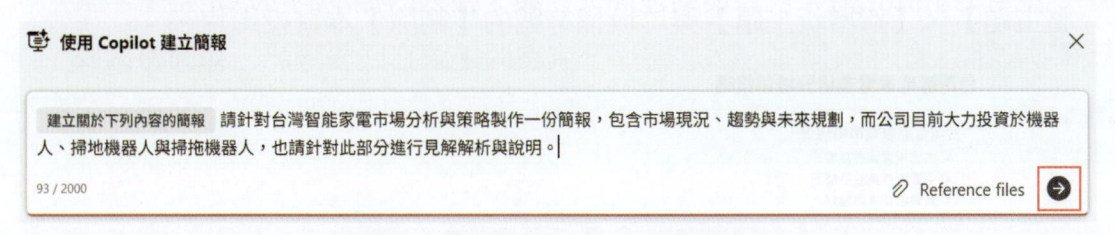

圖 5 ︱輸入提示詞後按下傳送

3. Copilot 根據提示詞生成投影片章節主體，粗體黑字是每頁簡報的標題，而下方的各點，則是該頁標題的內容描述；Copilot 的規則是每頁列出三個說明項目。在最下方可以看到預估的投影片數目，平均會在 20 幾頁投影片，最多 40 頁，點選右下的【產生投影片】將依據生成的標題與項目生成每頁投影片。

圖 6 ｜ Copilot 生成章節標題與內文

4. 每個簡報標題與三個項目是一頁投影片，也是一個區塊，將滑鼠移到該頁，如「智能家電市場趨勢」，就能看到灰色的區塊；此區塊能功能包含調【重新調整主題】、【新增新主題】與垃圾桶符號的【刪除】本頁投影片。

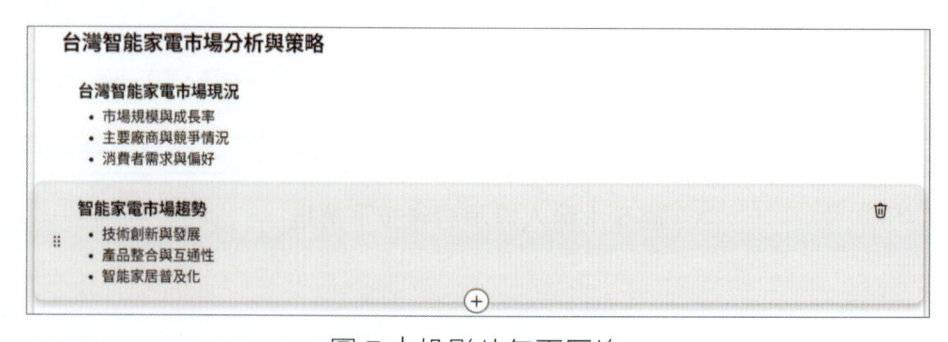

圖 7 ｜ 投影片每頁區塊

5. 將滑鼠移到六個點上方，會浮出【重新調整主題】的提示，並出現手的符號。

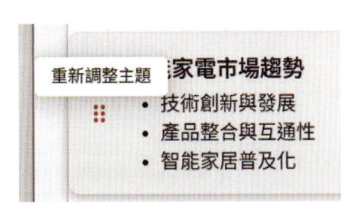

圖 8 ｜重新調整主題功能

6. 點選滑鼠左鍵，拖曳區塊，就能改變投影片的順序；如將「智能家電市場趨勢」拖曳至「未來規劃與預測」下方，就能改變這兩張投影片的順序。

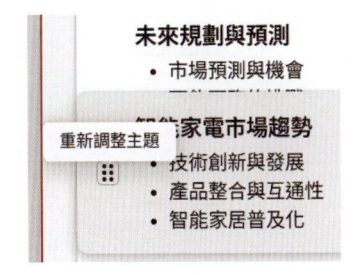

圖 9 ｜拖曳調整投影片順序

7. 當滑鼠在區塊上，區塊的正中央會浮出圓十字的【新增新主題】功能。

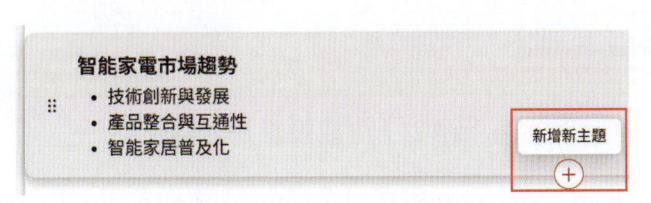

圖 10 ｜新增新主題

8. 點選新增新主題，可再開啟 Copilot 提示詞窗格，可繼續輸入主題、插入檔案，完成後按下【送出】，即能插入新的投影片內容。

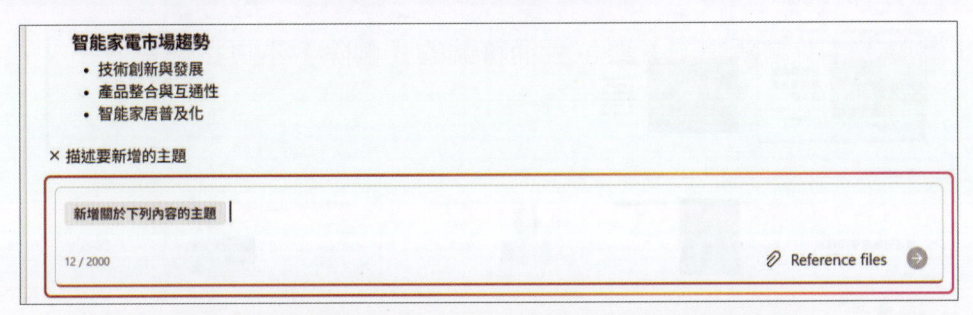

圖 11 ｜打開 Copilot 提示窗格插入新主題與內容

9. 點選視窗右下的【產生投影片】後，Copilot 開始生成投影片，所生成的內容會比稍早預估的頁數要來得多。

圖 12 ｜生成投影片內容

10. 當投影片生成完成，可以看到 Copilot 圖文並茂的內容；按下【保留】，投影片內容即正式生成完成。

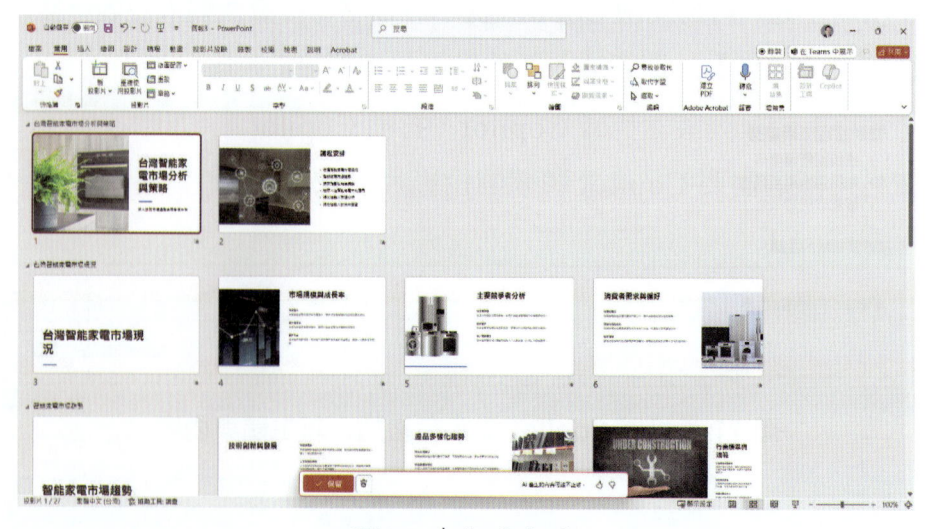

圖 13 ｜生成完成

2-2 聊天窗格擴充內文

小婷看到 Copilot 生成的簡報內容結構算是完整，也發現 Copilot 會生成內容於每頁簡報的備忘稿中，心中踏實了許多；由於 Copilot 生成規則就是每頁三點，那就繼續用 Copilot 生成更具體的內容，過程中發現改寫不夠深入，於是想藉助 Copilot 聊天窗格，使用進一步的提示詞來生成內容。

1. 點選投影片內文，左邊出現 Copilot 功能，分別有「自動重寫」、「緊縮」與「呈現專業」的選項，點選【呈現專業】。

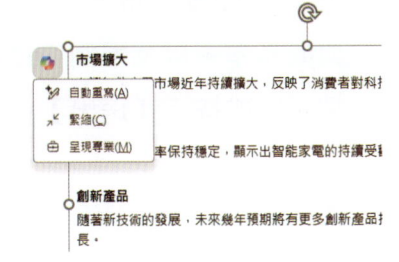

圖 14 ｜ Copilot 改寫功能

2. Copilot 呈現專業改寫完成後，按下【保留】，文字即重新寫入投影片中。

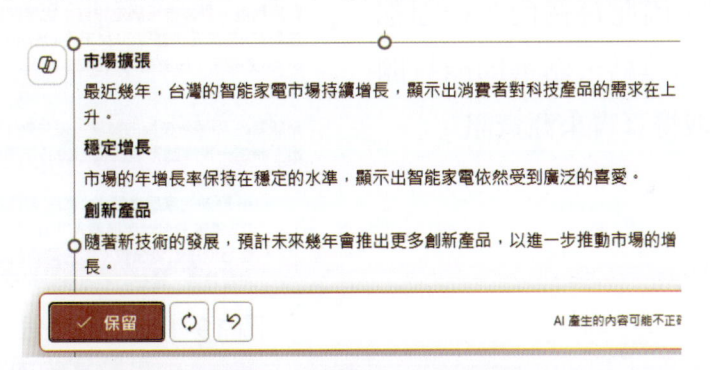

圖 15 ｜ Copilot 呈現專業

3. 點選【常用】工具列最右側的 Copilot，打開 Copilot 聊天窗格，圈選需要 Copilot 閱讀的投影片內文範圍後，點選 Copilot 提示詞對話框，Copilot 對話框出現【傳送訊息給 Copilot】與【新增選取範圍】的提示。

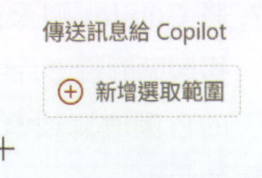

圖 16 ｜ Copilot 根據選取範圍出現新增選取範圍

> **注意**
> 新增選取範圍是在投影片內的文字被選取時才會出現；若沒有選取任何投影片內的文字，則 Copilot 提示詞視窗就只是單純的提示詞輸入功能。

P-89

4. 點選【新增選取範圍】後，選取的文字會被帶入 Copilot 提示詞對話框中。

圖 17 ｜ 帶入選取的文字至 Copilot 提示詞對話框

5. 在對話框中繼續輸入提示詞：請針對此段落的三點，舉出實際的數字與成長率，以及舉例 2025 的創新產品，完成按下【送出】。

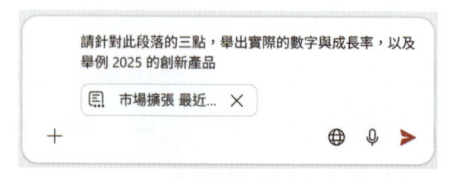

圖 18 ｜ 依據範圍內容輸入提示詞

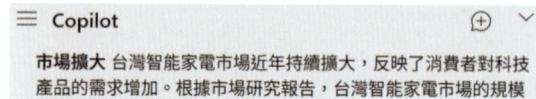

6. 此時 Copilot 生成的內容，將參考公司內部如 OneDrive、SharePoint 以及網際網路上等的文件與網頁，彙整後提供，因此每個段落後面都有參考文獻的連結，點選即能打開文件或網頁取得真實來源資訊。

圖 19 ｜ Copilot 根據範圍生成更豐富的內容

7. 將 Copilot 聊天窗格的說明，整段複製貼到投影片中，再使用 Copilot 的自動改寫或緊縮，就生成更深入的內容。

圖 20 ｜ 完成具體內容補述

P-90

2-3 詢問專員之研究工具

在 Copilot 聊天窗格中，小婷發現【詢問專員】功能，能做更深入與進階的回應。

> **注意**
> 研究工具需要有 Microsoft 365 Copilot 授權，才能在 Copilot Chat 中找到研究工具的代理程式（Agent）；如果沒有 Microsoft 365 Copilot 授權，可跳過此段內容或作為參考。

1. 在 Copilot 提示詞對話框中點選 + 新增，於視窗最下可看到【@ 詢問專員】，點選詢問專員。

   圖 21 ｜新增詢問專員功能

2. 在詢問專員視窗可看到不同的專員，專員就是代理程式（Agent），點選【研究工具】。

   圖 22 ｜選取研究工具

3. 研究工具被加入 Copilot 提示詞對話框中，接下來的回應都由研究工具答覆。

4. 提示詞對話框輸入提示詞：

   > 請說明台灣智慧家電有哪些市場競爭者、技術創新與用戶體驗提升，各舉兩例

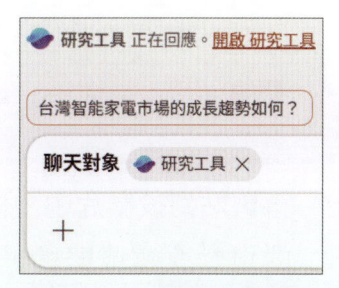

   圖 23 ｜研究工具帶入 Copilot 提示詞對話框中

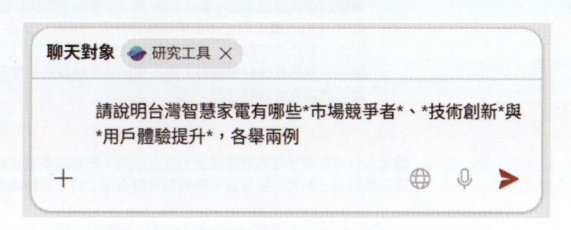

   圖 24 ｜輸入提示詞給研究工具

5. 研究工具收到提示詞後，會進一步做確認。

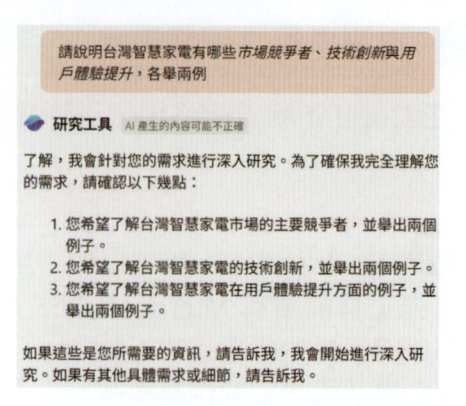

圖 25 ｜研究工具回應確認

6. 研究工具會自動生成一些提示詞，可直接點選提示詞，或根據研究工具提問的部分回應提示詞：**1. 2. 3. 都是我要的資訊，請開始研究**，或輸入開始研究即可。

圖 26 ｜回應研究工具提示

7. 研究工具的回應會花比較多時間，大約 3～5 分鐘，需要多一點時間等待；生成的結果會比 Copilot 生成的內容豐富。

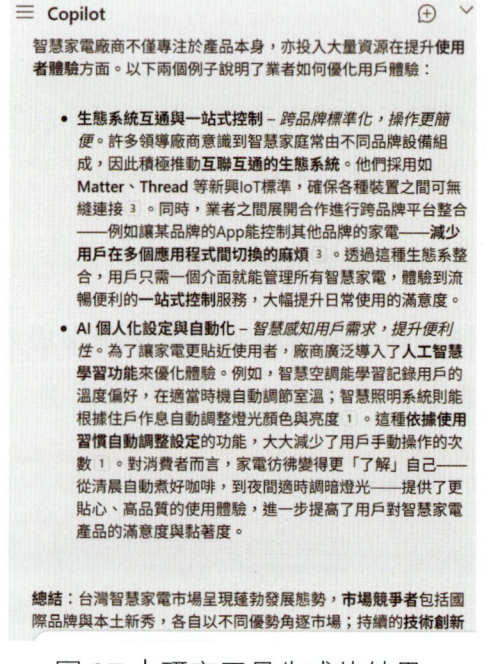

圖 27 ｜研究工具生成的結果

P-92

8. 若要使用研究工具,除了須具備 Microsoft 365 Copilot 授權外,需在 Microsoft 365 Copilot 的代理程式中,將研究工具加入,才能在 Office 應用程式使用研究工具。研究工具(Researcher)整合 OpenAI 的深度研究模型,擁有強大的搜索功能和資料整合能力,可以協助使用者生成市場進入策略和季度報告等。如下圖所見的代理程式皆由微軟建置,但會因為授權不同,所能見到與使用的代理程式也不同。

圖 28 ｜由微軟所建立的代理程式

9. 研究工具是以英文為主,若第一次使用輸入提示詞後,回應有可能是英文。

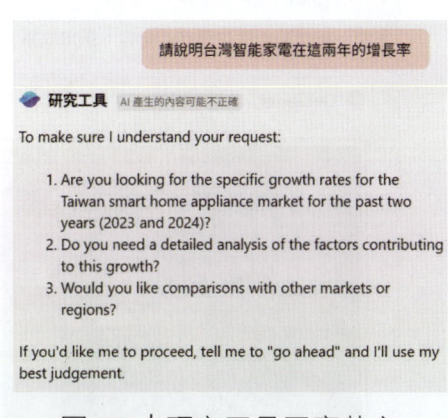

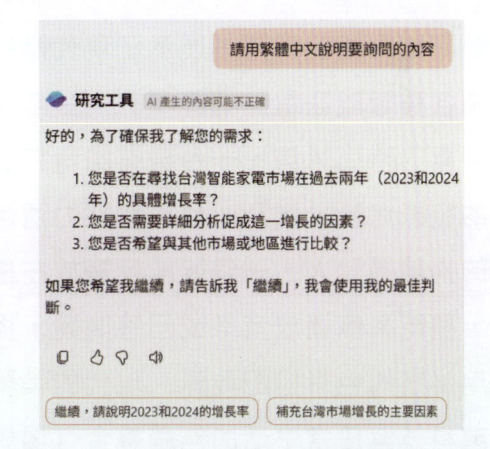

圖 29 ｜研究工具回應英文　　　　圖 30 ｜使用提示詞要求繁體中文回應

10. 若研究工具第一次回應為英文,可在下一則提示中要求:請用繁體中文回答上述問題。研究工具就會重新使用繁體中文說明一次,且日後皆會使用繁體中文回應。

2-4 生成圖片與設計版面

　　Copilot 完成簡報的架構與主體，但是章節分隔頁只有一排字與一片白，小婷想透過 Copilot 生成圖片與 PowerPoint 設計工具來美化！

1. 輸入 Copilot 提示詞：請生成智能家電示意圖

   Copilot 透過提示詞呼叫 Microsoft Designer 生成圖片。

圖 31 ｜ Copilot 提示詞生成圖片

2. Copilot 預設產生的圖片風格偏向卡通，但這種風格與簡報調性不符，重新輸入提示詞：

一張寫實風格的插圖，展示了現代簡約廚房中各種智能家電。場景中有一台帶有觸控螢幕的時尚冰箱、一台帶有語音控制面板的智能烤箱，以及一台正在努力清潔地板的掃地機器人。一個智能音箱放在檯面上，隨時準備播放音樂或回答問題。插圖採用鮮豔的色彩搭配乾淨、現代的美學，強調科技與日常生活的無縫整合（場景以照片寫實風格呈現，光線柔和自然）。

產生出來的結果比卡通版好，但是智能音箱卻放在地上，這可以再透過提示詞修改。點選圖檔後，下方的【+插入】功能啟動。

圖 32 ｜生成智能家電圖

3. 點選【插入】，圖檔自動插入至投影片中，同時跳轉至【設計工具】功能，設計工具會自動提供數十種版型配置，讓簡報設計者挑選。

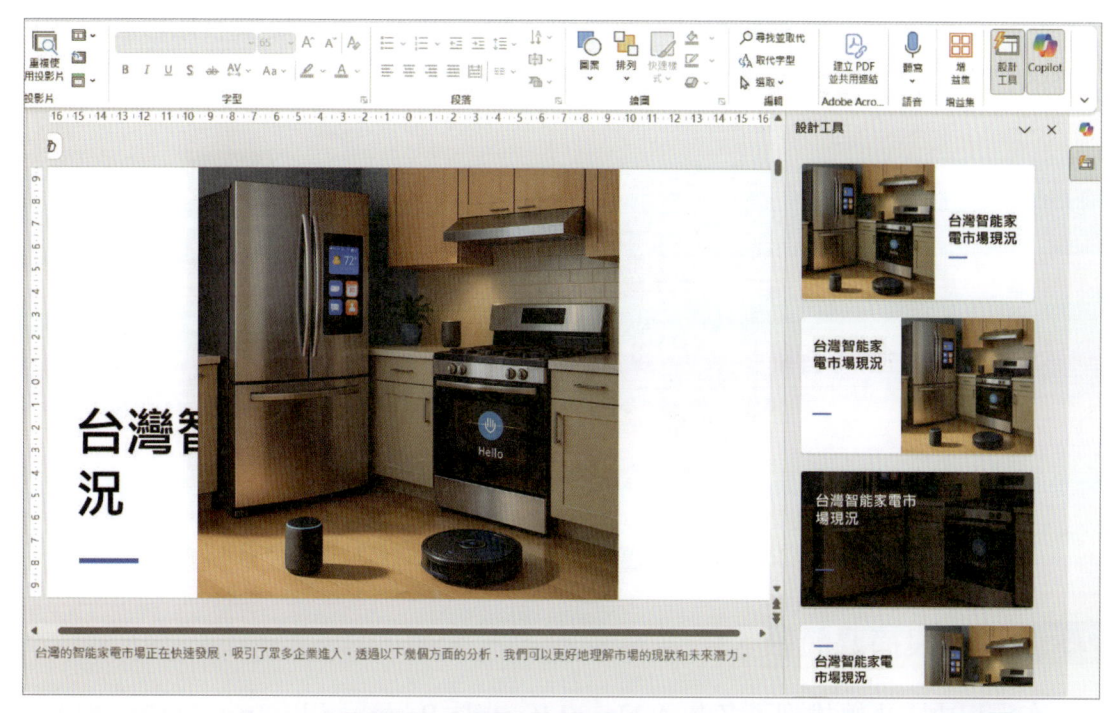

圖 33 ｜圖片插入簡報與設計工具

4. 點選設計工具所配置的版型，即能立刻看到投影片配置的變化。

圖 34 ｜設計工具排版

5. 值得注意的是，如果投影片母片內有圖檔或線條，將會限制設計工具的功能變得單調；如上圖，台灣智能家電市場現況下方有一條藍色的線條，設計工具可提供的版面配置僅剩少數幾種，而且版式相當制式。下圖是沒有任何底圖或線條的母片，可以看到設計工具版面就變得多樣了。

圖 35 ｜投影片母片沒有圖檔或線條的設計工具版面較為多樣

2-5 速讀與摘要簡報

在過程中，小婷找到了名為 A New Lifestyle Powered by Innovation 與智能家電有關的 PDF 檔（https://en.awe.com.cn/upload/files/2024/8/511136263.pdf），透過 Acrobat Pro 將 PDF 轉為 Microsoft PowerPoint，並命名為 Smart Home 2024 後，小婷迫不及待的要使用 Copilot 來探究裡面的內容。

1. 小婷想先了解這份簡報的來源與製作的公司資訊，於是輸入提示詞：

請問本投影片的來源或由哪個公司、單位所製作的？

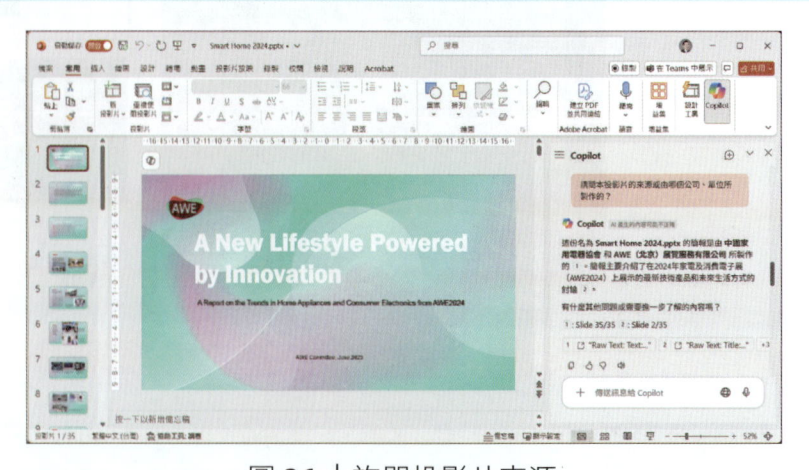

圖 36 ｜詢問投影片來源

2. 根據 Copilot 的回應與預設的提示詞，小婷陸續探索這份簡報的內容。
- 提示詞：

> 這份簡報的目的是什麼？

- **Copilot 回應**：這份名為 Smart Home 2024.pptx 的簡報的目的是介紹在 2024 年家電及消費電子展（AWE2024）上展示的最新技術產品和未來生活方式的討論。簡報強調智慧技術在家電和消費電子中的廣泛應用，並展示了未來生活方式的發展趨勢。

3. 提示詞：

> 簡報中提到的主要技術有哪些？

　　隨著持續的互動，小婷覺得，如果能將整份文件進行翻譯就好了！

圖 37 ｜ Copilot 回應說明主要技術內容

2-6 翻譯簡報數秒完成

　　小婷嘗試將此想法實現在 Copilot 提示詞對話框中。

1. 輸入 Copilot 提示詞：

> 將簡報翻譯成繁體中文

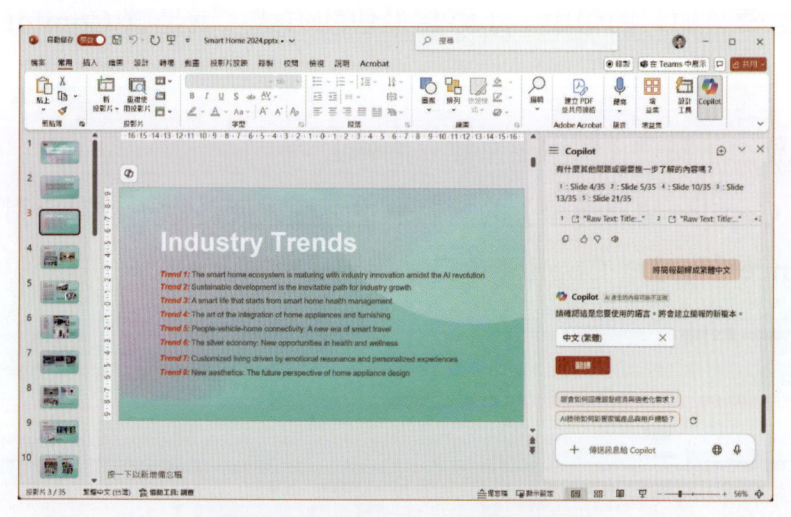

圖 38 ｜請 Copilot 翻譯簡報

　　當提示詞完成，Copilot 告知請確認要使用的語言，將根據語言建立新簡報，而下方多了【翻譯】的選項。

P-97

2. 點選【翻譯】,數秒間三十幾頁的簡報即翻譯完成了!

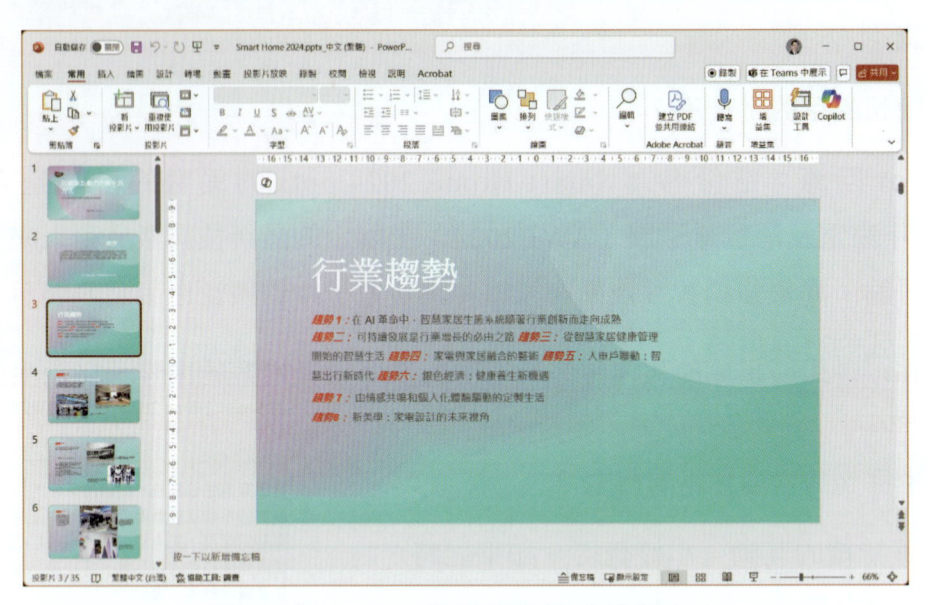

圖 39 ｜ Copilot 將簡報翻譯成繁體中文

小婷此刻覺得,Copilot 真的太神了,極短的時間即能完成翻譯,以後數百頁的外文簡報或報告都不用怕了!

2-7 參考檔案生成簡報

此時,主管發來郵件,請小婷將「智慧家電 2024 年第二季度業績報告」Word 內容也彙整加入簡報中,小婷想最快的方式,就是讓 Copilot 依據 Word 檔生成簡報。

1. 在空白簡報上,點選【使用檔案建立簡報】。

2. 於【使用 Copilot 建立簡報】的對話框中,輸入反斜線 / 或點選對話框右下的【Reference files】,Copilot 會自動帶出【檔案】視窗。

圖 40 ｜打開參考檔案視窗

P-98

Copilot AI 應用 ─
Copilot in PowerPoint 簡報創作 AI 幫手

3. 點選檔案，檔案將自動帶入 Copilot 對話框中，在檔案後方可以繼續補上提示詞，或不輸入任何提示詞，按下【傳送】。

圖 41 ｜ Copilot 參考檔案

4. Copilot 會比照起草簡報與生成內容的方法，根據檔案的內容，自動生成投影片內容。

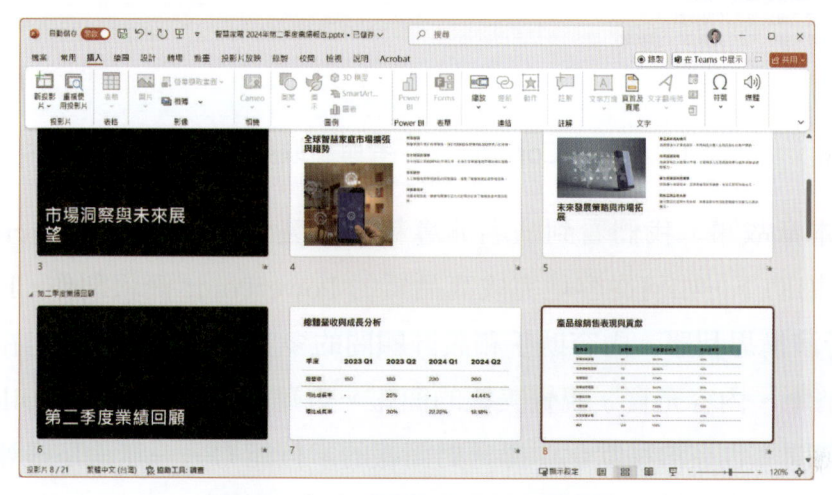

圖 42 ｜ 依照檔案內容生成完成

5. 在上圖右下的投影片，可以看到 Copilot 將下圖 Word 內的表格，也自動轉換成簡報內的表格資訊。

圖 43 ｜ Word 表格樣貌

P-99

6. 若只想摘取檔案部分內容轉成簡報，可以透過提示詞來達成，輸入提示詞：插入 / 檔案 + 請擷取檔案內第二季度業績回顧的表格內容插入即可。如此，Copilot 只會擷取第二季度業績回顧的內容來生成簡報。

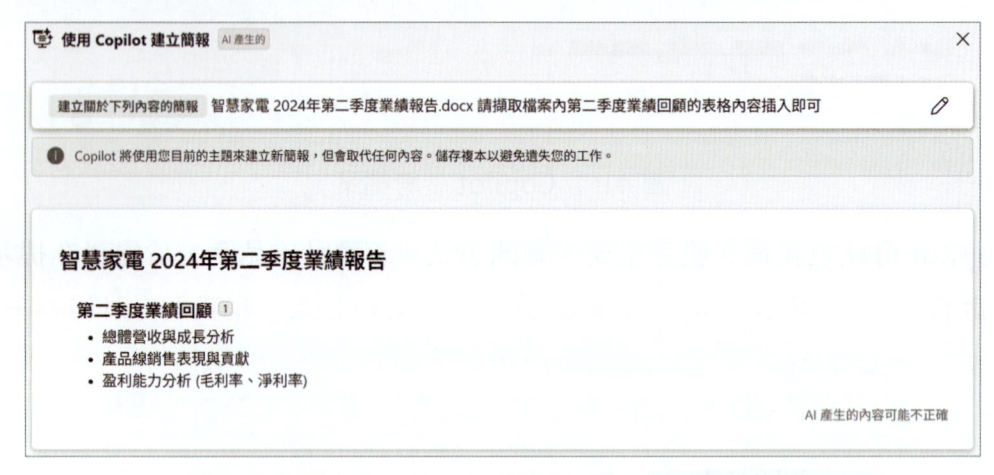

圖 44 ｜要求 Copilot 只參考與擷取部分檔案內容

　　透過本章故事，我們看到一名非專精簡報製作的員工，在 Microsoft 365 Copilot 的協助下，如何從容地完成高品質的 PowerPoint 簡報創作。PowerPoint Copilot 扮演構思利器、內容助手和設計顧問的多重角色，讓小婷能在短時間內做出架構清晰、內容充實、視覺美觀的簡報。更難能可貴的是，Copilot 不僅幫她節省了時間，也在潛移默化中提升對簡報的掌控能力——無論是提煉重點、視覺設計，還是參考資訊的調整表達，都變得更加駕輕就熟。

　　這正是人機協作的精髓：AI 賦能人類，而人類最終做出智慧的決策。小婷將此簡報如期交付主管；而我們相信，有了 Copilot 的助力，更多人都能如小婷一般，在簡報創作的舞台上發光發熱，從繁瑣勞力中解放出來，專注於真正重要的創意與溝通。祝願你在未來的簡報工作中，也能善用 Copilot，創作出令人驚嘆的佳作！

三　進階技巧與限制

欲充分發揮 Copilot 的效用，同時避免潛在問題，還需要掌握一些進階技巧並瞭解其限制，以下歸納出幾點供未來使用時參考。

3-1　使用技巧

1. 設計有效提示

與 Copilot 互動時，提示語的清晰度決定 AI 輸出的品質。請儘量在提示中說明簡報目的、預期觀眾和希望涵蓋的重點。例如，比起「幫我做份財報簡報」，更好的是「幫我製作一份針對非財務背景主管的財報簡報，強調今年收益亮點與明年展望」。前者可能得到籠統結果，後者因資訊充分，Copilot 更能產出符合需求的內容。若生成結果不理想，可嘗試重述或拆解要求——例如先要一份大綱，確認後再逐一生成各部分內容。Copilot 具備上下文記憶能力，所以可以連續對話細化需求，如「再加入關於競品的比較」，AI 會在先前結果基礎上修改或新增投影片，而非從頭開始。

2. 善用檔案參考

如果手頭有相關的資料源（報告、數據、文章），務必善加利用檔案引用功能。將檔案內容交給 Copilot 分析，比讓 AI 憑空產生更能保證資訊可信度。正如小婷案例中，引用 Word 報告令簡報含金量大增。同時，為提升解析效果，建議你在準備的檔案中使用標題樣式和清晰的結構。這讓 Copilot 更容易識別章節重點。此外，留意每次使用的檔案大小不宜過大（官方建議 Word 檔小於 24MB），超大文件請酌情摘要後再丟給 Copilot，以免處理時間過久或無法完整讀取。

3. 資料隱私與安全

在附加公司內部檔案給 Copilot 時，務必遵守組織的資訊安全政策。Copilot 雖然在企業環境中保證不將你的機密內容用於模型訓練，但仍建議不得輸入未經授權可公開的敏感資訊；如果需要處理敏感簡報，可先移除機密部分或以更抽象的描述交給 Copilot，以降低風險。記得 Copilot 是雲端服務，需要網路連線，如在高度保密環境（無網機房）則無法使用。另外，每次使用後生成的簡報雖然存留本地，但 Copilot 面板的對話建議不要截圖外傳，其中可能含有你提供的內部訊息。

4. Copilot 與 Designer（設計工具）弄清角色

現在 PowerPoint 提供兩種設計協助：Designer（傳統設計構想）和 Copilot 設計建議，前者偏重版面與美學，後者則結合內容智能給出更深入的建議；兩者在某些地方重疊，但別忘了 Copilot 不會取代 Designer 的基本功能。若你沒有 Copilot 授權，仍可用 Designer 完成大部分設計排版工作；擁有 Copilot 時，則能享受 AI 額外提供的創意範本與整體風格建議。善加比較兩者的提案，挑選最適合簡報定位的方案，特別是當 Copilot 提供的設計過於花俏或和公司品牌不符時，不妨退一步採用簡潔的 Designer 建議，保持專業一致性。

3-2 常見問題

在使用 Copilot 過程中，或許會遇到一些常見疑問：

- 「Copilot 生成的內容可以完全相信嗎？」——需保留質疑精神。Copilot 擅長生成合理的文字，但某些細節可能不夠精準，甚至會產生所謂「幻覺」（捏造資料）。尤其當提示較模糊時，AI 可能填入臆測內容，務必對關鍵數據和事實自行驗證，不要盲目照單全收，最好的做法是讓 Copilot 提供框架，然後由你補充和確認。

- 「為何 Copilot 按鈕顯示為灰色（無法點擊）？」——確認檔案已保存至雲端，以及使用者帳戶擁有 Copilot 訂閱權限；如果是從本地硬碟開檔，請先另存至 OneDrive 後再嘗試。

- 「引用檔案時發生錯誤或沒反應怎麼辦？」——檢查檔案大小和格式是否符合要求，或嘗試改用共享鏈結方式附檔；有時預覽中的新功能可能不穩定，可以多試幾次，或者將內容拆成多個較小檔案分次引用。

- 「Copilot 提示無法產生更多主題？」——每次 Copilot 生成主題的大致數量有限（通常十個以下），如你的簡報需要涵蓋更多章節，可分段讓 Copilot 生成；例如先讓它做前半部分，再以類似步驟處理後半部分，最後合併，或者先要求完整大綱，再手動加入遺漏部分的主題後重新生成。

- 「PowerPoint Copilot 能處理 Excel 圖表或影音內容嗎？」——目前 Copilot 對於 Excel 資料會盡量轉換為圖表或表格插入簡報，但可能不如人工設計的精

細（微調可自行在 Excel 完成後貼入）；至於影音，目前 Copilot 還不支援自動嵌入影片或旁白錄音，需要使用者後續自行加入。

3-3 最佳實務

1. 先定調性再細節

　　Copilot 最在行的是整體架構和初稿，細節調整還是人的強項。建議先用 Copilot 快速敲定簡報大方向（架構、重點、基調），再親自審閱每頁進行優化，這樣人機優勢互補，可在短時間內做出兼具內容深度和表現力的簡報。

2. 結合人工校準

　　正如 Excel Copilot 需要人覆核公式計算，PowerPoint Copilot 生成的簡報也需要你扮演最後的編輯，特別注意數據是否正確、措辭是否符合企業語言風格、合規、圖片版權是否可用等。AI 範本提供的是 80 分成果，最後 20 分靠你把關才能達到完美。

3. 熟悉範本與品牌規範

　　若你的組織有 CI 規範（Corporate Identity System, 企業識別系統規範），建議將 Copilot 產出的內容轉移到既有簡報範本中；如前所述，這有助於保持設計一致性。事實上，可將範本直接當起點讓 Copilot 工作，效果更佳。此外，善用母片功能整理 Copilot 新增的版式，避免版面走調；而從生成圖片與設計版面的經驗，要確認母片是否會影響設計工具。

4. 條理勝於美觀

　　Copilot 能讓簡報變漂亮，但請記得內容邏輯才是關鍵，不要為炫麗效果而犧牲訊息傳達。AI 提供的設計建議中，選擇那些增強清晰度的（例如恰當用色強調對比）而非純粹花俏的，也可以直接要求 Copilot：「確保每頁只有一個重點」或「讓版面簡潔乾淨」，避免過度裝飾。

5. 持續學習 AI 新功能

　　Microsoft 365 Copilot 平台在不斷進化，PowerPoint Copilot 未來可能增加更多神奇功能（例如自動逐字稿、情感分析建議等）。建議定期關注官網或部落格了解更新，嘗試各種 Copilot 提示和案例，你會發現更多高效用法。最重要的是，勇於嘗試──AI 工具只有融入日常，才能真正提升生產力與創造力。

附 錄

MOSME Office 測評系統使用說明

一、教師建立試卷

二、學生進行測評

一、教師建立試卷

※ 畫面僅供參考,請以實際網站顯示畫面為主。

1. 請至 MOSME 行動學習一點通（http://www.mosme.net/），進行登入，並完成「書籍開通」。

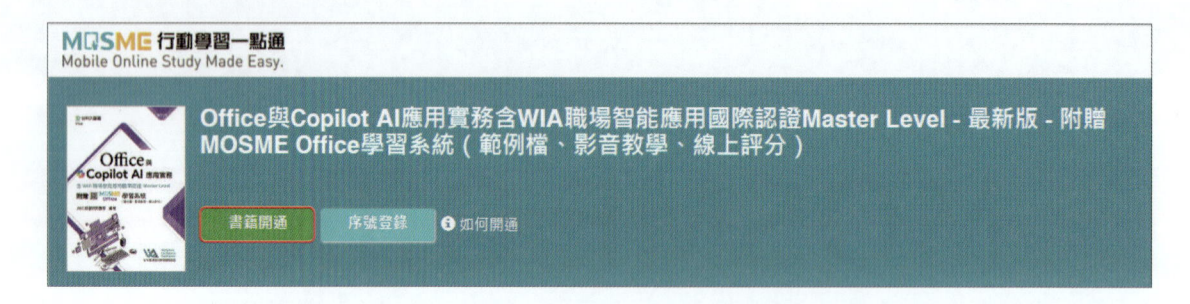

2. 點選「試卷管理」，在「Office 測評」頁籤，點選「新增科目」按鈕。

3. 輸入「科目名稱」（建議可依考試類型或班級建立科目名稱，例如：BAP 小考、WIA 小考、電一甲等。），科目建立完成後，點選右方「＋新增試卷」按鈕。

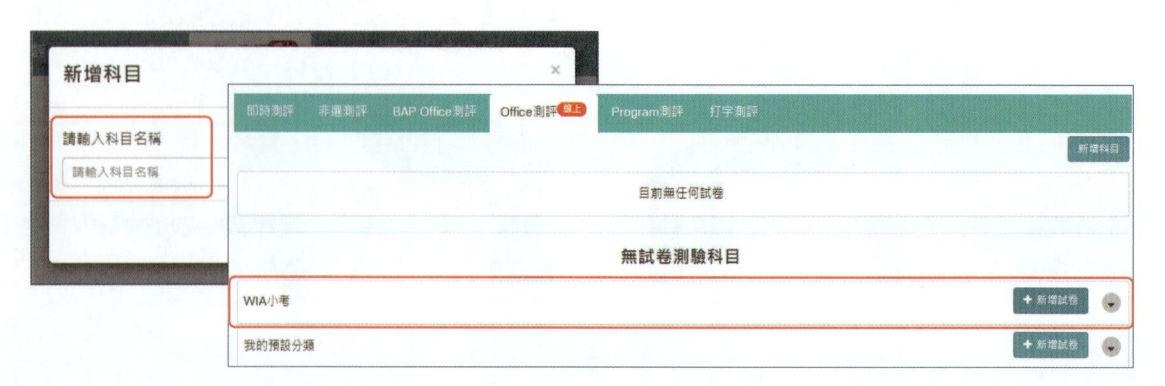

4. 依序設定考試科目、考試範圍、試卷名稱(可自訂)、考試期間、作答時間、考試班級、綜合測驗、測驗方式等。點選「送出」完成建立試卷。

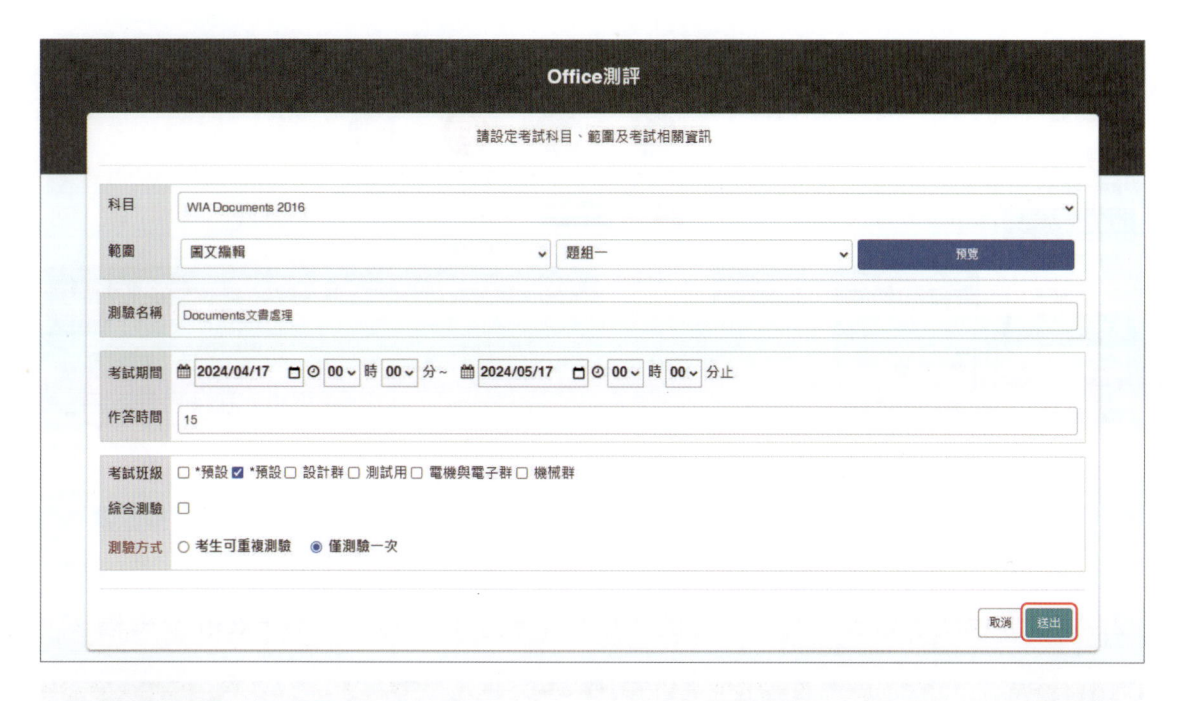

5. 完成試卷。

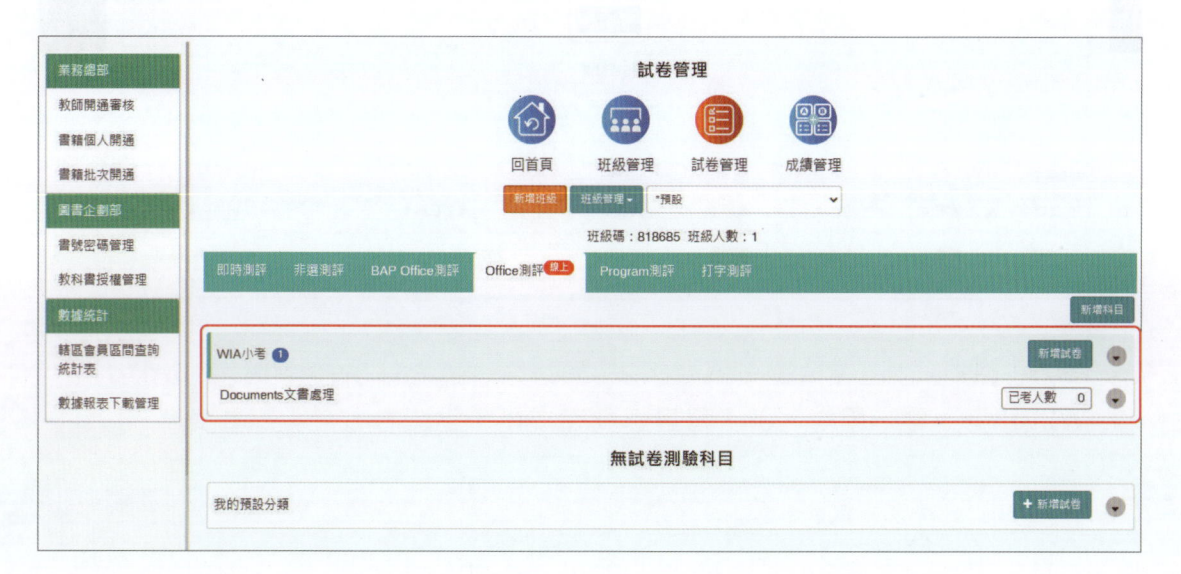

◆ 查詢學生成績

1. 點按試卷右方的「查看成績」。

2. 完成顯示成績報表，點按上方的「成績下載」鈕，即可下載 Excel 成績檔。

二 學生進行測評

1. 請至 MOSME 行動學習一點通（http://www.mosme.net/），進行登入，點選「我的老師」，找到您的老師後點選老師名稱，在「**Office** 測評」頁籤，點選「開始測驗」按鈕。

2. 進入題目畫面，點選「下載作答檔」並解壓縮，開啟資料夾中的作答檔（.docx、.xlsx、.pptx）、素材檔進行作答。

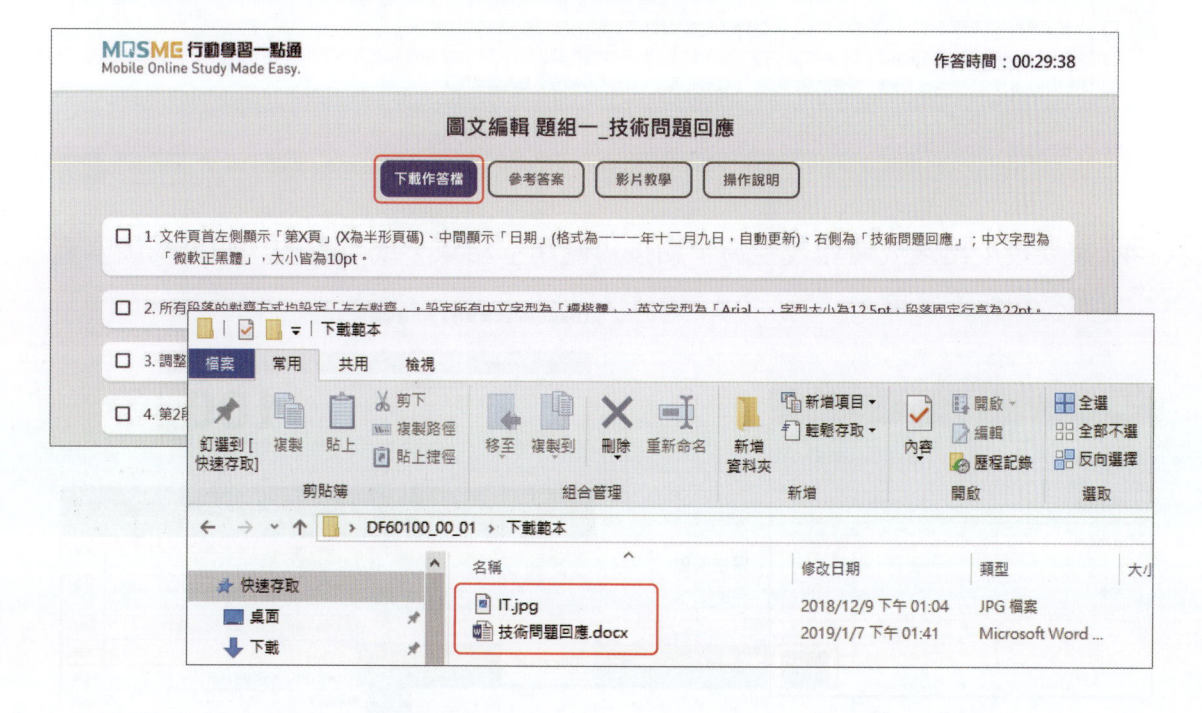

附-5

3. 各題目題號前的核取方塊可提供考生邊作答邊記錄，完成答題後請點按右下角「上傳完成檔」→「交卷」。（交卷前亦可點開「參考答案」頁面，與作答成果比對。）

4. 交卷後，出現成績報表視窗，點按「關閉」結束，或可點按「個人成績」查看各題作答結果。

MEMO

MEMO

MEMO

MEMO

WIA
Workplace Intelligence Application Certification
職場智能應用國際認證

📋 WIA認證 簡介

在現代職場中，對於熟悉並能夠應用各種軟體工具人才的需求越來越高。WIA 職場智能應用國際認證是一個全面的認證，涵蓋了多個領域，包括 Office、平面設計、影音處理和電腦作業系統等職場必備軟體。透過參與這項認證，可以證明個人具備現代職場中常用軟體和電腦資訊工具的操作技巧，並能夠在職場中高效地應用這些工具。不僅可提升個人競爭力，更能在職場中取得競爭優勢並實現更好的職業發展。

WIA 國際證書樣式

📋 WIA認證 考試說明

- **Office 辦公室軟體**

科目	等級	考試大綱、題數	測驗時間	題型	滿分	通過分數	評分方式
文書處理 Documents Using Microsoft® Word	Specialist	圖文編輯：一題 (10 小題) 表格設計：一題 (10 小題) 合併列印：一題 (10 小題) 共三大題 (30 小題)	90 分鐘	電腦實作題	1000 分	700 分	即測即評
電子試算表 Spreadsheets Using Microsoft® Excel®	Specialist	資料編修與格式設定：一題 (10 小題) 基本統計圖表設計：一題 (10 小題) 基本試算表函數應用：一題 (10 小題) 共三大題 (30 小題)	90 分鐘	電腦實作題	1000 分	700 分	即測即評
商業簡報 Presentations Using Microsoft® PowerPoint®	Specialist	投影片編修與母片設計：一題 (10 小題) 多媒體簡報設計與應用：一題 (10 小題) 投影片放映與輸出：一題 (10 小題) 共三大題 (30 小題)	90 分鐘	電腦實作題	1000 分	700 分	即測即評

【註】通過 Documents 文書處理、Spreadsheets 電子試算表、Presentations 商業簡報共三科，可自費 $600 並上傳考試心得，即獲頒 Master 證書。

- **Graphic Design 平面設計**

科目	等級	題數	測驗時間	題型	滿分	通過分數	評分方式
影像處理 Image Processing-Using Adobe Photoshop CC	Specialist	50 題	40 分鐘	單選題	1000 分	700 分	即測即評
向量插圖設計 Vector Illustration Design -Using Adobe Illustrator CC	Specialist	50 題	40 分鐘	單選題	1000 分	700 分	即測即評
版面設計 Layout Design-Using Adobe InDesign CC	Specialist	50 題	40 分鐘	單選題	1000 分	700 分	即測即評
視覺設計 Visual Design-Using Canva	Specialist	50 題	40 分鐘	單選題	1000 分	700 分	即測即評

- **Video Editing 影音編輯**

科目	等級	題數	測驗時間	題型	滿分	通過分數	評分方式
影音編輯 Video Editing-Using Adobe Premiere Pro CC	Specialist	50 題	40 分鐘	單選題	1000 分	700 分	即測即評

※ 以上價格僅供參考 依實際報價為準

勁園科教 www.jyic.net
諮詢專線：02-2908-5945 或洽轄區業務
歡迎辦理師資研習課程

WIA認證 考試大綱

科目	考試大綱
影像處理	• Overview and Basic Operations of Photoshop Photoshop 概述與基本操作 • Image Editing 影像編修 • Selection Tool 選取範圍 • Layers 圖層 • Color and Graphics 色彩與繪圖 • Text and Graphics 文字與圖形 • Advanced Applications and Cloud Functions 延伸應用與雲端功能
向量插圖設計	• Overview and Basic Operations of illustrator Illustrator 概述與基本操作 • Objects 物件 • Graphics and Paths 圖形與路徑 • Color and Coloring 色彩與上色 • Brushes and Symbols 筆刷與符號 • Text 文字 • Layers 圖層 • Images and Links 影像與連結 • Effects 效果 • Perspective and 3D 透視與 3D • Charts and Databases 圖表與資料庫
版面設計	• Overview and Basic Operations of InDesign InDesign 概述與基本操作 • Pages and Layers 頁面與圖層 • Graphics and Paths 圖形與路徑 • Color and Coloring 色彩與上色 • Objects 物件 • Text 文字 • Images and Links 影像與連結 • Tables and Table of Contents 表格與目錄 • Preflight, Output, and Data Storage 預檢輸出與資料儲存 • EPUB eBooks EPUB 電子書
視覺設計	• Introduction to Canva and Design Fundamentals Canva 基礎入門與設計概念 • Canva Interface and Basic Editing Canva 介面操作與基礎編輯 • Visual Design and Video Editing in Canva Canva 影像視覺設計與影片剪輯 • Practical Applications of Canva Canva 實務應用 • AI Creative Tools in Canva Canva AI 創意工具應用 • Advanced Tools and Techniques in Canva Canva 進階工具與技巧
影音編輯	• Project Setup, Media Import, and Video Export 專案建立、素材導入與影片輸出 • Video Editing and Clip Arrangement 影片剪輯與片段編排 • Visual Transitions and Animation Production 視覺轉場與動畫製作 • Text and Graphics Design in Video 影片文字與圖形設計 • Audio Editing and Sound Integration 聲音編輯與音訊整合 • Color Correction and Visual Stylization 色彩校正與影像風格化 • AI-Powered Features in Premiere Pro Premiere 原生 AI 功能應用

WIA認證 證照售價

產品編號	產品名稱	建議售價	備註
SV00057a	WIA 職場智能應用國際認證 - 文書處理 Documents Using Microsoft® Word 電子試卷	$1,200	考生可自行線上下載證書副本，如有紙本證書的需求，亦可另外付費申請 紙本證書費用 $600
SV00058a	WIA 職場智能應用國際認證 - 電子試算表 Spreadsheets Using Microsoft® Excel® 電子試卷	$1,200	
SV00059a	WIA 職場智能應用國際認證 - 商業簡報 Presentations Using Microsoft® PowerPoint® 電子試卷	$1,200	
SV00061a	WIA 職場智能應用國際認證 - 影像處理 Using Adobe Photoshop CC 電子試卷	$1,200	
SV00062a	WIA 職場智能應用國際認證 - 向量插圖設計 Using Adobe Illustrator CC 電子試卷	$1,200	
SV00064a	WIA 職場智能應用國際認證 - 影音編輯 Using Adobe Premiere Pro CC 電子試卷	$1,200	
SV00104a	WIA 職場智能應用國際認證 - 視覺設計 Using Canva 電子試卷	$1,200	
SV00060a	WIA 職場智能應用國際認證 -Master 證書審查費	$600	審查通過，考生自行下載電子證書

WIA認證 推薦教材

產品編號	產品名稱	建議售價
FF360	Office 與 Copilot AI 應用實務含 WIA 職場智能應用國際認證 Master Level - 最新版 - 附贈 MOSME Office 學習系統（範例檔、影音教學、線上評分）	$680
GB025	Adobe Photoshop CC：從新手到強者，職場必備的視覺影像特效超完全攻略含 WIA 職場智能應用國際認證 - 影像處理 Using Adobe Photoshop CC(Specialist Level)	$500
GB026	Adobe Illustrator CC：從出局到出眾，設計必備的向量繪製超詳實技巧含 WIA 職場智能應用國際認證 - 向量插圖設計 Using Adobe Illustrator CC(Specialist Level) - 最新版 - 附 MOSME 行動學習一點通：評量．詳解．加值	$500
GB027	Adobe InDesign CC：版面設計實用教學寶典含 WIA 職場智能應用國際認證 - 版面設計 Using Adobe InDesign CC(Specialist Level) - 最新版 - 附 MOSME 行動學習一點通：評量．詳解．加值	$500
GB028	Adobe Premiere Pro CC：影片製作必備的剪輯超完全攻略含 WIA 職場智能應用國際認證 - 影音編輯 Using Adobe Premiere Pro CC(Specialist Level) - 最新版 - 附贈 MOSME 行動學習一點通：評量．詳解	近期出版
PB397	人人必學 Canva 簡報與 AI 應用含 WIA 職場智能應用國際認證 - 視覺設計 Using Canva(Specialist Level) - 最新版 - 附贈 MOSME 行動學習一點通：評量、詳解	$420

※ 以上價格僅供參考 依實際報價為準

動圓科教 www.jyic.net 諮詢專線：02-2908-5945 或洽轄區業務
歡迎辦理師資研習課程

書　　　名	Office 與 Copilot AI 應用實務 含 WIA 職場智能應用國際認證 Master Level
書　　　號	FF360
版　　　次	2025年8月初版
編 著 者	JYiC認證研究團隊
責 任 編 輯	郭瀞文
校 對 次 數	8次
版 面 構 成	顏彣倩
封 面 設 計	陳依婷
出 版 者	台科大圖書股份有限公司
門 市 地 址	24257新北市新莊區中正路649-8號8樓
電　　　話	02-2908-0313
傳　　　真	02-2908-0112
網　　　址	tkdbook.jyic.net
電 子 郵 件	service@jyic.net
版 權 宣 告	**有著作權　侵害必究** 本書受著作權法保護。未經本公司事前書面授權，不得以任何方式（包括儲存於資料庫或任何存取系統內）作全部或局部之翻印、仿製或轉載。 書內圖片、資料的來源已盡查明之責，若有疏漏致著作權遭侵犯，我們在此致歉，並請有關人士致函本公司，我們將作出適當的修訂和安排。
郵 購 帳 號	19133960
戶　　　名	台科大圖書股份有限公司 ※郵撥訂購未滿1500元者，請付郵資，本島地區100元 / 外島地區200元
客 服 專 線	0800-000-599
網 路 購 書	勁園科教旗艦店　蝦皮商城　　博客來網路書店　台科大圖書專區　　勁園商城
各服務中心	總　　公　　司　02-2908-5945　　台中服務中心　04-2263-5882 台北服務中心　02-2908-5945　　高雄服務中心　07-555-7947

線上讀者回函
歡迎給予鼓勵及建議
tkdbook.jyic.net/FF360

國家圖書館出版品預行編目資料

Office 與 Copilot AI 應用實務含 WIA 職場智能應用國際認證 Master Level ／ JYiC 認證研究團隊
－－ 初版. －－ 新北市：台科大圖書, 2025. 8
　　面；　公分
ISBN 978-626-391-538-1（平裝）

1. CST：OFFICE（電腦程式）　2. CST：考試指南

312.49O4　　　　　　　　　　114006894